高等职业教育新形态一体化系列教材

建筑装饰工程施工

主　编　张卫民

副主编　范小明　汪绍洪

中国水利水电出版社
www.waterpub.com.cn
·北京·

内 容 提 要

本书内容主要针对主体结构验收后开展的建筑装饰装修施工与管理工作编写，突出建筑装饰装修工程施工技术与施工管理技术技能的培养。内容涵盖二次结构、墙面、顶棚、地面、门窗、幕墙工程的施工工艺，并融合施工管理要点，详细叙述了建筑装饰各项工程施工工艺过程和操作要点，及国家相关标准、规范对工程质量的要求和质量通病的整改措施，注重对学生施工综合能力的培养。本书突出技术的先进性、实用性和规范性相结合的原则，强调新技术的应用，灌输绿色施工理念，注重学生质量与安全意识的培养。

本书可作为高等职业院校建筑工程技术、建筑装饰工程技术专业教学用书，也可供从事建筑工程施工与管理工作的相关人员作为参考用书。

图书在版编目（CIP）数据

建筑装饰工程施工 / 张卫民主编. -- 北京 : 中国水利水电出版社, 2020.8
高等职业教育新形态一体化系列教材
ISBN 978-7-5170-8363-4

Ⅰ. ①建… Ⅱ. ①张… Ⅲ. ①建筑装饰－工程施工－高等学校－教材 Ⅳ. ①TU767

中国版本图书馆CIP数据核字(2019)第296744号

书　名	高等职业教育新形态一体化系列教材 **建筑装饰工程施工** JIANZHU ZHUANGSHI GONGCHENG SHIGONG
作　者	主　编　张卫民 副主编　范小明　汪绍洪
出版发行	中国水利水电出版社 （北京市海淀区玉渊潭南路1号D座　100038） 网址：www.waterpub.com.cn E-mail：sales@waterpub.com.cn 电话：（010）68367658（营销中心）
经　售	北京科水图书销售中心（零售） 电话：（010）88383994、63202643、68545874 全国各地新华书店和相关出版物销售网点
排　版	中国水利水电出版社微机排版中心
印　刷	清淞永业（天津）印刷有限公司
规　格	184mm×260mm　16开本　18印张　415千字
版　次	2020年8月第1版　2020年8月第1次印刷
印　数	0001—2000册
定　价	**49.00**元

“行水云课”数字教材使用说明

“行水云课”教育服务平台是中国水利水电出版社全力打造的“内容”＋“平台”的一体化数字教学产品。平台包含高等教育、职业教育、职工教育、专题培训、行水讲堂五大版块，旨在提供一套与传统教学紧密衔接、可扩展、智能化的学习教育解决方案。

本套教材是整合传统纸质教材内容和富媒体数字资源的新型教材，将大量图片、视频、课件等教学素材与纸质教材内容相结合，用以辅助教学。读者可通过扫描纸质教材二维码查看与纸质内容相对应的多媒体资源，完整的数字教材及其配套数字资源可通过移动终端APP、“行水云课”微信公众号或中国水利水电出版社“行水云课”平台www.xingshuiyun.com查看。

内页二维码具体标识如下：

- Ⓜ 为微课视频
- ▶ 为知识点视频
- ▤ 为PPT课件
- Ⓣ 为拓展阅读
- Ⓟ 为彩色图片

前言

“建筑装饰工程施工”是建筑工程技术专业、建筑装饰工程技术专业的主干课程。建筑施工的主要分部工程为基础工程、主体结构工程、装饰装修工程，而随着人们对建筑使用功能和使用环境的要求日益提高，对建筑内外的观感要求也越来越高，装饰装修工程无论是在工程总投入、工期占比上都对整个项目有重大的影响。因此，高职建筑类专业的学生掌握装饰装修技能显得非常必要，需要有教科书系统地阐述建筑装饰装修工程的特点、工艺过程，以及消防、环保等机构对装饰装修工程的要求。从管理的角度看，建筑装饰装修阶段的穿插作业比主体结构施工阶段要多得多，装饰装修施工单位需要制定合理的施工方案，与设备安装施工单位密切配合，合理组织施工过程，才能对项目进行高效的管理。另外，建筑装饰构造相对复杂，节点繁多，在前续课程中很少对建筑装饰装修构造进行介绍，非常有必要在学习装饰工艺前了解装饰构造，这样才能更好地理解装饰产品的结构特征以及外观要求，乃至用美学的眼光来审视最终产品，然后理解如何通过施工工艺措施来实现设计的要求。建筑装饰工程施工课程实践性很强，需要综合应用前置课程的知识和技能，在教学上建议采用理实一体化教学，教材的编写应该能够适应高职课堂教学改革的要求。编者有多年“建筑装饰工程施工”教学经验，也主持过针对该课程的教学改革课题研究，通过教学调查与反馈情况，希望为学生提供一本能够满足上述要求的教材。

本书充分考虑了目前建筑行业对建筑装饰装修工程的新要求，以及建筑装饰工程施工组织的特点编排相应的内容，如将二次结构、墙体保温、幕墙结构的施工纳入本书，这是本教材的一个特点。目前很多建筑主体结构采用框架结构或类似的结构，需要在主体结构验收后才能对内部空间重新分隔，因此装修阶段针对二次结构的施工必不可少。墙体保温是目前节能减排这一大环境下对建筑提出的要求，在墙面工程施工中必然要涉及保温施工。石材幕墙、玻璃幕墙在目前的城市建筑中应用广泛，其工艺复杂，对结构和外观的要求较高，施工有一定的风险性，属于危险性较大的工程，其施工方案需要专家论证后才能实施，因此需要有严密的施工组织措施。本书把建筑装饰施工工艺和施工管理要点紧密结合进行阐述，有利于学习者能够更好地掌握施工管理所需的技能和素养，在学习施工技能的同时也逐步形成施工管理能力，符合为企业培养管理岗位高技能人才的要求。

本书共8章，由金华职业技术学院建筑工程学院张卫民担任主编，浙江华正建设项目管理有限公司范小明高工、金华职业技术学院建筑工程学院汪绍洪担任副主编，金华职业技术学院李晓珍博士参加编写。张卫民负责全书的策划和统稿，并编写第1章、第3章、第6章、第8章；范小明编写第2章；李晓珍编写第4章、第5章；汪绍洪编写第7章。另外，本书编写过程中参考了大量文献资料和工程案例，在此也对相关作者表示感谢；金华职业技术学院建筑工程学院李俊虎博士对本书稿件做了大量的校对工作，在此一并表示感谢。

本书每章均提供相应的教学资源，包括相关规范和工程案例，可以通过扫描二维码阅读，每章后均设置实训与实践项目，便于教学使用。本书是多年教学经验与课程改革结合的产物，限于编者水平，难免存在不足，希望读者能在教学使用过程中对本书提出建设性意见，以便我们今后不断改进和完善。

编者

2019年9月

目录

第1章 建筑装饰装修工程概述

学习目标

通过本章的学习，学生应了解建筑装饰装修工程施工的定义和作用；掌握建筑装饰装修工程施工的范围、具体部位和特点；理解与建筑装饰装修工程相关的建筑法规、标准、规范，掌握建筑装饰装修过程中所用的材料、工艺、成品质量必须符合相关标准、规范的要求。最后熟悉本课程的学习方法，理解实践在本课程学习过程中的重要性。

学习要求

知识要点	能力目标	相关知识	权重/%
建筑装饰装修基本知识	（1）了解建筑装饰装修工程的定义和作用 （2）掌握建筑装饰装修的范围和作业内容 （3）熟悉建筑装饰装修构造与施工特点 （4）熟悉建筑装饰装修工程与相关工程在施工过程中的协调关系	（1）建筑装饰装修工程的定义 （2）建筑装饰装修工程的施工范围 （3）建筑装饰装修施工的特点	50
建筑装饰装修施工基本要求	（1）了解建筑装饰装修设计的基本要求 （2）掌握装饰材料的基本要求 （3）熟悉建筑装饰装修施工的要求	（1）建筑装饰装修设计的基本要求 （2）装饰材料的基本要求 （3）建筑装饰装修施工的要求	25
建筑装饰装修施工相关标准、规范	（1）理解施工生产活动与建筑法规的关系 （2）掌握相关的建筑法规、标准、规范条文的应用 （3）熟悉消防、环保部门对工程的要求	（1）与建筑装饰装修工程相关的建筑法规、标准、规范 （2）建筑法规中涉及消防、环保要求的各项指标	25

学习导入

建筑装饰装修工程的定义是：“为保护建筑物的主体结构，完善建筑物的物理性能、使用功能和美化建筑物，采用装饰装修材料或饰物，对建筑物的内外表面及空间进行的各种处理过程”。建筑装饰装修工程是建筑工程的重要分部工程，它涉及建筑工

1.1-1 Ⓜ 装修施工准备及流程

程管理、材料应用、工艺美术、工程力学、施工技术、风土人情等方面的知识，其施工过程须对上述知识综合应用，具有综合性强的特点。

建筑装饰装修行业已经成为建设工程领域非常重要的行业分支，它的生产活动必须受到相关建设法规的制约和规范。20世纪90年代，对建筑装饰装修工程的质量验收主要依据《建筑装饰工程施工及验收规范》（JGJ 73—91）和《建筑工程质量检验评定标准》（GBJ 301—88）的第十章、第十一章。随着我国科技和经济的快速发展，装饰装修工程设计、施工、材料均发生了很大变化，人们的要求和审美也发生了很大变化，考虑到新材料、新技术的发展，住房和城乡建设部修订了《建筑装饰装修工程质量验收标准》（GB 50210—2018），作为目前建筑装饰装修工程质量的验收标准，适用于新建、扩建和既有建筑的装饰装修工程的质量验收。此外，室内装饰装修材料有害物质限量标准、室内环境污染控制规范等也相继出台，人们不仅关注装饰装修工程的外观质量，对于装饰装修工程对建筑物理性能、使用功能、安全、环境保护等方面的影响也日益重视。

1.1-2 Ⓜ 毛坯房质量评估

1.1 建筑装饰装修基本知识

通过装饰装修在建筑主体上覆盖新的装饰材料，对已有的建筑空间进一步优化，包括对建筑空间不足之处进行改进和弥补，使建筑空间满足使用要求并更具舒适性，保护建筑物主体结构免受有害介质的侵蚀，改善建筑物的隔热、隔声、防火、防潮等性能。建筑物经过装饰装修后可优化人们的视觉、触觉、听觉等感受，进一步提高建筑的使用功能。

1.1.1 建筑装饰装修的作用

（1）美化空间，提高建筑物的视觉效果和舒适性。装饰装修综合了工程和艺术的特点，其设计一般侧重于视觉效果，满足人们的审美需求，然后才考虑工艺和牢固性。成功的设计构思，加上优质的工艺对装饰材料完美的应用，能极大地美化建筑物的内外观感，体现出建筑的艺术性和良好的视觉氛围，同时改善建筑的采光、通风、防水等性能，提高建筑使用的舒适性。

（2）保护建筑结构，增强建筑耐久性。建筑结构给建筑空间再创造提供了载体，装饰层在优化结构空间的同时又保护了建筑结构。建筑物在使用过程中会受到环境的影响，主要是空气中的水分、酸性介质以及温度等的影响，缩短主体结构使用寿命，如混凝土的碳化、钢筋腐蚀、钢结构腐蚀、砌体风化、木材腐烂、虫害等，都会影响结构的耐久性。选用适当的装饰材料，对主体结构表面进行覆盖，如墙面抹灰作业、安装石材或玻璃幕墙等，就可避免结构直接接触环境，从而达到保护主体结构、延长建筑使用寿命的目的。

（3）优化空间环境，改善建筑功能。其一，建筑装饰装修工程通过对建筑室内外各表面进行装修，使得建筑表面美观、平整，便于卫生清洁。其二，通过合理应用建筑材料，用适当工艺对各种材料进行衔接组合，如门窗和墙体的衔接、楼地面和地漏等排水设备的衔接，优化了建筑的防水、隔音、保温等功能。其三，对建筑材料色彩的应用，可以改善建筑的采光效果，如内墙采用白色涂料罩面，可以提高室内亮度；设置采光顶、遮阳篷、窗帘等可以有效调节室内光亮。

（4）隐藏设备管线，综合设备功能。现代建筑对功能的要求日趋完善，建筑电气化、智能化，导致建筑不再是传统钢筋、水泥、砖块的堆积体，除了传统材料外，建筑内部还多出了许多管线，如给排水管道、通风管道、消防管道、排烟管道、电器管线等，这些管线如果没有建筑装饰构造的隐蔽，房间内部会凌乱不堪。通过墙体、吊顶的隐藏，把开关面板、风口、插座等与表面材料完美衔接，可优化设备的使用功能，也能提高设备的使用安全性（图1.1）。

1.1-3 Ⓜ 家装电路改造

（a）吊顶前　　（b）吊顶后

图1.1 设备管线与吊顶

1.1-4 Ⓜ 家装水路改造

1.1.2 建筑装饰装修构造与施工特点

1. 建筑装饰装修构造

建筑装饰装修构造是使用建筑材料、半成品对建筑物内外表面与人接触的部分以及可视部分进行装潢和修饰的构造做法。建筑装饰装修构造是综合性的工程技术，它应综合考虑建筑、艺术、结构、材料、设备、施工、经济等方面的综合效果。装饰构造方案是建筑装饰设计综合技术设计成果和实施建筑装饰装修施工的重要依据，构造设计成果（装饰装修施工图）是建筑装饰装修设计文件的最重要的内容。需要注意的是，当建筑装饰与建筑结构发生矛盾时，由于结构是由承载构件组成，在结构设计时已经充分考虑了其受力情况，结构构件的构造是经过计算确定的，因此装饰构造设计应以不损害主体结构为前提。

（1）建筑装饰构造设计的重要性。建筑装饰装修工程涉及的材料品种繁多，所采用的构造方法细致而且复杂多样，良好的建筑装饰装修对建筑总体形象及环境气氛的形成起到十分重要的作用，这种效果在使用过程中能被人们直接感受到，因此必须认真考虑构造设计的合理性。

1.1-5 建筑项目的可施工性介绍

建筑装饰装修构造是装饰设计的细化处理，是设计构思的具体展现。没有良好的、切合实际的建筑装饰构造方案设计，即使有最好的艺术构思，用最佳的装饰材料，也无法组合衔接，使装饰设计不具备可施工性。建筑装饰装修构造设计应充分利用各种材料的特性，结合现有的施工技术或者创新技术，用最少的成本、最有效的手法，达到建筑设计所要表达的效果。施工技术人员在施工时首先要弄清楚各部位的构造特点，通过材料的有机组合展现最佳的装饰效果。

（2）建筑装饰装修构造的学习方法。正是由于建筑装饰装修构造的重要性，在学习建筑装饰工程施工时必须理解构造与工艺的关系，通过阅读施工图文件充分理解装饰构造。除了学习装饰装修理论知识外，还需要一定的施工现场知识和经验，应有意识地到施工现场学习，通过实体构造的解剖分析，理解和掌握有关构造的特点，并结合材料特性，如材料的尺寸、强度等，理解施工工艺和施工工序。例如，做墙面装饰施工时，必须弄清楚墙体装饰构造（图1.2）。

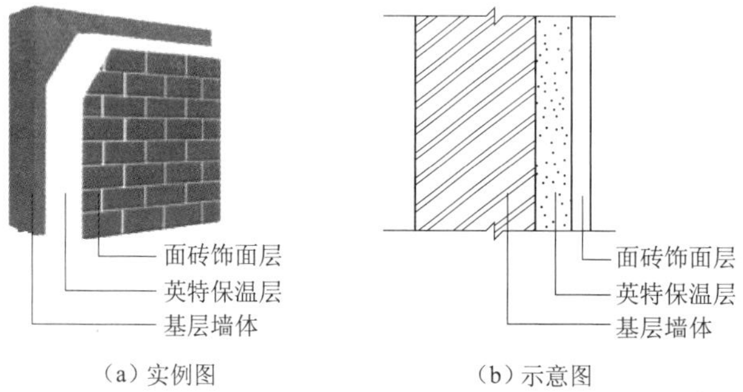

图1.2 墙体装饰构造

建筑装饰装修工程涉及建筑室内外各个部位，包括建筑构件在空间所形成的各个表面，如地面、内外墙面、顶棚、门窗等以及一些独立构件如柱子、楼梯等。因此，建筑装饰装修构造的部位是由楼地面、内外墙面、顶棚、门窗、隔墙隔断、花格、柱面、楼梯等部分构成，有的工程还包括石材幕墙、玻璃幕墙、采光屋顶、广告招牌等（图1.3）。

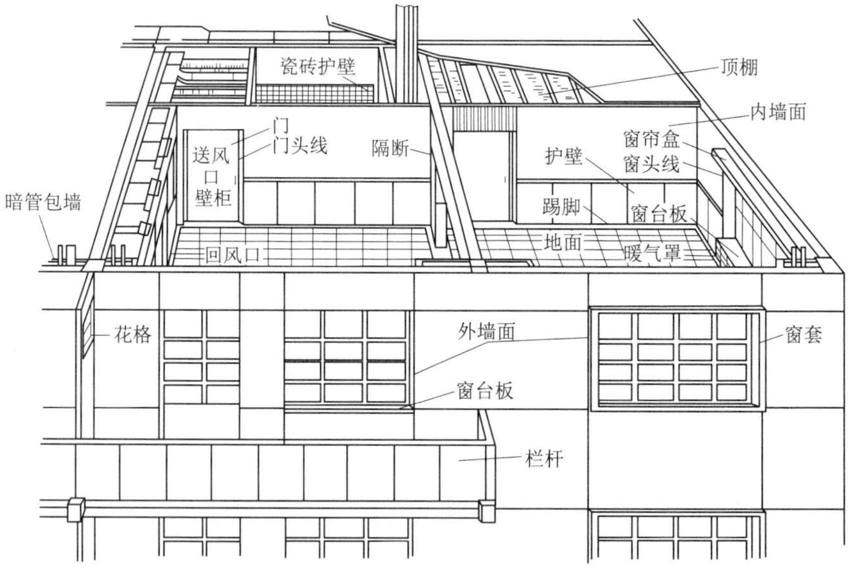

图1.3 建筑物内外装饰部位示意图

对初学者来说，要多进行观察。尽可能多地参观装饰施工工地，多看已完成的建筑空间里各处的构造做法，听取有关人员从不同角度对构造提出的建议和想法。另外，要多阅读课外资料，如设计规范、标准图集、工程施工图、工程实例分析等。在观察过程中要琢磨、分析建筑空间各个部位构造的不同处理方式，体会不同材料的不同处理方法。

2. 建筑装饰装修施工的特点

（1）建筑装饰装修工程的特点。建筑装饰装修工程量大，面广，项目繁多。由于装饰装修工程要处理的是建筑内外展开的表面，因此装饰装修工程消耗的工期往往接近主体工程，高档建筑装饰装修工程的工期甚至会超过主体工程的工期。建筑装饰装修工程的工期一般占总工期的30%～40%，高档装饰装修工程施工工期甚至会占总工期的50%～60%。在一般民用建筑中，室内抹灰面积为建筑面积的3～5倍，室外抹灰面积为建筑面积的1～2倍。目前，建筑装饰装修工程机械化程度普遍不高，均以手工操作、机械辅助为主要作业模式，对工人的技术熟练程度要求也相对较高。由于机械化作业程度低，对人工的消耗也相对较多，在一般建筑装饰装修工程中所耗费的劳动量占施工总劳动量的30%～40%，且由于工种差异，工人的日工资水平相对较高。建筑装饰装修工程与主体结构工程最明显的区别是装饰材料更新快，由于材料的更新导致工艺进步也非常快，不断地推动装饰装修技术的进步。例如，墙面工程，有涂料、裱糊、软包、硅藻泥涂饰等做法，材料和工艺选择余地很大。高档装修材料、人工都很昂贵，导致造价也相对较高。一般建筑装饰装修造价占建筑总造价的30%左右，高档装修造价能超过建筑总造价的50%。

1.1-6 硅藻泥简介

（2）建筑装饰装修工程施工的特点。

1）建筑性。《中华人民共和国建筑法》第四十九条规定："涉及建筑主体和承重结构变动的装修工程，建设单位应当在施工前委托原设计单位或者具有相应资质条件的设计单位提出设计方案；没有设计方案的，不得施工。"这一条规定限制了建筑装饰装修工程施工过程中随意凿墙开洞，拆除承重墙体等野蛮施工行为，保证了建筑主体结构使用安全。对于建筑装饰设计而言，首要目的是完善建筑及其空间环境的使用功能；对于建筑装饰工程施工，则必须是以保护建筑结构主体及安全适用为基本原则。

2）规范性。为了规范建筑装饰装修工程的设计和施工，国家制定了一系列涉及建筑装饰装修工程的规范，如《建筑装饰装修工程质量验收标准》（GB 50210—2018）、《建筑地面工程施工质量验收规范》（GB 50209—2010）等，行业制定了涉及施工资质、收费等方面的标准，如中国建筑装饰协会的《建筑装饰设计收费标准》、中装协的《住宅装饰装修设计施工企业资质管理办法（试行）》等。对于一些重要工程和规模较大的装饰装修项目，应按国家规定实行招标、投标制度。特殊的或超过一定规模的装饰装修工程，如大型商业建筑装修的玻璃幕墙、石材幕墙等工程，需对装饰施工企业和施工队伍的资质水平与施工能力作出要求；在施工过程中应由监理单位对工程进行监理；工程竣工后应通过质量监督部门及有关方面（消防、环保部门）组织严格验收。建筑装饰装修工程施工的一切工艺操作和工艺处理以及最后的验收，均应遵照国家颁发的有关验收规范执行；所用材料及其应用技术，应符合国家及行业颁布的相关规范和标准，如《建筑内部装修设计防火规范》（GB 50222—2017）对建筑装饰材料的防火性能有严格的要求。

如采光、通风、防水、隔音、卫生、交通等效果，针对各项使用功能在装饰装修工程施工中分别有对应的措施和施工项目。

4. 按建筑装饰装修施工的项目划分

《建筑装饰装修工程质量验收标准》（GB 50210—2018）将其划分为抹灰工程、门窗工程、玻璃工程、吊顶工程、隔断工程、饰面工程、涂料工程、裱糊与软包工程、细部工程，基本上包括了装饰施工所必须涉及的项目。

1.2 建筑装饰装修施工基本要求及相关标准、规范

按照基本建设程序，建筑装饰装修工程一般遵循先设计后施工的顺序建造。为了加强对建筑装饰装修工程的管理，促进建筑装饰装修行业的发展，保障建筑装饰装修活动当事人的合法权益，确保公共安全，建设行政管理部门对建筑装饰装修工程制定了一系列的管理规定。其中《建筑装饰装修管理规定》（建设部令第46号，1995年8月7日发布）对建筑装饰装修工程的报建与许可、发包与承包、质量与安全作出了基本规定。对于从业人员来说，必须熟悉建筑装饰装修工程施工的基本规定，以及涉及的一系列标准、规范，才能使工程符合要求，并顺利通过验收。

1.2.1 设计方面的基本要求

建筑装饰装修设计一般是由业主委托相应的设计单位，但应注意设计单位的资质情况、经营范围，如幕墙工程对设计单位有专项资质许可。设计除了考虑满足装饰效果外，还要特别注意相关部门的要求。

（1）建筑装饰装修工程必须进行设计，并出具完整的施工图设计文件。建筑装饰装修设计单位必须按照有关规定承接装饰装修设计任务。

（2）承担建筑装饰装修工程设计单位应具备相应的资质，并应建立质量管理体系。由于设计原因造成的质量问题，应由设计单位负责。

（3）建筑装饰装修工程的设计，应符合城市规划、消防、环保、节能等有关规定。设计单位必须按照基本建设管理程序办事，严格执行建筑装饰装修的质量检验评定标准、施工安全技术规范及验收规范等有关标准和规定。

（4）承担建筑装饰装修工程设计的单位，应对建筑物进行必要的了解和实地勘察，设计深度应满足施工的要求。

（5）建筑装饰装修设计必须严格遵守建筑装饰装修防火规范。完成装饰装修施工图纸设计后，建设单位必须持《施工许可证》和施工设计图纸，报消防部门进行消防安全核准。

（6）建筑装饰装修工程的设计必须保证建筑物的结构安全和主要使用功能。当涉及主体和承重结构改动或增加荷载时，必须由原结构设计单位或具备相应资质的设计单位核查有关原始资料，对既有建筑结构的安全性进行核验、确认。

（7）建筑装饰装修工程的防火、防雷和抗震设计，应符合现行国家标准的规定。

（8）当墙体或吊顶内的管线可能产生冰冻或结露时，应进行防冻或防结露的设计。

1.2.2 材料方面的基本要求

建筑装饰装修工程材料除了满足工艺、外观要求外，特别应注意其在消防、环保等方面的要求；否则在工程验收时会面临一系列问题。另外，考虑到工程资料的存档要求，在材料进场时，应注意收集保存相关质量证明文件和进场验收资料。

(1) 建筑装饰装修工程所用材料的品种、规格和质量，应符合设计要求和国家现行标准的规定。当设计无要求时，应符合国家现行标准的规定。严禁使用国家明令淘汰的材料。

(2) 建筑装饰装修工程所用材料的燃烧性能，应符合现行国家标准《建筑内部装修设计防火规范》(GB 50222—2017)、《建筑设计防火规范》(GB 50016—2014，2018版) 的规定。

(3) 建筑装饰装修工程所用材料应符合国家有关建筑装饰装修材料有害物质限量标准的规定。

(4) 所有材料进场时应对品种、规格、外观和尺寸进行验收。材料包装应完好，应有产品合格证书、中文说明及相关性能的检测报告；进口产品应按规定进行商品检验。

(5) 进场后需要进行复验的材料种类及项目，应符合国家标准的规定。同一厂家生产的同一品种、同一类型的进场材料，应至少抽取一组样品进行复验，当合同另有约定时应按合同执行。

(6) 当国家规定或合同约定对材料进行见证检测时，或对材料的质量发生争议时，应进行见证检测。

(7) 承担建筑装饰装修材料检测的单位，应具备相应的资质，并应建立质量管理体系。

(8) 建筑装饰装修工程所使用的材料，在运输、储存和施工过程中，必须采取有效措施防止损坏、变质和污染环境。

(9) 建筑装饰装修工程所使用的材料，应按设计要求进行防火、防腐和防虫处理。

(10) 现场配制的材料如砂浆、胶黏剂等，应按照设计要求或产品说明书配制。

1.2.3 施工基本要求

施工单位的选择一般通过招标、投标来确定。承担建筑装饰装修工程施工的单位应具备相应的资质，并应建立质量管理体系。施工单位应编制施工组织设计并应经过审查批准。施工单位应按有关的施工工艺标准或经审定的施工技术方案施工，并应对施工全过程实行质量控制。此外，还应遵循以下基本规定。

(1) 承担建筑装饰装修工程施工的人员应有相应岗位的资格证书。

(2) 建筑装饰装修工程的施工质量，应符合设计要求和规范规定，由于违反设计文件和规范的规定施工造成的质量问题应由施工单位负责。

(3) 建筑装饰装修工程施工中，严禁违反设计文件擅自改动建筑主体、承重结构或主要使用功能；严禁未经设计确认和有关部门批准擅自拆改水、暖、电、燃气、通信等配套设施。

(4) 施工单位应遵守有关环境保护的法律法规，并应采取有效措施控制施工现场的各种粉尘、废气、废弃物、噪声、振动等对周围环境造成的污染和危害。

(5) 施工单位应遵守有关施工安全、劳动保护、防火和防毒的法律法规，应建立相应的管理制度，并应配备必要的设备、器具和标识。

(6) 建筑装饰装修工程应在基体或基层的质量验收合格后施工。对既有建筑进行装饰装修前，应对基层进行处理并达到规范的要求。

(7) 墙面采用保温材料的建筑装饰装修工程，所用保温材料的类型、品种、规格及施工工艺应符合设计要求。

(8) 管道、设备等的安装及调试，应在建筑装饰装修工程施工前完成，当必须同步进行时，应在饰面层施工前完成。建筑装饰装修工程不得影响管道、设备等的使用和维修。涉及燃气管道的建筑装饰装修工程必须符合有关安全管理的规定。

(9) 建筑装饰装修工程的电器安装，应符合设计要求和国家现行标准的规定。严禁不经穿管直接埋设电线。

(10) 室内外建筑装饰装修工程施工的环境条件应满足施工工艺的要求。施工环境温度应不小于5℃。当必须在小于5℃气温下施工时，应采取保证工程质量的有效措施。

(11) 建筑装饰装修工程在施工过程中，应做好半成品、成品的保护，防止污染和损坏。

(12) 建筑装饰装修工程验收前，应将施工现场清理干净。

1.2.4 装饰装修工程法规及相关知识

建筑装饰装修工程涉及的标准和规范较多，是建筑装饰装修施工技术上和法律上的指南，遵照这些标准和规范进行施工，可以为最终的质量验收奠定基础。这些标准和规范归纳起来主要有三类：一是直接的工程施工、验收规范，如《建筑装饰装修工程质量验收标准》(GB 50210—2018)、《住宅装饰装修工程施工规范》(GB 50327—2001)；二是涉及消防的规范；三是涉及环保的标准和规范，如《民用建筑工程室内环境污染控制规范》(GB 50325—2010，2013年版) 和一系列的装饰装修材料有害物质限量标准 (GB 18580、GB 18581等)。

1.《民用建筑工程室内环境污染控制规范》(GB 50325—2010，2013年版)

按照《民用建筑工程室内环境污染控制规范》(GB 50325—2010，2013年版) 要求，民用建筑工程及室内装修工程的室内环境质量验收，应在工程完工至少7d以后、工程交付使用前进行。规范主要规定了室内环境污染物的控制种类、浓度限量；无机非金属装饰材料放射性指标限量；室内装修材料选用；室内装饰装修施工及环境质量验收的强制性条文。

(1) 室内环境污染物的控制种类及浓度限量。

1) 装饰装修材料产生的室内环境污染物的控制种类。本规范控制的室内环境污染物有氡 (Ra-222)、甲醛、氨、苯和总挥发性有机化合物 (TVOC)。

2）室内环境污染物的浓度限量见表1.1。

表1.1 民用建筑工程室内环境污染物浓度限量

污染物	Ⅰ类民用建筑工程	Ⅱ类民用建筑工程	污染物	Ⅰ类民用建筑工程	Ⅱ类民用建筑工程
氡/(Bq/m³)	≤200	≤400	氨/(mg/m³)	≤0.2	≤0.2
甲醛/(mg/m³)	≤0.08	≤0.1	TVOC/(mg/m³)	≤0.5	≤0.6
苯/(mg/m³)	≤0.09	≤0.09			

（2）无机非金属装饰装修材料放射性指标限量。民用建筑工程所使用的无机非金属装修材料，包括石材、建筑卫生陶瓷、石膏板、吊顶材料等，其放射性指标限量应符合表1.2的规定。

表1.2 无机非金属建筑主体材料放射性限量

测定项目	限　量	测定项目	限　量
内照射指数IRa	≤1.0	外照射指数Ir	≤1.0

（3）室内装修施工中选用人造木板、饰面人造木板、无机非金属材料、木地板、水性涂料、水性胶黏剂、水性处理剂的强制性条文如下。

1）人造木板、饰面人造木板选用。民用建筑工程室内用人造木板及饰面人造木板，必须测定游离甲醛含量或游离甲醛释放量；Ⅰ类民用建筑工程的室内装修，必须采用E1类人造木板及饰面人造木板；民用建筑工程室内装修中所采用的人造木板及饰面人造木板，必须有游离甲醛含量或游离甲醛释放量检测报告，并应符合设计要求及本规范的有关规定。

2）无机非金属材料选用。Ⅰ类民用建筑工程必须采用A类无机非金属建筑材料和装修材料；民用建筑工程中所采用的无机非金属建筑材料和装修材料，必须有放射性指标检测报告，并应符合设计要求及本规范的有关规定。

3）木地板选用。民用建筑工程室内装修中所使用的木地板及其他木质材料，严禁采用沥青类防腐、防潮处理剂。

4）水性涂料、水性胶黏剂、水性处理剂选用。民用建筑工程室内装修中所采用的水性涂料、水性胶黏剂、水性处理剂必须有总挥发性有机化合物（TVOC）、苯、游离甲苯二异氰酸酯（TDI）（聚氨酯类）含量检测报告，并应符合设计要求及本规范的有关规定；民用建筑工程室内装修所采用的稀释剂和溶剂，严禁使用苯、工业苯、石油苯、重质苯及混苯。

（4）室内装饰装修施工及环境质量验收的强制性条文。

1）室内装饰装修施工。民用建筑工程所选用的建筑材料和装修材料必须符合本规范的规定；民用建筑工程所用建筑材料和装修材料的类别、数量和施工工艺等，应符合设计要求和本规范的有关规定；建筑材料和装修材料的检测项目不全或对检测结果有疑问时，必须将材料送有资格的检测机构进行检验，检验合格后方可使用；民用建筑工程室内装修施工时，不应使用苯、甲苯、二甲苯和汽油进行除油和清除旧油漆作业；严禁在民用建筑工程室内用有机溶剂清洗施工用具。

2）室内装饰装修环境质量验收。民用建筑工程及室内装修工程的室内环境质量验收，应在工程完工至少7d以后、工程交付使用前进行；民用建筑工程验收时，必须进行室内环境污染物浓度检测。检测结果应符合国家规范的规定；当室内环境污染物浓度的全部检测结果符合本规范的规定时，可判定该工程室内环境质量合格；室内环境质量验收不合格的民用建筑工程，严禁投入使用。

2.《建筑装饰装修工程质量验收标准》（GB 50210—2018）

《建筑装饰装修工程质量验收标准》（GB 50210—2018）是建筑装饰装修工程质量验收的主要依据，其中关于设计、材料、施工等质量验收的强制性条文必须予以重视。

（1）装饰装修设计质量验收强制性条文。

1）建筑装饰装修工程必须进行设计，并出具完整的施工图设计文件。

2）建筑装饰装修工程设计必须保证建筑物的结构安全和主要使用功能。当涉及主体和承重结构改动或增加荷载时，必须由原结构设计单位或具备相应资质的设计单位核查有关原始资料，对既有建筑结构的安全性进行核验、确认。

（2）装饰装修材料质量验收强制性条文。

1）建筑装饰装修工程所用材料应符合国家有关建筑装饰装修材料有害物质限量标准的规定。

2）建筑装饰装修工程所使用的材料应按设计要求进行防火、防腐和防虫处理。

（3）装饰装修工程施工质量验收强制性条文。

1）建筑装饰装修工程施工中，严禁违反设计文件擅自改动建筑主体、承重结构或主要使用功能；严禁未经设计确认和有关部门批准擅自拆改水、暖、电、燃气、通信等配套设施。

2）施工单位应遵守有关环境保护的法律法规，并应采取有效措施控制施工现场的各种粉尘、废气、废弃物、噪声、振动等对周围环境造成的污染和危害。

3）管道、设备等的安装及调试应在建筑装饰装修工程施工前完成，当必须同步进行时，应在饰面层施工前完成。装饰装修工程不得影响管道、设备等的使用和维修。涉及燃气管道的建筑装饰装修工程必须符合有关安全管理的规定。

4）建筑装饰装修工程的电器安装应符合设计要求和国家现行标准的规定。严禁不经穿管直接埋设电线。

（4）抹灰、门窗、吊顶、饰面板（砖）、幕墙及细部工程质量验收的强制性条文。

1）抹灰工程。外墙和顶棚的抹灰与基层之间及各抹灰层之间必须黏结牢固。

2）门窗工程。建筑外门窗的安装必须牢固。在砌体上安装门窗严禁用射钉固定。

3）吊顶工程。重型灯具、电扇及其他重型设备，严禁安装在吊顶工程的龙骨上。

4）饰面板（砖）工程。饰面板（砖）安装工程的预埋件（或后置埋件）、连接件的数量、规格、位置、连接方法和防腐处理必须符合设计要求。后置埋件的现场拉拔强度必须符合设计要求。饰面板安装必须牢固。饰面砖粘贴必须牢固。

5）幕墙工程。隐框、半隐框幕墙所采用的结构黏结材料必须是中性硅酮结构密封胶，其性能必须符合《建筑用硅酮结构密封胶》（GB 16776—2005）的规定；硅酮结构密封胶必须在有效期内使用。主体结构与幕墙连接的各种预埋件，其数量、规格、位置和防腐处理必须符合设计要求。

幕墙的金属框架与主体结构预埋件的连接、立柱与横梁的连接及幕墙面板的安装必须符合设计要求，安装必须牢固。

6）细部工程。护栏高度、栏杆间距、安装位置必须符合设计要求。护栏安装必须牢固。

3.《建筑地面工程施工质量验收规范》（GB 50209—2010）

《建筑地面工程施工质量验收规范》（GB 50209—2010）主要对建筑地面工程的施工质量验收作出规定，关于施工基本规定、基层铺设、整体面层铺设等质量验收的强制性条文如下。

（1）地面工程施工基本规定。

1）建筑地面工程采用的材料应按设计要求和本规范的规定选用，并应符合国家标准的规定；进场材料应有中文质量合格证明文件、规格、型号及性能检测报告，对重要材料应有复验报告。

2）厕浴间和有防滑要求的建筑地面的板块材料应符合设计要求。

3）厕浴间、厨房和有排水（或其他液体）要求的建筑地面面层与相连接各类面层的标高差应符合设计要求。

（2）地面工程基层铺设。

1）有防水要求的建筑地面工程，铺设前必须对立管、套管和地漏与楼板节点之间进行密封处理；排水坡度应符合设计要求。

2）厕浴间和有防水要求的建筑地面必须设置防水隔离层。楼层结构必须采用现浇混凝土或整块预制混凝土板，混凝土强度等级不应小于 C20；楼板四周除门洞外，应做混凝土翻边，其高度不应小于 120mm。施工时结构层标高和预留孔洞位置应准确，严禁乱凿洞。

3）防水隔离层严禁渗漏，坡向应正确、排水通畅。

（3）地面工程整体面层铺设。不发火（防爆的）面层采用的碎石应选用大理石、白云石或其他石料加工而成，并以金属或石料撞击时不发生火花为合格；砂应质地坚硬、表面粗糙，其粒径宜为 0.15～5mm；水泥应采用普通硅酸盐水泥，其强度等级不应小于 32.5；面层分格的嵌条应采用不发生火花的材料配制。配制时应随时检查，不得混入金属或其他易发生火花的杂质。

4.《建筑内部装修设计防火规范》（GB 50222—2017）

《建筑内部装修设计防火规范》（GB 50222—2017）中关于装饰装修材料的分类、分级和民用建筑装饰装修设计防火的强制性条文及有关规定如下。

装饰装修材料使用部位、功能分类的规定：装修材料按其使用部位和功能，可划分为顶棚装修材料、墙面装修材料、地面装修材料、隔断装修材料、固定家具、装饰织物、其他装饰材料七类。

（1）装饰装修材料的燃烧性能等级的规定。装饰装修材料的燃烧性能划分为四级，见表 1.3。

表1.3 装修材料燃烧性能等级

等级	装修材料燃烧性能	等级	装修材料燃烧性能
A	不燃性	B2	可燃性
B1	难燃性	B3	易燃性

（2）防火设计的一般性规定。

1）除地下建筑外，无窗房间的内部装修材料的燃烧性能等级，除A级外，应在本规范规定的基础上提高一级。

2）消防水泵房、排烟机房、固定灭火系统钢瓶间、配电室、变压器室、通风和空调机房等，其内部所有装修材料均应采用A级装修材料。

3）无自然采光楼梯间、封闭楼梯间、防烟楼梯间的顶棚、墙面和地面均应采用A级装修材料。

4）地上建筑的水平疏散走道和安全出口的门厅，其顶棚装修材料应采用A级装修材料，其他部位应采用不低于B1级的装修材料。

5）建筑内部装修不应减少安全出口、疏散出口或疏散走道的设计、疏散所需净宽度和数量。

6）当歌舞厅、卡拉OK厅（含具有卡拉OK功能的餐厅）、夜总会、录像厅、放映厅、桑拿浴（除洗浴部分外）、游艺厅、网吧等歌舞娱乐放映游艺场所设置在一、二级耐火等级建筑的四层及四层以上时，室内装修的顶棚材料应采用A级装修材料，其他部位应采用不低于B1级的装修材料；设置在地下一层时，室内装修的顶棚、墙面材料应采用A级装修材料，其他部位应采用不低于B1级的装修材料。

（3）单层、多层、地下民用建筑装饰装修设计防火规定。

1）当单层、多层民用建筑需做内部装修的空间内装有自动灭火系统时，除顶棚外，其内部装修材料的燃烧性能等级按规定降低一级；当同时装有火灾自动报警装置和自动灭火系统时，其顶棚装修材料的燃烧等级可在规定的基础上降低一级；其他装修材料的燃烧性能等级可不限制。

2）地下民用建筑的疏散走道和安全出口的门厅，其顶棚、墙面和地面的装修材料应采用A级装修材料。

5.《玻璃幕墙工程技术规范》（JGJ 102—2017）

《玻璃幕墙工程技术规范》（JGJ 102—2017）中关于材料、加工制作、安装施工的强制性条文如下。

（1）玻璃幕墙材料。

1）隐框和半隐框玻璃幕墙，其玻璃与铝型材的黏结必须采用中性硅酮结构密封胶；全玻璃幕墙和点支承幕墙采用镀膜玻璃时，不应采用酸性硅酮结构密封胶黏结。

2）硅酮结构密封胶和硅酮建筑密封胶必须在有效期内使用。

3）硅酮结构密封胶使用前，应经国家认可的检测机构进行与其相接触材料的相容性和玻璃黏结性试验，并应对邵式硬度、标准状态拉伸黏结性能进行复验。检验不合格的产品不得使用。进口硅酮结构密封胶应具有商检报告。

(2) 玻璃幕墙加工制作。除全玻璃幕墙外，不应在现场打注硅酮结构密封胶。

(3) 玻璃幕墙安装施工。当高层建筑的玻璃幕墙安装与主体结构施工交叉作业时，在主体结构的施工层下方应设置防护网；在距离地面约3m高度处，应设置挑出宽度不小于6m的水平防护网。

6.《金属与石材幕墙工程技术规范》(JGJ 133—2013)

《金属与石材幕墙工程技术规范》(JGJ 133—2013) 中关于材料、构件检验及安装施工、验收的强制性条文如下。

(1) 石材和密封材料。

1) 花岗石板材的弯曲强度应经法定检测机构检测确定，其弯曲强度不应小于8.0MPa。

2) 同一幕墙工程应采用同一品牌的单组分或双组分的硅酮结构密封胶，并应有保质年限的质量证书。用于石材幕墙的硅酮结构密封胶还应有证明其无污染的试验报告。

3) 同一幕墙工程应采用同一品牌的硅酮结构密封胶和硅酮耐候密封胶配套使用。

4) 用硅酮结构密封胶黏结固定构件时，注胶应在温度15℃以上30℃以下、相对湿度50%以上且洁净、通风的室内进行，胶的宽度、厚度应符合设计要求。

(2) 幕墙构件检验。

1) 金属与石材幕墙构件应按同一种类构件的5%进行抽样检查，且每种构件不得少于5件。当有一个构件抽检不符合上述规定时，应加倍抽样复验，全部合格后方可出厂。

2) 构件出厂时，应附有构件合格证书。

(3) 幕墙安装施工的准备、安装过程及验收。

1) 幕墙安装施工的准备。金属、石材幕墙与主体结构连接的预埋件，应在主体结构施工时按设计要求埋设。预埋件应牢固、位置准确，预埋件的位置误差应按设计要求进行复查。当设计无明确要求时，预埋件的标高偏差不应大于10mm，预埋件位置差不应大于20mm。

2) 幕墙施工安装过程。金属板与石板安装应符合下列规定。

a. 应对横竖连接件进行检查、测量、调整。

b. 金属板、石板安装时，左右、上下的偏差不应大于1.5mm。

c. 金属板、石板空缝安装时，必须有防水措施，并应有符合设计要求的排水出口；填充硅酮耐候密封胶时，金属板、石板缝的宽度、厚度应根据硅酮耐候密封胶的技术参数，经计算后确定。

3) 幕墙施工验收。幕墙安装施工应对下列项目进行验收：主体结构与立柱、立柱与横梁连接节点安装及防腐处理；墙的防火、保温安装；幕墙的伸缩缝、沉降缝、防震缝及阴阳角的安装；幕墙的防雷节点的安装；幕墙的封口安装。

1.3 课程学习方法

随着经济发展，人民的生活水平日益提高，对居住的空间质量提出了更高的要求。

另外，近年来建筑施工污染问题日益受到关注，绿色施工、建筑环保的理念逐渐深入人心，为了避免重复施工造成的资源浪费，很多大中城市已经规定房产企业必须提供精装修房产。因此，建筑装饰行业的地位日益重要，发展潜力巨大。从教学上看，学生除了要重视该课程的重要性外，更要了解行业发展的趋势，结合当前建筑装饰装修行业发展的特点及装饰施工人员岗位要求进行学习。

1. 课程的主要学习内容

建筑装饰装修工程施工技术与基本的施工管理方法，包括施工流程、施工工艺、质量验收、施工资料及管理要点。建筑装饰装修的施工是在项目部领导下实施的，因此必须了解项目管理的基本要求，如施工管理的基本流程和基本方法，包括 PDCA 质量控制方法、动态控制原理、施工交底、工程资料管理等内容。

2. 课程的性质

本课程是建筑工程技术、建筑装饰工程技术专业的主干课程。尤其对高职建筑类专业学生而言，大多数学生毕业后主要从事施工与管理方面的工作，因此必须熟练掌握施工类系列课程的主要内容。建筑装饰装修工程施工与管理课程是施工类课程之一，其学习内容是从事施工生产活动必须具备的专业知识。建筑装饰装修工程相对比较复杂，主要是具有构造复杂、涉及的材料多、交叉作业多、工艺精细化程度高等特点。另外，装饰施工图纸也相对复杂，施工节点多，需要非常细致的施工安排与部署才能顺利实施。

3. 如何学好本课程

本课程具有实践性、综合性强的特点，适合理实一体化教学。学习过程中涉及各类建筑材料、图样和专业术语、标准规范，适当的记忆是必须的，如常规材料的特点、使用部位、规范要求等。同时还要借鉴先进工法的经验，逐步内化成为自己的技术技能，要求做到以下几点。

（1）多观察已有工程样板，勤思考，琢磨一些关键部位、关键节点的构造，从而领悟为什么这么做，做到“知其然，知其所以然”。

（2）多阅读与建筑装饰装修工程相关的规范、标准图集、工程实例分析、先进工法等。认真体会规范对施工过程和最终产品的要求，并注意在实践中遵守规范的要求。

（3）多动手、多实践。适当地完成一些作业是必要的，作业的形式可以多样化，如对现有建筑的构造剖析、工艺再现等都可有效锻炼施工能力。

可以通过工地观摩学习的方式融入行业和企业，熟悉施工管理流程和常规做法，重视职业素养的养成，如职业习惯、职业精神的培养。深入理解建筑装饰装修产品对精细程度的要求、企业对从业人员需具备的工匠精神的要求。

1.1-8 Ⓟ

第1章彩图

本 章 小 结

建筑装饰装修工程是为保护建筑物的主体结构、完善建筑物的使用功能和美化建筑物，采用装饰装修材料或饰物，对建筑物的内外表面及空间进行的各种处理过程。装饰装修工程涉及的材料复杂，工艺多，需要各工种穿插作业，有完善的法律法规要求，最终成品除了满足牢固、美观要求外，还要兼顾环保要求、消防要求，并应注意工程资料的积累，以便顺利通过工程竣工验收。

本章主要介绍建筑装饰装修的基本知识，施工要求，涉及的主要标准、规范以及课程的学习方法。

实训与实践

1. 实训项目

建筑装饰装修工程项目考察，考察你所在学校附近的至少一个建筑装饰装修项目，如商场、写字楼、车站、医院、教学楼等，观察它们的功能布局、装饰装修作业内容、辅助措施、材料应用、施工工艺、管理措施等。

2. 实训目的

（1）通过实践，熟悉建筑施工流程，理解建筑装饰装修施工与主体结构施工的差异。

（2）通过观察或现场调查研究，熟悉建筑装饰装修工程施工现场的环境特点、施工组织要求、施工危险源与文明施工措施要求等。

（3）通过调查研究，了解建筑装饰装修工程材料的类别、采购渠道、运输及存储要求。

3. 实训内容及要求

（1）了解工地概况、施工进度和即将开展的施工作业内容。

（2）拍摄现场照片，对平面、立面、顶面的装饰做法进行调查研究。

（3）与项目管理人员、现场施工人员进行口头交流，获得装饰工程施工项目管理的初步认识，思考岗位技能学习策略。

（4）把收集到的信息整理成调查报告，撰写如何学好“建筑装饰工程施工”课程的学习计划，要求字数在500字以上，发表到指定的在线课程网站上。

习　　题

一、填空题

1. 建筑装饰装修综合了________和________的特点，其设计一般侧重于视觉效果，使其满足人们的审美需求，然后才考虑其工艺和牢固性。

2. 建筑物在使用过程中，会受到________的影响，主要是空气中的水分、酸性介质，以及温度等的影响，如混凝土的碳化、钢筋腐蚀、钢结构腐蚀、砌体风化、木材腐烂等现象，都会影响结构的________。

3. 建筑装饰与建筑结构发生矛盾时，由于结构是传递________的构件，在设计时充分考虑了其受力情况，是经过计算确定的，因此在设计构造时应以不损害________为前提。

4. 建筑装饰装修工程的设计，应符合城市规划、________、________、节能等有关规定。设计单位必须按照基本建设管理程序办事，严格执行建筑装饰装修的质量检验评定标准、施工安全技术规范及验收规范等有关标准和规定。

二、单选题

1. 建筑装饰装修如必须改变原结构的，必须经过（　　）单位审核同意。

A. 原设计单位　　B. 监理单位　　C. 施工单位　　D. 装饰设计单位

2. 在施工中各分包单位必须密切配合，协调沟通方可避免矛盾发生。以下单位与建筑装饰施工单位不产生关系的是（　　）。

A. 防水施工单位　　B. 设备安装单位

C. 主体施工单位　　D. 地质勘察单位

3. 建筑装饰装修工程所用材料的燃烧性能，应符合现行国家标准，以下不属于消防方面的标准或规范的是（　　）。

A.《建筑内部装修设计防火规范》(GB 50222—2017)

B.《建筑设计防火规范》(GB 50016—2014)

C.《高层民用建筑设计防火规范》(GB 50045—95)

D.《玻璃幕墙工程技术规范》(JGJ 102—2017)

4. 室内外建筑装饰装修工程施工的环境条件应满足施工工艺的要求。施工环境温度应不大于（　　）；否则应采取保证工程质量的有效措施。

A. 0℃　　B. 5℃　　C. 10℃　　D. －5℃

5. 以下不属于需要控制的室内环境污染物是（　　）。

A. 氡（Ra-222）　　B. 甲醛

C. 二氧化硫　　D. 氨、苯和总挥发性有机化合物（TVOC）

三、简答题

1. 建筑装饰装修的定义是什么？它有哪几个方面的要求？

2. 建筑装饰装修工程的主要特点包括哪些方面？

3. 涉及建筑装饰装修的主要建筑法规有哪些？

4. 结合专业特点，谈谈你对本课程的认识，准备如何学习。

第2章 二次结构施工与管理

学习目标

通过本章的学习，学生应掌握二次结构的定义、作用和范围；理解二次结构施工与建筑装饰装修工程施工的联系；掌握二次结构的施工具体要求及注意事项，了解二次结构质量问题的表现及成因，掌握二次结构施工的组织与管理要求，及二次结构质量评价方法。

学习要求

知识要点	能力目标	相关知识	权重/%
二次结构施工内容	（1）了解二次结构的定义和作用 （2）理解二次结构施工质量对后续装修工程的影响 （3）熟悉二次结构的施工内容	（1）建筑二次结构的定义 （2）二次结构的施工范围 （3）二次结构构造要求	30
二次结构施工基本要求	（1）理解二次结构施工的基本要求 （2）熟悉涉及二次结构的相关规范条文 （3）掌握轻钢龙骨隔墙施工工艺	（1）二次结构施工的基本要求 （2）涉及二次结构的相关规范 （3）轻质隔墙构造及工艺	40
二次结构施工质量通病及防治	（1）了解二次结构质量通病及成因 （2）掌握二次结构质量控制措施 （3）掌握二次结构质量问题的处理	（1）二次结构质量通病及表现 （2）二次结构质量控制措施 （3）二次结构质量问题的处理技术	30

学习导入

建筑装饰装修工程施工在主体结构验收合格之后进行，建筑主体结构验收之后，还有大量二次结构，如构造柱、连系梁、隔墙、止水反坎等需要施工，通常二次结构穿插在建筑装饰装修阶段进行施工，可以视为装饰装修工程的一部分。主体结构和二次结构作为装饰结构的载体，它们的质量会影响装饰装修工程的质量。二次结构也是连接主体结构和后期机电工程、装饰工程的衔接体，其施工须综合考虑多专业的要求穿插进行。二次结构量大面广，目前国内尚无统一的施工规范可以遵循，一般按照相关规范和设计具体要求进行施工，若二次结构质量出现问题，则容易造成墙体裂缝、墙体渗漏水、吊顶塌陷等问题，从而直接影响装饰装修工程的质量。

2.1 二次结构概述

二次结构是框架结构、剪力墙结构、框剪结构建筑中的一些非承重的砌体、构造柱、过梁、防水反坎等，需在装饰前完成的部分工程实体。二次结构施工与主体结构施工相比，涉及的工序较多，如果不严格控制，容易对后续工程的施工质量造成不利影响，埋下质量隐患。在实际工程施工中，有些施工单位和监理单位对二次结构的重要性认识不足，疏于管理，容易造成二次结构施工质量问题频出，如造成墙体开裂、倾斜、漏水等问题，从而影响建筑的使用功能。

2.1.1 二次结构的构造及作用

二次结构是在一次结构（指主体结构的承重构件部分）施工完毕以后才施工的实体结构。二次结构虽然不是主要承重结构，但也承受自重和一些附着在其上的装饰构造的荷载，具体包括填充墙、过梁、构造柱、散水、台阶、止水反梁、女儿墙、压顶等。

图2.1 填充墙

（1）填充墙。建筑墙体按照结构受力情况不同，有承重墙、非承重墙之分。非承重墙包括隔墙、填充墙、幕墙。全框架结构的墙体，起围护和分隔作用，重量由梁柱承担，填充墙不承重，主要用于分隔建筑内部空间（图2.1）。

（2）过梁。当墙体上开设门窗洞口且墙体洞口大于300mm时，为了支撑洞口上部砌体传来的各种荷载，并将这些荷载传给门窗洞口两边的墙，常在门窗洞口上设置横梁，该梁称为过梁（图2.2）。过梁是砌体结构房屋墙体门窗洞上常用的构件，用于承受洞口顶面以上砌体的自重及上层楼盖梁板传来的荷载。

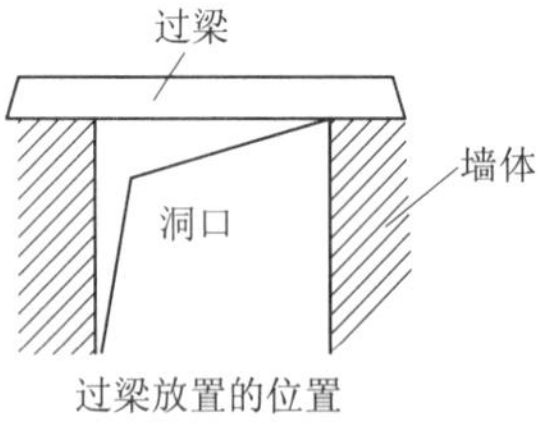

注：放在门、窗或预留洞口等洞口上的一根横梁。

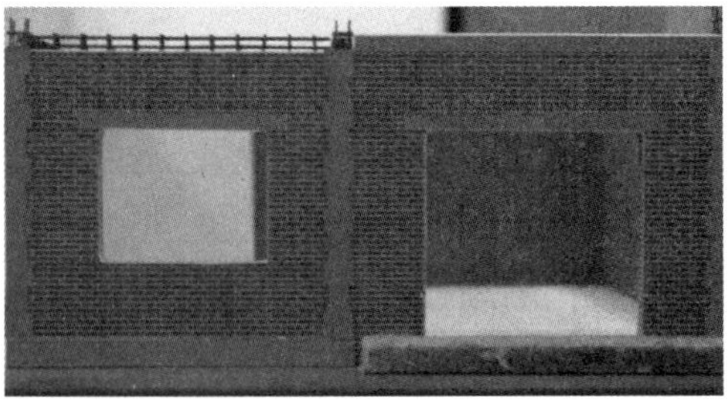

图2.2 过梁

（3）构造柱。在砌体房屋墙体的规定部位或框架填充墙内，按构造配筋，按照先砌墙后浇灌混凝土柱的施工顺序制成的混凝土柱，称为混凝土构造柱，简称构造柱。设置构造柱是为了提高多层砌体结构建筑或框架填充墙的抗震性能，砌体规范要求应在房屋的砌体内适宜部位设置钢筋混凝土柱，并与主体结构连接，加强建筑物的稳定性（图 2.3）。

图 2.3 构造柱

（4）散水。为了保护墙基不受雨水侵蚀，常在外墙四周将地面做成向外倾斜的坡面，以便将屋面的雨水排至远处，称为散水，这是保护房屋基础的有效措施之一（图 2.4）。散水是房屋等建筑物周围用砖石或混凝土铺成的保护层，宽度多在 1m 左右。设置散水的目的是为了使建筑物外墙勒脚附近的地面积水能够迅速排走，并且防止屋檐的滴水冲刷外墙四周地面的土壤，减少墙身与基础受水浸泡的可能，保护墙身和基础，可以延长建筑物的寿命。

（5）台阶。一般是指用砖、石、混凝土等筑成的一级一级供人上下的构件，多在高差较大的通道上设置（图 2.5）。

图 2.4 散水

图 2.5 台阶

（6）止水反梁。止水反梁一般是指在厨房、卫生间等处有水房间与外界分隔时，在墙根部设置的上翻梁或上翻素混凝土止水带。类似部位还有雨篷内侧、女儿墙根部、出屋面的楼梯间墙根部等（图 2.6）。

图 2.6 止水反梁

（7）女儿墙。女儿墙是建筑物屋顶周围的矮墙，主要作用除维护安全外，也用于

图 2.7 女儿墙

防水层的收头，也就是常说的女儿墙泛水，用以避免防水层渗水或是屋顶雨水漫流。上人屋顶的女儿墙的主要作用是保护人员的安全，并对建筑立面起装饰作用；不上人屋顶的女儿墙的作用除立面装饰外，还用于固定油毡（图 2.7）。

（8）压顶。露天的墙顶上用砖、瓦、石料、混凝土、钢筋混凝土、镀锌铁皮等筑成的覆盖层，最典型的是女儿墙压顶。一般压顶高度设置为200mm，宽度同墙厚（图 2.8）。

图 2.8 女儿墙及压顶

2.1.2 涉及二次结构的规定及构造建议

二次结构施工属于零散工程，但也不能随意施工，需仔细参照相关的规范和设计图纸的要求，力求构造合理，避免对后期装饰装修工程造成不利影响。

1. 过梁

《砌体结构设计规范》（GB 50003—2011）对过梁有以下规定：对有较大震动荷载或可能产生不均匀沉降的房屋，应采用混凝土过梁。当过梁的跨度不大于 1.5m 时，可采用钢筋砖过梁；当不大于 1.2m 时，可采用砖砌平拱过梁。对有较大振动荷载或可能产生不均匀沉降的房屋，应采用钢筋混凝土过梁。砖砌过梁的构造应符合下列规定。

1）砖砌过梁截面计算高度内的砂浆强度不宜低于 M5。

2）砖砌平拱用竖砖砌筑部分的高度不应小于 240mm。

3）钢筋砖过梁底面砂浆层处的钢筋，其直径不应小于 6mm，间距不宜大于 120mm，钢筋伸入支座砌体内的长度不宜小于 240mm，砂浆层的厚度不宜小于 30mm。

2. 填充墙

《砌体结构工程施工质量验收规范》（GB 50203—2011）对填充墙有以下规定：砌筑填充墙时，轻骨料混凝土小型空心砌块和蒸压加气混凝土砌块的产品龄期不应小于28d，蒸压加气混凝土砌块的含水率宜小于 30%。如工程使用蒸压加气混凝土砌块，则在运输及堆放中应防止雨淋。吸水率较小的轻骨料混凝土小型空心砌块及采用薄灰砌筑法施工的蒸压加气混凝土砌块，砌筑前不应对其浇（喷）水湿润；在气候干燥炎热的情况下，对吸水率较小的轻骨料混凝土小型空心砌块宜在砌筑前喷水湿润。

采用普通砌筑砂浆砌筑填充墙时，烧结空心砖、吸水率较大的轻骨料混凝土小型空心砌块应提前1～2d浇（喷）水湿润。采用蒸压加气混凝土砌块砌筑砂浆或普通砌筑砂浆砌筑时，应在砌筑当天对砌块砌筑面喷水湿润。块材湿润程度应符合下列规定。

（1）烧结类块材的相对含水率宜为60%～70%。

（2）非烧结类块材的相对含水率宜为33%～50%。

（3）砌筑上墙块材的含水率不得为饱和含水率。

注意采用“干砌法”施工的蒸压加气混凝土砌块，不需对其浇（洒）水湿润。

在厨房、卫生间、浴室等处采用轻骨料混凝土小型空心砌块、蒸压加气混凝土砌块砌筑墙体时，墙底部宜现浇混凝土坎台，其高度宜为150mm。填充墙拉结筋处的下皮小砌块宜采用半盲孔小砌块，或用混凝土灌实孔洞的小砌块；“干砌法”施工的蒸压加气混凝土砌块砌体，拉结筋应放置在砌块上表面开凿的沟槽内，并用加气混凝土黏结砂浆填实。

蒸压加气混凝土砌块、轻骨料混凝土小型空心砌块不应与其他块体混砌，不同强度等级的同类块体也不得混砌。窗台处和因安装门窗需要，在门窗洞口处两侧填充墙上、中、下部可采用其他块体局部嵌砌；对与框架柱、梁不脱开方法砌筑的填充墙，填塞填充墙顶部与梁之间的缝隙可采用其他块体。

填充墙砌体砌筑，应待承重主体结构检验批验收合格后进行。填充墙与承重主体结构间的空（缝）隙部位施工，应在填充墙砌筑14d后进行，这样做的目的是避免出现沉降收缩裂缝；否则可能出现墙体抹灰裂缝（图2.9）。

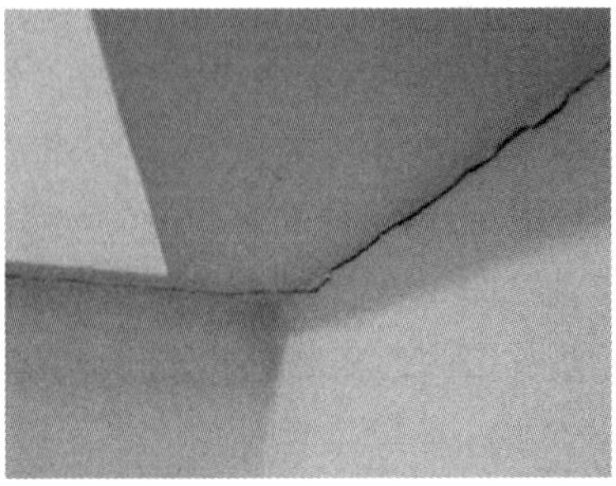

图2.9 墙体沉降收缩导致抹灰开裂

3. 女儿墙

女儿墙在建筑上的主要作用，就是为了做好防水收头，也就是常说的女儿墙泛水，有多部规范对女儿墙的构造提出要求。一般屋面，找坡、保温、隔热、防水等做完后做女儿墙，约250mm厚；再考虑防水层端部卷起250mm高，女儿墙应做成500mm高左右，不宜高于600mm。规范中，对女儿墙高度在不同地方有不同的要求，一般都是限制高度，因其在地震时容易坠落伤人。如作为防护构造，其墙体不宜过高，可在墙体上加装轻型防护栏杆确保高度，具体做法参照建筑设计图纸（图2.10）。

图2.10 女儿墙防护栏杆

《工业建筑防腐蚀设计规范》（GB 50046—2008）强调屋面形式应简单，宜采用由组织外排水。生产过程中散发腐蚀性粉尘较多的建筑物，不宜设女儿墙。采用有组织排水的目的是为了避免带有腐蚀性介质的雨水漫流而腐蚀墙面。调查表明，散发腐蚀性粉尘较多的建筑物屋面上设置女儿墙后，在女儿墙处会大量积聚粉尘，不易排除，加重腐蚀。

《多孔砖（KP1型）建筑抗震设计与施工规程》（JGJ 68—90）、《中型砌块建筑设计与施工规范》（JGJ 5—80）规定，无锚固女儿墙最大高度0.50m，出入口上方女儿墙应有锚固。《建筑抗震鉴定标准》（GB 50023—95）规定，无拉结女儿墙和门脸等装饰物，当砌筑砂浆的强度等级不低于M2.5且厚度为240mm时，其突出屋面的高度，对整体性不良或非刚性结构的房屋不应大于0.5m；对刚性结构房屋的封闭女儿墙不宜大于0.9m。

《老年人建筑设计规范》（JGJ 122—99）规定，供老人活动的屋顶平台或屋顶花园，其屋顶女儿墙护栏高度不应小于1.10m；出平台的屋顶突出物，其女儿墙护栏高度不应小于0.60m。

4. 台阶

《民用建筑设计通则》（GB 50352—2005）规定，公共建筑室内外台阶踏步宽度不宜小于0.30m，踏步高度不宜大于0.15m，并不宜小于0.10m，踏步应防滑。室内台阶踏步数不应少于2级，当高差不足2级时，应按坡道设置；人流密集的场所台阶高度超过0.70m并侧面临空时，应有防护设施。室外台阶由平台和踏步组成，平台面应比门洞口每边宽出500mm左右，并比室内地坪低20～50mm，向外做出约1%的排水坡度。台阶踏步所形成的坡度应比楼梯平缓，一般踏步的宽度不小于300mm，高度不大于150mm。当室内外高差超过1000mm时，应在台阶临空一侧设置围护栏杆或栏板。

2.2 二次结构施工

2.2.1 多孔砖墙砌筑

在二次结构施工中，砌筑工程是主要施工作业内容，而且位置分散，零星作业较多，需注意其施工质量。一般砌筑砂浆要提前做好配合比设计，现场拌制时要做好施工计量，并采用机械搅拌。砌筑砂浆的机械搅拌时间，普通砂浆不少于2min；掺粉煤灰的砂浆不少于3min。有构造柱的砖墙都要砌成马牙槎，并按施工规范的要求设置拉结筋，构造柱混凝土应待砖墙完成后浇筑。

砌筑砂浆应随拌随用。水泥砂浆必须在拌成后3h内用完；混合砂浆必须在拌成后4h内用完，夏季高温易凝结，则须2h和3h内用完。砌筑砖墙时，黏土砖应提前1～2d浇水湿润，不得随砌随浇水或干砖上墙。过梁上与过梁成60°角的三角形范围内及过梁净跨度1/2的高度范围内不得设置脚手眼。宽度小于1m的窗间墙以及门窗洞口的两侧200mm和转角处450mm的范围内不得留置脚手眼。

临时施工洞口净宽度不应超过1m，留槎要留阳槎，并按施工规范要求设置拉结钢筋。砖墙的转角处和交接处应同时砌筑，不能同时砌筑处，就砌成斜槎，斜槎长度不小于高度的2/3。如果临时间断处留斜槎有困难时，除转角处外，其他地方可留直槎，但必须做成阳槎并架设拉结筋（图2.11）。宽度超过300mm的洞口，应砌筑成平拱或设置过梁。多孔砖、空心砖表面不得留水平沟槽。门窗过梁严格按设计要求施工，当设计图纸不明时优先采用预制混凝土过梁，其伸入支座每边不少于 250mm。用空心砖砌的窗台要按各省地方规程砌筑。砌体转角处和交接处应同时砌筑，严禁无可靠措施的内外墙分开砌筑。

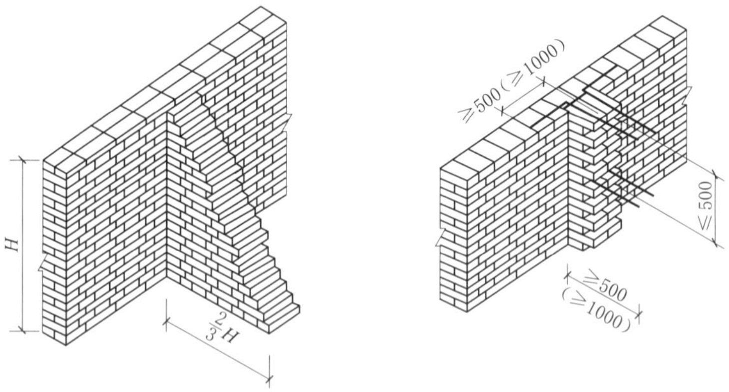

图 2.11 纵横墙搭接留槎（单位：mm）

2.2-1
技术交底

砖砌体的总体要求：上下错缝、内外搭接、横平竖直、砂浆饱满；砌筑误差应控制在规范允许范围内。填充墙顶部应预留 2～3cm 缝隙，待砂浆干燥砌体完全沉实后（约 7d），方可用水泥砂浆挤饱或者细石混凝土填满。具体构造可参照有关砌体填充墙构造图集，如《砌体填充墙结构构造》（12G614—1）。填充墙砌筑时，应做好技术安全交底，对砌筑时的主要质量隐患要特别交代，尤其要注意以下有关事项。

1. *砌筑砂浆*

一般根据图纸要求进行配比，±0.000 以下墙体砌筑采用 M7.5 水泥砂浆，±0.000 以上墙体砌筑采用 M5 水泥砂浆。

2. *砂浆试块的留置*

1）±0.000 以下 M7.5 三组标养试块。

2）±0.000 以上 M5 一楼层一组标养试块，且不少于 3 组。

2.2-2
拓展阅读 2：交底案例

3. *构造柱*

（1）构造柱构造。砌砖墙时，与构造柱连接处应砌成马牙槎。每个马牙槎沿高度方向的尺寸为 30cm（即一皮砌块高度），马牙槎应先退后进，进退尺寸为 60mm（图 2.12）。

构造柱的设置及要求：构造柱的设置位置、断面尺寸见各层建筑平面及相关结施图纸。除有关图纸已注明者外，构造柱应在墙体转角、不同厚度墙体交接处、较大洞口两侧（不小于 2000mm）、悬臂墙端部布置，构造柱间距不大于 4m，且不大于层高 2 倍。一般需在填充墙内墙转角处，外挑墙端及墙长不小于 5m 的墙中应设构造柱，构造柱厚度同邻近墙体，宽度 200mm。

（2）构造柱钢筋。箍筋与竖向筋要保证垂直，弯钩叠合处，沿主筋方向错开转圈设置，第一道箍筋距柱根部 50mm。柱内竖筋 4ϕ12mm，箍筋非加密区 ϕ6@200mm，接头范围箍筋加密 100mm，加密高度 600mm。

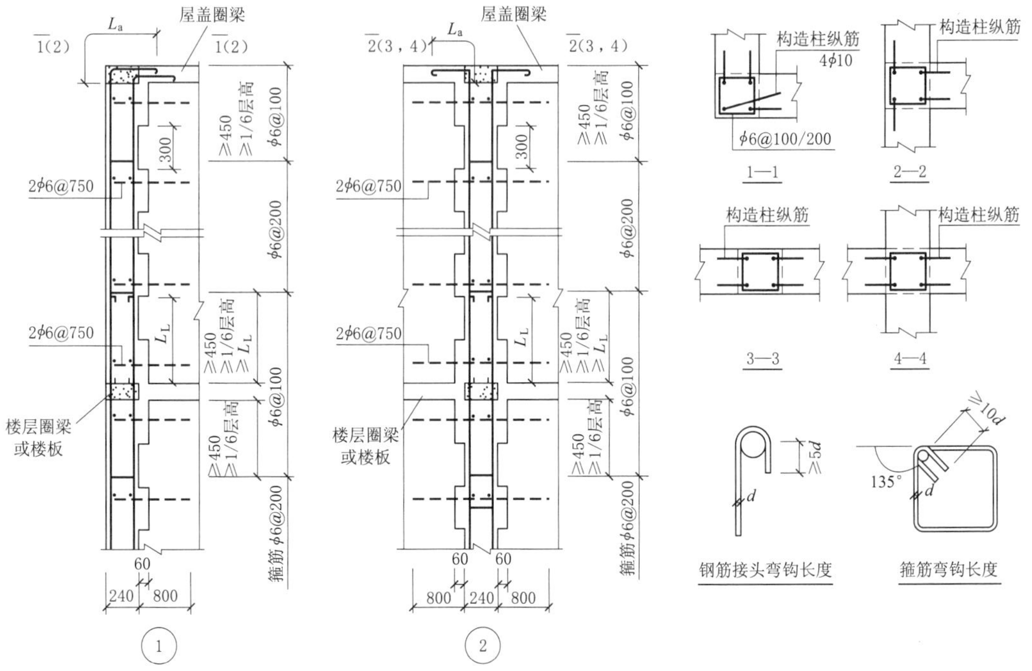

图 2.12 构造柱构造（单位：mm）

(3) 构造柱应先砌墙后浇筑混凝土，用 C20 混凝土浇筑时，构造柱与墙体连接应加拉筋。构造柱上部与梁板连接处应加插筋，填充墙砌筑砂浆等级不应低于 M5。

4. 拉结筋

(1) 拉结筋设置要求。拉结筋设置在灰缝内，±0.000 以下拉结筋位置沿墙高每隔 500mm 设置一道，通长设置。±0.000 以上拉结筋位置沿墙高每隔 400mm 设置一道，通长设置。拉结筋搭接长度为不少于 $55d$。

(2) 拉结筋、板带筋植入深度为 90mm，拉结筋锚入墙内长度为不小于墙长的 1/5 且不小于 700mm。

5. 混凝土带

按设计图纸要求，墙高不小于 4m 的 200mm 厚墙及高度不小于 3m 的 100mm 厚墙需在墙半高处设置与柱连接的通长钢筋混凝土带，厚度为 60mm。另外，注意通长纵筋的型号与连接符合图纸要求。

2.2.2 加气混凝土砌块砌筑

加气混凝土砌块是一种轻质多孔、保温隔热、防火性能良好、可钉、可锯、可刨和具有一定抗震能力的新型建筑材料。因其具有诸多优点，被广泛应用于填充墙施工（图 2.13）。加气混凝土砌块墙如无切实有效措施，不得使用于以下部位：建筑物室内地面标高以下部位、长期浸水或经常受干湿交替部位、受化学环境侵蚀（如强酸、强碱）或高浓度二氧化碳等环境、砌块表面经常处于 80℃以上的高温环境。

1. 加气混凝土砌块使用的一般规定

图 2.13 加气混凝土砌块填充墙

加气混凝土砌块开始砌筑时，其产品龄期应超过 28d。龄期不够的砌块用于砌筑工程，墙体收缩较大，容易导致墙体收缩开裂。加气混凝土砌块在运输、装卸过程中，严禁倾倒和抛掷。进场后按品种、规格分别堆放整齐，堆置高度不宜超过 2m，并应防止雨淋。

砌筑前，加气混凝土砌块应提前 2d 浇水湿润，浇水时应把砌块上的浮尘冲洗干净；砌块砌筑时应向砌筑面适量浇水。除砌块浇水湿润外，还应在砌筑前对砌筑面再洒水湿润；其含水率一般不超过 15%（粉煤灰加气混凝土砌块的含水率一般不超过 20%）。但应注意，如采用水玻璃黏结砂浆或其他专用黏合剂砌筑时，不得浇水湿润，还应采取防潮、防雨水等措施。

加气混凝土砌块砌筑时，墙底部应砌筑烧结普通砖或多孔砖，或普通混凝土小型空心砌块，或现浇混凝土坎台等，其高度不宜小于 200mm，混凝土强度等级宜为 C20。根据砌块砌体标高要求立好皮数杆，皮数杆立在砌体的转角处，纵向长度一般不应大于 12m 立一根。长度不大于 150mm 的砌块不得上墙。砌筑最底层砌块时，当灰缝厚度大于 20mm 时应使用细石混凝土铺实，上下皮灰缝应错开搭砌，搭砌长度不应小于砌块总长的 1/3。当搭砌长度小于 150mm 时，即形成通缝，竖向通缝不应大于 2 皮砌块；否则应配 ϕ4mm 钢筋网片或 2ϕ6mm 钢筋，长度宜为 700mm。

图 2.14 加气混凝土砌块切割

2. 加气混凝土砌块的施工要点

加气混凝土砌块的切锯采用专用机械进行加工，不得用斧、凿随意砍凿（图 2.14）。每次砌筑高度不应超过 1.5m，距上一批间歇时间不小于 24h。砌筑完后至顶部塞缝间歇时间不小于 7d，主要是避免后期收缩裂缝。

蒸压加气混凝土砌块填充墙砌体施工过程中，严格按设计要求留设构造柱，当设计无要求时，应按墙长度每 5m 设构造柱。构造柱应置于墙的端部、墙角和 T 形交叉处。构造柱马牙槎应先退后进，进退尺寸大于 60mm，进退高度宜为砌块 1～2 层高度，且在 300mm 左右。加气混凝土砌块填充墙与构造柱之间以 ϕ6mm 拉结筋连接，拉结筋按墙厚每 120mm 放置一根，120mm 厚墙放置两根拉结筋。拉结筋埋于砌体的水平灰缝中，埋入每边墙的长度不应小于 500mm。（图 2.15）对抗震设防烈度 6 度、7 度的地区，不应小于 1000mm，末端应作 90°弯钩。

墙体洞口上部应放置 2ϕ6mm 的拉结筋，伸过洞口两边长度每边不少于 500mm。框架柱、剪力墙侧面等结构部位应预埋 ϕ6mm 的拉墙筋和构造柱、圈梁的插筋，或者结构施工后植上钢筋。

图 2.15 加气混凝土砌块砌筑

图 2.16 顶砖砌法

填充墙砌至接近梁底、板底时，应留一定的空隙，待填充墙砌筑完并至少间隔 7d 后，再将其补砌挤紧，防止上部砌体因砂浆收缩而开裂。方法为：当上部空隙不大于 20mm 时，用 1∶2 水泥砂浆嵌填密实；稍大的空隙用细石混凝土镶填密实；大空隙用烧结标准砖或多孔砖呈 60°角斜砌挤紧，但砌筑砂浆必须密实。顶砖预留高度为 160～200mm，斜度为 45°～60°，顶砖两端需设置预制三角块（图 2.16）。

加气砌块填充墙与柱和承重墙交接处应沿墙高每隔 1m 设置 2ϕ6mm 拉结筋，伸入填充墙内不得小于 500mm。填充墙砌至拉结筋部位时，将拉结筋调直，平铺在墙身上，然后铺灰砌墙；严禁折断拉结筋或拉结筋未进入墙体灰缝中。在砌筑过程中，采用“原浆随砌随收缝法”，先勾水平缝，后勾竖向缝。灰缝与砌块面要平整密实，不得出现丢缝、瞎缝、开裂和黏结不牢等现象，以避免墙面渗水和开裂，以利于墙面粉刷和装饰。空调孔需预制并向室外形成倒坡。

严禁在墙体上交叉埋设和开凿水平槽；竖向槽必须在砌体强度达到设计要求后，用机械开凿，且在粉刷前，加贴钢丝网片等抗裂材料，开槽宽度小于 100mm 采用 1∶3 水泥砂浆填嵌，大于 100mm 必须采用细石混凝土填嵌。施工洞、脚手眼等后填洞口补砌时，应将接槎处表面清理干净，浇水湿润，并填实砂浆。外墙等防水墙面的洞口应采用防水微膨砂浆分次堵砌，迎水面表面采用 1∶3 防水砂浆粉刷。孔洞填塞应由专人负责，质量员必须进行全数检查。

2.2.3 植筋施工

2.2-3 植筋工艺

在装饰装修过程中，经常会遇到修补较大楼面洞口的问题。目前很多地产项目会采用错层设计，通过在楼层间预留较大洞口，让业主在房产通过验收后再补上这部分楼面，达到增加使用面积的目的。为了使得后补楼面与原有结构牢固连接，其钢筋必须通过植筋的方式固定于混凝土梁上（图 2.17）。

植筋技术是一项针对混凝土结构的较简捷、有效的连接与锚固技术，可植入普通钢筋，也可植入螺栓式锚筋，现已广泛应用于已有建筑物的二次结构施工和加固改造工程。例如，施工中漏埋钢筋或钢筋偏离设计位置的补救，构件加大截面加固的补筋，

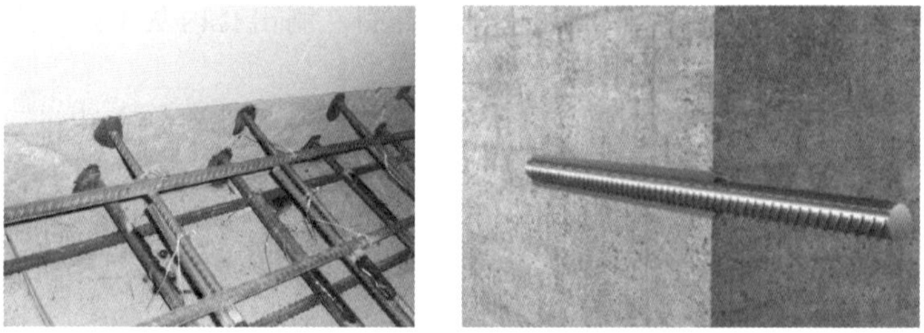

图 2.17 植筋施工

上部结构扩跨、顶升施工过程对梁、柱的接长，房屋加层接柱和高层建筑增设剪力墙的植筋等。

化学植筋是在已有混凝土结构或构件上，根据工程拟需用钢筋规格，以适当的钻孔直径和深度，采用化学黏合剂使新增的钢筋与原混凝土黏合牢固，使新增钢筋的强度得以充分利用，并发挥至设计所期望的性能。在主体施工时构造柱插筋预留位置易位移，填充墙体的拉结筋和构造柱的主筋均可采用植筋法施工。采用植筋技术对混凝土结构进行加固改造时，原构件的混凝土强度等级应按现场检测结果确定。一般要求原构件的混凝土不得低于 C20，植筋过程中严禁切断原结构中的钢筋，拉结筋钢筋采用 $\phi 6$，构造柱钢筋采用 $\phi 12$。植筋用胶须选用建筑植筋专用胶（图 2.18）。

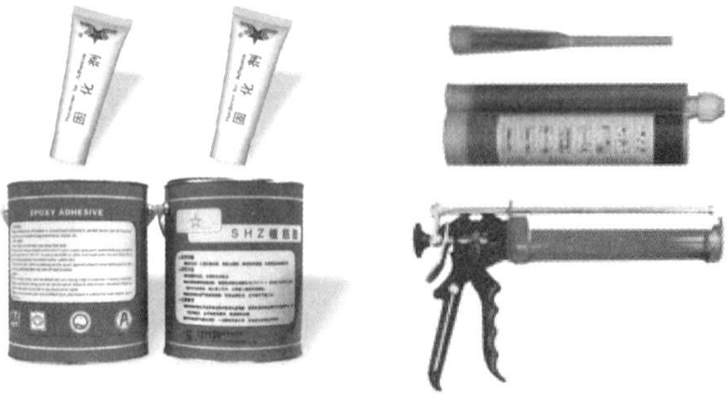

图 2.18 植筋用胶及施工工具

1. 植筋施工准备

首先要做好材料准备。植筋胶使用前，须查看其包装上注明的生产日期及终止使用日期；拟植钢筋须具有出厂合格证及检验报告，钢筋表面不得有锈蚀情况，且不得沾有油污。其次要对人员进行详细的技术交底，如告诉工人植筋的深度、钻孔直径、清孔要求、钢筋间距等。然后是准备好施工机具，如冲击电钻、电动搅拌机械、小型吹风机、容器、自制毛刷等。

2. 植筋施工工艺流程

植筋的定位、放线→钻孔→孔的清理→钻孔的验收→孔内注胶→植入钢筋并临时固定→固化→植筋的检验→植筋的成品保护。

3. 植筋操作工艺

（1）对拟植钢筋位置进行定位放线。先弹出所需增加结构的位置线，在植筋处把原结构钢筋的保护层凿除，探明原结构钢筋的位置（如遇原混凝土结构内钢筋位置影响，现场可适当调整被植钢筋的位置），用粉笔标出被植钢筋的位置。

（2）钻孔。首先确定钻孔的深度和孔径（钻孔深度：$\phi 6$ 钢筋为 90mm，$\phi 12$ 钢筋为 140mm；钻孔孔径：$\phi 6$ 钢筋的孔径为 $\phi 8$，$\phi 12$ 钢筋的孔径为 $\phi 14$），然后用冲击电钻钻孔。

(3) 钻孔的清理。钻孔后，必须用毛刷（自制）刷出孔内灰尘，后用吹风机吹出灰尘完成清孔，以保证黏合剂与混凝土的黏合。

(4) 钻孔的验收。钻孔清理后，应由工长、质检员逐孔对钻孔孔径、孔深、清孔情况进行自检后，报业主、监理逐孔进行验收，并做好隐蔽验收记录。

(5) 注胶。注胶时应注意排除钻孔内的空气，为达到此目的，需将注胶管尽可能插到孔内底部。注胶时应保持钻孔内的干燥，胶注入深度为孔深的2/3，并以钢筋植入后略有被挤出为宜。

(6) 植筋。必须采用无锈蚀的钢筋植入钻孔，后缓慢将钢筋旋于孔中以利于胶与孔壁的黏合。植筋前应搭设双排脚手架，用于钢筋的临时固定，植入后的钢筋要留有足够的时间让黏合剂固化。

(7) 固化。根据实际的环境温度（5～25℃）确定胶的凝胶时间为25min，胶的固化时间为1.5h。植筋后黏合剂在凝胶期间至完全固化为止，须保证钢筋固定不动。

(8) 植筋检验。待黏合剂固化后，对所植钢筋进行现场植筋的拉拔试验，以检验植筋的性能。

上述步骤如果做不好，会影响拉拔试验结果，导致验收不能通过。

4. 植筋施工质量控制及操作注意事项

植筋质量会影响后期加固结构的安全性，因此必须控制好质量。建筑植筋胶进场后必须检查出厂合格证、生产日期和终止使用日期，以防止使用不合格品及过期产品。正式施工前必须植不少于3根钢筋进行拉拔试验，实测的轴向锚固拉力荷载值全部达标后方可进行大批量施工。

拟植钢筋必须采用无锈蚀的钢筋并不得沾有油污。钻孔后，必须用毛刷及清洁的压缩空气清孔，并保持孔内干燥。必须逐个对孔深、孔径及清孔情况进行验收，并做好隐检记录，符合要求后方可植筋。每层清孔完成后，质量员必须对钻孔深度、清孔质量进行检查，检查数量不少于10%，检查合格后办理隐检手续。注胶时，第一次打出的胶不用，注胶从孔底开始，注入孔的深度以植筋后须保证胶被略有挤出为宜。

植筋后按设计要求做拉拔抽检试验，合格后进行下一道工序施工。钢筋锚固工作完成，经自检合格后，质量员进行验收，按照1‰的抽检率随机对植筋进行拉拔试验，并做好拉拔试验记录。抽检中如有1根以上不合格，则须逐根进行检测，不合格须全部返工。

因化学黏合剂对眼睛具有刺激性且接触皮肤可能造成过敏，使用时需戴护目镜，如触到眼睛需马上冲水并清洗。操作者需戴手套，接触皮肤立即用肥皂和水清洗。

2.2.4 混凝土施工

1. 混凝土止水反坎施工

混凝土止水反坎的作用是起到墙体根部的结构防水作用，因此施工质量对卫生间和厨房等部位的防水效果有较大影响。止水反坎浇筑前需将原有结构面凿毛并湿润，浇筑高度需满足设计要求，混凝土防水反梁模板应固定牢靠，避免浇筑振捣时炸模；混凝土要用振捣棒振捣密实。

2. 构造柱施工

(1) 支模。支模时在模板的表面上均匀地涂刷脱模剂，便于后期拆模。模板支设后应沿构造柱砖墙边缘采用双面胶黏条粘贴密封，使模板与墙面接合处密实，减少混凝土浇灌时漏浆。支模时设置喇叭口，方便浇筑密实，待混凝土硬化后再将牛腿部分混凝土凿除，以确保构造柱的稳定性。

中间的构造柱采用对拉螺栓固定模板，螺栓应从构造柱内部穿过，不得在砌块上凿孔。不得采用穿铁丝的方式固定模板。

(2) 混凝土浇筑。构造柱浇筑混凝土前，必须将构造柱内的砖墙马牙槎和模板用水浇洒湿润，以免浇筑的混凝土浆料被砖墙砌体吸附而导致石子在柱内阻塞产生蜂窝、麻面等不密实现象。构造柱混凝土坍落度宜为 50～70mm，石子的粒径不宜大于 20mm，混凝土拌和在现场出料后应 1.5h 内浇筑完成。振捣混凝土时，宜采用插入式混凝土振捣器，应分层振捣，振动棒随振随拔，每次振捣的厚度不应超过振捣棒的 1.25 倍。在振捣的同时，采用小锤轻敲模板的形式确认混凝土的密实度。

2.3　二次结构质量问题及防治

二次结构施工量大、面广，很多属于零星作业。加强现场管理，在施工工艺、质量验收、安全管理等方面严格控制显得尤为重要。目前国家尚无主要针对二次结构的专项施工规范，一些地方有省市地方标准出台，施工时也可结合作业内容参考相应的施工规范或标准图集，如《混凝土结构工程施工质量验收规范》(GB 50204—2015)、《砌体结构工程施工质量验收规范》(GB 50203—2011)、《砌体填充墙结构构造》(12G614—1) 等。常见的二次结构施工质量问题主要出现在填充墙、构造柱、窗台、联系梁等部位，所表现出的问题也比较琐碎。

2.3.1　二次结构施工质量问题

1. 导致外墙漏水的质量问题

二次结构涉及墙体的施工部位很多，如果不认真处理，容易造成外墙渗水。如窗台梁工序倒置，先浇筑后砌墙，留有缝隙，且无排水坡度，造成外墙窗台部位有渗漏隐患；外墙局部未满刀灰砌筑，有渗漏隐患 (图 2.19)。再如窗台梁处用水泥砖找模数，且未满刀灰砌筑，埋下渗漏隐患 (图 2.20)；正确做法是砌筑前提前算好皮数，砌

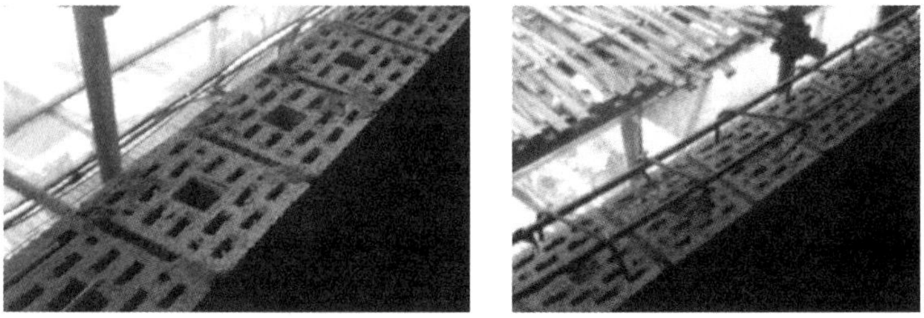

图 2.19　外墙满刀灰砌筑图

图 2.20 窗台梁处用水泥砖找模数

筑时挂皮数杆施工。

墙体孔洞处理不当，比如空调孔外高内低，成为渗漏隐患。脚手眼未用水泥砂浆填塞，剪力墙对拉杆未认真堵塞等均易造成外墙渗水。此外，还有构造柱柱顶与梁板交接处由于施工空间小、工艺不当，造成混凝土不密实而漏水等。渗水、漏水均会影响后期装饰装修施工的质量，如造成涂料脱落、墙纸污染发霉等。

2. 构造柱与墙体的拉结问题

构造柱拉结筋下料不准，拉结筋长度不够，未与主筋有效绑扎或焊接，且拉结筋外露长度不满足搭接要求，有的甚至不设拉结筋（图 2.21）。马牙槎内砌筑砂浆未随手清理干净，影响构造柱混凝土与墙体黏结。

图 2.21 构造柱质量问题

构造柱与窗间墙的布置不合理，窗间墙过窄，且在较窄窗间墙上留置脚手眼，容易造成窗间墙不稳。另外，构造柱钢筋随意搭接，不遵守钢筋施工规范（图 2.22）。

3. 二次结构混凝土质量问题

二次结构混凝土振捣不到位，导致出现蜂窝、孔洞，影响二次结构与主体结构的黏结强度。例如，构造柱头混凝土不密实，养护不到位（图 2.23）；钢筋的混凝土保护层太薄，使过梁露筋，影响上部荷载传递和结构耐久性等问题。

图 2.22 窗间墙与构造柱问题

图 2.23 构造柱头混凝土质量差

4. 墙体砌筑、开槽质量问题

墙体砌筑质量对后期抹灰工程有较大的影响，部分墙体存在平整度、垂直度不达标的情况，以及分户墙未用标准砖砌筑且多种砖混砌的问题（图2.24）。隔墙顶部塞砖不密实，灰缝控制不严，会造成观感差的问题。此外，墙体开槽前未弹线，造成边角不顺直，也会导致观感差。另外，还可能存在构造柱浇筑漏浆污染墙面的问题。

图 2.24 混砌墙

水电预埋需要开线槽，如果砖墙开线槽时野蛮施工将墙打透，并打断墙体拉结筋，易造成墙体抹灰层出现收缩裂缝（图 2.25）。

5. 二次结构植筋质量问题

主要表现为植筋偏位严重，开孔深度控制不严，开孔随意破坏主体结构，如植筋开孔打裂楼板，造成楼板渗漏（图 2.26）。还有部分植筋开孔后，没有对孔位及时清理就注胶，导致植筋不牢固。

图 2.25 墙体随意开槽

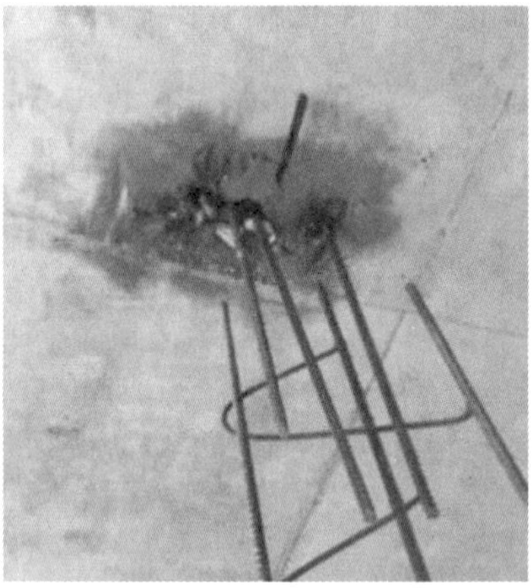

图 2.26 植筋问题

6. 止水反坎质量问题

在涉水部位（卫生间、厨房、外墙等）墙体砌筑前应在墙体下部浇筑混凝土反坎。主要问题表现为：该设置反坎的未设置，尤其是屋顶平台部位，导致外墙根部渗水。二次施工浇筑前未清理施工缝，未对止水反坎部位原混凝土进行凿毛或凿毛不到位，浇筑振捣不密实等。

2.3.2 质量问题原因分析及防治

二次结构施工比较零散，加上二次结构在建筑中分布范围广，施工单位如果思想上不够重视就容易出现质量问题。二次结构施工质量问题主要是由于管理不到位、人员素质差等原因造成的。主要表现为以下几点。

（1）施工交底不到位，图纸不明确，施工具有随意性。

（2）施工巡查不到位，未及时发现问题，或发现问题存在侥幸心理，不愿意整改。

（3）监理不到位，监理日常巡视不能发现问题，不严格要求。

（4）作业人员素质差，缺乏责任心，马虎施工，应付了事，不服从监管。

要提升二次结构施工质量，主要是要加强管理，提高质量意识，落实交底制度，加强日常巡查，监理到位，严格验收。强化施工作业人员的培训和考核，加强隐蔽工程验收，落实奖惩制度。

二次结构施工技术难度并不高，从造成二次结构质量问题的成因来看，人员素质对质量的影响起到主要作用。质量问题主要是由现场施工管理人员和作业人员对问题的认识不足、工作疏忽造成的。而对于高职学生而言，缺乏施工阅历，甚至不了解什么是二次结构，是造成到岗后不能把工作做细致的主要原因。重视管理，注意施工细节处理就可以避免质量问题，为下一步室内装饰装修工程的施工奠定良好基础。

2.4 轻质隔墙

2.4.1 轻质隔墙的种类

2.4-1 Ⓣ
拓展阅读3：轻质隔墙板简介

轻质墙体是区别于实心墙并衍生出来的新概念墙体。为了实现轻质，墙体材料就要做到空心，或者降低材料密度，或者设计成内部空心。按轻质程度从实心砖块发展到空心砌块，再到空心条板，继而发展到龙骨组合墙体（龙骨与面板组合成墙体）。

轻质墙体材料在价格、隔音性能、墙面承载、吊挂力以及防火、防水等性能方面各有不同，但与黏土实心砖相比，其共同的特点是自重很轻，每平方米的重量一般只有黏土实心砖墙的1/9～1/5，墙体厚度只有传统实心墙体的1/2左右，可以有效节省空间，增加建筑套内使用面积。轻质墙体材料的种类很多，在装修中主要使用的有以下种类。

1. 龙骨＋面板墙体

龙骨有木龙骨和轻钢龙骨两种；面板有纸面石膏板、硅酸钙板、玻镁板等（图2.27）。

图2.27 龙骨＋面板墙体

2. 轻质墙板隔墙

轻质隔墙板是一种新型节能墙材料，墙板经流水线浇注、整平、科学养护而成，外形像空心楼板，但两边有公母隼槽，安装时只需将板材立起，公、母隼涂上少量嵌缝砂浆后拼装起来即可（图 2.28）。有彩钢板、玻镁轻质墙板、GRC 轻质墙板、水泥发泡墙板、秸秆墙板等墙体。按断面结构可分为空心条板、实心条板和复合条板（图 2.29）。

图 2.28 轻质隔墙板的连接

图 2.29 各种轻质隔墙板

（1）空心条板。它是以水泥为主要黏结材料，加上化工添加剂搅拌后，浇灌于模具中，并根据特定的尺寸切割而成，它是一种沿着板材长度的走向，留着能够贯穿孔洞的预制型条板。这种轻质隔墙板质轻、经济、防火，如 SGK 石膏空心轻质隔墙板（图 2.30）。SGK 石膏空心轻质隔墙板是以建筑石膏、生石灰、水泥为复合胶凝材料，以工业矿渣、粉煤灰为轻骨料，以耐碱网格布、耐碱短纤维为增强材料制成空心轻质墙板。

图 2.30 SGK 石膏空心轻质隔墙板

（2）实心条板。以水泥为主要黏结材料，在模具中浇灌而成，并根据一定尺寸切割后的完整隔墙板。其实，实心条板是用同种材料制作而成的，没有孔洞、实心的隔墙板。这种隔墙板的优点是承重好，可开凿，可在隔墙板上直接进行装饰，如轻质水泥发泡隔墙板。

图 2.31 轻质水泥发泡隔墙板

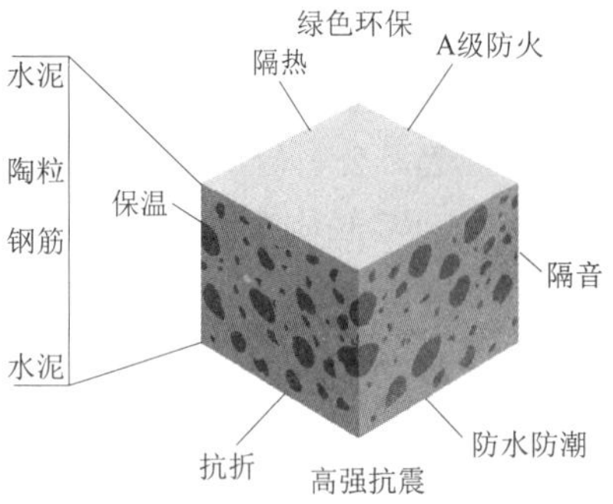

图 2.32 轻质陶粒墙板

(3) 复合条板。它是以两种或是两种以上不同功能的材料混制而成的一种复合型条板。其优点是使用寿命长、施工速度快、易装饰，如轻质陶粒墙板、轻质复合节能墙板。轻质陶粒墙板是以轻质陶粒和粉煤灰为主要原料，通过高效发泡、陶粒增强、蒸压养护、全自动机械切割等工艺生产。它是一种具有轻质、高强、隔热保温、防火、隔音、环保等特点的新型自保温材料，主要用于室内隔墙（图 2.32）。

3. 轻质砖隔墙

轻质隔墙砖有水泥空心砖、水泥发泡砖、节能型砖（主要掺入煤渣、陶粒等）。

4. 轻质复合墙板

轻质复合墙板是一种双面板＋芯材的隔墙，面板有艾特板、仿大理石面板等，芯材为高铝水泥、聚苯乙烯颗粒、纳米真空催化剂等多种复合试剂，轻质复合墙板是优质的隔墙材料。

轻质复合节能墙板作为最新的节能墙材料，它由硅酸钙板为两面板，中间填充天然石英石、聚苯乙烯泡沫颗粒等轻质芯材，经特殊工艺加压制作而成。具有良好的防火、防水、防潮、保温、隔热、隔音性能。轻质复合节能墙板具有良好的吸音和隔音效果，90mm 厚的墙板隔声量为 40dB，大大高于其他砌砖墙体的隔音效果。轻质复合节能墙板容重只有 750～800kg/m^3，75mm 厚墙板的重量为 60kg/m^2，相当于 120mm 厚砌体＋双面抹灰墙体重量的 1/7，因为减少了结构造价，增大了使用面积，施工简单便捷，造价便宜，经济效益优越。

轻质复合节能墙板可完全干作业装配式施工，可交叉作业，与砌筑墙体施工相比效率显著提高，可达到缩短工期的效果。此外，该墙板运输简洁、堆放卫生，墙板还可根据建筑结构需求任意切割调整宽度、长度，减少了材料损耗率和建筑垃圾。

轻质复合节能墙板可按需要任意开槽布线、打钉或上膨胀螺栓进行吊挂重物，如空调机、吊柜等，单点可吊挂 1t 以上重物。此外，墙板的面板表面平整光滑，不会产生粉尘，可直接粘贴瓷砖、墙纸、木饰板等材料作饰面处理。轻质复合节能墙板的重复使用率高达 70%～90%，拆、装均非常简便快捷，可大大提高产品利用率和经济效益（图 2.33）。

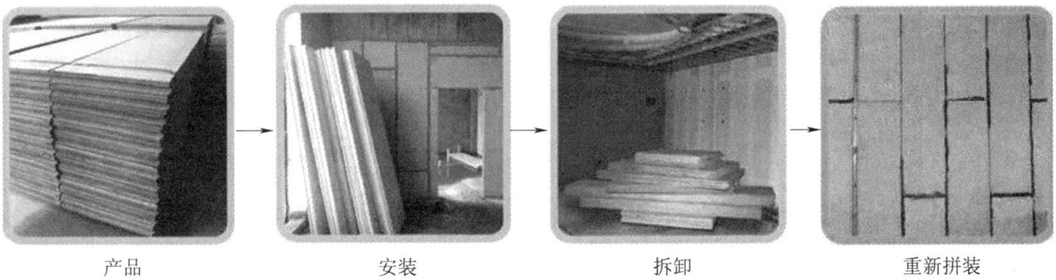

图 2.33 轻质复合节能墙板的重复使用

目前大力推广装配式装修，轻质隔墙的应用将更加广泛，也可有效缩短工期，达到快装的效果。在装修过程中，快装隔墙能快速实现空间功能的规划，已经有企业实现60d完成100间公寓装修的快装效果。

2.4.2 轻质隔墙工程施工

1. 一般规定

轻质隔墙的构造，固定方法应符合设计要求。轻质隔墙材料在运输和安装时，应轻拿轻放，不得损坏表面和边角，板材应防止受潮变形。当轻质隔墙下端用木踢脚覆盖时，饰面板应与地面留有20～30mm缝隙；当用大理石、瓷砖、水磨石等做踢脚板时，饰面板下端应与踢脚板上口齐平，接缝应严密。板材隔墙、饰面板安装前应按品种、规格、颜色等进行分类选配。轻质隔墙与顶棚和其他墙体的交接处应采取防开裂措施。接触砖、石、混凝土的龙骨和埋置的木楔应作防腐处理。胶黏剂应按饰面板的品种选用。现场配制胶黏剂，其配合比应由试验决定。

2. 主要材料质量要求

板材隔墙的墙板、骨架隔墙的饰面板和龙骨应有产品合格证书。饰面板表面应平整，边沿应整齐，不应有污垢、裂纹、缺角、翘曲、起皮、色差和图案不完整等缺陷。胶合板不应有脱胶、变色和腐朽。复合轻质墙板的板面与基层（骨架）黏结必须牢固。

3. 施工要点

（1）墙位放线应按设计要求，沿地、墙、顶弹出隔墙的中心线和宽度线，宽度线应与隔墙厚度一致，弹线应清晰，位置应准确。

（2）轻钢龙骨的安装应符合下列规定。

1）应按弹线位置固定沿地、沿顶龙骨及边框龙骨，龙骨的边线应与弹线重合。龙骨的端部应安装牢固，龙骨与基体的固定点间距应不大于1m。

2）安装竖向龙骨应垂直，龙骨间距应符合设计要求。潮湿房间和钢板网抹灰墙，龙骨间距不宜大于400mm。

3）安装支撑龙骨时，应先将支撑卡安装在竖向龙骨的开口方向，卡距宜为400～600mm，距龙骨两端的距离宜为20～25mm。

4）安装贯通系列龙骨时，低于3m的隔墙安装一道，3～5m隔墙安装两道。

5）饰面板横向接缝处不在沿地、沿顶龙骨上时，应加横撑龙骨固定。

6）门窗或特殊接点处安装附加龙骨应符合设计要求。

（3）木龙骨的安装应符合下列规定。

1）木龙骨的横截面积及纵、横向间距应符合设计要求。

2）骨架横、竖龙骨宜采用开半榫、加胶、加钉连接。

3）安装饰面板前应对龙骨进行防火处理。

（4）骨架隔墙在安装饰面板前应检查骨架的牢固程度、墙内设备管线及填充材料的安装是否符合设计要求，如有不符合处应采取措施。

（5）纸面石膏板的安装应符合以下规定。

1）石膏板宜竖向铺设，长边接缝应安装在竖龙骨上。

2）龙骨两侧的石膏板及龙骨一侧的双层板的接缝应错开，不得在同一根龙骨上接缝。

3）轻钢龙骨应用自攻螺钉固定，木龙骨应用木螺钉固定。沿石膏板周边钉间距不得大于 200mm，板中钉间距不得大于 300mm，螺钉与板边距离应为 10～15mm。

4）安装石膏板时应从板的中部向板的四边固定。钉头略埋入板内，但不得损坏纸面，钉眼应进行防锈处理。

5）石膏板的接缝应按设计要求进行板缝处理。石膏板与周围墙或柱应留有 3mm 的槽口，以便进行防开裂处理。

（6）胶合板的安装应符合下列规定。

1）胶合板安装前应对板背面进行防火处理。

2）轻钢龙骨应采用自攻螺钉固定。木龙骨采用圆钉固定时，钉距宜为 80～150mm，钉帽应砸扁；采用钉枪固定时，钉距宜为 80～100mm。

3）阳角处宜作护角。

4）胶合板用木压条固定时，固定点间距不应大于 200mm。

（7）板材隔墙的安装应符合下列规定。

1）墙位放线应清晰，位置应准确。隔墙上下基层应平整、牢固。

2）板材隔墙安装拼接应符合设计和产品构造要求。

3）安装板材隔墙时宜使用简易支架。

4）安装板材隔墙所用的金属件应进行防腐处理。

5）板材隔墙拼接用的芯材应符合防火要求。

6）在板材隔墙上开槽、打孔应用云石机切割或电钻钻孔，不得直接剔凿和用力敲击。

4. 主要机具

（1）电动机具，包括电锯、手电钻、冲击电钻、直流电焊机、切割机。

（2）手动工具，包括手锯、钳子、拉铆钳、螺丝刀、靠尺、钢水平尺。

5. 作业条件

轻钢骨架隔断工程施工前，应先安排外装，安装罩面板时先安装好一面，待隐蔽验收工程完成后，并经有关单位、部门验收合格，办理完工种交接手续，再安装另一面。安装各种系统的管、线盒弹线及其他准备工作已到位。

6. 轻钢龙骨隔墙操作工艺

（1）工艺流程。弹线→安装天地龙骨→竖向龙骨分档安装→安装系统管线→安装横向卡档龙骨→安装门洞口框→安装罩面板（一侧）→安装隔音棉→安装罩面板（另一侧）。

（2）弹线。在基体上弹出水平线和竖向垂直线。

（3）隔断龙骨的安装。沿弹线位置固定沿顶和沿地龙骨，各自交接后的龙骨保持平直。固定点间距小于 1000mm，龙骨端部必须固定牢固。若选用支撑卡系列龙骨时，应先将支撑卡安装在竖向龙骨开口上，卡距为 400～600mm，距龙骨两端为 20～25mm。选用通贯系列龙骨时，高度低于 3m 的隔墙安装一道，3～5m 的隔墙安装两道，5m以上的隔墙安装三道。

（4）石膏板安装。安装石膏板前，应对预埋隔断中的管道和设备采取局部加强措施（图2.34）。石膏板必须竖向铺设，长边接缝应落在竖向龙骨上。双面石膏罩面板安装，应与龙骨一侧的内外两层石膏板错缝排列，接缝不应落在同一根龙骨上，先安装有特殊要求的一面板，填充隔音、保温等材料后再封闭另一面板。石膏板用自攻螺钉固定，周边螺钉间距不大于200mm，中间部分螺钉间距不大于300mm，螺钉与板边缘的距离为10～16mm。石膏板的安装必须从板的中部向板的四边固定。顶头约陷入板内，但不得损坏纸面，钉眼用石膏腻子抹平。隔墙端部的石膏板与周围的墙或柱应留有3mm的槽口。施铺罩面板时，先在槽口处加注嵌缝膏，然后铺板并挤压嵌缝膏，使面板与邻近表面接触紧密。石膏板的接缝一般留3～6mm的缝，必须坡口与坡口相接。

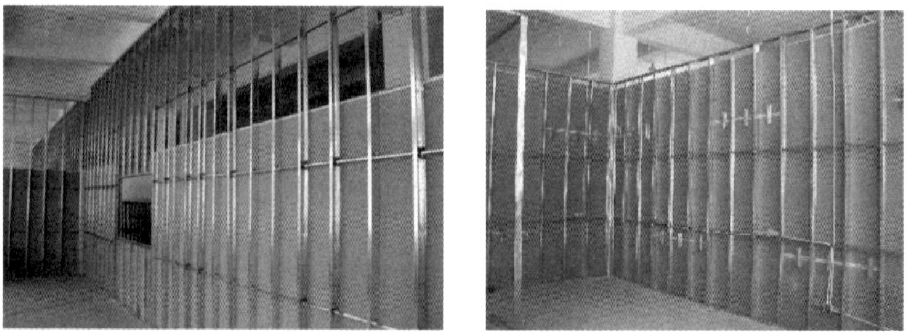

图2.34 轻钢龙骨隔墙石膏板及管线安装

7. 质量标准

质量验收按《建筑装饰装修工程质量验收标准》（GB 50210—2018）执行。

（1）一般规定。

1）轻质隔墙工程验收时应检查下列文件和记录：轻质隔墙工程的施工图、设计说明及其他设计文件；材料的产品合格证书、性能检测报告、进场验收记录和复验报告；隐蔽工程验收记录；施工记录。

2）轻质隔墙工程应对人造木板的甲醛含量进行复验。

3）轻质隔墙工程应对下列隐蔽工程项目进行验收：骨架隔墙中设备管线的安装及水管试压；木龙骨防火、防腐处理；预埋件或拉结筋；龙骨安装；填充材料的设置。

2.4-2 水管试压操作

4）各分项工程的检验批应按下列规定划分：同一品种的轻质工程每50间（大面各房间和走廊按轻质隔墙的墙面30m² 为一间）应划分为一个检验批，不足50间也应划分为一个检验批。

5）轻质隔墙与顶棚和其他墙体的交接处应采取防开裂措施。

6）民用建筑轻质隔墙工程的隔声性能应符合现行国家标准《民用建筑隔声设计规范》（GBJ 118—88）的规定。

7）骨架隔墙工程的检查数量应符合的规定。每个检验批应至少抽查10%，并不得少于3间；不足3间时应全数检查。

（2）主控项目。

1）骨架隔墙所用龙骨、配件、墙面板、填充材料及嵌缝材料的品种、规格、性能和木材含水率应符合设计要求。有隔音、隔热、阻燃、防潮等特殊要求的工程，材料应有相应性能等级检测报告。

检验方法：观察；检查产品合格证书、进场验收记录、性能检测报告和复验报告。

2）骨架隔墙工程边框龙骨必须与基体结构连接牢固，并应平整、垂直、位置正确。

检验方法：手扳检查；尺量检查；检查隐蔽工程验收记录。

3）骨架隔墙中龙骨间距和构造连接方法应符合设计要求。骨架内设备管线的安装、门窗洞口等部位加强龙骨应安装牢固、位置正确，填充材料的设置应符合设计要求。

检验方法：检查隐蔽工程验收记录。

4）木龙骨及木墙面板的防火和防腐处理必须符合设计要求。

检验方法：检查隐蔽工程验收记录。

5）骨架隔墙的墙面板应安装牢固，无脱层、翘曲、折裂及缺损。

检验方法：观察；手扳检查。

6）墙面板所用接缝材料的接缝方法应符合设计要求。

检验方法：观察。

（3）一般项目。

1）骨架隔墙表面应平整光滑、色泽一致、洁净、无裂缝，接缝应均匀、顺直。

检验方法：观察；手摸检查。

2）骨架隔墙上的孔洞、槽、盒应位置正确、套割吻合、边缘整齐。

检验方法：观察。

3）骨架隔墙内的填充材料应干燥，填充应密实、均匀、无下坠。

检验方法：轻敲检查；检查隐蔽工程验收记录。

4）骨架隔墙安装的允许偏差和检验方法应符合表2.1的规定。

表2.1 骨架隔墙安装的允许偏差和检验方法

项次	项目	允许偏差/mm		检验方法
		纸面石膏板	人造木板、水泥纤维板	
1	立面垂直度	3	4	用2m垂直检测尺检查
2	表面平整度	3	3	用2m靠尺和塞尺检查
3	阴阳角方正	3	3	用直角检测尺检查
4	接缝直线度	—	3	拉5m线，不足5m拉通线，用钢直尺检查
5	压条直线度	—	3	拉5m线，不足5m拉通线，用钢直尺检查
6	接缝高低差	1	1	用钢直尺和塞尺检查

8. 成品保护

轻钢龙骨石膏板隔墙施工过程中，各工种应注意不要损坏已安装部分。避免碰撞隔断内电管线及电盒、电箱等。隔断安装完后，不要碰撞墙面，墙面上不要悬挂重物，不要损坏和污染隔断墙面。

9. 应注意的质量问题

轻钢龙骨石膏板隔断及连接件、钉固附件等，未作防腐处理的表面必须刷防锈漆。顶龙骨与墙体连接的预留洞，在主体砌筑时应按图纸要求预留，不得遗忘和移位。施工隔断时，周边宜留 3mm 的空隙，超过 12m 长的隔断应做伸缩缝。

2.4.3 轻质隔墙工程质量控制要点

1. 板材隔墙（复合轻质墙板、石膏空心板、钢丝网水泥板等）

（1）检查板材的产品合格证、性能检测报告。其产品品种、规格、性能、颜色均应符合设计要求。有隔音、隔热、阻燃、防潮等要求的，应有相应性能检测报告，并符合相关的规定要求。

（2）检查隔墙板安装配件及接缝材料证件。其安装所需埋件、连接件的位置、数量及连接方法应符合设计要求，并应连接牢固。所用接缝材料的品种及接缝方法应符合设计要求，并有产品合格证明书。

（3）检查板材安装的外观表面质量和安装数值偏差。隔墙板材安装应垂直、平整、位置正确，板材不应有裂缝和缺损。表面应平整光滑、色泽一致，洁净、接缝均匀、顺直。其安装允许偏差见表 2.2。

表 2.2 板材隔墙安装允许偏差值

项目	允许偏差/mm				检查方法
	轻质墙板		石膏空心板	钢丝网水泥板	
	金属夹芯板	其他复合板			
立面垂直度	2	3	3	3	用 2m 垂直检测尺检查
表面平整度	2	3	3	3	用 2m 垂直检测尺和塞尺检查
阴阳角方正	3	3	3	4	用直尺检测尺检查
接缝高低差	1	2	2	3	用钢直尺和塞尺检查

2. 活动隔墙

（1）检查活动隔墙所用材料、配件等产品合格证和性能检测报告及所需复试报告。其所用材料、配件的品种、规格、性能和木材含水率均应符合设计要求。有阻燃、防潮等要求的，应有相应性能等级的检测报告和需复试的报告，指标符合要求。

（2）检查活动隔墙的制作和组合方式。其制作方法和组合方式应符合设计要求。

（3）检查轨道与基体的连接与位置。其位置应正确，轨道与基体结构的连接必须牢固。

（4）检查用于活动隔墙构配件的安装。用于组装、推拉和制动的构配件必须安装牢固，位置准确，推拉必须安全、平稳、灵活且应无噪声。

（5）检查活动隔墙外观表面质量和安装偏差。其表面应色泽一致、平整光滑、洁净，线条应顺直、清晰。安装允许偏差见表 2.3。

表 2.3　　活动隔墙安装允许偏差值

项目	允许偏差/mm	检验方法	项目	允许偏差/mm	检验方法
立面垂直度	3	用 2m 垂直检测尺检查	接缝高低差	2	用钢直尺和塞尺检查
表面平整度	2	用 2m 靠尺和塞尺检查	接缝宽度	2	用钢直尺检查
接缝直线度	3	拉 5m 线，用钢直尺检查			

3. 玻璃隔墙（玻璃砖、玻璃板）

（1）检查玻璃隔墙的材料产品合格证和性能检测报告。材料的品种、规格、性能、图案和颜色应符合设计要求。

（2）检查玻璃砖的砌筑方法或玻璃板的安装方法。玻璃砖的砌筑工艺方法和玻璃板的安装工艺方法应符合设计要求和相关规定。

（3）检查隔墙的安装牢固效果。玻璃隔墙必须安装牢固，其胶垫安装应正确。玻璃砖砌筑中所埋设的拉结筋必须与基体结构连接牢固，并位置正确。

（4）检查玻璃隔墙安装的外观表面质量和安装偏差数值。板墙的嵌缝、玻砖墙的勾缝应密实平整、均匀顺直、深浅一致。隔墙接缝应横平竖直，玻璃无裂痕、缺损和划痕。表面应色泽一致、平整洁净、清晰美观。其安装允许偏差见表 2.4。

表 2.4　　玻璃隔墙安装允许偏差值

项目	允许偏差/mm		检验方法
	玻璃砖	玻璃板	
立面垂直度	3	2	用 2m 垂直检测尺检查
表面平整度	3	—	用 2m 靠尺和塞尺检查
阴阳角方正	—	2	用直角检测尺检查

2.4-3 Ⓟ
第 2 章彩图

本 章 小 结

本章介绍了二次结构的施工一般在主体结构验收之后、装饰装修施工之前开展，或作为装饰装修工程的一部分进行施工。二次结构施工的内容包括填充墙、过梁、构造柱、散水、台阶、止水反梁、女儿墙、压顶等，具有作业内容零散的特点。装饰构造一般都依附于二次结构之上，二次结构起到基层（如隔墙为抹灰面的基层）或加固的作用。二次结构施工质量不好，往往造成后期的装饰构造出现表观质量问题，如墙体开裂、墙面漏水等质量问题。通过本章的学习应达到以下要求。

（1）能理解二次结构与后期装饰装修工程的联系，能采取适当的管理措施保证二次结构的施工质量。

（2）能正确理解二次结构各部位的建筑构造要求，熟悉常规做法、涉及相关规范的条文要求及质量验收标准。

（3）能对二次结构施工班组进行技术交底，施工结束后能组织针对二次结构的质量验收，并能分析质量问题的成因。

（4）熟悉轻质隔墙的种类，掌握轻钢龙骨隔墙的构造及施工质量控制要点。

实训与实践

1. 实训项目

（1）工地观摩实践。到附近在建工地进行参观实践，要求参观的工程项目刚完成主体施工，即将进行装饰装修阶段的施工，或刚开始二次结构施工。此阶段的工地具有诸多二次结构施工内容，学生可以看到各种二次结构及其构造。

（2）根据现场施工内容，如隔墙砌筑施工，班级分组模拟工程技术人员对作业班组进行技术交底。

（3）开展二次结构验收训练，对已完成的二次结构成品进行质量验收，并填写相关质量验收报表。

2. 实训目的

（1）通过实训，增加对二次结构的直观认识，掌握二次结构的构造要求。

（2）通过模拟技术交底和质量验收，检验技能掌握程度，训练施工管理技能，为将来指导施工作业积累工作经验。

（3）通过与工地管理人员和技术工人的沟通交流，锻炼沟通能力，适应工地环境。

3. 实训内容及要求

（1）了解工地概况、施工进度和即将开展的施工作业内容。

（2）调查工地二次结构的施工种类、数量、部位，以及相关工程图纸。

（3）调查工地对二次结构的施工部署、质量保证措施、材料准备情况和作业人员准备情况。

（4）拍摄相关照片，把收集到的信息整理成调查报告，以便积累工程经验。

习　题

一、填空题

1. 二次结构施工一般在________完成之后，施工内容包括________、________、________、止水反坎等，往往穿插在建筑装饰装修阶段进行施工。

2. 装饰结构的载体是________和________。________也往往是连接主体结构和后期机电工程、装饰工程的衔接体，其施工要求综合考虑多专业的要求穿插进行。

3. 二次结构质量出现问题，则容易造成墙体________、墙体________、吊顶塌陷等问题。

4. ________是在已有混凝土结构或构件上根据工程拟需用钢筋规格以适当的钻孔直径和深度，采用化学黏合剂使新增的拟用钢筋与原混凝土黏合牢固，使新增钢筋的强度得以充分利用，并发挥至设计所期望的性能。

5. 二次结构施工质量问题主要由________、________等原因造成。

6. 轻质复合节能墙板可完全________施工，可交叉作业，与砌筑墙体施工相比效率显著提高，可达到________的效果。

二、单选题

1. 设置（ ）是为了提高多层建筑砌体结构或框架填充墙的抗震性能，规范要求应在房屋的砌体内适宜部位设置并与主体结构连接，共同加强建筑物的稳定性。

A. 构造柱　　B. 联系梁　　C. 拉结筋　　D. 圈梁

2. 构造柱混凝土坍落度宜为50～70mm，石子的粒径不宜大于20mm，混凝土拌和在现场出料后应在（ ）h内浇筑完成。

A. 0.5　　B. 1　　C. 1.5　　D. 2

3. 植筋施工在正式施工前必须植不少于（ ）根钢筋进行拉拔试验，实测的轴向锚固拉力荷载值，全部超过破坏荷载值后方可进行大批量施工。

A. 2　　B. 3　　C. 4　　D. 5

4. 植筋锚固工作完成后，经自检合格后，质量员进行验收，按照1‰的抽检率随机对植筋进行拉拔试验，并做好拉拔试验记录。抽检中如有（ ）根以上不合格，则须逐根进行检测，不合格须全部返工。

A. 1　　B. 2　　C. 3　　D. 4

5. 加气砌块填充墙与柱和承重墙交接处应沿墙高每隔1m设置2ϕ6mm拉结筋，伸入填充墙内不得小于（ ）mm。

A. 300　　B. 400　　C. 500　　D. 1000

三、简答题

1. 二次结构施工的作业内容包括哪些？一般在什么时候安排施工？二次结构的施工质量对后期的装饰装修施工有何影响？

2. 影响二次结构施工质量的因素主要有哪些？你认为应该如何做好二次结构施工？

3. 轻钢龙骨隔墙为何要在石膏板安装前进行管道试压？

4. 简述轻钢龙骨隔墙操作工艺要点有哪些。

第3章 门窗工程施工与管理

学习目标

通过本章的学习，学生应了解门窗在建筑中的作用，掌握门窗的材料、构造；理解相关标准、规范对门窗原材料、构配件进场质量的要求；熟悉典型门窗施工工艺，熟悉门窗工程施工日常管理要求，学会门窗工程施工质量控制及通病防治。

学习要求

知识要点	能力目标	相关知识	权重/%
门窗的作用及功能要求	(1) 了解门窗在建筑中的作用 (2) 理解建筑对门窗功能的要求 (3) 掌握实现门窗功能的措施	(1) 建筑门窗的作用 (2) 门窗功能要求	30
门窗材料或成品的进场质量要求	(1) 了解门窗材料及构件组成 (2) 熟悉门窗成品质量要求	(1) 门窗构造及材料 (2) 涉及门窗的相关规范	20
门窗施工工艺及质量验收	(1) 掌握入户门的安装工艺 (2) 掌握木门窗、铝合金门窗安装工艺及质量控制 (3) 掌握门窗施工质量验收标准及常见质量问题的处理 (4) 学会门窗工程施工管理要点	(1) 门安装工艺 (2) 窗户安装工艺 (3) 门窗质量验收标准 (4) 门窗施工组织与管理	50

学习导入

门窗是房屋围护结构中的重要构件。门窗在现代建筑中起到重要的作用，其总面积通常占到建筑面积的15%～20%，有些商业建筑及别墅建筑中门窗的面积甚至达到40%。门窗工艺的提升进一步促成了建筑中门窗的大量应用。门的作用主要是交通联系和分隔空间，此外还有防护（防火、防盗）的功能。窗户的主要作用是采光、通风及供人们眺望。门窗都是围护结构的一部分，有围护结构相应的功能，如保温、隔热、防水等功能。门窗根据材料不同，分类也不相同，主要有木门窗、塑钢门窗、铝合金门窗、玻璃门窗等，或者采用以上材料组合而成。门窗在装饰工程中占有相当重要的地位，可对建筑立面起到装饰作用，不仅能美化室内外环境，还能营造出丰富多彩的空间艺术形象。门窗的最终质量受构件质量和安装工艺的综合影响，因此在装饰工程施工中必须对门窗工程足够重视。

3.1 门窗概述

一般住宅项目中除了房间门以外，门窗有三类，即防火门、单元对讲门、建筑外门窗（铝合金、塑钢门窗等）。防火门一般用在楼梯间过道、各类检查井、地下室有防火要求的房间、电梯机房、超过六层的住宅进户门等；单元对讲门设置在单元入口处，位于建筑外立面处，应设置雨篷避免淋雨。建筑外门窗包括各类房间的外窗、外门、阳台门等。

3.1-1 Ⓜ 门窗分类

3.1.1 门窗的分类

门窗是重要的建筑构件，也是重要的装饰部件，种类和形式繁多，主要按照开启方式、材质、技术用途、风格等来进行分类。

1. 按照开启方式分类

窗可分为平开窗、推拉窗、上悬窗、中悬窗、下悬窗、固定窗等。

窗的开启方式主要取决于窗扇转动五金的位置及转动方式，如图 3.1 所示。

（1）固定窗。窗扇不能开扇，一般将玻璃直接安装在窗框上，作用是采光、眺望，如图 3.1（a）所示。

（2）平开窗。将窗扇用铰链固定在窗框侧边，有外开、内开之分。平开窗构造简单，制作方便，开启灵活，广泛应用于各类建筑中，如图 3.1（b）所示。

（3）旋窗。按开启方式不同，分为 3 种。①上旋窗，窗轴位于窗扇上方，外开时防雨好，但通风较差，如图 3.1（c）所示；②中旋窗，构造简单、制作方便、通风较好，多用于厂房侧窗，如图 3.1（d）（e）所示；③下旋窗，此类型窗不能防雨，开扇时占用室内空间，只能用于特殊房间，如图 3.1（f）所示。

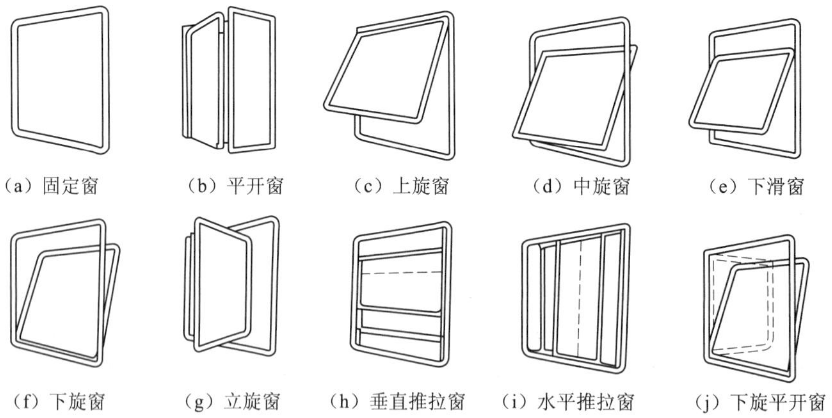

图 3.1 窗的开启方式

（4）立旋窗。有利于通风与采光，但防雨及封闭性较差，多用于有特殊要求的房间，如图 3.1（g）所示。

（5）推拉窗。分垂直推拉和水平推拉两种，开启时不占据室内外空间，窗扇比平开窗扇大，有利于照明和采光，尤其适用于铝合金及塑钢窗，如图 3.1（h）、（i）所示。

（6）下旋平开窗。可下旋也可平开，较为少见，用于特殊房间，如图 3.1（j）所示。

门的开启方式主要是由使用功能要求决定的，如图 3.2 所示，可分为平开门、弹簧门、推拉门、折叠门、旋转门、卷帘门等。

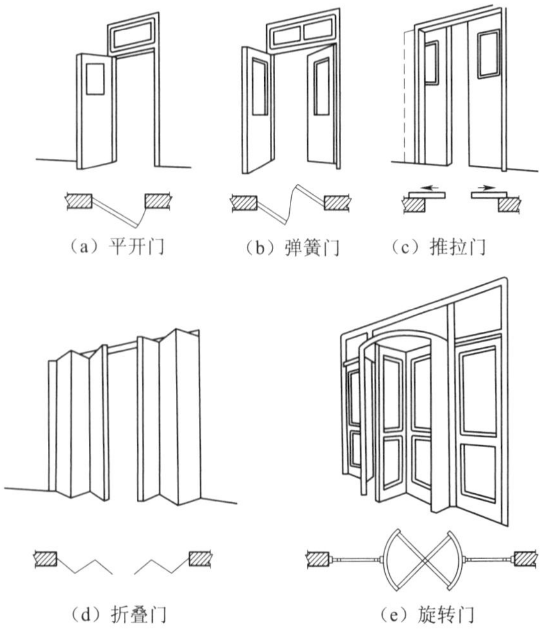

图 3.2 门的开启方式

（1）平开门。即水平开启的门，有单扇、双扇及内开和外开之分。平开门的特点是构造简单，开启灵活，制作、安装和维修方便，如图 3.2（a）所示。

（2）弹簧门。这种门制作简单、开启灵活。采用弹簧铰链或地弹簧构造，开启后能自动关闭，适用于人流出入较频繁或有自动关闭要求的场所，如图 3.2（b）所示。

（3）推拉门。优点是制作简单，开启时所占空间较小，但五金件较为复杂，开关灵活性取决于五金件的质量和安装的好坏，适用于各种工业及民用建筑，如图 3.2（c）所示。

（4）折叠门。优点是开启时占用空间少，但五金件较复杂，安装要求高，适用于各种大小洞口，如图 3.2（d）所示。

（5）旋转门。为三扇或四扇门连成风车形，在两个固定弧形门套内旋转的门。对防止内外空气的对流有一定的作用，可作为公共建筑及有空气调节房屋的外门，如图 3.2（e）所示。

其他还有上翻门、升降门、卷帘门等，一般适用于较大空间（如车间、车库及某些公共建筑）的外门。

2. 按照材料分类

门的种类按材料分类，可分为木门、钢门、铝合金门、塑料门、玻璃门、复合材料门等。

窗按不同镶嵌材料分类，可分为玻璃窗、纱窗、百叶窗、保温窗、防风沙窗等。玻璃窗能满足采光的功能要求，纱窗在保证通风的同时，可以防止蚊蝇进入室内，百叶窗一般用于只需通风而不需采光的房间。

3. 按照技术用途分类

门窗按不同技术用途分类，可以分为普通门窗、保温门窗、隔声门窗、防火门窗、防盗门窗、防爆门窗、装饰门窗、安全门窗、自动门窗等。

4. 按不同风格分类

门窗按不同风格分类，可分为中国传统风格和欧式风格两种。

3.1.2 门窗的基本功能

1. 门的作用

门最重要的作用是起到通行与疏散的作用，门联系室内外和各房间之间的空间，如果有事故发生，可以供紧急疏散使用。门还能起到围护作用，外门还有保温防雨作用。门要经常开启，是外界声音的传入途径，关闭后应能起到一定的隔声作用。此外，门还起到防风沙的作用。作为建筑内外墙重要组成部分的门，其造型、质地、色彩、构造方式等，对建筑的立面及室内装修效果影响很大。外门和入户门应有防盗功能，配备防盗锁后，应能起到防撬、防砸、防盗开等防盗功能。对消防有特殊要求的空间，安装的门应有防火的功能，如电梯间和楼梯间之间的门应使用常闭防火门，高层建筑的入户门也必须具有防火功能。

3.1-2 Ⓣ
拓展阅读4：常闭防火门与常开防火门的区别

2. 窗的作用

(1) 采光通风作用。各类不同的房间，都必须满足一定的照度要求。在一般情况下，窗口采光面积是否恰当，是以窗口面积与房间地面净面积之比来确定的，各类建筑物的使用要求不同，采光标准也不相同。为确保室内外空气流通，在确定窗的位置、面积大小及开启方式时，应尽量考虑窗的通风功能。

(2) 保温隔热作用。窗户是围护结构的一部分，其直接沟通室内外空间，对保温隔热的要求很高，优质的窗户能够起到良好的保温隔热作用。采用断桥铝合金和中空玻璃制造的窗户比传统窗户具有更好的热工性能（图3.3）。

图3.3 断桥铝合金窗

(3) 其他作用。现代窗户有隔音、防火、防盗的要求，另外还有气密性、水密性、抗风压等要求。断桥隔热型材不易受酸碱腐蚀，不会褪黄变色，脏污时可用水加清洗剂擦洗，简便快捷。铝合金表面采用静电喷涂、阳极氧化、电泳涂漆、氟碳喷涂等着色技术工艺，绚丽的色彩可匹配任何个性化设计的建筑。

3.1.3 门窗的组成

1. 门的组成

门一般由门框（门樘）、门扇、五金零件及其他附件组成，不同用途的门组成会有所区别。门框一般是由边框和上框组成，当其高度大于2400mm时，在上部可加设亮子，需增加中横框。当门宽度大于2100mm时，需增设一根中竖框。有保温、防水、防风、防沙和隔音要求的门应设下槛。门扇一般由上冒头、中冒头、下冒头、边梃、门芯板、玻璃、百叶等组成，如图3.4所示。

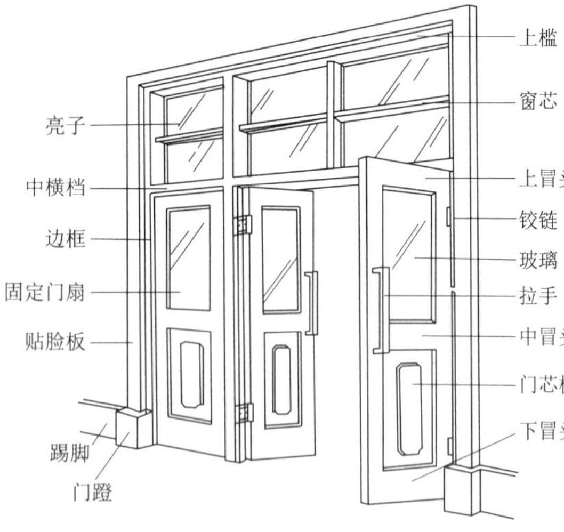

图3.4 门的组成

2. 窗的组成

窗是由窗框（窗樘）、窗扇、五金零件等组成。窗框是由边框、上框、中横框、中竖框等组成，窗扇是由上冒头、下冒头、边梃、窗芯、玻璃等组成，如图3.5所示。

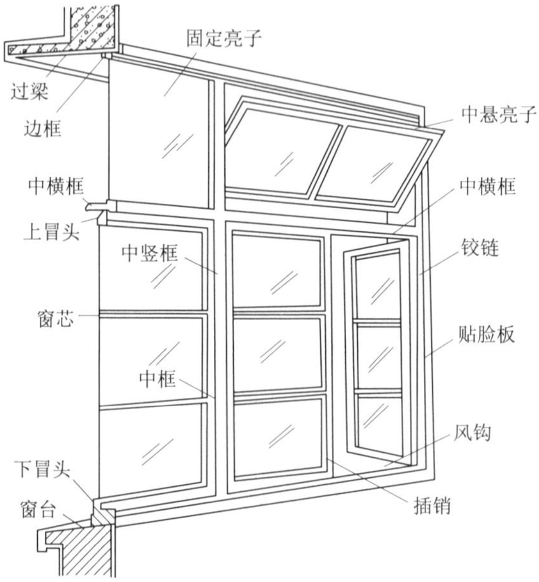

图3.5 窗的组成

3.1.4 门窗的深化设计

1. 门窗施工图审查要点

洞口尺寸：复核洞口尺寸是否与建筑施工图相符，并确认门窗的加工尺寸，一般按照洞口尺寸进行相应的缩口。主要出问题的地方在左、右两侧，一般洞口左、右两侧比门窗框尺寸小2cm左右较为合适，主要是方便发泡剂的施打，若尺寸过小或者过大都应修正后方可进行门窗框的安装。

安装高度的确认：窗的安装高度，上口应以结构梁为基准进行安装，图纸设计中经常会出现结构与建筑不符的情况，如果建筑图纸中门窗上口的尺寸与结构梁标高相差10cm以内的，建议直接按结构梁为基准进行安装；超过的，则建议增加过梁。在结构施工时应仔细核查建筑图纸与结构图纸，如果存在此种情况，建议结构梁直接下挂相差高度。门安装高度以室内地坪为参考，考虑后期业主装修层厚度后确定。

2. 门窗图纸深化设计要点

(1) 门的深化设计。

1) 防火门。防火门常用的有钢制防火门、木质防火门。地下室及潮气较大或者有可能接触到雨水的部位应使用钢制防火门，其余部位使用木质防火门。防火门深化设计主要注意以下几点：防火门的净宽度要求，指的是可开启部分的宽度，走道和电梯前室之间的门宽度尤其注意，应参照疏散通道的宽度；开启方向，一般是按照疏散通道的方向开启；建筑沉降缝附近的门，在门扇开启后门扇不能跨过沉降缝；管道井部位的门，一般门下槛应设置100～150mm高挡水槛。核对设计图纸中是否有遗漏的部位，应结合防火分区的设计要求，看本分区内是否存在遗漏部位未设计。

2) 进户门。根据图纸属于防火门的应向疏散方向开启，净宽一般不小于0.90m，主要是根据建筑防火设计规范要求进行设计，一般在建筑施工图中注明，现场主要做好核查工作。

3) 单元对讲门。样式方式深化一般取决于项目的品质定位，还要考虑用户后期家具搬运的需要等，门扇的开启宽度一般不小于室内进户门的宽度。另外，需考虑对讲主机的设置位置、大小等，确定门的加工尺寸时，应与智能化单位进行沟通协调。

(2) 窗的深化设计。

1) 窗扇大小或者开启面积的确定。卧室、起居室应有与室外空气直接流通的自然通风，单朝向住宅应采取通风措施。采用自然通风的房间应符合下列规定：卧室、起居室、明卫生间的通风面积不应小于该房间地板面积的1/20，厨房的通风面积不应小于该房间地板面积的1/10，并不得小于0.60m²。“窗地比”一般取值在15%～20%内，设计中一般取1/7；“窗墙比”一般为15%。

2) 窗开启方式的确定。开启方式主要有推拉、外平开、内平开、上悬、下悬、内开内导等。优缺点：推拉方式只能开启最大一半面积，且密封性不好；外平开不占用室内空间，且开启面积可以更大，但不易清洁，且高层建筑中不允许使用；内平开会占用室内空间，且漏水风险比较高，但密封性好；上悬、下悬开启面积小，气密性比较好，一般卫生间有排风措施的部位使用较多；内开内导：性能较好，但价格高，主要贵在五金配件上。

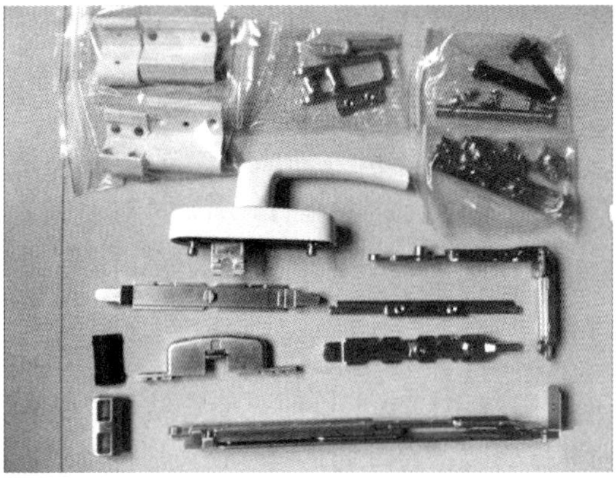

图3.6 门窗的五金件

3) 型材种类的选择。塑钢、铝合金、钢木，主要考虑因素为经济指标，根据建筑定位综合考虑。

4) 型材规格的确定。主要依据开启方式、玻璃厚度、节能验算结果和经济性，综合考虑以上因素确定。

5) 五金件（图3.6）的确定。根据门窗的开启方式确定不同的配件，主要使用到的五金件有：推拉门窗，包括滑轮（铁质或者高弹尼龙）、月牙锁、两点或者多点锁；平开门窗，包

钢片厚度不小于 1.5mm，固定点从距离转角 150mm 处开始设置，中间间距不大于 500mm。严禁用长脚膨胀螺栓穿透型材固定门窗框。

3）空心砖或轻质砌块墙体洞口侧应预埋实心砖或混凝土块，以便固定连接片。在砌体上安装门窗严禁用射钉固定。门窗安装临时定位用对拔木楔位置要合理。

4）门窗洞口应干净，干燥后施打闭孔弹性发泡剂，发泡剂应连续施打，一次成型，充填饱满。溢出门窗框外的发泡剂应在结膜前塞入缝隙内，防止发泡剂外膜破损。

5）门窗框外侧应留 5mm 宽、8mm 深的打胶槽口。

6）基层应清理干净，干燥后才能施打中性硅硐密封胶，密封胶严禁施打在饰面层上。

7）安装玻璃用橡胶密封条或毛毡密封条应符合国家现行产品质量标准，具有良好的耐候性、弹性和抗剪强度，不得采用再生橡胶产品。

8）门窗下框槽口应钻 4mm×30mm 平底泄水孔，其间距宜在 600mm 左右。

9）窗台面应外倾排水，外倾高差不小于 30mm。上窗楣做成鹰嘴形或做 10mm 深的滴水槽。

10）外墙、窗台四周各抹灰层之间及抹灰层与基体之间必须粘接牢固，抹灰层应无脱层、空鼓和裂缝。

2. 施工管理要点

门窗在设计和生产时，由于未考虑作为受力构件使用，仅考虑了门窗本身和使用过程中的承载能力。如果在门窗框和扇上安放脚手架或悬挂重物，轻者引起门窗的变形，重者可能引起门窗的损坏。因此，金属门窗与塑料门窗在安装过程中，都不得作为受力构件使用，不得在门窗框和扇上安放脚手架或悬挂重物。

要切实注意保护铝合金门窗和涂色镀锌钢板门窗的表面。铝合金表面的氧化膜、彩色镀锌钢板表面的涂膜，都有保护金属不受腐蚀的作用，一旦薄膜被破坏，就失去了保护作用，使金属产生锈蚀，不仅影响门窗的装饰效果，而且影响门窗的使用寿命。

塑料门窗成品表面平整光滑，具有较好的装饰效果，如果在施工中不注意保护，很容易磨损或擦伤其表面，而影响门窗的美观。为保护门窗不受损伤，塑料门窗在搬、吊、运时，应用非金属软质材料衬垫和非金属绳索捆绑。

防火门的安装位置及开启方向要重点检查，门框安装位置一般与粉刷面齐平，如果有装修层如墙砖的，则应在安装时将墙砖厚度考虑在内。一般安装进户门位置应设置构造柱或者混凝土加强框。确定门框安装高度时，应注意与地面的衔接处理，确保室内地面装修后不会出现吃框的情况。门框应做灌浆，同时检查门的垂直度及开启情况。如果设计为防火门的，需要注意消防资料的收集整理，以备消防检查。

3.3 外立面窗户施工

建筑外立面窗户影响建筑外立面的建筑效果，且长期受风雨的作用，必须做好防水处理。以下介绍的工艺适用于“外精装内粗装”洞口的室外铝合金门窗安装。“外精内粗”洞口为洞口室外部分完成贴砖，洞口室内未抹灰，即毛洞口。一般在开展大范围施工之前，应按样板管理制度现场做施工样板，经现场各方确认后再大面积展开施工。

3.3-1 Ⓜ 安装工艺

3.3.1 施工工艺

1. 工艺流程

施工样板确认→施工准备→安装→塞缝、外墙打胶→内墙收口、打胶→淋水试验。

2. 施工准备

安装前需现场核对每个洞口尺寸，洞口尺寸偏差不大于1cm，检查水平基准线及垂直线，墙体厚度偏差（含飘窗）不大于1cm，检查洞口四周是否全部为实心砖或混凝土构件，防雷接地线是否按要求留置。以上情况核对无误后，办理工序移交单，待门窗到位后开展安装作业。门窗成品应在厂内组装，然后运至施工现场备用，同时注意仓储期间的成品保护。

3. 窗户安装

窗框安装：采用单面拉片连接，拉片距窗框转角处不大于18cm，接片间距不大于50cm。用膨胀螺栓固定，混凝土构件上可采用射钉固定。以建筑水平基准线确定水平高度，保证窗台高度不小于90cm，垂直方向可采用投线仪确定垂直线，门窗进出（框与墙边的关系）可由施工样板确定。安装框时，需与防雷接地线连接。

固定玻璃可在窗框安装完成后立即进行安装。平开扇在厂内安装玻璃后运至施工现场再安装。执手、门锁等在交房前统一安装。需采用安全玻璃、中空玻璃的部位必须按要求使用。

窗框安装完成后，由门窗单位采用发泡剂将窗框与窗洞墙体之间的缝隙堵死。完成后进行室外打密封胶，要求打胶顺直、光滑。室外打胶完成后才能进行外墙清洗。室内由保温单位进行保温收口，完成后进行腻子施工、打磨及内侧打胶，打胶前沿窗边刷5cm宽乳胶漆底漆一遍。

4. 淋水试验

竣工验收前，必须做外墙窗户淋水试验，淋水时间不少于4h（图3.7）。

图3.7 外窗淋水试验

3.3.2 质量控制与管理要点

窗户加工尺寸应以室外精洞口尺寸为基准，四边各缩1cm。生产前，加工单位应与总包单位约定好洞口尺寸及偏差，要求同一个规格的窗户，窗洞口大小偏差在1cm以下。

铝型材备料环节较重要，应要求门窗单位准确计算，提前备料，防止影响工期。铝型材应检查表面喷涂厚度、型材厚度及型材腔体是否符合要求，窗户到场后，应对外观及接缝等进行检查。检查铝材、玻璃、胶、胶条、五金配件等是否符合图纸及合同要求。

平开扇，尤其是不锈钢配件，必须在外墙清洗完成后安装；否则极易造成配件锈蚀。防雷接地必须按要求进行连拉，砖墙上禁止采用射钉固定。防水砂浆塞缝可有效防止门窗渗漏，必须塞密实。塞缝前，必须将包裹框料的保护胶纸清除。窗户的防水措施由门窗单位实施，如门窗出现渗漏，均由门窗单位负责处理。

安装前，应核对是否存在室外线条或雨落水管等阻碍窗门开启的情况，如果有，应立即通知技术部门进行调整。门窗安装在外墙面砖贴完后施工，可能外用脚手架已拆除，门窗单位施工时，应注意安全。门窗成品抽测试验时间长，进场后应立即见证取样进行相关检测及试验，并在验收前提供报告。施工过程中应形成以下过程记录，确保工程质量。

(1) 工作面交接记录。

(2) 铝型材颜色、剖面及胶、配件、玻璃等材料样板确认单，施工样板确认单。

(3) 窗户性能检查报告。

(4) 隐蔽工程验收记录（包括锚固件、防雷施工、焊接、隐蔽部位防腐嵌填等内容）。

3.4 入户门施工

入户门一般采用防盗门，由于其联系室内和室外，必须注意室内外地面高差，以及后期地面施工造成的标高变化。根据入户门开启方向及室内外地面高度，确认入户门门框生产尺寸、安装高度、进出关系等；要求入户门洞口装修后，同一大小的门洞在任意位置应保证洞口大小偏差不大于 5mm。如为外开，应保证入户门扇下边距地面高度约 1cm；如为内开，应保证入户门下边距毛地面约 5cm。应根据图纸要求统计入户门尺寸、开启方向、合页所在的方向、是否为子母门及是否应具备防火功能等，用于入户门生产及门洞口精装修施工。根据确认的入户门尺寸及是否有门套等对电梯前室门洞口进行装修，同时入户门厂家按尺寸、开启方向等要求进行生产、运至现场以备使用。

3.4.1 施工工艺

1. 适用范围

高层、多层入户门安装。

2. 工艺流程

确认尺寸→核对门开启方向及轴位→入户门生产、运输→门框安装→门扇安装→成品保护→调试、五金配件安装及内外打胶→成品保护。

3. 入户门安装要点

(1) 门框安装。入户门到场时一般为整套，应将门扇及门套一一对应进行编号，再将门扇拆开集中堆放，洞口四周墙地砖贴完，洞口室内部分抹灰完成后将门框安装到位。门框每个侧面需设有固定点不少于4个，采用膨胀螺栓在洞口墙体侧面的砌筑红砖或混凝土墙体上固定，门框与墙体之间缝隙宽度不宜过大或过小，通常情况下，控制在10～30mm；门框安装应垂直，防止后期安装门扇时门扇自开自关。

（2）门扇安装。门扇需在室内外装修基本完成、无大量材料进入户内时进行安装。根据编号将门扇与门框一一对应安装，防止锁孔与锁位不对应。门扇安装后，可将锁具安装到位。

（3）调试、五金配件安装及内外打胶。验收前将门扇开启、锁具开启等进行调试，要求开关灵活；将把手等五金配件安装到位；是否需要安装猫眼、门铃等应根据消防要求确定；将室内室外门与墙交接处缝隙打胶，该处打胶应顺直，且不宜过宽，胶颜色由技术部确定。

4. 成品保护

入户门安装后应立即采用保护套将门扇内外全部满包，防止受损，如图3.8所示。

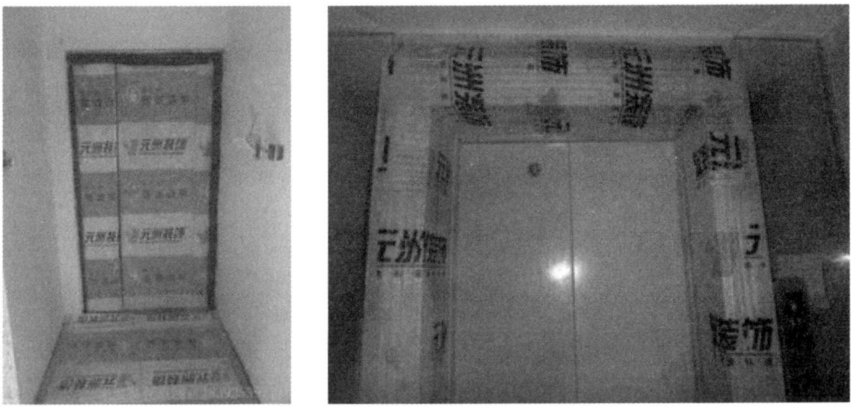

图3.8 入户门的成品保护

3.4.2 质量控制与管理要点

入户门生产前必须做样，在安装及生产等方面的数据确定后，才能进行门洞口施工及入户门生产；否则易造成门与门洞不匹配。有防火要求的入户门应要求进行耐火性能检测及消防方面相关的报建等工作。

入户门门洞砌体必须采用实心砖砌筑或浇筑构造柱，防止门框安装不牢固。入户门制作安装单位负责门的制作、运输、安装、调试、校正、成品保护、维修。门安装调试完毕后，入户门单位负责门框与洞口墙体间的打胶。

入户门易受损，受损后不易修复且修复后质量不高，故门扇应尽量晚安装，并重视入户门成品保护。安装允许偏差：门洞高宽、对角线5mm；门框标高5mm；门框垂直度3mm；安装完成后框扇间隙小于2mm，门扇水平度3mm。

为了确保施工质量和后续验收，施工过程中应形成以下工程资料。

（1）入户门材料、配件样板确认记录；施工样板确认记录。

(2) 消防报建资料。

(3) 入户门尺寸、开启等统计记录；产品出厂合格证；消防产品型式认可证书(有防火要求的)。

(4) 钢质防火门耐火极限检测报告。

(5) 入户门进场检查记录。

3.5 木门窗施工

木门窗的制作工艺：配料→截料→刨料→划线→凿眼→倒棱→裁口→开榫→断肩→组装→加楔→净面→油漆→安装玻璃。目前木门窗一般采用工厂制造的成品到现场安装，工厂生产标准化程度高，施工单位只要把好进场质量验收关口，就能较好地控制门窗工程的质量。

3.5.1 木门窗的构造

1. 木门的基本构造

门是由门框（门樘）和门扇两部分组成的，各种门的门框构造基本相同，但门扇有较大的差别。随着国民经济的快速发展，对木门的产量和质量提出更高的要求。当前我国木门加工装备以及木门产业得到良好的发展，木门已经能够规模化工厂生产，木门的样式丰富，档次差异化，选择余地较大，可以根据工程需要向工厂定制。

(1) 门框。门框是门的骨架，用于和墙体固定和安装门扇（图 3.9），主要由冒头（横档）、框梃（框柱）组成。有上窗时，在门扇与上窗之间设有中贯横档。门框架各连接部位都应用榫眼连接。

图 3.9 门框的安装与作用

（2）门扇。门扇有镶板式门扇和蒙板式门扇两类。

1）镶板式门扇是在做好门扇框后，将门板嵌入门扇框架的凹槽中。这种门扇框的木方用量较大，但板材用量较少。为了将门板安装于门扇梃、门扇冒头之间，而在门扇梃和冒头上开出宽为门板厚度的凹槽，在安装门扇时，可将门芯板嵌入槽中。为了防止门芯板受潮发生膨胀，而使门扇变形或芯板翘鼓，门芯板装入槽内后，还应有2～3mm的间隙。

2）蒙板式门扇的门扇框所使用的木方截面尺寸较小，而且是蒙在两块木夹板之间，所以又称为门扇骨架（图3.10）。门扇骨架是由竖向方木和横档方木组成，竖向方木与横档木方的连接，通常采用单榫结构。一些门扇较高、宽度尺寸较大，骨架的竖向与横向方木的连接，可用钉胶相结合的连接方法。

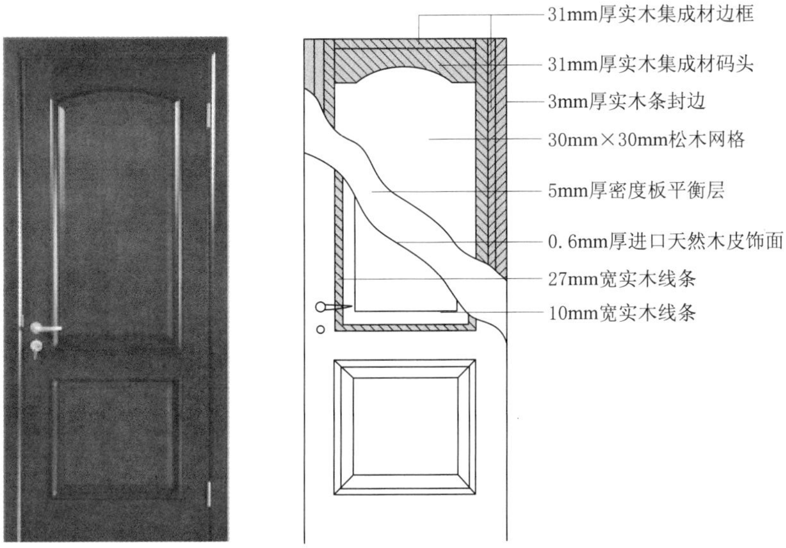

图3.10 蒙板门扇结构示意图

目前大多数门均采用蒙板式工艺，外观上差异不大。实木复合门的门芯多以松木、杉木或进口填充材料等黏合而成。外贴密度板和实木木皮，经高温热压后制成，并用实木线条封边。一般高级的实木复合门，其门芯多为优质白松，表面则为实木单板。由于白松密度小、重量轻，且较容易控制含水率，因而成品门的重量都较轻，也不易变形、开裂。另外，实木复合门还具有保温、耐冲击、阻燃等特点，而且隔音效果同实木门基本相同。实木复合门的造型多样，款式丰富，或精致的欧式雕花，或中式古典的各色拼花，或时尚现代，挑选范围大。

木门的饰面材料以木皮和贴纸较为常见。木皮木门（图3.11）因富有天然质感，且美观、抗冲击力强，而价格相对较高；贴纸的木门价格低廉，是较为大众化的产品；缺点是较容易破损，且怕水。实木复合门具有手感光滑、色泽柔和的特点，非常环保、坚固耐用。实木门是以天然原木做门芯，经过干燥处理，然后经下料、刨光、开榫、打眼、高速铣形等工序科学加工而成。其中全木门平衡层采用三合板替代密度板；工艺上具备原木的天然特性与环保性，工艺上解决了原木的不稳定性，造型上更加多样与细腻，价格也更高。

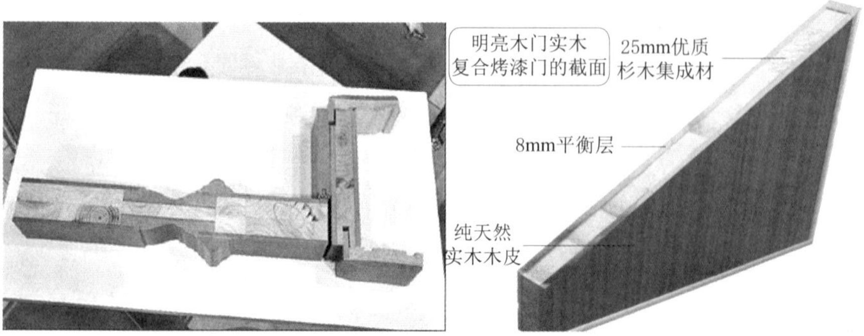

图 3.11 木皮木门的结构示意图

（3）木门的规格尺寸。门洞口的尺寸有 700mm×2000mm、760mm×2000mm、800mm × 2000mm、900mm × 2000mm、700mm × 2100mm、760mm × 2100mm、800mm×2100mm、900mm×2100mm、1200mm×2100mm 等 9 种尺寸可选用。门的构造尺寸可根据门洞口饰面材料、附框尺寸、安装缝隙确定。门扇的厚度分为 30mm、35mm、38mm、40mm、42mm、45mm、50mm；门框（套）厚度依墙厚相应确定。

2. 木窗的基本构造与样式

（1）基本构造。木窗由窗框和窗扇组成，在窗扇上按设计要求安装玻璃，如图 3.12 所示。

窗框由扇梃、上冒头、下冒头等组成，当顶部有上窗时，还要设中贯横档。窗扇在上冒头、下冒头、扇梃、扇棂之间。玻璃安装于冒头、窗扇梃、窗棂等之间。

木窗的连接构造与门的连接构造基本相同，都采用榫式结合。一般是在扇梃上凿眼，冒头上开榫。窗框与窗棂的连接，也是在扇梃上凿眼，窗棂上开榫。

（2）木窗常见式样。固定式装饰窗没有可以活动的开闭的窗扇，窗棂直接与窗框相连接。常见的固定式装饰窗如图 3.13 所示。

开启式装饰窗分为全开启式和部分开启式两种。部分开启式也就是装饰窗的一部分是固定的，另一部分是可以开闭的。常见的活动装饰窗如图 3.14 所示。

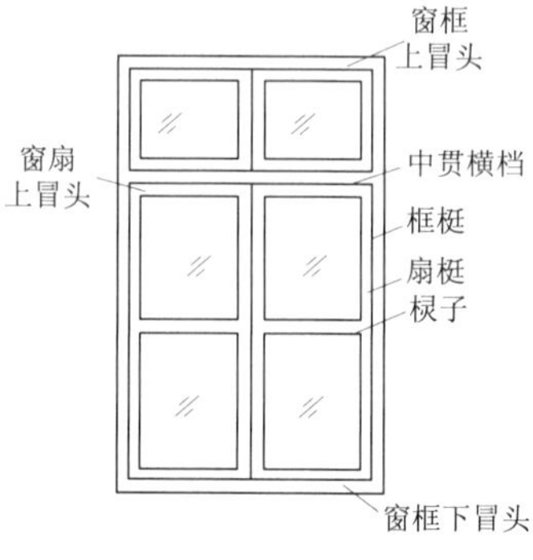

图 3.12 木窗的构造

图 3.13 固定式木窗

图 3.14 活动式木窗

3.5.2 木门窗安装

3.5-1 Ⓜ
木门安装

木门窗施工机具有粗刨、细刨、裁口刨、单线刨、锯、锤子、斧子、改锥、线勒子、扁铲、塞尺、线锤、红线包、墨斗、木钻、小电锯、担子板、扫帚等。

1. 门窗框的安装方法

(1) 先立口法。

先立口法 [图 3.15 (a)]，即在砌墙前把门窗框按施工图纸立直、找正，并固定好。

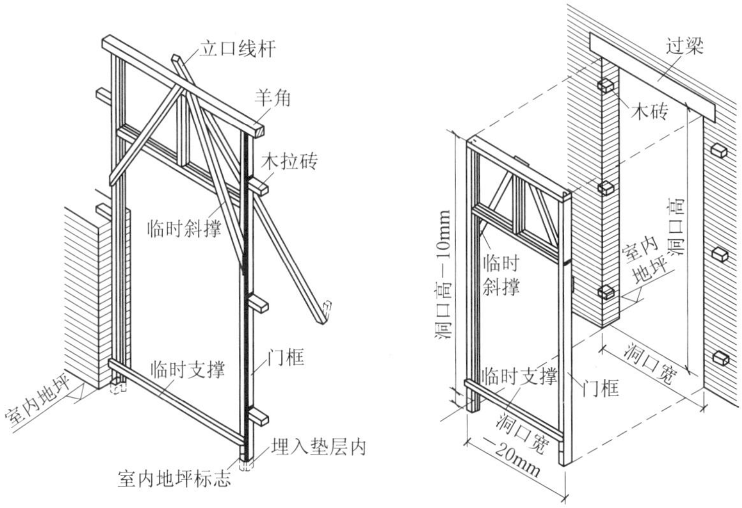

(a)先立口法　　(b)后塞口法

图 3.15 木门窗安装方法

当砌墙砌到室内地坪时，应当立门框；当砌到窗台时，应当立窗框。立口之前，按照施工图纸上门窗的位置、尺寸，把门窗的中线和边线画到地面或墙面上。然后，把窗框立在相应的位置上，用支撑临时固定，用线锤和水平尺找平找直，并检查框的标高是否正确，如有不平不直之处应随时纠正。不垂直可挪动支撑加以调整，不平处可垫木片或砂浆调整。支撑不要过早拆除，应在墙身砌完后再拆除比较适宜。

在砌墙施工过程中，不要碰动支撑，并应随时对门窗框进行校正，防止门窗框出现位移和歪斜等现象。砌到放木砖的位置时，要校核是否垂直，如有不垂直，在放木砖时随时纠正。木门窗安装是否整齐，对建筑物的装饰效果有很大影响。同一面墙的木门窗框应安装整齐，并在同一个平、立面上。可先立两端的门窗框，然后拉一通线，其他的框按通线进行竖立。这样可以保证门框的位置和窗框的标高一致。在立框时，要注意以下两个方面：①注意门窗的开启方向，防止出现错误难以纠正；②注意施工图纸上门窗框是在墙中还是靠墙的里皮。如果是与里皮平的，门窗框应出里皮墙面（即内墙面）20mm，这样抹完灰后，门窗框正好和墙面相平，如图 3.16 所示。

(2) 后塞口法。

后塞口法 [图 3.15 (b)]，即在砌筑墙体时预先按门窗尺寸留好洞口，在洞口两边预埋木砖，然后将门窗框塞入洞口内，在木砖处垫好木片，并用钉子钉牢（预埋木砖的位置应避开门窗扇安装铰链处）。

采用后塞口安装时门窗洞口要按施工图纸上的位置和尺寸预先留出。洞口应比窗口大 30～40mm（即每边大 15～20mm）。在砌墙时，洞口两侧按规定砌入木砖（图 3.17），木砖大小约为半砖，间距不大于 1.2m，每边 2～3 块。在安装门窗框时，先把门窗框塞进门窗洞口内，用木楔临时固定，用线锤和水平尺进行校正。待校正无误后，用钉子把门窗框钉牢在木砖上，每个木砖上应钉两颗钉子，并将钉帽砸扁冲入梃框内。在立口时，应注意以下两个方面：①注意门窗的开启方向；②大窗要注意上窗的位置，应拉通线对齐。

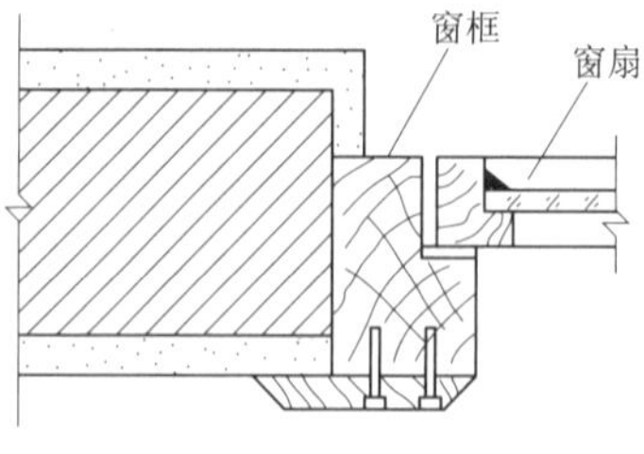

图 3.16 门窗框在墙里皮的做法

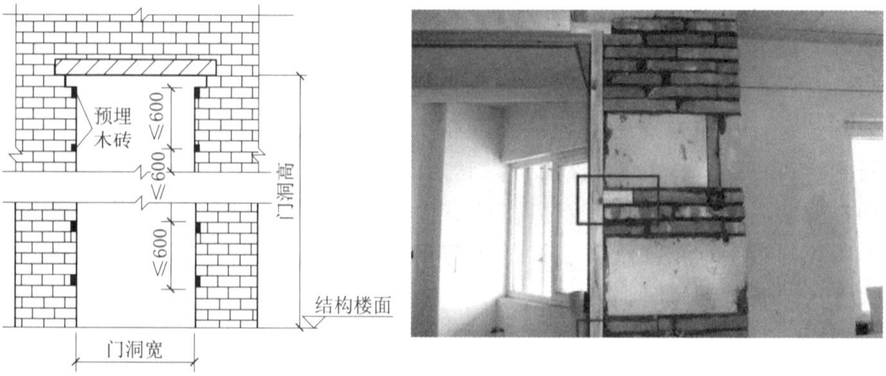

图 3.17 预埋木砖用于固定门窗框

2. 门窗扇的安装

（1）施工准备。

在安装门窗扇前，先要检查门窗框上、中、下三部分是否一样宽，如果相差超过 5mm，就应当进行修整。还要核对门窗的开启方向是否正确，并打上记号，以免将扇安错。安装扇前，预先量出门窗框口的净尺寸，确定扇的宽度和高度，并进行修刨。应将门扇固定于门窗框中，并检查与门窗框配合的松紧度。由于木材有干缩湿胀的性质，而且门窗扇、门窗框上都需要有油漆及打底层的厚度，所以在安装时要留缝。一般门扇对口处竖缝留 1.5～2.5mm，窗的竖缝留 2.0mm，并按此尺寸进行修整刨光。

（2）施工要点。

将修刨好的门窗扇，用木楔临时立于门窗框中，排好缝隙后画出铰链位置。铰链位置距上、下边的距离，一般宜为门扇宽度的 1/10，这个位置对铰链受力比较有利，又可以避开榫头。然后把扇取下来，用扇铲剔出铰链页槽。铰链页槽应外边较浅、里边较深，其深度应当是把铰链合上后与框、扇平正为准。剔好铰链槽后，将铰链放入，上、下铰链各拧一颗螺钉把扇挂上，检查缝隙是否符合要求，扇与框是否齐平，扇能否关住。检查合格后，再将剩余螺钉全部上齐。

双扇门窗扇安装方法与单扇的安装方法基本相同，只是增加一道“错口”的工序。双扇应按开启方向看，右手是门盖口，左手是门等口。门窗扇安装好后要试开，其达到的标准是：以开到哪里就能停到哪里为合格，不能存在自开或自关现象。为了开关方便，平开扇的上冒头、下冒头，最好刨成斜面。

木门窗主要可分为平开门窗和推拉门窗两大类，而推拉门又分为悬挂式和下承式，不同类型门窗的施工要点如下。

1）平开木门窗。安装要点：要拉水平线作基准，保证相邻的门框或窗框顺平，吊铅垂线标示窗口的中心线或外边线窗户上下对齐。第一次刨修应以刚能塞入口内为宜，塞好后用木楔临时固定，按留缝宽度要求画出第二次刨修线，并作二次刨修；双扇门窗应根据门窗宽度确定对口缝深度，然后修刨四周，塞入框内校验，不合适处再作二次刨修。刨修门窗时应用木卡将扇边垫起卡牢，以免损坏边角。

门窗扇与口之间的缝隙合适后，用线勒子勒出合页宽度，并按距上、下冒头 1/10 立梃高度画出合页安装边线，再从上、下边线往里标出合页长度，留线剔出合页槽。槽深以使门、窗扇安装后缝隙均匀为准。安装合页时，每个合页先拧一枚螺钉，然后检查扇与口是否平整、缝隙是否合适，无问题后方可拧上全部螺钉。硬木门、窗扇应先钻眼后拧螺钉，孔径为螺钉直径的 0.9 倍为宜，眼深为螺钉长度的 2/3。其他木门窗，可将木螺钉钉入全长 1/3，然后拧入其余的 2/3，严禁螺钉一次钉入或倾斜拧入。

木门框安装后，在手推车可能撞击的高度范围内应随即用铁皮或木方保护，门安装好后不得再通过手推车。已安装好的门窗扇应设专人管理，门窗下用木楔背紧，窗扇设专人开关，防止刮风时损坏。

2）推拉木门窗。安装要点：推拉木门窗的上、下轨道或上、下框板必须保持水平，在洞口全长范围内高差不大于 2mm，如果原洞口的基面不平，在安装上梁或上、下框板时应用垫片找平。侧框板必须铅垂，全高垂直误差不大于 2mm，如原洞口基面不垂直，在安装侧框板时用垫片找直。上、下轨道或轨槽的中心线必须铅垂对准，同在一个铅垂面内，以避免推拉门窗滑动时，上、下轨道拧劲。

悬挂式推拉木门窗的上梁承受整个门（窗）扇的重量，必须安装牢固。在侧框板垂直的前提下，如果门窗边与侧框板的缝隙上下不等宽，首先要检查门窗扇是否平直。如果门窗扇左、右两边不铅垂，可通过调节悬挂螺栓或轮盒将门窗扇找直。悬挂螺栓直接由螺母调节长度；轮盒则须通过在轮盒槽内加垫片来调节。

门窗扇安装完成后，还应进行门锁（图 3.18）、门吸（图 3.19）等五金件的安装。要注意五金件安装时不得损坏成品门窗的油漆饰面。

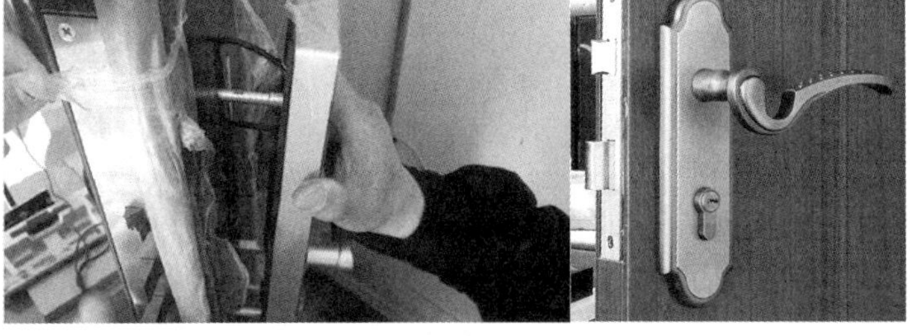

图 3.18 门锁安装

图 3.19 门吸安装

3.5.3 木门窗安装质量验收

1. 材料质量要求

(1) 室内装饰工程中的木门窗，应采用变形量小的东北松、花旗松和厚木夹板、细木工板、中密度纤维板等材料。

(2) 木门窗如允许限值以内的及直径较大的虫眼等缺陷时，应用同一树种的木塞加胶进行填补；对于清漆制品，木塞的色泽和木纹应与制品一致。

(3) 在木门窗结合处和安装小五金件处，均不得有木节或已填补的木节。

(4) 门窗料应采用窖法干燥的木材，其含水率不应大于 12%。当受条件限制时。其制作时的含水量，不应大于当地的平衡含水率。

(5) 门窗制作完成后，应立即刷一遍底油（干性油），以防止受潮变形。

(6) 门窗与砌体、混凝土或抹灰层接触时，埋入砌体或混凝土中的木砖均应进行防腐处理。除木砖外，其他接触处应设置防潮层。

根据《建筑装饰装修工程质量验收标准》(GB 50210—2018) 对木门窗制作的有关规定，木门窗的品种、材质等级、规格、尺寸、框扇的线型及人造木板的甲醛含量，均应符合设计要求。

2. 制作质量要求

(1) 门窗框及厚度大于 50mm 的门窗扇应采用双榫连接。

(2) 窗扇拼装完毕，构件的裁口应在同一平面上。镶门芯板的凹槽深度应在镶入后尚余 2～3mm 的间隙。

(3) 制作胶合板门时，边框和横楞必须在同一平面上，面层与边框及横楞应加压胶结。

(4) 门窗的制作质量应符合下列规定。

1) 表面应光洁或砂磨，并不得有刨痕、毛刺和锤击印。

2) 框、扇的线应符合设计要求，割角、拼缝均应当严实平整。

3) 小料和短料胶合门窗、胶合板或纤维板门扇，不允许有脱胶现象。胶合板不允许刨透表层单板或出现戗槎。

3. 安装质量要求

(1) 宜将门窗扇与框装配成套，装好全部小五金件，然后成套进行安装。一般情况下，应先安装门窗框，然后安装门窗扇和小五金件。

（2）安装门窗框或成套门窗时应符合下列规定。

1）门窗框安装前应校正规方，钉好斜拉条（一般不少于两根），无下坎的门框应加钉水平拉条，防止在运输和安装中变形。

2）门窗框（或成套门窗）应按设计要求的水平标高和平面位置在砌墙的过程中进行安装。

3）在砖石墙上安装门窗框（或成套门窗）时，应以钉子固定在墙内的木砖上，每边的固定点应不少于两处，其间距应不大于1.2m。

4）当需要先砌墙后安装门窗框（或成套门窗）时，宜在预留门窗洞口的同时留出门窗框走头（门窗框上、下坎两端伸出口外部分）的缺口，在门窗框调整就位后，封砌缺口。当受条件限制，门窗框不能留走头时，应采取可靠措施将门窗框固定在墙内的木砖上，以防止在施工或使用过程中发生安全事故。

5）当门窗的一面需要镶贴脸板时，则门窗框应凸出墙面，凸出的厚度应等于抹灰的厚度。

6）寒冷地区的门窗框（或成套门窗）与外墙砌体间的空隙，应填塞保温材料。

（3）门窗配件的安装。木门窗配件的型号、规格、数量应符合设计要求，安装要可靠牢固，位置应正确，功能应满足使用要求。门扇小五金件的安装应注意以下要点。

1）门窗五金应当安装齐全，位置正确，固定可靠。

2）合页距门窗上、下端的尺寸，宜取立梃高度的1/10，并避开上冒头和下冒头；安装后应开关灵活。

3）小五金件均应采用木螺钉固定，不得用普通圆钢钉代替。木螺钉应先用锤打入1/3深度然后拧紧，严禁打入全部深度。采用硬木时应先钻2/3深度的孔，孔径应略小于木螺钉的直径，一般为木螺钉直径的0.9倍。

4）不宜在中冒头与立梃的结合处安装门锁。

5）门窗拉手应位于门窗高度中点以下，窗拉手距地面以1.5～1.6m为宜，门拉手距地面以0.9～1.05m为宜。

>> 知识链接：木门窗工程验收标准

1. 主控项目

（1）木门窗的木材品种、材质等级、规格、尺寸、框扇的线型及人造木板的甲醛含量应符合设计要求。

检验方法：观察；检查材料进场验收记录和复验报告。

（2）木门窗应采用烘干的木材，含水率应符合《建筑木门、木窗》（JG/T 122）的规定。

检验方法：检查材料进场验收记录。

（3）木门窗的防火、防腐、防虫处理应符合设计要求。

检验方法：观察；检查材料进场验收记录。

（4）木门窗的结合处和安装配件处不得有木节或已填补的木节。木门窗如有允许限值以内的死节及直径较大的虫眼时，应用同一材质的木塞加胶填补。对于清漆制品，木塞的木纹和色泽应与制品一致。

检验方法：观察。

(5) 门窗框和厚度大于50mm的门窗扇应用双榫连接。榫槽应采用胶料严密嵌合，并应用木楔夹紧。

检验方法：观察；手扳检查。

(6) 胶合板门、纤维板门和模压门不得脱胶。胶合板不得刨透表层单板，不得有戗槎。制作胶合板门、纤维板门时，边框和横楞应在同一平面上，面层、边框及横楞应加压胶结。横楞和上、下冒头应各钻两个以上的透气孔，透气孔应通畅。

检验方法：观察。

(7) 木门窗的品种、类型、规格、开启方向、安装位置及连接方式应符合设计要求。

检验方法：观察；尺量检查；检查成品门的产品合格证书。

(8) 木门窗框的安装必须牢固。预埋木砖的防腐处理、木门窗框固定点的数量、位置及固定方法应符合设计要求。

检验方法：观察；手扳检查；检查隐蔽工程验收记录和施工记录。

(9) 木门窗扇必须安装牢固，并应开关灵活，关闭严密，无倒翘。

检验方法：观察；开启和关闭检查；手扳检查。

说明：在正常情况下，当门窗关闭时，门窗扇的上端本应与下端同时或上端略早于下端贴紧门窗的止框。所谓“倒翘”通常是指当门窗扇关闭时，门窗扇的下端已经贴紧门窗下框，而门窗扇的上端由于翘曲未能与门窗的上框贴紧，尚有离缝的现象。

(10) 木门窗配件的型号、规格、数量应符合设计要求，安装应牢固，位置应正确，功能应满足使用要求。

检验方法：观察；开启和关闭检查；手扳检查。

2. 一般项目

(1) 木门窗表面应洁净，不得有刨痕、锤印。

检验方法：观察。

(2) 木门窗的割角、拼缝应严密平整。门窗框、扇裁口应顺直，刨面应平整。

检验方法：观察。

(3) 木门窗上的槽、孔应边缘整齐，无毛刺。

检验方法：观察。

(4) 木门窗与墙体间缝隙的填嵌材料应符合设计要求，填嵌应饱满。寒冷地区外门窗（或门窗框）与砌体间的空隙应填充保温材料。

检验方法：轻敲门窗框检查；检查隐蔽工程验收记录和施工记录。

(5) 木门窗批水、盖口条、压缝条、密封条安装应顺直，与门窗结合应牢固、严密。

检验方法：观察；手扳检查。

(6) 木门窗制作的允许偏差和检验方法应符合表3.1的规定。

说明：表中允许偏差栏中所列数值，凡注明正负号的，凡没有注明正负号的，即使其偏差可能具有方向性，检查时对这些偏差可以不考虑方向性要求。

表 3.1　　木门窗制作的允许偏差和检验方法

项次	项　目	构件名称	允许偏差		检　验　方　法
			普通	高级	
1	翘曲	框	3	2	将框、扇平放在检查平台上，用塞尺检查
		扇	2	2	
2	对角线长度差	框、扇	3	2	用钢尺检查，框量裁口里角，扇量外角
3	表面平整度	扇	2	2	用1m靠尺和塞尺检查
4	高度、宽度	框	0；－2	0；－1	用钢尺检查，框量裁口里角，扇量外角
		扇	＋2；0	＋1；0	
5	裁口、线条结合处高低差	框、扇	1	0.5	用钢直尺和塞尺检查
6	相邻棂子两端间距	扇	2	1	用钢直尺检查

(7) 木门窗安装的留缝限值、允许偏差和检验方法应符合表3.2的规定。说明：表中除给出允许偏差外，对留缝尺寸等给出了尺寸限值。考虑到所给尺寸限值是一个范围，故不再给出允许偏差。

表 3.2　　木门窗安装的留缝限值、允许偏差和检验方法

项次	项　目		留缝限值/mm		允许偏差/mm		检　验　方　法
			普通	高级	普通	高级	
1	门窗槽口对角线长度差		—	—	3	2	用钢尺检查
2	门窗框的下、侧面垂直度		—	—	2	1	用1m垂直检测尺检查
3	框与扇、扇与扇接缝高低差		—	—	2	1	用钢直尺和塞尺检查
4	门窗扇对口缝		1～2.5	1.5～2	—	—	用塞尺检查
5	工业厂房双扇大门对口缝		2～5	—	—	—	
6	门窗扇与上框间留缝		1～2	1～1.5	—	—	
7	门窗扇与侧框间留缝		1～2.5	1～1.5	—	—	
8	窗扇与下框间留缝		2～3	2～2.5	—	—	
9	门扇与下框间留缝		3～5	3～4	—	—	
10	双层门窗内外框间距		—	—	4	3	用钢尺检查
11	无下框时门扇与地面间留缝	外门	4～7	5～6	—	—	用塞尺检查
		内门	5～8	6～7	—	—	
		卫生间门	8～12	8～10	—	—	
		厂房大门	10～20	—	—	—	

3.5.4 木门窗质量通病及矫正

1. 窗框左右不拉通线、竖向不找垂直

原因分析：门窗框安装后左右不通线，上下不顺直，外装饰影响横竖线条的协调，内装饰影响木贴脸及装饰线的安装。

治理措施如下。

(1) 根据外墙灰层厚度拉通线，找好门窗框距外墙的位置；根据门窗中线从顶层开始吊垂直，找出各层门窗框垂直方向的安装位置。

(2) 对先立口后抹灰的墙面，应按上法先找出门窗框的安装位置，立口并做好支顶后再抹灰。

(3) 轻质墙的门框安装应与墙身龙骨一并考虑施工完成，并注意拉接牢固。

2. 门窗框安装不牢、松动

原因分析：由于木砖的数量少、间距大或木砖本身松动，门窗框与木砖固定用的钉子小，钉嵌不牢，门窗框安装后松动，造成边缝空裂无法进行门窗扇的安装，影响使用。

治理措施如下。

(1) 结构施工时一定要在门窗洞口处预留木砖，其数量及间距应符合规范要求，木砖一定要进行防腐处理；加气墙、空心砖墙应采用混凝土块木砖；现制混凝土墙及预制混凝土隔断应在混凝土浇筑前安装燕尾式木砖，固定在钢筋骨架上，木砖的间距控制在 50～60cm 为宜。

(2) 门框安装后，要做好成品保护，防止推车时碰撞。

(3) 严禁将门窗框作为脚手板的支撑或提升重物的支点，防止将门窗框损坏和变形。

3. 合页槽开的过大、边缘不整齐、合页不平、螺钉松动、螺钉头外露

原因分析：合页槽开的深浅大小除影响美观外，还由于合页安装不合适，影响开启的灵活，由于框的松动而对扇的开关灵活造成困难。

治理措施如下。

(1) 安装合页前提前划好线，按合页的厚度剔槽，不可过大、过深。

(2) 门窗安装时应根据门窗的尺寸、型号选用配套的合页及螺钉，螺钉应钉入 1/3 拧入 2/3，螺钉拧入时用力一致，不可偏斜，更不可将螺钉砸入安装。

(3) 如螺钉拧入遇上木节，应更换位置安装；或用木钻在木节上打眼下木楔后再安装。

4. 门窗扇翘曲

原因分析：框与扇不在同一平面内，扇关不严或局部不严，影响使用。

治理措施如下。

(1) 重视检查产品合格证，特别查看门窗料的含水率是否符合要求。

(2) 现场存放地要平整、干燥，码放合理，排列整齐。

(3) 如发现翘曲，应先处理将其压平后再安装。小的翘曲可通过安装时用合页及螺钉进行调整。

5. 门窗开关不灵活或走扇

原因分析：因掩扇时缝隙留的过小，受潮后使之开关困难；或缝隙过大，口扇不密封，透风，加之合页安装不好，使门窗开启后不能固定，而有走扇现象。

治理措施如下。

（1）门窗框装好后必须垂直无误，才可以安装窗及门的扇。

（2）正确选用合页及安装用的螺钉。

（3）安装门窗时掌握好缝隙的大小，应符合规范要求；门窗扇对口缝、扇和框间的留缝宽度1.5～2.5mm，框与扇上缝留置宽度1～1.5mm，窗扇与下坎留缝2～3mm。

（4）检查合页轴应在同一直线上，以保持扇的灵活，不走扇。

6. 门窗扇下垂

原因分析：由于门窗扇过重，使用合页尺寸偏小，使用后扇下垂，表现为蹭地或蹭窗台，开关不灵活，严重者易造成门窗损坏。

治理措施如下。

（1）门窗扇及框用料品种相匹配。

（2）使用合页大小、螺钉尺寸与扇的重量相符。

（3）门窗玻璃厚度、尺寸应与框扇料相吻合。

（4）修刨扇时，有意识地在不装合页一边的上口少修刨1mm以内，让扇装好后稍有挑头留出下坠的余量。

（5）扇有轻微下垂时，可以把下边的合页垫起些，但不要影响主缝。

7. 门窗关不拢

有可能由以下原因造成：由于门窗扇与框之间的缝隙不均匀，或是门扇的坡口太小；也有可能是门扇框不正造成门窗扇“走扇”（关上后自动打开）；或门窗扇不平，关上后和门窗框不吻合。

木门窗关不拢的原因分析及矫正方法见表3.3。

表3.3　　装饰木门窗关不拢原因分析及矫正

质量通病	原因分析	矫正方法
关不拢	1. 缝隙不匀造成的关不拢 （1）门窗扇制作尺寸有误差 （2）门窗安装存在误差 （3）门窗在侧边与门框蹭口，窗扇在侧边或底边与窗框蹭口	对门窗和窗扇用细刨进行修正
	2. 门窗扇坡口太小造成关不拢 （1）门窗扇开关时扇边蹭口 （2）安装铰链的扇边坡口（即扇边蹭到框的裁口边上）	1. 安装时，按规矩扇四边应当刨出坡口，这样门窗扇就容易关拢 2. 应把蹭口的扇边坡口再刨大些，一般坡口为2°～3°
	3. 门窗框不平造成的关不拢 由于门窗框安装得不正（不垂直），使得门窗扇安装后能自动打开，木工俗称为“走扇”	1. 必须把门窗框找正找直；否则这个毛病是不能完全除掉的 2. 向外移动门窗扇上的铰链，即能减少“走扇”的程度
	4. 门窗扇不平造成的关不拢 （1）由于制作不当，门窗扇不平（扭翘），关上后有一个角关不拢 （2）木材未干透，作成制品后木材干缩性质不均匀，门窗扇不平	1. 在扇的榫处再加一个楔 2. 调整铰链的位置，以减轻门窗的不平（扭翘）程度 3. 严重者，重新制作门窗扇

3.6 铝合金门窗施工

铝合金门窗是采用铝合金挤压型材为框、梃、扇料制作的门窗，简称铝门窗。以铝合金作受力杆件（承受并传递自重和荷载的杆件）基材，和木材、塑料复合的门窗，简称铝木复合门窗、铝塑复合门窗。

根据结构与开启形式的不同，铝合金门窗可分为推拉门、推拉窗、平开门、平开窗、固定窗、悬挂窗、回转门、回转窗等。按门窗型材截面的宽度尺寸的不同，可分为许多系列，常用的有 25、40、45、50、55、60、65、70、80、90、100、135、140、155、170 系列等。图 3.20 所示为 90 系列铝合金推拉窗的断面。

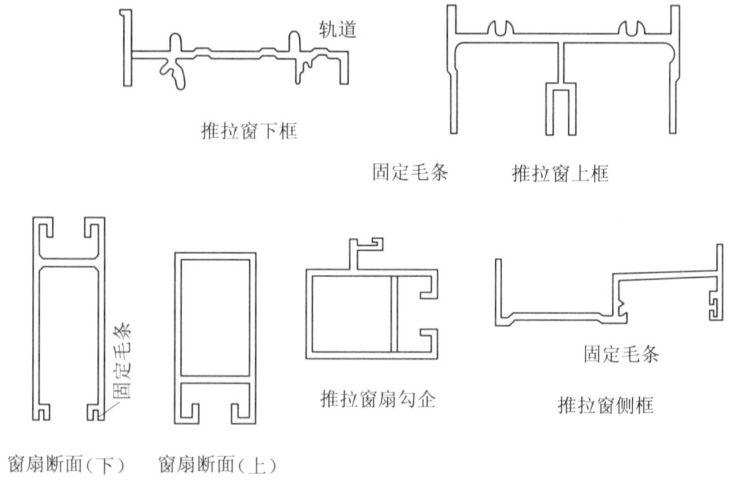

图 3.20 90 系列铝合金推拉窗的断面

目前新型铝合金门窗一般采用断桥铝合金，“断桥”是指隔断冷热桥，因为铝合金是金属，导热比较快，所以室内外温度相差很大，铝合金就成了为热量传递的“桥”，断桥就是将铝合金从中间断开，采用硬塑与两边的铝合金相连，而塑料导热慢，这样热量就不容易传递了，所以称为断桥铝合金。断桥铝采用隔热铝型材和中空玻璃，仿欧式结构，外形美观，具有节能、隔音、防噪、防尘、防水功能。这类门窗的热导率 K 值为 3W/(m^2·K) 以下，比普通门窗热量散失减少一半，降低取暖费用 30%左右，隔声量达 30dB 以上，水密性、气密性良好，均达国家 A1 类窗标准。

3.6.1 铝合金门窗的组成与制作

1. 铝合金门窗的组成

(1) 型材。铝合金型材是铝合金门窗的骨架，其质量如何关系到门窗的质量。除必须满足铝合金的元素组成外，型材的表面质量应满足要求。

(2) 密封材料。铝合金门窗安装密封材料品种很多，其特性和用途也各不相同。铝合金门窗安装密封材料品种、特性和用途见表 3.4。

表 3.4　　铝合金门窗安装密封材料

品种	特性与用途
聚氯酯密封膏	高档密封膏，变形能力为25%，适用于±25%接缝变形位移部位的密度
聚硫密封膏	高档密封膏，变形能力为25%，适用于±25%接缝变形位移部位的密度。寿命可达10年以上
硅酮密封膏	高档密封膏、性能全面、变形能力达50%，高强度、耐高温（−54～260℃）
水膨胀密封膏	遇水后膨胀将缝隙填满
密封垫	用于门窗框与外墙板接缝密封
膨胀防火密封件	主要用于防火门、遇火后可膨胀密封其缝隙
底衬泡沫条	和密封胶配套使用，在缝隙中能随密封胶变形而变形

3.6-1 新型铝合金窗制作

（3）五金配件。五金配件是组装铝合金门窗不可缺少的部件，也是实现门窗使用功能的重要组成部分。铝合金门窗的配件主要有铰链、锁具、滚轮等。

2. 铝合金门窗的制作

铝合金门窗的绝大部分工作是厂内加工完成，其工艺主要包括：选料→断料→钻孔→组装→保护或包装，施工企业只需把成品门窗运输到现场安装即可。

3.6.2　铝合金门窗材料要求

1. 一般规定

门窗用材料应符合现行国家和行业标准及有关规定，并应有出厂合格证、性能检测报告和质量保证书。主要材料进场前应经复验合格才能使用。

2. 铝合金材料

门窗用铝合金型材的化学成分应符合现行国家标准《变形铝及铝合金化学成分》（GB/T 3190—2008）的有关规定，铝合金型材质量应符合现行国家标准《铝合金建筑型材　第1部分：基材》（GB/T 5237.1—2017）的规定。型材横截面尺寸允许偏差可按普通级执行，对有装配要求的型材，其允许偏差应达到高精级或超高精级。铝合金型材采用阳极氧化、电泳涂漆、粉末喷涂、氟碳漆喷涂进行表面处理时，应符合现行国家标准《铝合金建筑型材》（GB/T 5237）的质量要求，表面处理层的厚度应满足表3.5的要求。

表 3.5　　铝合金型材表面处理层的厚度

品种	阳极氧化、着色	电泳涂漆	粉末喷涂	氟碳漆喷涂
厚度	AA15	B级	40～120μm	≥30μm

注　有特殊要求的按 GB/T 5237 选择。

门窗受力构件应经计算或试验确定。未经表面处理的型材最小实测壁厚：门不应小于2.0mm，窗不应小于1.4mm。用穿条工艺生产的隔热铝型材，其隔热材料应使用PA66GF25（聚酰胺66+25玻璃纤维）材料，不得采用PVC材料。用浇注工艺生产的隔热铝型材，其隔热材料应使用PUR（聚氨基甲酸乙酯）材料。连接部位的抗剪强度必须满足设计要求。

3. 五金配件、附件、紧固件

五金配件、附件、紧固件应满足功能要求。门、窗配套用的标准件、附件、紧固件应符合现行标准的规定。门窗框扇构件连接定位卡、加强垫板、门窗与墙体间的锚固件、防雷连接件等钢材连接件应符合现行国家标准的规定。门窗框扇构件连接采用的型材、压铸组角件等有色金属连接件，应符合下列现行国家标准的规定。

- 《铝合金建筑型材 第1部分：基材》(GB/T 5237.1—2017)。
- 《锌合金压铸件》(GB/T 13821—2009)。
- 《铝合金压铸件》(GB/T 15114—2009)。

需要注意的是，与门窗框扇型材连接用的紧固件应采用不锈钢件，不得采用铝及铝合金抽芯铆钉做门窗构件受力连接紧固件。

4. 玻璃

门窗玻璃的品种、颜色和性能应根据建筑物的功能要求选用。门窗玻璃尺寸偏差、外观质量及性能应符合现行标准的规定。

5. 密封材料

门窗用密封胶条应采用三元乙丙橡胶、氯丁橡胶、硅橡胶等热塑性弹性密封条，并符合下列现行标准的规定。

- 《工业橡胶板》(GB/T 5574—1994)。
- 《硫化橡胶分类橡胶材料》(GB/T 16589—1996)。
- 《建筑橡胶密封垫预成型实心硫化的结构密封垫用材料规范》(HG/T 3099—2004)。
- 《橡胶密封垫密封玻璃窗和镶板的预成型实心硫化橡胶材料规范》(HG/T 3100—1989)。

密封胶条应符合《塑料门窗用密封条》(GB/T 12002—1989) 的规定；门窗用密封毛条应采用经过硅化处理的丙纶纤维密封毛条，并应符合现行行业标准《建筑门窗密封毛条技术条件》(JC/T 635—1996) 的规定；门窗用各种密封胶应符合下列现行标准的规定：

- 《硅酮建筑密封胶》(GB/T 14683—2017)。
- 《聚硫建筑密封膏》(JC 483—2006)。
- 《建筑窗用弹性密封剂》(JC 485—2007)。
- 《中空玻璃用弹性密封胶》(JC 486—2016)。

硅酮耐候密封胶应采用中性胶，其性能应符合《硅酮建筑密封胶》(GB/T 14683—2017) 的规定。门窗所用密封垫片、密封堵件等密封材料，应符合相应的标准。

6. 硅酮结构密封胶

隐框窗采用的硅酮结构密封胶的性能应符合现行国家标准《建筑用硅酮结构密封胶》(GB 16776—2005) 的规定。硅酮结构密封胶使用前，应经法定检测机构进行与其相接触材料的相容性和剥离黏结性试验，并应对邵氏硬度、标准状态拉伸黏结性能进行复验。检验不合格的产品不得使用。硅酮结构密封胶生产商应提供其结构胶的变位承受能力数据和质量保证书。

7. 其他材料

玻璃垫块应采用模压成型或挤出成型硬橡胶或塑料，不得使用硫化再生橡胶、木片或其他吸水性材料。与单组分硅配结构密封胶配合使用的低发泡间隔双面胶带应具有透气性。金属丝窗纱应符合《窗纱型式尺寸》（QB/T 3882—1999）和《窗纱技术条件》（QB/T 3883—1999）的规定。塑料丝窗纱应用定型纱网，不得使用编织型纱网。固定片应符合《聚氯乙烯——（PVC）门窗固定片》（JG/T 132—2000）的规定。用作填充材料的聚乙烯泡沫棒，其密度不应大于 $37kg/m^3$。防腐材料必须具有足够的黏结力和耐久性。聚氨酯 PU 发泡剂应符合现行国家标准或行业标准规定。黑色金属材料除不锈钢外，应按《金属覆盖层——钢铁上的锌电镀层》（GB/T 9799—1997）的规定进行表面锌电镀处理，其镀层厚度应大于 12μm 或采用《连续热镀锌薄板和钢带》（GB/T 2518—2004）的材质。制作隐框窗采用的清洗液异丙醇和二甲苯应分别符合国家标准 HG/T 2892 和 GB/T 16494 的规定。

>> 知识链接：铝合金门窗检验

1. 工序检验的规定

（1）门、窗构件加工应进行首件检验，合格后方可进行后续加工。

（2）加工中应按构件的 5%进行抽样检验，每种构件不得少于 3 件。如不合格应加倍抽查，复检合格方可进入下道工序，如仍不合格，则应进行逐件检验，合格的留用。

2. 产品检验的规定

（1）产品出厂前，应按每一批次、品种、规格随机抽样进行出厂检验，抽检率门为 10%、窗为 5%，但不得少于 3 樘。

（2）检验项目及技术要求除符合《铝合金门窗工程技术规范》（JGJ 214—2010）的要求外，还应符合 GB/T 8478、GB/T 8479 标准的规定。

1）门、窗检验项目参照表 3.6 和表 3.7。

表 3.6　　铝合金门产品质量检验项目表

序号	项目名称	技术要求	备注
1*	铝型材表面	（1）型材表面不允许有明显划伤 （2）阳极氧化 AA15 级，膜厚 $t \geqslant 15\mu m$ 粉末喷涂 $40\mu m \leqslant t \leqslant 120\mu m$ 氟碳喷涂 $t \geqslant 30\mu m$ 电泳涂漆　B级	涡流测厚仪
2*	铝型材壁厚/mm	受力构件的最小实测壁厚不小于 2.0	游标卡尺
3	抗风压性能	$p_3 \geqslant 1000Pa$ 或符合工程设计要求	GB/T 7106
4	气密性能	$q_1 \leqslant 4.0m^3/(h \cdot m)$，$q_2 \leqslant 12m^3/(h \cdot m^2)$ 或符合工程设计要求	GB/T 7107
5	水密性能	$\Delta p \geqslant 100Pa$ 或符合工程设计要求	GB/T 7108
6	保温性能	$K < 4.0W/(m^2 \cdot K)$ 或符合用户设计要求	GB/T 8484
7	空气声隔声性能	$R_W \geqslant 25dB$	GB/T 8485
8	反复启闭性能	反复启闭应不少于 10 万次，启闭无异常，使用无障碍	GB/T 8478

续表

序号	项目名称	技术要求	备注
9	撞击性能	撞击后： (1) 门框、扇无变形，连接处无松动现象 (2) 插销、门锁等附件应完整无损，启闭正常 (3) 玻璃无破损 (4) 门扇下垂量应不大于 2mm	QB/T 1129
10	垂直荷载强度	平开门、地弹门： 施加 30kg 荷载，门扇卸荷后的下垂量应不大于 2mm	GB/T 14154
11*	启闭力	启闭力不大于 50N，门扇启闭时不得有影响正常功能的碰擦	管形测力计（0～100N） 每个扇测 3 次取平均值
12*	附件安装	位置正确、安装牢固、数量齐全、满足使用功能	目测、手试
13*	连接	连接牢固、不缺件	目测、手试
14*	门框槽口高度/mm	≤2000，±2.0（误差，下同） >2000，±3.0	钢卷尺测试件外框两相对外端面，测量部位距端部 100mm
15*	门框槽口高度/mm	≤2000，±2.0 >2000，±3.0	钢卷尺
16*	门框槽口对边尺寸之差/mm	≤2000，≤2.0 >2000，≤3.0	计算结果
17*	门框对角线尺寸之差/mm	≤3000，≤3.0 >3000，≤4.0	钢卷尺或专用量具测框内角
18*	门框门扇搭接宽度偏差/mm（与设计值之差）	±2.0	游标深度尺测量，测窗扇高度、宽度中点处
19*	同一平面高低差/mm	≤0.3	用游标浓度、尺测量相邻构件取最大值
20*	装配间隙/mm	≤0.2	用塞尺测量相邻构件取最大值
21*	玻璃与槽口配合	玻璃槽口配合应符合 GB/T 8478 中表 5 和表 6 的要求	用塞尺、游标深度尺测量
22*	外观	产品表面不应有铝屑、毛刺、油污或其他污迹。连接处不应有外溢的胶黏剂。表面平整，没有明显的色差、凹凸不平、划伤、擦伤、碰伤等缺陷	观察、目测

注 带“*”的为出厂检验项目。

表 3.7 铝合金窗产品质量检验项目表

序号	项目名称	技术要求	备注
1*	铝型材表面	(1) 型材表面不允许有明显划伤 (2) 阳极氧化 AA15 级，膜厚 $t \geqslant 15\mu m$ 粉末喷涂 $40\mu m \leqslant t \leqslant 120\mu m$ 氟碳喷涂 $t \geqslant 30\mu m$ 电泳涂漆别 B级	涡流测厚仪
2*	铝型材壁厚/mm	主要受力构件的最小实测壁厚不小于 1.4	游标卡尺
3	抗风压性能	$p_3 \geqslant 2000Pa$ 或符合工程设计要求	GB/T 7106
4	气密性能	$q_1 \leqslant 2.5m^3/(h \cdot m)$ $q_2 \leqslant 7.5m^3/(h \cdot m^2)$ 或符合工程设计要求	GB/T 7107
5	水密性能	$\Delta p \geqslant 250Pa$ 或符合工程设计要求	GB/T 7108
6	保温性能	$K < 4.0W/(m^2 \cdot K)$ 或符合用户设计要求	GB/T 8484
7	空气声隔声性能	$R_W \geqslant 25dB$ 或符合用户设计要求	GB/T 8485
8	采光性能	$T_r \geqslant 0.20$ 或符合用户设计要求	GB/T 11976
9	反复启闭性能	不少于1万次，启闭无异常，使用无障碍	GB/T 8479
10*	启闭力	启闭力不大于 50N，门扇启闭时不得有影响正常功能的碰擦	管形测力计 (0～100N) 每个扇测三次取平均值
11*	附件安装	位置正确、安装牢固、数量齐全、满足使用功能	目测、手试
12*	连接	连接牢固、不缺件	目测、手试
13*	门框槽口高度/mm	≤2000，±2.0 >2000，±2.5	钢卷尺测试件外框两相对外端面，测量部位距端部 100mm
14*	窗框槽口宽度/mm	≤2000，±2.0 >2000，±2.5	钢卷尺
15*	窗框槽口对边尺寸之差/mm	≤2000，≤2.0 >2000，≤3.0	计算结果
16*	窗框对角线尺寸之差/mm	≤2000，≤2.5 >2000，≤3.5	钢卷尺或专用量具测框内角
17*	窗框窗扇搭接宽度偏差/mm (与设计值之差)	±1.0	游标深度尺测量，测窗扇高度、宽度中点处
18*	同一平面高低差/mm	≤0.3	用游标浓度、尺测量相邻构件取最大值
19*	装配间隙/mm	≤0.2	用塞尺测量相邻构件取最大值
20*	隐框窗的装配要求	符合 JG3035 中 4.3.3.2 条的规定	用塞尺、游标深度尺测量
21*	玻璃槽口配合	玻璃槽口配合应符合 GB/T 8479 中表 5 和表 6 的要求	用塞尺、游标深度尺测量

续表

序号	项目名称	技 术 要 求	备 注
22*	外观	产品表面不应有铝屑、毛刺、油污或其他污迹。连接处不应有外溢的胶黏剂。表面平整，没有明显的色差、凹凸不平、划伤、擦伤、碰伤等缺陷	观察、目测

注 带“*”的为出厂检测项目。

2）有下列情况之一时应进行抗风压性能、水密性能、气密性能、门撞击性能、门垂直荷载强度、反复启闭性能检验。

a. 新产品或老产品生产的试制定型鉴定。

b. 正式生产后当结构、材料、工艺有较大改变可能影响产品性能时。

c. 正常生产时每两年检测一次。

d. 产品停产一年以上再恢复生产时。

e. 发生重大质量事故时。

f. 合同规定要求进行检验时。

3）保温性能、空气声隔声性能和采光性能根据设计要求进行测试。地弹门不做抗风压性能、水密性能、气密性能测试，其他门根据使用要求测试。

3. 产品出厂检验规则

（1）表3.6、表3.7中有“*”均为出厂检验项目，检验项目出现一项（含一项）以上不符合时应对该项目重新加倍抽样检验，如仍不符合要求时，则应进行逐件检验。

（2）抽检的产品必须全部合格方能出厂。

（3）产品出厂时应附有产品合格证、安装图和使用说明书等。合格证应有生产许可证编号和有效期，产品名称、型号规格，生产厂名称、出厂日期、厂址、电话等。

>> 知识链接：铝合金门窗包装、运输和储存要求

1. 铝合金门窗包装的规定

（1）产品应用无腐蚀作用的软质材料包装。

（2）产品表面应加贴保护膜。

（3）产品或包装的明显部位应有产品标识。

（4）每批产品包装后，应附有产品合格证书、安装使用说明书及产品清单等。

2. 运输的规定

（1）装卸及运输时应轻拿轻放，严禁摔、扔、撞击。

（2）运输时应竖直排放并可靠固定。门窗与门窗之间应用软质材料隔开，特别应注意避免五金配件凸出部位与门窗的其他部位接触，以免损坏。

（3）运输工具应清洁无污染。

3. 储存的规定

（1）产品应放置在清洁、通风、干燥的地方，严禁与酸、碱、盐类物质接触并防止雨水侵入。

（2）产品严禁与地面直接接触，底部垫高应不小于 100mm。

（3）产品放置应用垫块垫平，立放角度不小于 70°。

3.6.3 铝合金门窗施工

铝合金门窗安装过程中的主要机械设备包括红外线铅垂仪、水平尺、手提砂轮机、射钉枪、玻璃吸盘等。实际工程中可根据劳动力进行配备，见表 3.8。

表 3.8 某项目铝合金窗户施工机具配备

设备名称	单位	数量	设备名称	单位	数量
红外线铅垂仪	台	5	水平尺	把	20
手提砂轮机	台	10	手锤 1kg	把	35
射钉枪	把	5	手电钻	把	25
手动注胶枪	把	30	玻璃吸盘	个	16
多功能切割机	台	15	安全带	付	100

1. 铝合金门窗施工

门窗框成品进场后应注意堆放、保管，吊装过程不能损坏成品。安装前，工程负责人必须对门窗安装队全体人员进行施工交底，并有书面交底材料存档，同时提供安装基准线。安装的工艺流程参照：弹线找规矩→门窗洞口处理→ 连接件安装→门窗框安装→四周嵌缝→门窗扇及五金配件安装→清理。

安装过程要做好铝合金门窗与土建施工的配合，按设计要求确保安装的准确性。安装前检查尺寸及三线（垂直线、水平线、进出线），同时要检查整个立面门、窗框体在水平线和垂直线上是否符合设计图纸要求。安装时，宜先进行竖向吊线定位，确保整个立面上下窗口呈直线。特别注意膨胀螺栓直接从门窗框内侧打入墙体内，膨胀螺栓的长度不短于 80mm，每相邻的膨胀螺栓间距不大于 500mm。窗框与墙体的连接如用连接片进行固定，连接片的间距必须符合设计要求（图 3.21）。铝合金门窗框的连接件伸出框并予以内外锚固。设置时，除四周离边角 180mm 设一点外，其余间距应不大于 500mm，连接件采用热镀锌件，其厚度不小于 1.5mm、宽度不小于 20mm。连接埋设必须牢固。门窗框与墙体之间的接缝处理方法：用发泡剂填充框与墙体间间隙（图 3.22），发泡剂溢出来的部分，用铲刀铲平，然后抹水泥砂浆将其盖住，等水泥砂浆干燥后，再均匀地在接口处打密封胶。

外框安装完成后，由室内往室外向框体四周缝隙顺延注打发泡剂，操作前必须清理土建洞口台面及两侧垃圾。如框体四周缝隙大于 25mm，则应先粉刷砂浆，使框体四周缝隙小于 25mm。打发泡剂时，外面发泡剂固化后修正成与外框平，砂浆勾缝后室外一侧打密封胶。

发泡剂施工后，要及时将门窗的铁脚进行掩埋。用细石混凝土或砂浆封锚脚，凝固后抽去斜木，其中窗台应用 C20 细石混凝土浇捣，然后进行粉刷。施工时要确保洞口周边的粉刷质量。洞口过梁水平度应严格控制，两端最大高低差不超过 10mm，洞口垂直度上下两端最大水平差不超过 15mm。粉刷后注意加强养护，防止粉刷层裂缝而渗水。砂浆封框后约 3h，砂浆最终凝固前，用 4mm 圆钢料头沿框体四周划 5mm 深

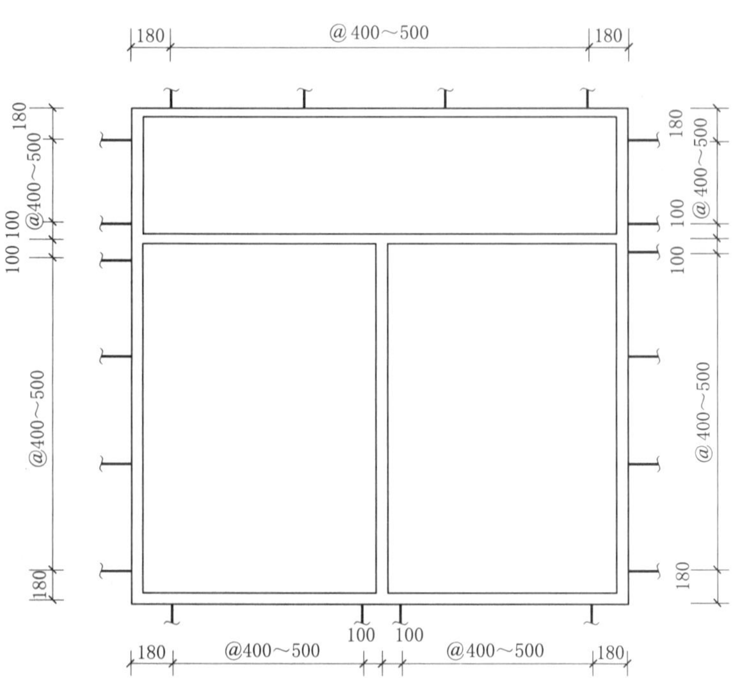

图 3.21　连接片与墙体的固定（单位：mm）

图 3.22　发泡剂处理缝隙

的凹槽，留着最后补打硅酮密封胶。划槽方法是逐步渐深，刮出砂浆渣土，随时清除，避免落入框内。打硅酮密封胶时须注意成品保护，如用胶黏带盖住窗框及墙面，待硅胶凝固后，再撕掉保护胶带。

2. 铝合金门窗玻璃安装

安装玻璃前，将裁口内的污垢清除干净，并沿裁口的全长均匀抹 1～3mm 厚的底油灰。安装长边大于 1.5m 或短边大于 1m 的玻璃，应用橡胶垫、压条和螺钉镶嵌固定。安装于扇中的玻璃，应按开启方向确定其定位垫块的位置，玻璃应搁置在两块相同的定位垫块上，搁置点离玻璃垂直边缘的距离宜为玻璃宽度的 1/4，且不宜小于 150mm。定位垫块的宽度应大于所支撑的玻璃件的厚度，长度不宜小于 25mm，并应符合设计要求。

玻璃安装就位后，其边缘不得和框、扇及其连接件相接触，所留间隙应为 2～

图 3.23 玻璃安装

3mm。玻璃安装时所使用的各种材料均不得影响泄水系统的通畅。玻璃镶入框、扇内，填塞填充材料、镶压线条时，应使玻璃周边受力均匀，避免玻璃破碎，如图 3.23 所示。

3. 防止门窗渗漏水的措施

门窗防水非常重要；否则会影响建筑使用功能（图 3.24）。为了防止门窗与墙体衔接处漏水，窗台用细石混凝土（100mm 厚）浇筑，并锚入两侧墙一砖长度，并做成挑泛水坡度（控制在 10～20mm）。防止从窗台下口渗水。门框、窗框同墙体的缝隙内填嵌弹性材料（发泡剂），要求填嵌密实。检查时应特别注意有无漏打、空隙及不密实现象。

图 3.24 窗户渗水导致墙皮脱落

门框、窗框四周侧边应留设槽口，槽口处填嵌硅胶进行密封处理。嵌注密封材料时，应注意清除浮灰砂浆等，使密封材料与门、窗框、墙体黏结牢固，同时检查密封材料是否连续，有无缺漏等情况；打胶作业应在作业面干燥时进行，防止胶层开裂。

窗下档及推拉窗的下滑槽必须开设排水孔。排水孔设在门、窗框两端拐角 20～140mm 处。安装后应检查排水孔有无堵塞情况，排水孔高度应大于 4mm。

3.6.4 铝合金门窗施工管理

1. 施工管理要点

门窗工程计划应明确工期（天数）及质量目标（合格或优良）。按项目确定的工期与质量承诺的要求，合理配置生产要素，确保施工进度、施工质量，实现合同目标。施工时要合理安排好各工种之间的相互关系、施工顺序，确保有序施工，并合理调配、安排好劳动力，满足施工进度需求。

根据施工进度及时采购建筑材料，并按规范要求做好进场检验工作。在门窗的施工中，严格按相关规范要求施工，确保不影响外墙保温工程的施工质量。须加强施工过程中的监督指导工作，对门窗施工实行全过程有效控制。各工种在施工中要做好班组自检工作及工序报验工作，保证每道工序的质量。按规范要求及时做好质量保证资料的收集、记录、整理工作，确保资料真实、齐全、规范标准且与施工进度同步。

2. 安全与文明施工要求

现代工程管理对施工安全有严格要求，应制订门窗工程安全与文明施工目标，如轻伤以上安全事故为零，施工现场整洁文明。施工前所有机械设备要进行检验、调试合格并报验后，方可开始使用。使用过程中实行专人负责制，并设专人进行日常的维修及保养工作。

施工时对施工人员要进行安全教育并讲清安全注意事项。施工中要求人员必须严格遵守各项安全规章制度、操作规程，确保安全。施工材料按要求做到有序堆放，保持现场文明整洁。玻璃工程安装时注意防止玻璃污染，安装后应进行清理，以保证玻璃清洁，竣工后的玻璃工程，表面应洁净，不得留有油灰、浆水、油漆等斑污。

3. 成品保护措施

（1）生产加工阶段产品保护措施。

铝合金门窗构件的生产加工过程，要解决的成品保护问题主要是铝合金框料表面保护层的保护及变形的控制，玻璃表面划痕、清洁以及保护膜的控制保护。

铝型材窗框加工、存放所需台架等设备上均须垫木方或胶垫等软质物，防止铝型材框料磕碰划伤。铝型材、窗框周转运输时，凡与型材接触部位均以胶垫防护，不允许型材与钢质构件或其他硬质物品直接接触。铝型材、窗框周转车的下部及侧面均垫软质物，如木制品、塑胶保护垫块等。

玻璃周转用玻璃架，玻璃架上采取垫胶垫等防护措施，玻璃板块的表面确保无明显划伤，达到国家优质品标准。玻璃加工平台需平整，并垫以毛毡等软质物，避免加工过程中玻璃遭到破坏，造成没有必要的损失。

（2）成品包装阶段保护措施。

成品包装阶段主要是指材料加工完毕后所进行的成品保护措施，此阶段采取的措施是运输阶段保证材料完好的基础，所以必须予以重视。包装工人按技术规程规定的方法和要求对产品进行包装，做好各种登记手续，做到经过流水线的产品均有记录，均有质量检测报告，确保质量优良和数量要求。不同规格、尺寸、型号的型材不能包装在一起，分类包装，分别登记。

包装应严密、牢固，避免周转运输中散包，型材在包装前将表面以及腔内铝屑和毛刺刮净，防止划伤，产品包装搬运过程中避免装饰面磕碰、划伤。铝型材包装时要先贴一层保护胶带，然后外包牛皮纸，产品包装后，在外包装上用水笔注明产品的名称、代号、规格、数量、工程名称等。

包装人员在包装过程中发现型材变形、装饰面划伤等产品质量问题，应立即通知检验人员，不合格品严禁包装。包装完成后，如不能立即装车发送现场，要放在指定地点，摆放整齐。组框后的窗尺寸较小者用纺织带包裹，尺寸较大不便包裹者，可用厚胶条分隔，避免相互擦碰。

（3）运输过程中产品保护措施。

运输过程中的成品保护即从加工厂运输到现场过程中所采取的成品保护措施。为保证质量合格的产品能够安全运到施工现场，应做到专车运输、专人护送、专人装卸，保证产品在运输过程中不会遭到破坏。

铝合金型材装车时应在车厢下垫减震木条，顺车厢长度方向紧密排放。型材摆放高度超出车厢板时，需捆扎牢固。型材不能与钢件等硬质材料混装，摆放需整齐、紧密不留空隙，防止在行驶中发生窜动以损伤产品。

玻璃装车需立放，底部垫草垫，玻璃间用软质物隔离，玻璃装箱要四周垫硬塑料泡沫，箱子捆扎结实，确保车辆行驶中振动和晃动不使玻璃破损。运输中应尽量保持车辆行驶平稳，路况不好注意慢行，避免激烈振荡。运输途中应经常检查货物情况，随时发现问题，随时解决，尤其注意检查材料的捆绑和摩擦情况，避免材料彼此摩擦破坏表面观感。

（4）施工现场成品保护措施。

材料运到现场后暂时存放，期间的成品保护工作需要业主、各家施工单位的共同协作和努力。应有专职看守员负责成品保护，所有成品进入现场后，应确保不会受到雨水浸泡和其他碰击，确保产品的质量满足施工安装需要。现场临时存放材料，按规定进行储存和维护，并且按照规定予以登记（入库和出库），做到进货清楚、发放明确。

铝型材用保护胶纸吸附贴紧，直到竣工清洗前撕掉，以保证表面不容易被划伤或受到水泥等腐蚀。搬运或水平运输过程中对材料应轻起轻落，避免碰撞和与硬物摩擦，吊运前应细致检查包装的牢固性，避免散包或者磕碰破坏。物料摆放地点应避开道路繁忙地段或上部有物体坠落区域，应注意防雨、防潮，不得与酸、碱、盐类物质或液体接触，避免浸泡腐蚀，导致材料表面遭到破坏，从而影响观感，造成不必要的损失。从木箱或刚架上搬出来的板块及其他成品、半成品，需用木方垫起100mm，并不得堆放挤压。

应严禁焊接火花的溅落和物体撞击及酸碱盐类溶液对铝合金门窗材料以及成品的破坏。铝合金门窗安装完毕后严禁撕毁材料保护膜，或在材料饰面上刻划或用单元式杆件材料做辅助施工用品。

（5）施工安装阶段成品保护。

本阶段的成品保护工作包括安装时的成品保护和安装完毕后的成品保护，期间还存在工作面交接的影响，所以比较复杂。铝合金门窗框安装期间，确保所有成品保护工作，包括土建成品、其他安装单位成品、铝合金门窗框材料和成品。铝合金门窗框安装前，应对所有施工人员开展成品保护教育，坚决杜绝破坏土建洞口粉刷层等成品的现象，同时强调铝合金门窗框安装的成品保护意识和技术要求，并且下发《成品保护技术交底》，要求所有施工人员签署《成品保护责任状》，颁布《成品保护奖罚条例》。

铝合金门窗框安装期间，不得拆除铝合金材料表面的塑料保护薄膜，严禁敲打、磕碰铝合金材料，确保铝合金材料的观感和表面氧化膜。所有安装完成的铝合金门窗框须设置显著防护装置，避免其他人员的践踏和磕碰，并且派遣专职人员予以巡查保护。

完成嵌缝施工工序后，经过联合检查合格，门窗安装单位接受工作面，展开铝合金门窗扇及五金件的安装。此阶段的安装必须严格执行成品保护措施，谨防玻璃、扇料遭到破坏。

3.6-2 Ⓜ
铝合金门窗的质量验收

>> 知识链接：铝合金门窗质量验收标准

根据国家标准《建筑装饰装修工程质量验收标准》（GB 50210—2018）对金属门窗安装工程的质量验收规定：铝合金门窗局部擦伤、划伤分级控制见表3.9，门窗框允许尺寸偏差见表3.10，门窗框、扇装配间隙允许偏差见表3.11，铝合金门窗安装质量要求及检验方法见表 3.12，金属门窗安装工程质量验收标准见表 3.13。

表 3.9　　铝合金门窗局部擦伤、划伤分级控制表

项　目	等　级		
	优等品	一等品	合格品
擦伤、划伤深度	不大于氧化膜厚度	不大于氧化膜厚度 2 倍	不大于氧化膜厚度 3 倍
擦伤总面积/mm^2	≤500	≤1000	≤1500
划伤总长度/mm	≤100	≤150	≤150
擦伤或划伤处数	≤2	≤4	≤6

表 3.10　　门窗框允许尺寸偏差　　单位：mm

项目	尺寸＼等级	优等品	一等品	合格品
门窗框槽口宽度高度允许偏差	≤2000	±1.0	±1.5	±2.0
	>2000	±1.5	±2.0	±2.5
门窗框槽口对边尺寸偏差	≤2000	≤1.5	≤2.0	≤2.5
	>2000	≤2.0	≤2.5	≤3.0
门窗框槽口对角线尺寸偏差	≤3000	≤1.5	≤2.0	≤2.5
	>3000	≤2.0	≤2.5	≤3.0

表 3.11　　门窗框、扇装配间隙允许偏差　　单位：mm

项　目	等　级		
	优等品	一等品	合格品
门窗框、扇各相邻构件同一平面高低差	≤0.3	≤0.4	≤0.5
门窗框、扇与各相邻构件装配间隙	≤0.3		≤0.5
门窗框与扇、扇与扇竖向缝隙偏差	±10		

表 3.12　　铝合金门窗允许偏差

项次	项　目	允许偏差/mm	检　验　方　法
1	门窗框两对角线长度差	≤2000mm	用钢卷尺检查，量里角
		>2000mm	
2	平开窗、窗扇与框搭接宽度差	1	用深度尺或钢板尺检查
3	同樘门窗相邻扇的横端角高度差	2	用拉线和钢板尺检查
4	推拉窗、门窗开启力限值	扇面积≤1.5m^2 ≤40N	用 100N 弹簧秤勾住拉手处，启闭 5 次取平均值
		扇面积>1.5m^2 ≤60N	
5	门窗框与扇或相邻扇立边平行度	2	用 1m 钢板尺检查
6	弹簧、门扇、门扇对口缝或扇与框间立、横缝留缝限值	2～4	用锲形塞尺检查

续表

项次	项　目	允许偏差/mm	检　验　方　法
7	门扇与地面间隙留缝限值	2～7	用锲形塞尺检查
8	门扇对口缝关闭时平整	2	用深度尺检查
9	门窗框（含拼膛料）正侧面垂直度	2	用1m托线板检查
10	门窗框（含拼膛料）水平度	1.5	用1m水平尺和锲形塞尺检查
11	门窗横框标高	5	用钢板尺检查与基准线比较
12	双层门窗内、外框、梃（含拼膛料）中心距	4	用钢板尺检查

表3.13　　金属门窗安装工程质量验收标准

项目	项次	质　量　要　求	检　验　方　法
主控项目	1	金属门窗的品种、类型、规格、尺寸、性能、开启方向、安装位置、连接方式及铝合金门窗的型材壁厚，均应符合设计要求；金属门窗的防腐处理及填嵌、密封处理应符合设计要求	观察；尺量检查；检查产品合格证书、性能检测报告、进场检收记录和复检报告；检查隐蔽工程验收记录
	2	金属门窗框和副框的安装必须牢固；预埋件的数量、位置、埋设方式、与框的连接方式必须符合设计要求	手扳检查；检查隐蔽工程验收记录
	3	金属门窗扇必须安装牢固，并应开关灵活、关闭严密，无倒翘；推拉门窗扇必须有防止脱落措施	观察；开启和关闭检查；手扳检查
	4	金属门窗配件的型号、规格、数量应符合设计要求，安装应牢固，位置应正确，功能应满足使用要求	观察；开启和关闭检查；手扳检查
一般项目	5	金属门窗表面应清洁、平整、光滑、色泽一致，无锈蚀；大面应无划痕、碰伤；漆膜或保护层应连续	观察检查
	6	铝合金门窗的推拉门窗扇开关力，应不大于100N	用弹簧秤检查
	7	金属门窗框与墙体之间的缝隙应填嵌饱满，并采用密封胶进行密封；密封胶表面应光滑、顺直、无裂纹	观察；轻敲门窗框检查；检查隐蔽工程验收记录
	8	金属门窗扇的橡胶密封条或毛毡密封条应安装完好，不得有脱槽现象	观察；开启和关闭检查
	9	有排水孔的金属门窗，排水孔应畅通，位置和数量应符合设计要求	观察检查

3.6.5 质量通病与防治

门窗工程在验收前需按照各阶段的质量控制要求进行检查，一些质量通病要学会鉴别与处理。

1. 铝合金门窗框与墙体连接处理不当

原因分析：门窗框四周同墙体间的缝隙用水泥砂浆填嵌，日久产生裂缝；框与墙体连接件用料太薄，连接件间距大，连接点少，与墙体固定方法不当，造成框体松动。

预防措施：门窗外框同墙体作弹性连接，框与墙体间的缝隙应用软质材料如矿棉条或玻璃棉毡条分层嵌实，用密封胶密封；连接件应用厚度不小于1.5mm的钢板制作，表面作镀锌处理，连接件两端应伸出铝框，作内外锚固；连接件距铝框角边的距离应不大于180mm，连接件的间距应不大于500mm，并均匀布置，以保证连接牢固；连接件同墙体连接应视不同墙体结构，采用不同的连接方法。在混凝土墙上可采用射钉或膨胀螺栓固定，砖砌墙体可用预埋件或开叉铁件嵌固在墙中固定。

2. 铝合金门窗安装后出现晃动、整体刚度差

原因分析：型材选择不当，断面小，壁厚达不到规定要求。

预防措施：铝合金门窗应按洞口尺寸及安装高度等不同使用条件，选择型材截面。一般平开窗不应小于55系列；推拉窗不应小于75系列。窗框型材的壁厚应符合设计要求，一般窗型材壁厚不应小于1.4mm，门的型材壁厚不应小于2.0mm。

3. 铝合金门窗渗漏

（1）门窗框四周同墙体连接处渗漏。

原因分析：铝合金窗框直接埋入墙体，型材与砂浆接触面产生裂缝，形成渗水通道；门窗框同墙体连接处未注胶或注胶不当。

预防措施：铝合金门窗框同墙体作弹性连接，框外侧应留设5mm×8mm槽口，防止水泥砂浆同铝合金窗框直接接触，槽口内注密封胶至槽口平齐。

（2）组合窗拼接处渗漏。

原因分析：组合门窗的组合杆件，未采用套插或搭接连接，且无密封措施。

预防措施：组合门窗的竖向或横向组合杆件，不得采用平面同平面的组合做法，应采用套插搭接形成曲面组合，搭接长度应大于10mm，连接处应用密封胶作可靠的密封处理。

（3）推拉窗下滑槽槽口内积水。

原因分析：外露的连接螺钉未作密封处理；窗下框未开排水孔，或排水孔阻塞，槽口内积水不能及时排出。

预防措施：尽量减少外露连接螺钉，如有外露连接螺钉时，应用密封材料密封；铝合金推拉窗下滑槽距两端头约80mm处开设排水孔，排水孔尺寸宜为4mm×30mm，间距为500～600mm，安装时应检查排水孔有无砂浆等杂物堵塞，确保排水顺畅。

4. 纱扇与框、扇间隙大

原因分析：用料不匹配，纱扇漏安防蚊蝇的毛刷条；纱扇平面尺寸过大，用料单薄造成平面外变形。

预防措施：按标准图配料，毛刷条不得遗漏；纱扇平面尺寸超过标准图时，材质要选用加强型的。

3.6.6 铝合金门窗工程竣工验收资料

铝合金门窗工程完工后，需提供以下工程资料，以便进行竣工验收和工程结算。

1. 工程管理资料

工程管理资料包括工程施工合同（复印件）、企业资格证明资料、施工组织设计、图纸会审、设计变更、技术联系单、工程竣工验收单、工程量清单明细表、工程竣工结算书。

2. 工程质量控制资料

工程质量控制资料一般包括：材料、配件报审表附上材料及配件的合格证、检测报告；铝合金门窗物理性能检测报告；防腐层损坏的修复方法；与主体结构的连接做法；接地防雷连接、电阻测试，包括：铝合金框体防雷接地连接办法，接地引下线敷设形式，接地极是自成系统还是与电气接地共用系统，隐蔽资料，接地测试电阻表的合格、检验证明，材料的出厂、复试资料等。

3. 工程质量评定资料

工程质量评定资料一般包括门窗安装分项报验单、门窗分项质量验收记录、门窗框报验单、门窗扇报验单、隐蔽工程验收记录、门窗检验批、门窗玻璃安装分项报验单、门窗玻璃分项质量验收记录、门窗玻璃检验批。

4. 竣工图

可在原先的蓝图上修改，并盖竣工图章形成。如果原先的施工蓝图有较多的变更，则需要另外绘制竣工图。

3.6-3 Ⓟ

第3章彩图

本 章 小 结

本章主要介绍了门窗工程的施工工艺与管理要点。首先通过门窗概述，了解门窗的作用和功能，以及门窗的种类；其次，介绍了门窗材料、半成品进场的要求，学习门窗产品的质量检查、产品存放、运输等的要求；最后介绍了木门窗、铝合金门窗的安装工艺，质量验收。要求掌握门窗的固定要求、门窗与墙体的缝隙处理要求、外观要求、成品保护等技术要点。

实 训 与 实 践

1. 实训项目

(1) 工地观摩实践。到附近在建工地进行参观实践，要求参观的工程项目刚好处于门窗安装施工阶段。通过现场调查，了解门窗产品的构造，型材和玻璃的技术指标，门窗成品运输、现场存放注意事项。

(2) 根据现场施工内容，结合施工组织设计文件，班级分组模拟工程技术人员对作业班组进行技术交底。

(3) 开展门窗工程验收训练，对已完成的门窗安装成品进行质量验收，并填写相关质量验收报表。

(4) 按照施工图纸，在现场进行门窗放样训练，要求放出门窗的安装平面、立面位置。

2. 实训目的

(1) 通过实训，增强对门窗工程的直观认识，掌握门窗的构造和组成，理解门窗的功能要求。

(2) 通过模拟技术交底和质量验收，检验技能掌握程度，训练施工管理技能，为将来指导施工作业积累工作经验。

(3) 通过现场放样实训，提高学生阅读和理解门窗施工图纸的能力，为将来担任施工员工作奠定岗位技能。

3. 实训要求

(1) 了解工地概况、施工进度和即将开展的施工作业内容。

(2) 在现场注意安全，服从施工单位的安排，进入现场必须佩戴安全帽。

(3) 认真调查工地对门窗工程的施工部署、质量保证措施、材料准备情况和作业人员准备情况。

(4) 拍摄相关照片，把实训见闻整理成调查报告，以便积累工程经验。

习　　题

一、填空题

1. 门窗是________的一部分，有维护结构相应的功能，如____________________等功能。

2. 窗的开启方式主要取决于窗扇____________的位置及转动方式。

3. 为确保室内外空气流通，在确定窗的位置、面积大小及开启方式时，应尽量考虑窗的________功能。

4. 窗户是维护结构的一部分，其直接沟通室内外空间，对保温隔热的要求很高，优质的窗户能够起到良好的保温隔热作用。采用________和________制造的窗户比传统窗户具有更好的热工性能。

5. 窗框安装：采用单面拉片连接，拉片距窗框转角处不大于________ cm，接片间距不大于________ cm。

二、单选题

1. 后塞口门窗安装要按施工图纸上的位置和尺寸预先留出洞口，洞口应比窗口大(　　)(即每边大 15～20mm)。

A. 10～20mm　　B. 20～30mm　　C. 30～40mm　　D. 10～30mm

2. 门窗产品储存时严禁与地面直接接触，底部垫高应不小于________ mm；产品放置应用垫块垫平，立放角度不小于________。

A. 100，50°　　B. 50，70°　　C. 50，60°　　D. 100，70°

3. 铝合金门窗安装密封材料品种很多，其特性和用途也各不相同，以下不可以用于门窗密封材料的是(　　)

A. 聚氯酯密封膏　　B. 硅酮密封膏　　C. 膨胀防火密封件　　D. 水泥砂浆

4. 以下(　　)不属于木门窗关闭不严的原因。

A. 门窗安装存在误差

B. 在制作时，榫头宽窄厚薄均小于划线尺寸，且加楔不饱满造成

C. 门窗在侧边与门框蹭口，窗扇在侧边或底边与窗框蹭口

D. 门窗扇制作尺寸有误差

5. 门窗受力构件应经计算或试验确定。未经表面处理的型材最小实测壁厚：门不应小于2.0mm，窗不应小于（　　）mm。

A. 1.4　　B. 1.5　　C. 1.6　　D. 1.8

三、简答题

1. 简述铝合金门窗安装的工艺流程。
2. 铝合金门窗施工管理要点有哪些？
3. 铝合金门窗产品出厂包装应符合哪些要求？
4. 木门窗施工安装方法有哪两种？

第4章 墙面保温工程施工与管理

学习目标

通过本章的学习，学生应掌握墙面保温工程施工的工艺要求及质量控制；掌握保温施工中材料的进场验收要求，了解主要施工机具的准备。理解施工过程中的安全技术、环保要求及措施。

学习要求

知识要点	能力目标	相关知识	权重/%
墙面保温工程的定义及种类	（1）掌握墙面保温工程的定义 （2）了解墙面保温工程的种类 （3）掌握两种墙面保温工程的优、缺点	（1）墙面保温工程的定义 （2）墙面保温工程的种类 （3）两种墙面保温工程的优、缺点	10
无机保温砂浆（玻化微珠）外墙外保温施工工艺	（1）了解该类外墙保温工程的施工准备 （2）熟悉该类外墙保温工程的施工工艺及要点 （3）掌握该类外墙保温工程的质量要求及文明安全措施	（1）该类外墙保温工程的施工准备 （2）该类外墙保温工程的施工工艺及要点 （3）该类外墙保温工程的质量要求及文明安全措施	30
增强水泥（GRC）聚苯复合板外墙内保温施工工艺	（1）了解该类外墙保温工程的施工准备 （2）熟悉该类外墙保温工程的施工工艺及要点 （3）掌握该类外墙保温工程的质量要求及成品保护措施	（1）该类外墙保温工程的施工准备 （2）该类外墙保温工程的施工工艺及要点 （3）该类外墙保温工程的质量要求及成品保护措施	30
增强石膏聚苯复合板外墙内保温施工工艺	（1）了解该类外墙保温工程的施工准备 （2）熟悉该类外墙保温工程的施工工艺及要点 （3）掌握该类外墙保温工程的质量要求及成品保护措施	（1）该类外墙保温工程的施工准备 （2）该类外墙保温工程的施工工艺及要点 （3）该类外墙保温工程的质量要求及成品保护措施	30

学习导入

经济的可持续发展要求现代建筑必须实施节能、环保、创新的发展理念。墙体作为建筑外围结构，其基本的保温性能，对评价建筑是否能够满足节能环保条件发挥着重要的作用。

墙体保温工程按照保温材料与外墙的位置关系可分为外墙外保温和外墙内保温两种，每种保温方式又各有其优缺点。本章介绍了增强水泥（GRC）聚苯复合板、增强石膏聚苯复合板两种外墙内保温施工方式以及无机保温砂浆（玻化微珠）外墙外保温施工工艺。

4.1 墙面保温工程概述

外墙保温体系是指采用一定的固定方式，如黏结、机械锚固、粘贴＋机械锚固、喷涂、浇注等，把热导率较低的绝热材料与建筑物墙体固定于一体，增加墙体的平均热阻值，从而达到保温或隔热效果的一种工程做法。

4.1.1 建筑热工构造原理

1. 热传递的基本方式

（1）热传导。物体内部高温处的分子向低温处的分子连续不断地传送热能的过程。

（2）热对流。流体（如空气）中温度不同的各部分相对运动而使热量发生转移。

（3）热辐射。温度较高物质的分子在振动激烈时释放出辐射波，热能按电磁波的形态传递。

2. 减少热量通过外围护结构传递的途径

（1）减少外围护结构的表面积。

（2）选用热导率较小，即传热阻较大的材料（孔隙多、密度小的轻质材料）来做建筑的外围护构件。

3. 水汽对建筑热工性能的影响

不同温度的空气中所含水蒸气的质量不等。温度越低，水蒸气的量越少。当空气温度下降时，若其中水蒸气的量达到了相对饱和，多余水蒸气从空气中析出，在温度较低的温度表面结成冷凝水，这个现象称为结露。

室内外空气中的水蒸气含量不相等时，水蒸气分子会从压力高的一侧通过围护结构向压力低的一侧渗透。在此过程中，如温度达到露点温度，在外围护结构的保温层中出现结露的现象，会使材料受潮，降低材料的保温效果。如水汽不能被排出，就可能使材料发生霉变，影响使用寿命。在冬季室外温度较低的情况下，如水汽进而受冻结冰，体积膨胀，就会使材料的内部结构遭到破坏，称为冻融性的破坏。

4.1.2 常用保温材料

保温材料要求容重小，宜采用吸水率低或不吸水的材料。

常用保温材料有保温砂浆（如胶粉聚苯颗粒保温浆料）；保温板材（如膨胀聚苯板、挤塑聚苯板、半硬质憎水型矿棉板、聚氨酯外墙保温板）；保温块材（如砂加气块、水泥聚苯空心砌块）；保温卷材（如矿棉毡、玻璃棉毡等）。

外墙保温的多种技术在欧美等一些发达国家的成功应用表明，只要材料选用得当、配方合理，施工技术措施到位，施工工艺合理规范，外墙保温装饰系统在建筑领域的应用是具有足够的安全性、可靠性、经济性及良好的社会效益的。

4.1.3 建筑外墙保温构造

1. 建筑外墙面的保温层构造应满足的要求：

（1）适应基层的正常变形而不产生裂缝及空鼓。

（2）长期承受自重而不产生有害的变形。

（3）承受风荷载的作用而不产生破坏。

（4）在室外气候的长期反复作用下不产生破坏。

（5）罕遇地震时不从基层上脱落。

（6）防火性能符合国家有关规定。

（7）具有防止水渗透的功能。

（8）各组成部分具有物理-化学稳定性，所有的组成材料彼此相容，并具有防腐性。

2. 外墙保温的类型

外墙保温层按照设置位置，可分为外保温和内保温，如图 4.1 和图 4.2 所示。

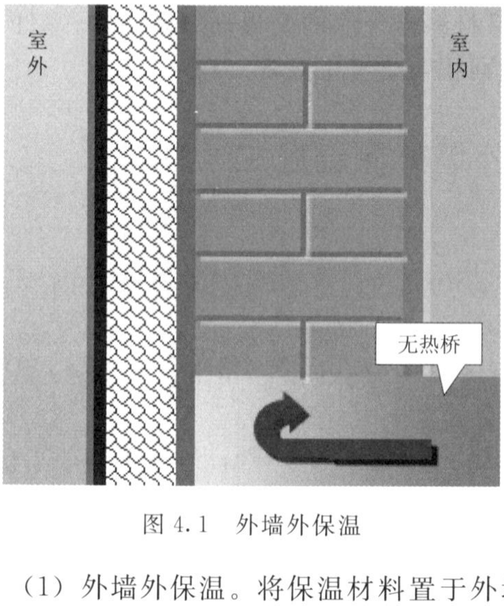

图 4.1 外墙外保温

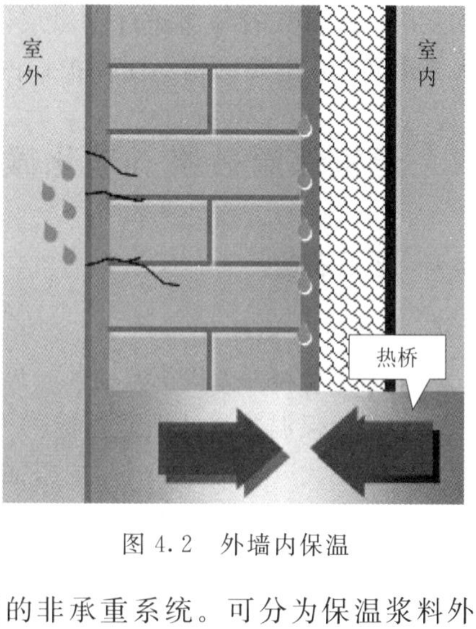

图 4.2 外墙内保温

4.1-1 Ⓣ
拓展阅读 6：外墙外保温三种类型的介绍

（1）外墙外保温。将保温材料置于外墙外侧的非承重系统。可分为保温浆料外粉刷、外贴保温板材和外加保温砌块墙。

优势：对墙体全保护，利于结构寿命的延长；基本消除了“热桥”的影响；有利于室温保持稳定，改善室内热环境质量；有利于提高墙体的防水和气密性；不占室内空间，不影响室内装修，便于节能改造。

劣势：施工比较复杂，造价偏高；对抗变形因素的影响和防止材料脱落及防火等方面要求高。

（2）外墙内保温。将保温材料置于外墙内侧的非承重系统。包括硬质保温制品内贴和保温层挂装两种，如图4.3和图4.4所示。

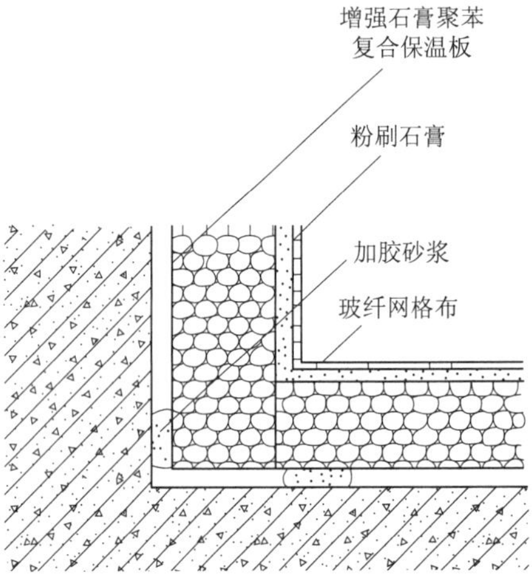

图4.3　硬质保温制品内贴

图4.4　保温层挂装

优势：技术不复杂、施工简便易行；对保温材料技术性能要求较低；造价相对较低。

劣势：保温层不连续，热桥部位多，保温性能偏差，高节能标准要求难度较大；冬季室内的水蒸气较易渗透过保温层，在保温材料与外墙的交界面结露结霜；室内的防火安全问题；建筑结构不受保护；占用套内面积，装修易损坏。

4.2　无机保温砂浆（玻化微珠）外墙外保温施工

4.2-1 Ⓣ
拓展阅读7：
抗裂砂浆
介绍

4.2.1　施工准备

1. 材料及主要机具

（1）主要材料。无机保温浆料、界面砂浆、抗裂砂浆、标准网格布、钉（8×100）。

（2）无机保温浆料的性能指标。

干密度不大于450kg/m^3；抗压强度（28d）不小于0.50MPa；热导率（25℃）不大于0.085W/(m·K)；拉伸黏结强度：原强度不小于0.15MPa，耐水强度不小于0.08MPa。软化指数不小于0.50；线性收缩率不大于0.30%。燃烧性能级别：A级；可操作时间4h。

（3）网格布性能指标。

单位面积质量不小于300g/m^2；耐碱断裂力（经向、纬向）不小于750N/50mm；耐碱断裂力保留率（经向、纬向）不小于50%。断裂应变（经向、纬向）不大于5.0%。

（4）抗裂砂浆的性能指标。

可操作时间不长于2.5h；在可操作时间内拉伸黏结强度不小于0.7MPa；拉伸黏

结强度（常温 28d）不小于 0.7MPa；浸水拉伸黏结强度（常温 28d，浸水 7d）不小于 0.5MPa；压折比不大于 3.0。

(5) 常用工具及设备。强制型砂浆搅拌机、铁抹子、阴角抹子和阳角抹子、托灰板、长 2.0～2.5m 和 1.5m 的杠尺、靠尺、平头铁锹、搅拌桶、手推车、木方尺和常用检测工具。

2. 作业条件

(1) 保温工程的施工应在基层施工质量验收合格后进行。

(2) 保温工程施工前，外门窗洞口应通过验收，洞口尺寸、位置应符合设计要求和质量要求，门窗框或副框应安装完毕。伸出墙面的消防梯、水落管、各种进户管线和空调器等的预埋件、连接件应安装完毕，并按保温系统厚度留出间隙。

(3) 保温工程施工前应进行基层处理，基层应坚实平整。

(4) 抹灰前墙柱连接处缝隙应用加强网格布或钢丝网片加固，对墙体上易凿的管道槽、洞应修整完善，门窗框与墙体之间的缝隙应用聚氨酯等柔性密封材料填充。

(5) 按抹灰墙面的高度，支搭好抹灰用脚手架。脚手架要稳定、牢固、可靠。

(6) 当气温高于 35℃时或连续 24h 中的最低温度低于 5℃时不宜施工，雨天不得进行施工。雨期施工，应采取有效的防雨措施。夏季施工时避免阳光暴晒，应在脚手架上搭设防晒布，雨天或风力大于 5 级时不得施工，施工中遇雨时应及时进行遮盖。

(7) 材料应在干燥阴凉的场所储存，储存期及条件应按材料供应商产品说明。

4.2.2 施工工艺及施工要点

1. 操作工艺流程

(1) 涂料饰面外墙外保温层施工：门窗框四周堵缝→墙面清理→吊垂直→套方、抹灰饼、冲筋→弹灰线控制线→浇水预湿→涂界面处理剂→抹第一遍保温材料→抹第二遍保温材料→检验平整度→垂直度、厚度→安装分格条→洒水润湿→抹防裂砂浆→铺压网格布→洒水养护→验收→涂料饰面层施工。

4.2-2 Ⓣ
拓展阅读 8：外贴面砖外墙保温施工方案

(2) 面砖饰面外墙外保温层施工：门窗框四周堵缝→墙面清理→吊垂直→套方、抹灰饼、冲筋→弹灰线控制线→洒水预湿→涂界面处理剂→抹第一遍保温材料→抹第二遍保温材料→检验平整度→垂直度、厚度→铺设热镀锌电焊网→钻孔并安装锚固件（砌块墙）或用射钉固定（混凝土墙）→洒水养护→抹防裂砂浆→洒水养护→验收→贴外墙饰面砖。

2. 施工要点

(1) 基层处理。

1) 基层为砖墙。将墙面上残余砂浆、污垢、灰尘清理干净。在进行界面处理前将墙面洒水润湿。界面处理剂施工方法为涂敷法。将界面处理剂用滚刷或油漆刷均匀涂刷在基层上，以不流淌为宜，随即抹保温砂浆。

2) 基层为混凝土墙。用 10%火碱水除去表面油污，再用清水将碱液冲洗干净后晾干。在进行界面处理前将墙面洒水润湿。界面处理剂施工方法同 1)。

(2) 灰饼冲筋。墙面应按保温层设计厚度，用保温砂浆做出灰饼或冲筋。吊垂直、套方找规矩、弹厚度控制线，按厚度线用聚苯颗粒保温浆料做标准厚度灰饼或冲筋。

（3）保温层施工。保温层施工应分遍进行。每遍厚度不宜超过10mm，涂抹时应抹平压实，待保温材料终凝后洒水润湿，以备下一遍抹灰。分层抹灰时间间隔一般在24h以上，待厚度达到冲筋面时，先用大杠刮平，再用铁抹用力抹平压实。抹聚苯颗粒保温浆料宜分两遍施工，不宜来回拉抹，阴角部由外向内，表面宜呈鱼鳞状，第二遍操作时应达到冲筋厚度并用大杠搓平，平整度在4mm左右，窗口部位压抹到位。

（4）在保温层施工，应在门窗洞口周边、女儿墙以及阳台等冷桥部位抹保温砂浆。

（5）保温层养护。待保温层初凝后再洒水润湿。浇水时间间隔可根据环境干燥情况确定，保持表面不出现发白现象，洒水养护不得少于3d。保温层固化干燥（用手按不动表面，一般为2～5d）后方可进行抗裂保护层施工。

（6）分格缝及滴水槽施工。抹面层设计厚度大于8mm，根据设计要求弹出分格线，采用厚度不大于抹面面层厚度的塑料或其他材料制成的分格条，用界面处理剂粘贴在保温层表面，现场安装后形成分格缝。抹面层设计厚度小于5mm，用壁纸刀沿分格线在保温层上划槽深5mm、宽10mm左右，用界面处理剂填满凹槽，将分格条嵌入。

（7）防裂砂浆施工。防裂砂浆面层抹灰必须在最后一层保温层充分凝固后进行，一般在7d后或用手按不动表面的情况下进行。施工前一天洒水润湿。抹灰前1h再洒一遍水。防裂砂浆施工时，用铁抹抹平后切忌拍浆，应用塑料抹子或海绵搓成细拉毛，同时在檐口、窗台、窗楣、雨篷、阳台、压顶以及突出墙面的部位顶面应用水泥砂浆做出坡度，下面应做滴水槽或滴水线，然后在面层上做饰面层。

（8）网格布施工。用铁抹子将防裂砂浆粉刷到保温砂浆上，厚度应控制在3～5mm，用大杠刮平，再用塑料抹子搓平，随即将事先按分格缝间距裁剪好的网格布沿分格条用铁抹子将网格布压入防裂砂浆中，网格布平面之间的搭接宽度不应小于50mm，阴阳角处的搭接不应小于100mm，阳角处的搭接不应小于200mm，铺设要平整无褶皱。砂浆饱满度应达到100%，同时抹平、找直，保持阴阳角的方正和垂直度。在窗洞口应沿45°方向事先增贴一道300mm×300mm的网格布。

（9）防裂砂浆抹面层养护。材料终凝后应浇水养护。

（10）钢丝网施工。外墙外保温粘贴饰面砖系统应有完善的系统设计方案。系统应采用增强网加机械锚固措施，锚固件应保证可靠锚入基层，增强网应采用热镀锌电焊钢丝网，增强网和锚固件构成的系统应能独立承受风荷载和自重作用。外墙外保温饰面砖系统的材料，包括保温材料、锚固件、抗裂砂浆、胶黏剂、界面砂浆、增强网、饰面砖、填缝材料等的各项性能指标都应符合国家和地方有关标准的规定。且面砖质量不应大于20kg/m^2，单块面砖面积不宜大于0.01m^2。钢丝网宜从顶层开始沿墙面阳角处，在固化后的保温层上铺设。固定时应由两人配合，其中一人按住钢丝网，另一人用与膨胀钉直径相同的冲击钻头呈梅花形从钢丝网孔中钻孔并安装膨胀钉，膨胀钉锚固于基层的深度不小于25mm（砌块墙）。或用射钉器固定钢丝网（混凝土墙）。用射钉锚固时，用厚度不小于1mm、直径不小于25mm的金属防腐垫片置于钢丝网上，用射钉器对准垫片中心扣动扳机击出，即完成一次固定。当每平方米锚固点少于4个时，钢丝网固定在有凸出的部位用钢丝做成V形卡子压入，钢丝网平面之间搭接不应小于10mm，阴阳角处的搭接不应小于50mm。固定阴阳角钢丝前，应先将钢丝网折成90°直角，钢丝网固定后，先用防裂砂浆刮糙3～4mm，刮糙时用铁抹子将钢丝网叠出，使钢丝网处于砂浆中间，随即再抹防裂砂浆3～4mm，待防裂砂浆牢固后再贴饰面砖。

（11）保温砂浆在凝结硬化前应防止水冲、撞击，终凝指压无明显压痕后应及时进行找平抹面的施工。

4.2.3 质量标准

（1）面层应表面平整洁净，接茬平整，线角顺直、清晰，无粉化、起皮、爆灰。

检查方法：观察。

（2）界面砂浆不得漏涂，无机复合保温砂浆必须与墙体黏结牢固，无空鼓现象。

检查方法：观察和用手推拉检测。

检查数量：按楼层每20m长抽查一处（每处延长3m），但每层不少于3处。

（3）网格布应横向铺设、压贴密实，不得有空鼓、皱褶、翘曲、外露搭接处宽度左右不得小于100mm，上下不得小于100mm。

检查方法：观察及尺量检查。

检查数量：按楼层每20m长抽查一处（每处延长3m），但每层不少于3处。

（4）聚合物抗裂砂浆保护层总厚度宜在3～5mm±0.5mm范围内。

检查方法：目视观测或尺量。

检查数量：按楼层每20m长抽查一处（每处延长3m），但每层不少于3处。

4.2.4 质量记录

（1）本系统组成材料。无机复合保温砂浆、耐碱网格布（规格和各项技术指标符合国家、地方和本系统标准要求）、界面剂、抗裂砂浆和锚固件（各项技术指标符合国家、地方和本系统标准要求）等。

（2）界面剂、无机复合保温砂浆、耐碱网格布、抗裂砂浆出具质保书。

4.2.5 文明、安全保护措施

（1）施工现场和临时设施需确保防火通道畅通。施工现场必须按照防火规范布置相应防火设备。任何有明火的地方，都应配备必要的灭火设备。

（2）工地配备专业电工，任何配电装置、用电设备的使用必须由专业电工执行，而且必须与易燃易爆物品隔离或采取可靠的安全防护措施。

（3）施工工地的易燃易爆物品，必须安排专门存放仓库，并指派专人管理。

（4）不允许在施工工地上倾倒和燃烧垃圾，保持良好的环境。

（5）施工现场的一切设施，都应满足有关部门制定的消防安全标准。

（6）施工现场配备的一切消防设备必须安全可靠，配备位置必须存放、拿取便捷可靠。

(7) 根据我国现行的《建筑工程安全操作规程》，以及国家对各工种的具体要求，制定相应的安全操作规程。

(8) 指派专职安全监督管理人员，跟班巡视监督作业。

(9) 对于重点危险部位，一方面设有明显标志，以引起从上到下所有人员的高度重视，一方面设专职安全员定点跟班监控作业。

(10) 认真规划、管理施工现场，保持各种通道畅通，使施工现场有条不紊、高速运转。

(11) 加强安全生产知识教育，遵守施工操作规范，定期进行安全大检查，堵塞漏洞，防患于未然。

(12) 搞好各种临时设施的安全保护，确保职工衣、食、住、行的卫生条件良好。

(13) 遵守施工现场的管理条例，遵守当地人民政府颁发的一切有关安全的条例条款，杜绝一切违法现象。

4.3 增强水泥（GRC）聚苯复合板外墙内保温施工

4.3.1 施工准备

1. 材料及主要机具

(1) 增强水泥（GRC）聚苯复合保温板。它是以硫铝酸盐水泥为胶结料，掺适量的珍珠岩，加水制成浆料，用玻璃纤维网格布增强，与自熄性聚苯复合浇筑而成。

规格尺寸：长2400～2700mm，宽595mm，厚50mm、60mm。

技术性能：面密度不大于30kg/m^2，含水率不大于15%，当量热阻不小于0.8m^2·K/W，软化系数不小于0.8，面层增强水泥抗压强度不小于10MPa，纹缩率不大于0.089%，抗弯荷载不小于1.8G(G为板的重量，单位为N)

(2) 胶黏剂。水泥类胶黏剂。用于保温板与墙体固定、板缝处理和粘贴板缝与墙面转角玻纤网络布条。

胶黏剂性能：初凝时间大于0.5h，黏结强度大于1.0MPa。

(3) 石膏腻子。用于满刮墙面。

其性能：抗压强度大于2.5MPa，黏结强度大于0.2MPa，抗折强度大于1.0MPa，终凝时间为3h。

(4) 玻纤网格布条。用于板缝处理（宽50mm）和墙面转角处附加层（宽200mm）。

其性能：中碱涂塑玻纤网格布8目/in，布重大于80g/m^2，断裂强度（25mm×100mm）布条经向大于300N，纬向大于150N。

(5) 主要机具。地齿锯、笤帚、水桶、钢丝刷、小灰槽、2m靠尺、2m托线板、开刀、撬棍、钢尺、橡皮锤、木楔、钻、扁铲等。

2. 作业条件

(1) 结构已验收，屋面防水层已施工完毕。墙面弹出+50cm标高线。

（2）内隔墙、外墙门窗口、窗台板安装完毕。

（3）水暖及装饰工程分别需用的管卡、炉钩、窗帘杆耳子等埋件留出位置或埋设完毕，电气工程的暗管线、接线盒等必须埋设完毕，并应完成暗管线的穿带线工作。

（4）操作环境温度不低于5℃。

（5）外墙内保温施工宜在外檐抹灰完成以后进行。

（6）正式安装以前，先试安装样板墙一道，经鉴定合格后再正式安装。

4.3.2 施工工艺及施工要点

1. 施工工艺流程

结构墙面清理→分档、弹线→配板、修补→标出管卡、炉钩等埋件位置→墙面冲筋→稳接线盒，安管卡、埋件等→安装复合板→板缝及阴阳角处理→板面处理。

2. 施工要点

（1）结构墙面清理。凡凸出墙面20mm的砂浆块、混凝土块必须剔除，并扫净墙面。

（2）分档、弹线。

1）以门窗洞口边为基准，向两边按板宽600mm分档。

2）按保温层的厚度，在墙、顶、地面上弹出保温墙面的边线。

3）弹出宽60mm的冲筋带线。

（3）配板、修补。板的长度按楼层结构净高尺寸减20～30mm。计算并量测门窗洞口上下部保温板尺寸，按此尺寸配板。锯裁的窄板放置在阴角处。有缺陷的板应修补。增强水泥聚苯板不宜随意切割，而一般工程除采用595mm宽标准板外，往往还需要一定数量的非819标准板配合使用，因此在施工订货前，需根据工程墙面具体尺寸事先进行排板，计算出异形板的规格、尺寸、数量，以便施工黏结时对号入座，尽量减少现场锯裁板的数量。

（4）墙面冲筋。

1）在冲筋位置，用钢丝刷刷出不少于60mm宽的洁净面并浇水润湿，刷一道108胶水泥素浆（掺用含水量10%的108胶）。

2）检查墙面平整、垂直，找规矩贴饼冲筋，并在需设置埋件处也做出200mm×200mm的灰饼。

3）冲筋材料为1∶3水泥砂浆，筋宽60mm，厚度以保证空气层厚度（20mm左右）为准。

（5）稳接线盒，安管卡、埋件。安装电气接线盒时，接线盒高出冲筋面不得大于复合板的厚度，且要稳定、牢固。

（6）安装复合板

1）将连接盒、管卡、埋件的位置准确地翻样到板面，并开出洞口。

2）复合板安装顺序宜从左至右依次安装。板侧面、顶面清刷浮灰，在侧墙面、顶面、板的顶面及侧面（所有相拼合面）、冲筋带上满刮胶黏剂，按弹线位置立即安装就位，用木楔顶在板底，再用手侧向推挤，使所有相拼合面冒浆，并使板紧贴冲筋带，一个人用专用撬棍在板底部向上顶，另一人打木楔，使保温板挤紧顶实，然后用开刀将挤出的胶黏剂刮平。按以上操作办法依次安装复合板。安装过程中随时用 2m 靠尺及塞尺测量墙面的平整度，用 2m 托线板检查板的垂直度。高出部分用橡皮锤敲平，挤出的胶料要及时清理。

3）黏结完毕的墙体，立即用 C20 干硬性细石混凝土将板下口堵严，当混凝土强度达到 10MPa 以上时，撤去板下木楔，并用同等强度的干硬性砂浆灌实。

4）复合板在门窗洞口处的缝隙用胶黏剂嵌填密实。

5）复合板中露出的接线盒、管卡、埋件与复合板开口处的缝隙用胶黏剂嵌塞密实。

（7）板缝及阴阳角处理。复合板安装后 10d，检查所有缝隙是否黏结良好，有无裂缝，如出现裂缝，应查明原因后进行修补。已黏结良好的所有板缝、阴角缝，先清理浮灰，刮胶黏剂一道，贴 50mm 宽玻纤网格带一层，压实、黏牢，表面再用胶黏剂刮平。所有阳角粘贴 200mm 宽（每边各 100mm）玻纤网格布，其方法同板缝。

（8）胶黏剂配制。胶黏剂要随配随用，配制的胶黏剂应在 30min 内用完。

（9）板面处理。如遇板面局部有裂缝，在做饰面前应先处理，才能做下一道工序。

4.3.3 质量标准

1. 主控项目

（1）增强水泥（GRC）聚苯复合板的各项技术指标必须满足有关标准所规定的要求。胶黏剂的配制原料的质量必须符合有关规定。

检查方法：检查产品合格证。

（2）增强水泥（GRC）聚苯复合板使其四边的黏结必须牢固。

检查方法：手振和观察检查。

2. 一般项目

（1）节点构造、构件位置、连接锚固方法，应全部符合设计要求。

检查方法：观察检查。

（2）复合板所有接缝处的黏结应牢固，应填塞密实，不应出现干缩裂缝。

检查方法：观察检查。

（3）玻纤网格带（布）应沿板缝居中压贴紧密，不应有皱褶、翘边、外露现象。

检查方法：观察检查。

4.3.4 成品保护

（1）土建、水电各工种应密切配合，合理安排工序，严禁颠倒工序作业。

（2）在保温墙附近不得进行电焊、气焊操作，不得用重物碰撞、挤靠墙面。

（3）施工用水和设备试水等以及雨季施工时，必须采取有效措施，防止保温墙面受潮和污染。

4.4　增强石膏聚苯复合板外墙内保温施工

4.4.1　施工准备

4.4-1 Ⓣ
拓展阅读9：增强石膏聚苯复合板介绍

1. 材料及主要机具

(1) 增强石膏聚苯复合板。

规格尺寸：长2400～2700mm，宽595mm，厚50mm、60mm。

技术性能：面密度不大于25kg/m^2，含水率不大于5%，当量热阻不小于0.8m^2·K/W，抗弯荷载不小于8G(G为板的重量，单位为N)；抗压强度（面层）不小于7.0MPa；收缩率不大于0.08%；软化系数为0.50。

(2) 胶黏剂

1) SG791建筑胶黏剂。以醋酸乙烯为单位的高聚物做主胶料，与其他原材料配制而成，系无色透明胶液。本胶液与建筑石膏粉调制成胶黏剂，配合比是建筑石粉∶SG791＝1∶(0.6～0.7)（重量比)，适用于石膏条板黏结、石膏条板与砖墙、混凝土墙黏结。石膏与石膏黏结，压剪强度不低于2.5MPa。使用其他石膏类胶黏剂应经过试验。

2) EC6砂浆型胶黏剂。用于粘贴防水保温踢脚。用EC-6型胶黏剂和425号水泥配制而成。EC-6型胶∶水＝1∶1（重量比）混合成胶液，425号水泥∶细砂＝1∶2拌和成干砂浆，再加入胶液拌制成适当稠度的EC-6型聚合物水泥砂浆胶黏剂，其黏结强度不小于1.1MPa。

(3) 建筑石膏粉。应符合三级以上标准。

(4) 石膏腻子。用于满刮墙面。其性能为：抗压强度大于2.5MPa，抗折强度大于1.0MPa，黏结强度大于0.2MPa，终凝时间为3h。

(5) 玻纤网布条。用于板缝处理（布宽50mm）和墙面转角附加层（布宽200mm)。中碱玻纤涂塑网格布8目/in，布重大于80g/m^2，断裂强度（25mm×100mm）布条经向大于300N、纬向大于150N。

(6) WKF接缝腻子。用于板缝处理。抗压强度大于3.0MPa，抗折强度大于1.5MPa，终凝时间大于0.5h。

(7) 防水保温踢脚。

(8) 主要机具。笤帚、木工手锯、钢丝刷、2m靠尺、开刀、2m托线板、钢尺、橡皮锤、钻、扁铲等。

2. 作业条件

(1) 结构已验收，屋面防水层已施工完毕。墙面弹出＋50cm标高线。

(2) 内隔墙、外墙门窗框、窗台板安装完毕。门、窗抹灰完毕。

(3) 水暖及装饰工程分别需用的管卡、炉钩、窗帘杆耳子等埋件留出位置或埋设完毕；电气工程的暗管线、接线盒等必须埋设完毕，并应完成暗管线的穿带线工作。

(4) 操作地点环境温度不低于5℃。

（5）外墙内保温施工宜在外檐抹灰完成以后进行。

（6）正式安装以前，先试安装样板墙一道，经鉴定合格后再正式安装。

4.4.2 施工工艺及施工要点

1. 施工工艺流程

结构墙面清理→分档、弹线→配板、修补→标出管卡、炉钩等埋件位置→墙面贴饼→稳接线盒，安管卡、埋件等→安装防水保温踢脚板→安装复合板→板缝及阴、阳角处理→板面处理。

2. 施工要点

（1）结构墙面清理。凡凸出墙面20mm的砂浆块、混凝土块必须剔除，并扫净墙面。

（2）分档、弹线。

1）以门窗洞口边为基准，向两边按板宽600mm分档。

2）按保温层的厚度在墙、顶上弹出保温墙面的边线。按防水保温踢脚层的厚度在地面上弹出防水保温踢脚面的边线，并在墙面上弹出踢脚的上口线。

3）画出贴饼点位置。

（3）配板、修补。按分档配板。复合保温板的长度略小于顶板到踢脚上口的净高尺寸。计算并量测门窗洞口上部及窗口下部的保温板尺寸，并按此尺寸配板。当保温板与墙的长度不相适应时，应将部分保温板预先拼接加宽（或锯窄）成合适的宽度，并放置在阴角处。有缺陷的板应修补。

（4）墙面贴饼。贴饼方法。

1）在贴饼位置，用钢丝刷刷出直径不小于100mm的洁净面并洒水润湿，刷一道108水泥素浆。

2）检查墙面的平整、垂直，找规矩贴饼，并在需设置埋件处也做出200mm×200mm的灰饼。

3）贴饼材料为1∶3水泥砂浆，灰饼大小为小ϕ100mm，厚度以保证空气层厚度（20mm左右）为准。

（5）稳接线盒，安管卡、埋件。安装电气接线盒时，接线盒高出冲筋面不得大于复合板的厚度，且要稳定牢固。

（6）安装防水保温踢脚板。

1）在踢脚板内侧上下口处，各按200～300mm间距布设EC-6砂浆胶黏剂黏节点，同时在踢脚板底面及相邻的已粘贴上墙的踢脚板侧面满刮胶黏剂。

2）按线粘贴踢脚板，粘贴时用橡皮锤敲振使踢脚板贴实，挤实拼头缝，并将挤出的胶黏剂随时清理干净。

3）粘贴时要保证踢脚板上口平，板面垂直，保证踢脚板与结构墙间的空气层为10mm左右。

（7）安装复合板。

1）将接线盒、管卡、埋件的位置准确地翻样到板面，并开出洞口。

2）复合板安装顺序宜从左至右依次安装。板侧面、顶面、底面清刷浮灰，在侧墙面、顶面、踢脚板中口，复合板顶面、底面及侧面（所有相拼合面），灰饼面上先刷一道 SG791 胶液，再满刮 SG791 胶黏剂，按弹线位置立即安装就位。每块保温板除粘贴在灰饼上外，板中间需有大于 10％板面面积的 SG791 胶黏剂呈梅花状布点直接与墙体黏牢。

安装时用手推挤，并用橡皮锤敲振，使所有相拼合面挤紧冒浆，并使复合板贴紧灰饼。

复合板的上端，如未挤严留有缝隙时，宜用木楔适当楔紧，并用 SG791 胶黏剂将上口填塞密实（胶黏剂干后撤去木楔，用 SG791 胶黏剂填塞密实）。

安装过程中，随时用开刀将挤出的胶黏剂刮平。

按以上操作办法依次安装复合板。安装过程中随时用 2m 靠尺及塞尺测量墙面的平整度，用 2m 托线板检查板的垂直度。高出的部分用橡皮锤敲平。

3）复合板在门窗洞洞口处的缝隙用 SG791 胶黏剂嵌填密实。

4）复合板中露出的接线盒、管卡、埋件与复合板开口处的缝隙，用 SG791 胶黏剂嵌塞密实。

（8）板缝及阴、阳角处理。复合板安装后 10d，检查所有缝隙是否黏结良好，有无裂缝，如出现裂缝，应查明原因后进行修补。已黏结良好的所有板缝、阴角缝，先清理浮灰，刮一层 WKF 接缝腻子，粘贴 50m 宽玻纤网格带一层，压实、黏牢，表面再用 WKF 接缝腻子刮平。所有阳角粘贴 200mm 宽（每边各 100mm）玻纤布，其方法同板缝。

（9）胶黏剂配制。胶黏剂要随配随用，配制的胶黏剂应在 30min 内用完。

（10）板面处理，板面打磨平整后，满刮石膏腻子一道，干后均需打磨平整，最后按设计规定做内饰面层。

4.4.3　质量标准

1. 主控项目

（1）增强石膏聚苯复合板的各项技术指标必须满足有关标准所规定的要求。胶黏剂配制原料的质量必须符合有关规定。

检查方法：检查产品合格证。

（2）增强石膏聚苯复合板使其四边的黏结必须牢固。

检查方法：手振和观察检查。

2. 基本项目

（1）节点构造、构件位置、连接锚固方法，应全部符合设计要求。

检查方法：观察检查。

（2）复合板所有接缝处的黏结应牢固，应填塞密实，不应出现干缩裂缝。

检查方法：观察检查。

（3）玻纤网格带（布）应沿板缝居中压贴紧密，不应有皱褶、翘边、外露现象。

检查方法：观察检查。

增强石膏聚苯复合板安装允许偏差及检查方法应符合表4.1的规定。

表4.1 增强石膏聚苯复合板安装允许偏差及检查方法

项次	项目	允许偏差/mm	检查方法
1	表面平整	4	用2m靠尺和楔形塞尺检查
2	立面垂直	5	用2m托线板检查
3	阴、阳角垂直	4	用2m托线板检查
4	阳角方正	5	用200mm方尺和楔形塞尺检查
5	接缝高差	1.5	用直尺和楔形塞尺检查

4.4.4 成品保护

（1）土建、水电各专业应密切配合，合理安排工序，严禁颠倒工序作业。

（2）在保温墙附近不得进行电焊、气焊操作，不得用重物碰撞、挤靠墙面。

（3）施工用水和设备试水等以及雨季施工时，必须采取有效措施，防止保温墙面受潮和污染。

4.4.5 应注意的质量问题

（1）增强石膏聚苯复合保温板必须是烘干已基本完成收缩变形的产品。未经烘干的湿板不得使用，以防止板裂缝和变形。

（2）注意增强石膏聚苯复合板的运输和保管。运输中应轻拿轻放，侧抬侧立，并互相绑牢，不得平抬平放。堆放处应平整，下垫100mm×100mm木方，板应侧立，垫方距板端50cm。要防止板受潮。

4.4-2 Ⓟ
第4章彩图

本 章 小 结

本章介绍了墙面保温工程的定义及种类，使学生掌握两种保温工程的优缺点。在此基础上，介绍了无机保温砂浆（玻化微珠）外墙外保温、增强水泥（GRC）聚苯复合板外墙内保温、增强石膏聚苯复合板外墙内保温三种保温施工做法的施工准备、施工工艺要点、质量要求、文明施工及成品保护等方面。

实 训 与 实 践

1. 实训项目

（1）视频观摩学习。给出在建工程保温阶段施工过程视频，通过观摩学习保温工程施工工艺、质量要点及成品保护等。

（2）针对施工方式有纰漏的保温施工项目进行纠错，同时讨论出现质量问题的原因，可分组进行。

2. 实训目的

（1）通过视频观摩学习，增加保温工程施工的直观认识，进一步掌握保温工程施工要点。

(2) 通过视频纠错，检验学生对保温工程施工工艺要点的掌握程度，以及结合理论分析质量问题的能力。

3. 实训内容及要求

(1) 视频观摩学习实际工程保温施工要点。

(2) 观看有操作纰漏或产生质量问题的工程视频，找出其中操作不当之处并分析产生质量问题原因。

(3) 建材市场了解保温材料相关价格及各种材料优缺点。

习　　题

一、多选题

1. 增强石膏聚苯复合板外保温施工所用黏结剂主要为（　　）。

A. SG791 建筑胶黏剂　　B. 107 胶

C. EC－6 砂浆型胶黏剂　　D. 乳胶漆

2. 增强石膏聚苯复合板外保温施工所用石膏腻子的性能有（　　）。

A. 抗压强度大于 2.5MPa　　B. 抗折强度大于 1.0MPa

C. 黏结强度大于 0.2MPa　　D. 终凝时间 3h

3. 用于板缝处理（布宽 50mm）和墙面转角附加层（布宽 200mm）的玻纤网格布条要求为（　　）。

A. 中碱玻纤涂塑网格布 8 目/in　　B. 布重大于 $80g/m^2$ 板

C. 断裂强度：25mm×100mm 布条　　D. 经向大于 300N，纬向大于 150N

4. 用于板缝处理的 WKF 接缝腻子性能（　　）。

A. 抗压强度大于 3.0MPa　　B. 抗折强度大于 1.5MPa

C. 初凝时间大于 0.5h　　D. 古铜色

5. 增强水泥（GRC）聚苯复合保温板胶黏剂的性能是（　　）。

A. 初凝时间大于 0.5h　　B. 黏结强度大于 1.0MPa

C. 初凝时间大于 0.5h　　D. 黏结强度大于 1.5MPa

6. 增强水泥（GRC）聚苯复合保温板石膏腻子的性能是（　　）。

A. 抗压强度大于 2.5MPa　　B. 黏结强度大于 0.2MPa

C. 抗折强度大于 1.0MPa　　D. 终凝时间 3h

7. 玻纤网格带（布）应沿板缝居中压贴紧密，不应有（　　）。

A. 皱褶　　B. 翘边

C. 外露现象　　D. 破损

二、简答题

1. 外墙内保温施工须具备哪些条件？

2. 外墙保温施工成品如何保护？

3. 简述无机保温砂浆（玻化微珠）外墙外保温层施工要点。

第5章 墙面装饰工程施工与管理

学习目标

通过本章的学习，学生了解抹灰工程的功能与施工基本要求，熟悉一般抹灰所需材料的要求及常用机具的性能、使用，掌握一般内、外墙抹灰的分层做法及施工要点；熟悉装饰抹灰所需材料的要求及常用机具的性能、使用，掌握装饰抹灰的分层做法及施工要点。熟悉抹灰工程在施工过程中的质量检查项目和质量验收检验项目，熟悉抹灰工程施工质量检验标准及检验方法。

了解饰面砖工程施工准备，掌握内墙饰面砖装饰构造原理与施工工艺，掌握外墙饰面砖装饰构造原理与施工工艺，熟悉饰面砖的质量标准。

掌握玻璃饰面工程装饰构造原理及施工工艺，熟悉金属饰面板施工工艺及要点，了解金属饰面板施工质量标准。熟悉木饰面板施工工艺及要点，了解木饰面板施工质量标准。了解裱糊及软包工程施工准备，熟悉裱糊及软包工程施工工艺及要点，掌握裱糊及软包工程质量标准。

学习要求

知识要点	能力目标	相关知识	权重/%
墙面装饰施工的种类与作用	(1) 了解墙面装饰施工的种类 (2) 理解墙面装饰施工的作用	(1) 墙面装饰施工的种类 (2) 墙面装饰施工的作用	10
抹灰工程	(1) 了解抹灰工程的功能及分类 (2) 掌握抹灰工程的基本构造、材料及机具要求 (3) 掌握一般抹灰施工的施工工艺 (4) 熟悉一般抹灰施工的质量验收及成品保护 (5) 掌握装饰抹灰的施工工艺及质量标准 (6) 熟悉特殊抹灰的施工工艺	(1) 抹灰工程的功能及分类 (2) 抹灰工程及基本构造、材料及机具要求 (3) 一般抹灰施工的施工工艺 (4) 一般抹灰施工的质量验收及成品保护 (5) 水刷石、干黏石及斩假石的施工工艺及质量标准 (6) 钡砂及膨胀珍珠岩的施工工艺	25
饰面板（砖）工程	(1) 了解饰面砖工程施工准备 (2) 掌握内墙饰面砖装饰构造原理与施工工艺 (3) 掌握外墙饰面砖装饰构造原理与施工工艺 (4) 熟悉饰面砖的质量标准	(1) 饰面砖工程施工准备 (2) 内墙饰面砖装饰构造原理与施工工艺 (3) 外墙饰面砖装饰构造原理与施工工艺 (4) 饰面砖的质量标准	25

续表

知识要点	能力目标	相关知识	权重/%
玻璃饰面工程	（1）掌握玻璃饰面工程装饰构造原理 （2）掌握玻璃饰面工程施工工艺	（1）玻璃饰面工程装饰构造原理 （2）玻璃饰面工程施工工艺 （3）玻璃饰面工程施工要点	10
金属饰面工程	（1）熟悉金属饰面板施工工艺及要点 （2）了解金属饰面板施工质量标准	（1）金属饰面板施工工艺及要点 （2）金属饰面板施工质量标准	10
木饰面板施工	（1）熟悉木饰面板施工工艺及要点 （2）了解木饰面板施工质量标准	（1）木饰面板施工工艺及要点 （2）木饰面板施工质量标准	10
裱糊及软包工程施工	（1）了解裱糊及软包工程施工准备 （2）熟悉裱糊及软包工程施工工艺及要点 （3）掌握裱糊及软包工程质量标准	（1）裱糊及软包工程施工准备 （2）裱糊及软包工程施工工艺及要点 （3）裱糊及软包工程质量标准	10

学习导入

墙面装饰是建筑工程的一个重要环节，是建筑物内外空间装饰的又一重要组成部分，是指在建筑物内外墙面、地面及柱面镶、贴、涂、挂、裱等的工艺装饰，是结构表面上的一种装饰方法。墙面装饰主要起到保护墙体、满足使用功能及美化环境的作用。其分类按照施工方法及材料分为抹灰类、贴面类、裱糊类等。墙体装饰在建筑物内外空间中占有较大视觉空间，其装饰效果的好坏，直接影响或决定整个建筑物内外空间环境的整体艺术效果的高低。

5.1 墙面装饰施工的种类与作用

5.1.1 墙面装饰施工的种类

墙面装饰施工的种类从不同的角度有不同的分类。

1. 按墙面装饰材料分类

（1）抹灰类墙体饰面工程，包括一般抹灰和装饰抹灰。

（2）涂饰类墙体饰面工程。

（3）裱糊与软包工程，包括壁纸布和壁纸饰面装饰、软包装饰。

（4）饰面板（砖）类墙体饰面工程，包括饰面砖镶贴、装饰玻璃安装、木质饰面、石材及金属板材等饰面装饰。

2. 按装饰装修施工方法分类

装饰装修施工有抹、滚、喷、弹、刷、刮、印、刻、压、磨、镶、嵌、挂、搁、卡、榫、咬、浇、粘、裱、钉、焊、铆、栓等24种基本方法。

3. 按装饰装修施工部位分类

外墙面装饰包括外墙各立面、店面、檐口、外窗台、雨篷、台阶等；内墙面装饰包括内墙各装饰面、踢脚、墙裙、隔墙隔断、门窗、楼梯、电梯等。

4. 按墙面装饰构造形式分类

按墙面装饰构造形式可分为装饰结构类、饰面类和配件类三大类。

(1) 装饰结构类构造，指采用装饰骨架，表面装饰构造层与建筑主体结构或框架填充墙连接在一起的构造形式。

(2) 饰面类构造，又称覆盖式构造，即在建筑构件表面再覆盖一层面层，对建筑构件起保护和美化作用。饰面类构造主要是处理好面层与基层的连接构造（如瓷砖、墙布与墙体的连接）。

(3) 配件类构造，指将装饰制品或半成品在施工现场加工组装后，安装于装饰装修部位的构造（如暖气罩、窗帘盒）。

5.1.2 墙面装饰施工的作用

1. 保护墙体

通过抹灰、饰面板等饰面装修处理，不仅可以提高墙体对外界各种不利因素（如水、火、酸、碱、氧化、风化等）的抵抗能力，还可以保护墙体不直接受到外力的磨损、碰撞和破坏，从而提高墙体的耐久性，延长其使用年限。

2. 美化环境

使建筑物内外空间通过墙面各种材料的色彩、质感、纹理、线条的处理，丰富建筑物内外墙面的造型，提高建筑物内外空间的艺术效果，美化环境。

3. 优化空间环境

通过建筑墙体表面的装修，增强了建筑物的保温、隔热、隔音和采光性能。

5.2 抹灰施工

5.2.1 概述

抹灰是将各种砂浆、装饰性水泥石子浆等涂抹在建筑物的墙面、地面、顶棚等表面上。抹灰工程是最为直接，也是最初始的装饰工程。

1. 抹灰工程的功能

(1) 使用功能。通过抹灰，建筑物或建筑物表面被附加了一层面层材料。根据不同要求，使用不同的材料，能够满足保温、隔热、防潮、隔音、防止风化等要求。

(2) 装饰功能。抹灰后，建筑物或建筑物表面平整光洁，能够有一定的装饰效果。依据不同的装饰要求可采用多种装饰面材。

(3) 保护功能。抹灰层能够使建筑物或建筑物的结构部分不受周围环境一些不利因素（如雨、雪、风、霜、日照、潮湿等）的侵蚀，从而提高其使用寿命。

2. 抹灰的基本构造

抹灰一般分3层，即底层、中层和面层，如图5.1所示。底层主要起与基层黏结和初步找平的作用，中层起找平的作用，面层起装饰的作用。

3. 抹灰工程的分类

抹灰工程按使用的材料和装饰效果分为一般抹灰、装饰抹灰和特殊抹灰。

（1）一般抹灰所用的材料有水泥砂浆、水泥混合砂浆、聚合物水泥砂浆、膨胀珍珠岩保温砂浆、石灰砂浆、麻刀灰、纸筋灰、石膏灰等。

（2）装饰抹灰的底层和中层与一般抹灰相同，但面层材料有区别，装饰抹灰的面层材料主要有水泥石子浆、水泥色浆、聚合物水泥砂浆等。

（3）特殊抹灰是指为了满足某些特殊的要求（如保温、耐酸、防水等）而采用保温砂浆、耐酸砂浆、防水砂浆等进行的抹灰。

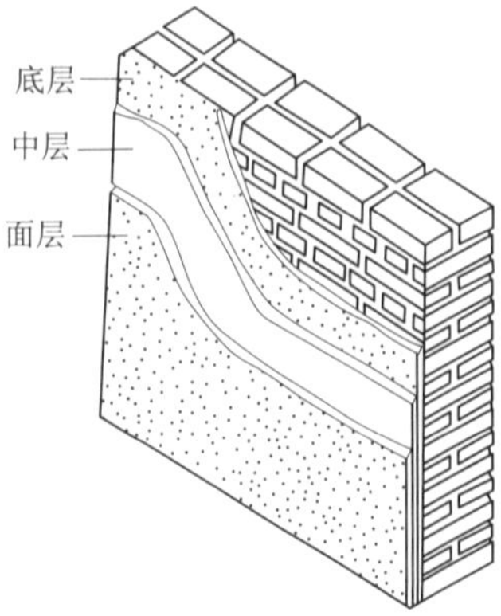

图 5.1 抹灰的组成

5.2-1 Ⓣ
拓展阅读 10：膨胀珍珠岩保温砂浆介绍

4. 抹灰工程施工材料与机具

（1）施工材料。抹灰砂浆的种类有水泥砂浆、石灰砂浆、混合砂浆、聚合物砂浆、彩色水泥砂浆等，砂浆的配合比要准确，以保证砂浆强度的准确性，且拌和要充分。

抹灰砂浆的组成材料主要包括胶凝材料、骨料、纤维材料、颜料、水、外加剂等。

1）胶凝材料。在抹灰工程中，常用的胶凝材料包括水泥、石灰、聚合物、建筑石膏等。

5.2-2 Ⓣ
拓展阅读 11：聚合物水泥砂浆介绍

a. 水泥。要有性能检测报告，合格后方能使用，不得使用过期水泥。

b. 石灰。抹灰用石灰必须先熟化成石灰膏，常温下石灰的熟化时间不得少于 15d，不得含有未熟化的颗粒。

c. 聚合物。在许多特殊的场合可采用聚合物作为砂浆的胶凝材料，制成聚合物砂浆。所谓聚合物砂浆，是指在水泥砂浆中添加聚合物胶黏剂，从而使得砂浆性能得到很大改善的一种新型建筑材料。

2）骨料。

a. 砂。抹灰工程一般用中砂或中、粗混合砂，但必须颗粒坚硬、洁净。含泥土等杂质不超过 3%。使用前过 5mm 孔径筛子，可与石灰、水泥等胶凝材料调制成多种建筑砂浆。

b. 石屑。石屑是粒径比石粒更小的细骨料，主要用于配制外墙喷涂饰面的聚合物浆。常用的有松香石屑和白云石屑。

c. 彩色瓷粒。彩色瓷粒是以石英、长石和瓷土为主要原料经烧制而成的。粒径为 1.2～3mm，颜色多样。骨料使用前应冲洗过筛，按颜色、规格分类堆放。

3）纤维材料。

a. 纸筋。可用白纸筋或草纸筋，使用前 3 周用水浸透，敲打松散并捣烂，要求洁净细腻。再按 100kg 石灰膏掺 2.75kg 纸筋的比例加入淋灰池，使用时应过筛。

b. 麻刀。麻刀即为细碎麻丝，要求坚韧、干燥，不含杂质，使用前将长度剪至 20～30mm，敲打松散，每 100kg 石灰膏约掺 1kg 麻刀。

c. 玻璃纤维。将玻璃纤维切成长 10mm 左右，每 100kg 石灰膏掺入 200～300g，搅拌均匀成玻璃丝灰。

4）颜料。抹灰用颜料应采用矿物颜料及无机颜料，须具有高度的磨细度和着色力，耐光耐碱，不含盐、酸等有害物质。

5）水。拌制抹灰砂浆用水应满足《混凝土用水标准》（JGJ 63—2006）的相关规定。

5.2-3 Ⓜ 抹灰工程施工准备

6）外加剂。抹灰用砂浆外加剂有憎水剂、分散剂、减水剂、胶黏剂等，要根据抹灰的要求按比例适量加入，不得随意添加。

（2）施工机具。抹灰工程的常用机具包括抹子、托灰板、木杠、八字靠尺、钢筋卡子、靠尺板、托线板和线锤、方尺、分格条、水平尺、线坠、水桶、喷壶、墨斗、铁锹和灰勺等，如图 5.2～图 5.4 所示。

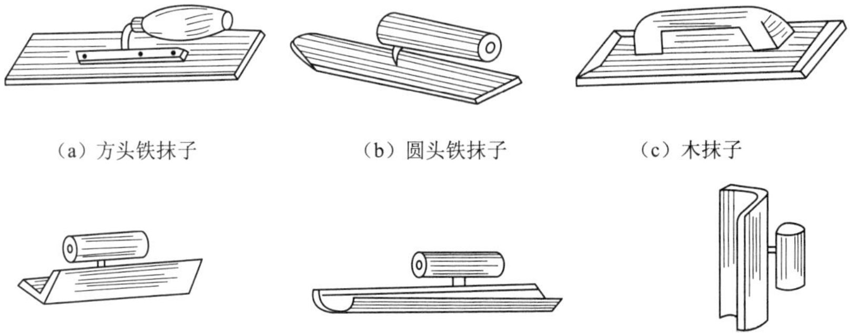

（a）方头铁抹子　（b）圆头铁抹子　（c）木抹子

（d）阴角抹子　（e）圆弧阴角抹子　（f）阳角抹子

图 5.2　抹子

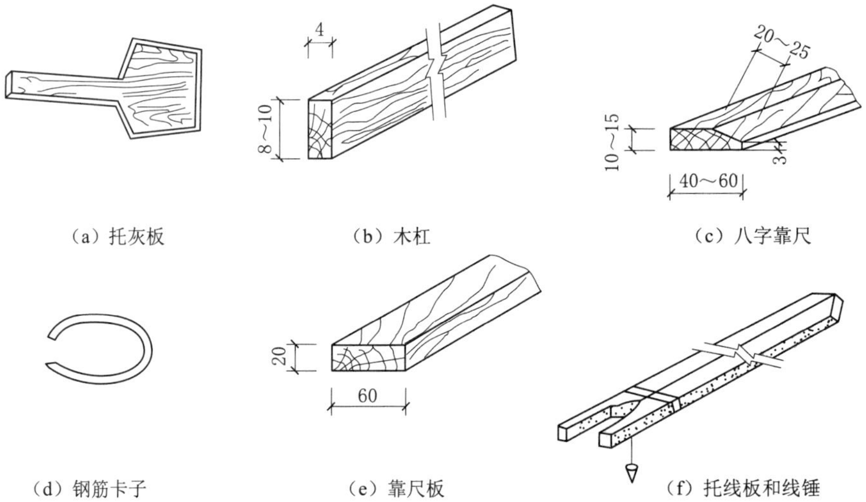

（a）托灰板　（b）木杠　（c）八字靠尺

（d）钢筋卡子　（e）靠尺板　（f）托线板和线锤

图 5.3　辅助工具

5.2.2　一般抹灰施工

1. 抹灰工程的施工条件

（1）主体结构验收是否合格。

（2）水电预埋管线、配电箱外壳安装是否正确，是否做过压力测试。

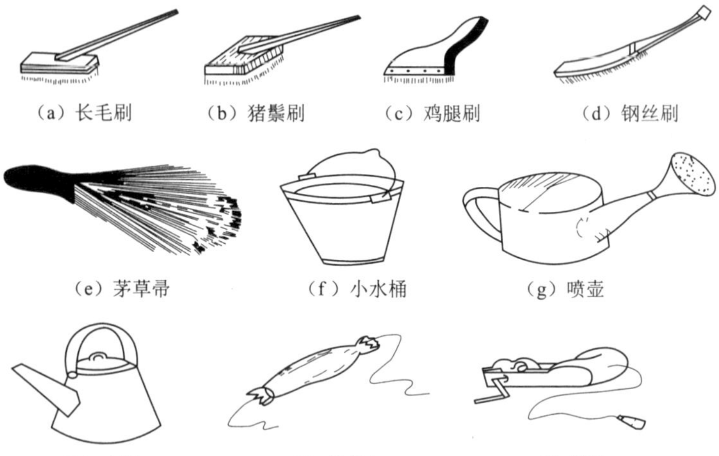

（a）长毛刷 （b）猪鬃刷 （c）鸡腿刷 （d）钢丝刷

（e）茅草帚 （f）小水桶 （g）喷壶

（h）水壶 （i）粉线包 （j）墨斗

图 5.4 其他工具

（3）门窗框是否安装且安装牢固，是否采取了保护措施。

（4）其他相关设施是否安装并被保护。

5.2-4 Ⓜ 内墙抹灰工艺流程

2. 施工工艺

一般抹灰的施工工艺为：基层处理→浇水湿润→吊垂直、套方、找规矩、做灰饼、冲筋→抹水泥踢脚→做护角→抹水泥窗台→抹底层灰→修抹预留孔洞，配电箱、槽、盒→抹中层灰→抹罩面灰→阴阳角抹灰→顶棚抹灰。

（1）基层清理。一般抹灰工程基层处理的目的是为了确保不同材料的基层与抹灰层黏结牢固，所以在抹灰前基层表面的尘土、疏松物、脱模剂、污垢和油渍等应清除干净；若基体表面光滑，抹灰前应做毛化处理；外墙抹灰工程施工前应先安装钢门窗框、护栏等，并应将墙上的施工孔洞堵塞密实。抹灰前基体表面应洒水润湿；室内墙面、柱面和门洞口的阳角做法应符合设计要求；设计无要求时，应采用 1∶2 水泥砂浆做暗护角，其高度不应低于 2m，每侧宽度不应小于 50mm；不同材料基体交接处表面的抹灰，应采取防止开裂的加强措施，当采用加强网时，加强网与各基体的搭接宽度不应小于 100mm；在混凝土表面抹灰，一般采用刷隔离层的做法，即润湿后涂刷 1∶1 水泥砂浆（加适量胶黏剂）；加气混凝土应在湿润后，抹强度不小于 M5 的水泥混合砂浆。

（2）浇水湿润。一般在抹灰前一天，用软管或胶皮管或喷壶顺墙自上而下浇水湿润，每天宜浇两次。

（3）吊垂直、套方、找规矩、做灰饼、冲筋。根据图纸设计要求的抹灰质量，根据基层表面平整垂直情况，用一面墙做基准，吊垂直、套方、找规矩，确定抹灰厚度，抹灰厚度不应小于 7mm。当墙面凹度较大时应分层衬平，每层厚度不大于 7～9mm。操作时应先抹上灰饼，再抹下灰饼。灰饼是在墙面的一定位置上抹上砂浆团，以控制抹灰层的平整度、垂直度和厚度。具体做法：从阴角处开始，在距顶棚约 200mm 处先做两个灰饼（上灰饼），然后对应在踢脚线上方 200～250mm 处做两个下灰饼，再在中间按 1200～1500mm 间距做中间灰饼。灰饼大小一般以 40～50mm 为宜。灰饼的厚度为抹灰层厚度减去面层灰厚度。抹灰饼时应根据室内抹灰要求确定灰饼的正确位置，再用靠尺板找好垂直与平整。灰饼宜用 1∶3 水泥砂浆抹成 5cm 见方形状。房间面积较大时应先在地上弹出十字中心线，然后按基层平整度弹出墙角线，随后在距墙阴角 100mm 处吊垂线并弹出铅垂线，再按地上弹出的墙角线往墙上翻引弹出阴角两面墙上的墙面抹灰层厚度控制线，以此做灰饼，然后根据灰饼冲筋，如图 5.5～图 5.7 所示。

图 5.5 做灰饼

图 5.6 冲筋

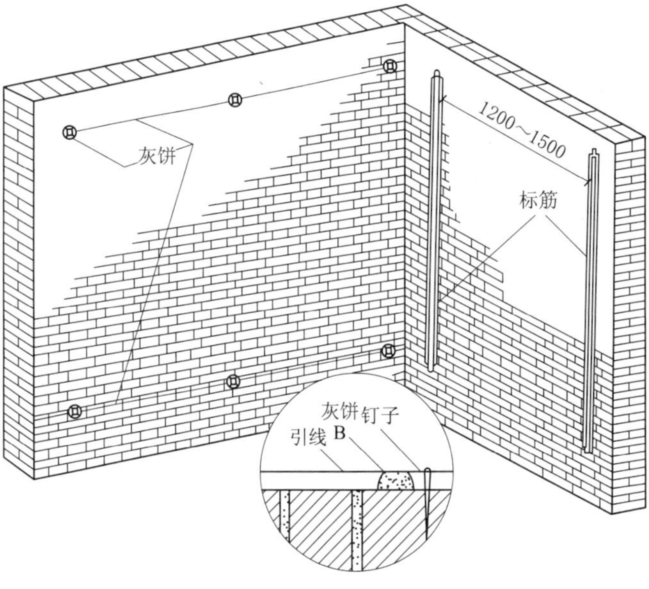

图 5.7 做灰饼、冲筋（单位：mm）

冲筋（标筋）是指在上下灰饼之间抹上砂浆带，同样起控制抹灰层平整度和垂直度的作用。当灰饼砂浆达到七八成干时，即可用与抹灰层相同的砂浆冲筋，冲筋根数应根据房间的宽度和高度确定。一般冲筋宽度为 50mm，两筋间距不大于 1.5m。当墙面高度小于 3.5m 时宜做立筋，大于 3.5m 时宜做横筋。做横向冲筋时，灰饼的间距不宜大于 2m。冲筋宽度一般为 80～100mm，厚度同灰饼，冲筋应抹成八字形，要检查冲筋的平整度和垂直度。

(4) 抹水泥踢脚。根据已抹好的灰饼冲筋（此筋可以冲得宽些，以 8～10cm 为宜，因此筋即为抹踢脚或墙裙的依据，同时也作为墙面抹灰的依据），底层抹 1∶3 水泥砂浆，抹好后用大杠刮平，木抹搓毛，第二天用 1∶2.5 水泥砂浆抹面层并压光，抹踢脚或墙裙厚度应符合设计要求，无设计要求时以凸出墙面 5～7mm 为宜。凡凸出抹灰墙面的踢脚或墙裙上口必须保证光洁顺直，踢脚或墙面抹好后将靠尺贴在大面与上口平，然后用小抹子将上口抹平压光，凸出墙面的棱角要做成钝角，不得出现毛茬和飞棱。

(5) 做护角。墙、柱间的阳角应在墙、柱面抹灰前用 1∶2 水泥砂浆做护角，其高度自地面以上 2m。然后将墙、柱的阳角处浇水湿润。第一步，在阳角正面立上八字靠尺，靠尺突出阳角侧面，突出厚度与成活抹灰面平。然后在阳角侧面，依靠尺边抹水泥砂浆，并用铁抹子将其抹平，按护角宽度（不小于 5cm）将多余的水泥砂浆铲除。第二步，待水泥砂浆稍干后，将八字靠尺移至抹好的护角面上（八字坡向外）。在阳角的正面，依靠尺边抹水泥砂浆，并用铁抹子将其抹平，按护角宽度将多余的水泥砂浆铲除。抹完后去掉八字靠尺，用素水泥浆涂刷护角尖角处，并用捋角器自上而下捋一遍，使其形成钝角，如图 5.8 所示。

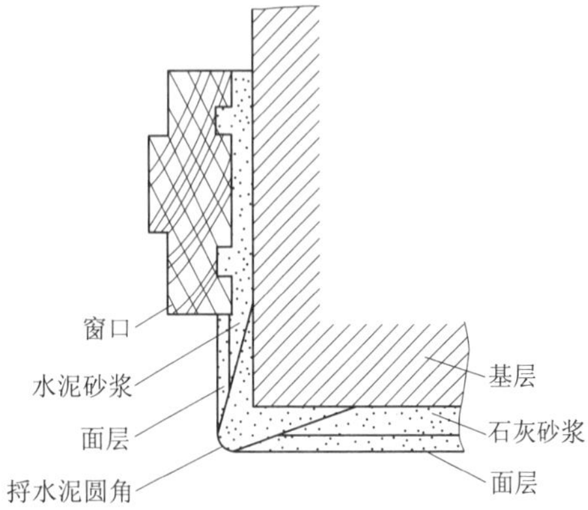

图 5.8 做门窗护角

(6) 抹水泥窗台。先将窗台基层清理干净，松动的砖要重新补砌好。砖缝划深，用水润透，然后用 1∶2∶3 豆石混凝土铺实，厚度宜大于 2.5cm。次日刷胶黏性素水泥一遍，随后抹 1∶2.5 水泥砂浆面层，待表面达到初凝后，浇水养护 2～3d。窗台板下口抹灰要平直，没有毛刺。

(7) 抹底层灰。一般情况下，冲筋完成 2h 左右开始抹底灰为宜，抹前应先抹一层薄灰，要求将基体抹严实，抹时用力压实，以使砂浆挤入细小缝隙内，接着分层装档、抹与冲筋平，用木杠刮找平整，用木抹子搓毛。然后全面检查底子灰是否平整，阴阳角是否方直、整洁，管道后与阴角交接处、墙顶板交接处是否光滑平整、顺直，并用托线板检查墙面垂直与平整情况。散热器后边的墙面抹灰，应在散热器安装前进行，抹灰面接槎应平顺，地面踢脚板或墙裙、管道背后应及时清理干净，做到活完底清。抹底层灰前，应清扫干净楼板底的浮灰、砂浆残渣，清洗掉油污以及模板隔离剂，并浇水湿润。为使抹灰层和基层黏结牢固，可刷一道水泥胶浆。抹底层灰时，抹压方向应与模板纹路或预制板板缝相垂直，应用力将砂浆挤入板条缝或网眼内。

(8) 修抹预留孔洞、配电箱、槽、盒。当底灰抹平后，要随即由专人把预留孔洞、配电箱、槽、盒周边 5cm 宽的石灰砂刮掉，并清除干净，用大毛刷沾水沿周边刷水湿润，然后用 1∶1∶4 水泥混合砂浆，把洞口、箱、槽、盒周边压抹平整、光滑。

(9) 抹中层灰。底层灰七八成干（用手指按压有指印但不软）时即可抹中层灰。操作时一般按自上而下、从左向右的顺序进行。先在底层灰上洒水，待其收水后在冲筋之间装满砂浆，用刮尺刮平，并用木抹子来回搓抹，去高补低。搓平后用2m靠尺检查，超过质量标准允许偏差时应修整至合格。抹中层灰时，抹压方向应与底层灰抹压方向垂直，抹灰应平整。

(10) 抹罩面灰。应在中灰层六七成干时开始抹罩面灰（抹时如中灰过干应浇水温润），罩面灰两遍成活，厚度约2mm，操作时最好两人同时配合进行，一人先刮一遍薄灰，另一人随即抹平。依先上后下的顺序进行，然后赶实压光，压时要掌握火候，既不要出现水纹，也不可压活，压好后随即用毛刷蘸水将罩面灰污染处清理干净。

(11) 阴阳角抹灰。用阴阳角方尺检查阴阳角的直角度，并检查垂直度，然后定抹灰厚度，浇水润湿。

用木质阴角器和阳角器分别进行阴阳角处抹灰，先抹底层灰，使其基本达到直角，再抹中层灰，使阴阳角方正。阴阳角找方应与墙面抹灰同时进行。

(12) 顶棚抹灰。顶棚抹灰可不做灰饼和标筋，只需在四周墙上弹出抹灰层的标高线（一般从500mm线向上控制）。顶棚抹灰的顺序宜从房间向门口进行。

进行混凝土（包括预制混凝土）顶棚基体抹灰时，由于各种因素的影响，抹灰层脱落的质量事故时有发生，严重危及人身安全。

5.2-5 Ⓜ
抹灰工程施工质量验收

3. 质量验收

(1) 一般规定。

1) 抹灰工程验收时应检查下列文件和记录。

a. 抹灰工程的施工图、设计说明及其他设计文件。

b. 材料的产品合格证书、性能检测报告、进场验收记录和复验报告。

c. 隐蔽工程验收记录。

d. 施工记录。

2) 抹灰工程应对水泥的凝结时间和安定性进行复验。

3) 抹灰工程应对下列隐蔽工程项目进行验收。

a. 抹灰总厚度不小于35mm时的加强措施。

b. 不同材料基体交接处的加强措施。

4) 各分项工程的检验批应按下列规定划分。

a. 相同材料、工艺和施工条件的室外抹灰工程每500～1000m^2应划分为一个检验批，不足500m^2也应划分为一个检验批。

b. 相同材料、工艺和施工条件的室内抹灰工程每50个自然间（大面积房间和走廊按抹灰面积30m^2为一间）应划分为一个检验批，不足50间也应划分为一个检验批。

5) 检查数量应符合下列规定。

a. 室内每个检验批应至少抽查10%，并不得少于3间；不足3间时应全数检查。

b. 室外每个检验批每100m^2应至少抽查一处，每处不得少于10m^2。

6) 外墙抹灰工程施工前应先安装钢木门窗框、护栏等，并应将墙上的施工孔洞堵塞密实。

7) 抹灰用的石灰膏的熟化期不应少于15d；罩面用的磨细石灰粉的熟化期不应少于3d。

8）室内墙面、柱面和门洞口的阳角做法应符合设计要求。当无设计要求时，应采用1∶2水泥砂浆做暗护角，其高度不应低于2m，每侧宽度不应小于50mm。

9）当要求抹灰层具有防水、防潮功能时，应采用防水砂浆。

10）各种砂浆抹灰层，在凝结前应防止快干、水冲、碰撞、振动和受冻，在凝结后应采取措施防止沾污和损坏。水泥砂浆抹灰层应在湿润条件下养护。

11）外墙和顶棚的抹灰层与基层之间及各抹灰层之间必须黏结牢固。

（2）主控项目。

1）抹灰前基层表面的尘土、污垢、油渍等应清除干净，并应洒水润湿。

检查方法：检查施工记录。

2）一般抹灰所用材料的品种和性能应符合设计要求。水泥的凝结时间和安定性复验应合格。砂浆的配合比应符合设计要求。

检查方法：检查产品合格证书、进场验收记录、复验报告和施工记录。

3）抹灰工程应分层进行。当抹灰总厚度不小于35mm时，应采取加强措施。不同材料基体交接处表面的抹灰，应采取防止开裂的加强措施，当采用加强网时，加强网与各基体的搭接宽度不应小于100mm。

检查方法：检查隐蔽工程验收记录和施工记录。

4）抹灰层与基层之间及各抹灰层之间必须黏结牢固，抹灰层应无脱层、空鼓，面层应无爆灰和裂缝。

检查方法：观察；用小锤轻击检查；检查施工记录。

（3）一般项目。

1）一般抹灰工程的表面质量应符合下列规定。

a. 普通抹灰表面应光滑、洁净、接茬平整，分格缝应清晰。

b. 高级抹灰表面应光滑、洁净、颜色均匀、无抹纹，分格缝和灰线应清晰、美观。

检验方法：观察和手摸检查。

c. 护角、孔洞、槽、盒周围的抹灰表面应整齐、光滑；管道后面的抹灰表面应平整。

检验方法：观察。

2）抹灰层的总厚度应符合设计要求；水泥砂浆不得抹在石灰砂浆层上；罩面石膏灰不得抹在水泥砂浆层上。

检验方法：检查施工记录。

3）抹灰分格缝的设置应符合设计要求，宽度和深度应均匀，表面应光滑，棱角应整齐。

检验方法：观察；尺量检查。

4）有排水要求的部位应做滴水线（槽）。滴水线（槽）应整齐、顺直，滴水线应内高外低，滴水槽的宽度和深度均不应小于10mm。

检验方法：观察和尺量检查。

5）一般抹灰工程质量的允许偏差符合表5.1的规定。

表 5.1 一般抹灰的允许偏差和检验方法

项次	项目	允许偏差/mm		检验方法
		普通抹灰	高级抹灰	
1	立面垂直度	4	3	用2m垂直检测尺检查
2	表面平整度	4	3	用2m靠尺和塞尺检查
3	阴阳角方正	4	3	用直角检查尺检查
4	分格条（缝）直线度	4	3	拉5m线，不足5m拉通线，用钢直尺检查
5	墙裙，勒角上口直线度	4	3	拉5m线，不足5m拉通线，用钢直尺检查

（4）成品保护。

抹灰前必须将门、窗口与墙间的缝隙按工艺要求将其嵌塞密实，对木质门、窗口应采用薄钢板、木板或木架进行保护，对塑钢或金属门、窗口应采用贴膜保护。

抹灰完成后应对墙面及门、窗口加以清洁保护，门窗口原有保护层如有损坏的应及时修补，确保完整，直至竣工交验。

在施工过程中，搬运材料、机具以及使用小手推车时，要特别小心，防止碰、撞、磕划墙面、门、窗口等。后期施工操作人员严禁蹬踩门、窗口、窗台，以防损坏棱角。

抹灰时墙上的预埋件、线槽、盒、通风篦子、预留孔洞应采取保护措施，防止施工时灰浆漏入或堵塞。

拆除脚手架、跳板、高马凳时要倍加小心，轻拿轻放，集中堆放整齐，以免撞坏门、窗口、墙面或棱角等。

在抹灰层未充分凝结硬化前，防止快干、水冲、撞击、振动和挤压，以保证灰层不受损伤和足够的强度。

5.2.3 装饰抹灰施工工艺

装饰抹灰的做法很多，下面介绍一些常用的装饰抹灰做法。

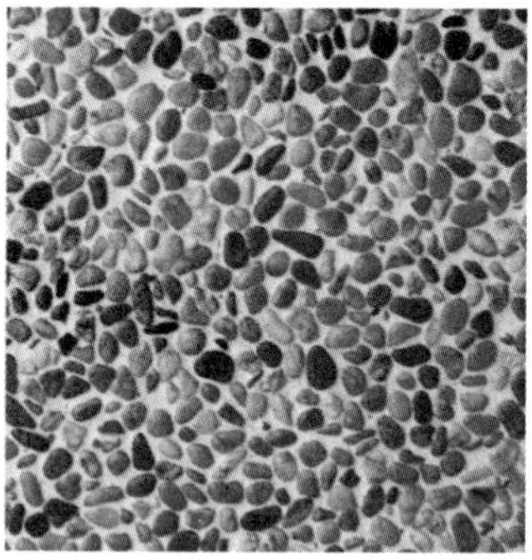

图 5.9 水刷石

1. 水刷石施工

水刷石也称水洗石、洗石、水冲石，是一种传统的外墙装饰做法。由于其耐久性好、施工工艺简单、造价低，目前还在大量采用（图 5.9）。

水刷石的施工工艺流程：抹灰中层验收→弹线、粘分格条→抹面层水泥石子浆→冲洗→起分格条、修整→养护。

施工要点如下。

（1）弹线、粘分格条。待中层灰六七成干并验收合格后，按照设计要求进行弹线分格，并粘贴好分格条。

（2）抹面层水泥石子浆。浇水湿润，刷一道水泥浆，随即抹水泥石子浆。水泥石子浆中的石子颗粒应均匀、洁净、色泽一致，水泥石子浆稠度以50～70mm为宜。抹水泥石子浆应一次成活，用铁抹子压紧搓平，但不应压得过死。每一分格内抹石子浆应按自上而下的顺序。阳角处应保证线条垂直、挺拔。

（3）冲洗。冲洗是确保水刷石施工质量的重要环节。

冲洗可分两遍进行：第一遍先用软毛刷刷掉面层水泥浆露出石粒；第二遍用喷雾器从上往下喷水，冲去水泥浆，使石粒露出1/3～1/2粒径，达到显露清晰的效果。

开始冲洗的时间与气温和水泥品种有关，应根据具体情况掌握。一般以能刷洗掉水泥浆而又不掉石粒为宜，冲洗应快慢适度，冲洗按照自上而下的顺序，冲洗中还应做好排水工作。

（4）起分格条、修整。冲洗后随即起出分格条，起条应小心仔细，对局部可用素水泥浆修补，要及时对面层进行养护，对外墙窗台、窗楣、雨篷、阳台、压顶、檐口以及突出的腰线等部位，应做出泄水坡度，并做滴水或滴水线。

2. 干粘石施工

干粘石是由水刷石演变而来的一种工艺。与水刷石相比，干粘石施工操作简单，减少了湿作业，因此在不少地方得到了推广，如图5.10所示。

图5.10 干粘石

干粘石的施工工艺流程：抹灰中层验收→弹线、粘分格条→抹黏结层砂浆→撒石粒、拍平→起分格条、修整。

施工要点如下。

（1）抹黏结层砂浆。浇水湿润，刷素水泥浆一道，抹水泥砂浆黏结层。黏结层砂浆厚度为4～5mm，稠度以60～80mm为宜，黏结层应平整，阴阳角应方正。

（2）撒石粒、拍平。在黏结层砂浆干湿适宜时可以用手甩石粒，然后用铁抹子将石粒均匀拍入砂浆中。甩石粒应遵循“先边角后中间，先上边后下面”的原则，在阳角处应同时进行。甩石粒应尽量使石粒分布均匀，当出现过密或过稀处时一般不宜补甩，应直接剔除或补粘。拍石粒时也应用力适宜，一般以石粒进入砂浆不小于其粒径的一半为宜。

（3）修整。如局部有石粒不均匀，表面不平、石粒外露太多或石粒下坠等情况，应及时进行修整。起分格条时如局部出现破损也应用水泥浆修补，要使整个墙面平整、色泽均匀、线条顺直清晰。

3. 斩假石施工

斩假石又称剁斧石，其做法是先抹水泥石子浆，待其硬化后用专用工具斩剁，使其具有仿天然石纹的纹路。

斩假石的施工工艺流程：抹底层、中层灰→弹线、粘分格条→抹面层水泥石子浆→养护→斩剁石纹→清理。

施工要点如下。

（1）抹面层水泥石子浆。斩假石石子浆石粒常用粒径为2mm的白色米粒石，内掺30%粒径为0.3mm的白云石，按照1∶1.25～1∶5的配比，稠度为50～60mm。

面层水泥石子浆一般两遍成活，厚度一般为10～11mm，先薄薄抹一层，待稍收水分后再与分格条抹平。第二层收水后用木抹子拍实，应上下顺势溜直，不得有砂眼、空隙。分格条内的水泥石子浆应一次抹完。抹完后可用软毛刷蘸水顺纹清扫，刷去表面浮浆至石粒显露。应加强对面层水泥石子浆的养护，要避免暴晒和冰冻。

（2）斩剁石纹。常温下，面层养护2～3d后即可试剁。试剁以面层石粒不掉、容易出剁痕、声音清脆为准，斩剁顺序应遵循“先上后下，先左后右，先转角和周边再中间”的原则。转角和周边剁水平纹，中间剁竖直纹。先轻剁一遍，再覆盖着前一遍的剁纹深剁。剁纹应深浅一致，深度不超过石粒粒径的1/3，对墙角和柱子边缘要防止缺棱掉角。

（3）清理。斩剁完成后应冲洗，并修补好分格处。

4. 假面砖施工

假面砖又称为仿釉面砖，是采用掺氧化铁和颜料的水泥砂浆，用手工操作，模拟面砖装饰效果的一种饰面做法。一般适用于外墙装饰。

假面砖抹灰应做两层：第一层为砂浆垫层（13mm厚）；第二层为面层（34mm厚）。因所用砂浆不同，其有两种做法：一是第一层砂浆垫层用1∶0.3∶3水泥石灰混合砂浆，第二层用饰面砂浆或饰面色浆；二是第一层砂浆垫层用1∶1水泥砂浆，第二层用饰面砂浆。

操作时的注意事项如下。

（1）应按比例配制好砂浆或色浆，拌和均匀。

（2）在第一层具有一定强度和第二层完成后，沿靠尺由上向下用铁梳子划纹。

（3）根据假面砖的宽度用铁钩子沿靠尺横向划沟，深度为34mm，露出第一层即可。

（4）要清扫干净。

5. 质量标准

（1）主控项目。

1）抹灰前基层表面的尘土、污垢、油渍等应清除干净并应洒水润湿。

检验方法：检查施工记录。

2）装饰抹灰工程所用材料的品种和性能应符合设计要求。水泥的凝结时间和安定性复验应合格。砂浆的配合比应符合设计要求。

检验方法：检查产品合格证书、进场验收记录、复验报告和施工记录。

3）抹灰工程应分层进行。当抹灰总厚度不小于35mm时，应采取加强措施。不同材料基体交接处表面的抹灰，应采取防止开裂的加强措施，当采用加强网时，加强网与各基体的搭接宽度不应小于100mm。

检验方法：检查隐蔽工程验收记录和施工记录。

4）各抹灰层之间及抹灰层与基体之间必须黏结牢固，抹灰层应无脱层空鼓和裂缝。

检验方法：观察；用小锤轻击检查；检查施工记录。

（2）一般项目。

1）装饰抹灰工程的表面质量应符合下列规定。

a. 水刷石表面应石粒清晰、分布均匀、紧密平整、色泽一致，应无掉粒和接槎痕迹。

b. 斩假石表面剁纹应均匀顺直、深浅一致，应无漏剁处；阳角处应横剁并留出宽窄一致的不剁边条，棱角应无损坏。

c. 干粘石表面应色泽一致，不露浆、不漏粘，石粒应黏结牢固、分布均匀，阳角处应无明显黑边。

d. 假面砖表面应平整、沟纹清晰、留缝整齐、色泽一致，应无掉角、脱皮、起砂等缺陷。

检验方法：观察；手摸检查。

2）装饰抹灰分格条（缝）的设置应符合设计要求，宽度和深度应均匀，表面应平整光滑，棱角应整齐。

检验方法：观察。

3）有排水要求的部位应做滴水线（槽）。滴水线（槽）应整齐顺直，滴水线应内高外低，滴水槽的宽度和深度均不应小于 10mm。

检验方法：观察；尺量检查。

4）装饰抹灰工程质量的允许偏差和检验方法应符合表 5.2 的规定。

表 5.2　装饰抹灰的允许偏差和检验方法

项次	项　目	允许偏差/mm				检　验　方　法
		水刷石	斩假石	干粘石	假面砖	
1	立面垂直度	5	4	5	53	2m 垂直检测尺检查
2	表面平整度	3	3	5	4	用 2m 靠尺和塞尺检查
3	阴阳角方正	3	3	4	4	用直角检测尺检查
4	分格条（缝）直线度	3	3	3	3	拉 5m 线，不足 5m 拉通线用钢直尺检查
5	墙裙、勒脚上口直线度	3	3	—	—	拉 5m 线，不足 5m 拉通线用钢直尺检查

5.2.4 特殊抹灰施工工艺

5.2-6 Ⓣ 拓展阅读 12：重晶石介绍

1. 钡砂（重晶石）砂浆抹灰

钡砂（重晶石）砂浆是一种防放射性的防护材料，对 X 射线有阻隔作用，常用于 X 射线探伤室、X 射线治疗室、同位素实验室等墙面抹灰。

（1）材料要求。

1）水泥。32.5 级以上普通水泥。

2）砂子。一般洁净中砂。

3）钡砂。粒径为 0.1～1.2mm，无杂质。

4）钡粉。细度以全部通过 0.3mm 筛孔为准。

（2）配合比。

钡砂（重晶石）砂浆的配合比为：水泥∶砂子∶钡砂∶钡粉∶水＝1∶1∶1.8∶0.4∶0.48，每立方米砂浆水泥用量521kg。

施工要点如下。

1）在拌制砂浆时水应加热到50℃左右。

2）按比例先将重晶石石粉与水泥混合，然后再与砂子、钡粉拌和加入水中搅拌均匀。

3）处理好基层。

4）按设计要求分层操作。一般每层34mm，每天抹一层，各层应横竖相同且不留施工缝。各层施工后如发现裂缝，必须铲除后重抹。每层抹完后半小时要再压一遍，表面要划毛，最后一遍待收水后压光。

5）阴阳角抹成圆弧形，以免棱角开裂。

6）每天抹灰后，昼夜浇水养护不少于5次，全部抹灰完成后应关闭门窗一周，地面上要浇水以保持足够的湿度。

2. 膨胀珍珠岩砂浆抹灰

膨胀珍珠岩砂浆使用材料为水泥、膨胀蛭石、石灰膏和塑化剂稀释溶液（掺量为1%～3%）。

施工要点如下。

(1) 采用底层、中层、面层3次抹灰时，基层需适当湿润，但不宜过湿；采取直接抹罩面灰时（一般用于基层较平整时），基层可涂刷1∶56的108胶或白乳胶。

(2) 分层操作时，灰浆稠度宜在100mm左右，不宜太稀。应注意各层之间的间隔时间。

(3) 直接抹罩面灰时，厚度应小，一般以2mm左右为宜，应随抹随压。

(4) 灰浆拌制时，应先干拌均匀再加水拌匀。

(5) 可以采用喷涂法施工。喷涂时应注意调整风量、水量。当施工对象为墙面、屋面时，喷嘴与基层的角度以90°为宜，喷顶棚时以45°为宜。

5.3 饰面板（砖）施工

5.3.1 饰面砖饰面施工

5.2-7 内墙釉面砖粘贴

1. 施工准备

(1) 常用工具。常用工具有开刀、木锤、橡胶锤、铁铲、小手锤、合金錾子、扁錾、方头錾、硬木板、木垫板。

(2) 作业条件。

1）主体结构已进行中间验收并确认合格，同时饰面施工的上层楼板或屋面应已完工不漏水，全部饰面材料按计划数量验收入库。

2）找平层拉线贴灰饼和冲筋已做完，大面积底糙完成，基层经自检、互检、交验，墙面平整度和垂直度合格。

3）突出墙面的钢筋头、钢筋混凝土垫块、梁头已剔平，脚手洞眼已封堵完毕。

4）水暖管道经检查无漏水，试压合格，电管埋设完毕，壁上灯具支架做完。

5）门窗框及其他木制、钢制、铝合金预埋件按正确位置预埋完毕，标高符合设计要求。配电箱等嵌入件已嵌入指定位置，周边用水泥砂浆嵌固完毕，扶手栏杆装好。

（3）对材料的要求。

1）已到场的饰面材料应进行数量清点核对。

2）按设计要求进行外观检查。检查内容主要包括进料与选定样品的图案、花色、颜色是否相符，有无色差；各种饰面材料的规格是否符合质量标准规定的尺寸和公差要求；各种饰面材料是否有表面缺陷或破损现象。

3）检测饰面材料所含污染物是否符合规定。

2. 内墙饰面砖装饰构造与施工工艺

（1）内墙饰面砖装饰构造原理。其构造原理大体上由底层砂浆、黏结层砂浆和块状贴面材料面层组成。底层砂浆具有使饰面层与基层之间黏结和找平的双重作用，黏结层砂浆的作用是与底层形成良好的整体，并将贴面材料黏附在墙体上。

（2）施工工艺流程及操作要点。基层处理→抹底子灰→弹线、排砖→浸砖→贴标准点→镶贴→擦缝。

1）基层处理。镶贴瓷砖的基层表面必须平整和粗糙，如果是光滑基层应进行凿毛处理，层面砂浆、灰尘及油渍等应用钢丝刷或清洗剂清洗干净，基层表面凹凸明显部位，要事先踢平或用水泥砂浆补平。

在抹底子灰前，应根据不同的基体进行处理，以解决找平层与基层的黏结问题。例如，墙体基体应将基层清理干净后，洒水润湿，纸面石膏板或其他轻质墙体材料基体应将板缝按具体产品及设计要求做好嵌填密实处理，并将表面用接缝（穿孔纸带或玻璃纤维网格布等防裂带）黏附补强，使之形成稳固的墙体，对于混凝土基体，可选用下述3种方法之一。一是将混凝土表面凿毛后用水润湿，刷一道聚合物水泥浆；二是将1∶1水泥细砂浆（内掺适量胶黏剂）喷或甩到混凝土基体表面，在缺棱掉角处刷聚合物水泥浆一道，用1∶3∶9水泥石膏混合砂浆分层找平，待干燥后，钉机制镀锌钢丝一层并绷紧，使基层表面达到净、干、平、实。

2）抹底子灰。基体基层处理好后，用1∶3水泥砂浆或1∶1∶4的混合砂浆打底。打底时要分层进行，每层厚度宜5～7mm，并用木抹子搓出粗糙面或划出纹路，用刮杠和托线板检查其平整度和垂直度，隔日浇水养护。

5.3-1 Ⓣ
拓展阅读13：特殊部位的排砖

3）弹线、排砖。待底层灰六七成干时，按图纸要求，结合瓷砖规格进行弹线、排砖。先量出镶贴瓷砖的尺寸，立好皮数杆，在墙面上从上到下弹出若干条水平线，控制水平皮数，再按整块瓷砖的尺寸弹出竖直方向的控制线。此时要考虑排砖形式和接缝宽度应符合设计要求，接缝宽度应注意水平方向和垂直方向的砖缝一致，排砖形式主要有通缝和错缝（俗称“骑马缝”）两种。在同一墙面上的横竖排列，不宜有一行以上的非整砖，且非整砖要排在次要位置或阴角处。当遇有墙面盥洗镜等装饰物时，应以装饰物中心线为准向两边对称排砖，排砖过程中的边角、洞口和突出物周围常常出现非整砖或半砖，应将整块瓷砖切割成合适小块进行预排，并注意对称和美观，如

图 5.11 所示。

4）浸砖。瓷砖在镶贴前应在水中充分浸泡，以保证镶贴后不致因吸灰浆中的水分而粘贴不牢。一般浸水时间不少于 2h，取出阴干备用，阴干时间通常为 3～5h，以手摸无水感为宜。

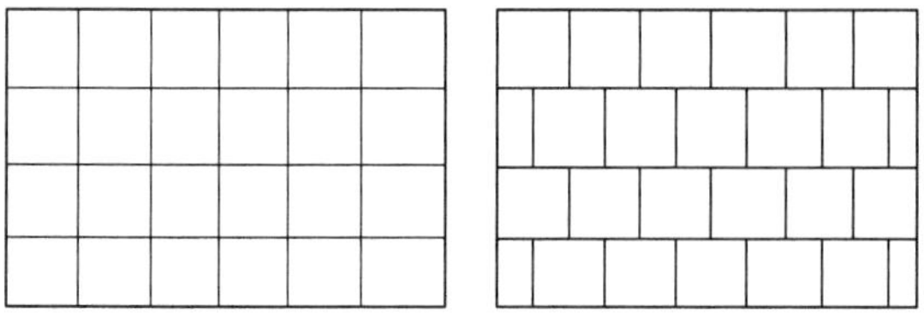

（a）通缝　　（b）错缝

图 5.11 饰面砖排列

5）镶贴。瓷砖铺贴的方式有离缝式和无缝式两种。无缝式铺贴要求阳阳角转角铺贴时要倒角，即将瓷砖的阳角边厚用瓷砖切割机打磨成 30°～40°，以便对边缝。依砖的位置，排砖有矩形长边排列和竖直排列两种。正式镶贴前应贴标准点，即用混合砂浆将废瓷砖粘贴在基层上做标志块，用托线板上下挂直，横向拉通，用以控制整个镶贴瓷砖表面的平整度。在地面水平嵌上一根八字尺或靠尺，这样可防止瓷砖因自重或灰浆未硬结而向下滑移，以确定其横平竖直。铺贴瓷砖宜从阳角开始，先大面，后阴阳角和凹槽部位，并自下向上粘贴。用铲子在瓷砖背面刮满刀灰，贴于墙面用力按压，用铲刀柄轻轻敲击，使瓷砖紧密黏于墙面，再用靠尺按标志块将其校正平直。取用瓷砖及贴砖要注意浅花色瓷砖的顺反方向，不要粘颠倒，以免影响整体效果。铺贴要求砂浆饱满，厚度为 6～10mm，若亏灰时，要取下重新贴。

3. 外墙饰面砖施工

（1）外墙镶贴面砖装饰构造原理，如图 5.12 所示。

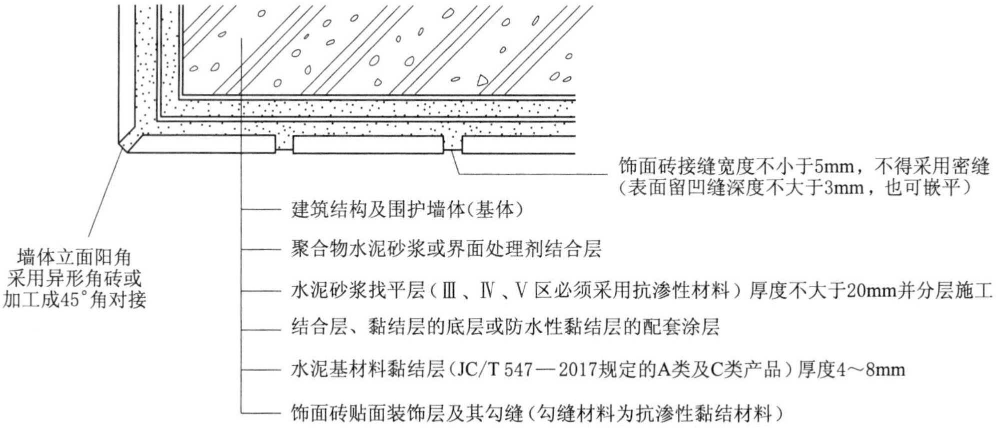

图 5.12 外墙镶贴面砖构造

5.3-2 Ⓜ
面砖施工工艺

（2）施工工艺流程及操作要点。基层处理→抹底子灰→弹线分格、排砖→浸砖→贴标准点→刷结合层→镶贴面砖→勾缝→清洗表面。

1）基层处理。清理墙、柱面，将浮灰和残余砂浆及油渍冲刷干净，再充分浇水温润，并按设计要求涂刷结合层（采用聚合物水泥砂浆或其他界面处理剂），再根据不同基体进行基层处理，处理方法如同内墙饰面砖工程。

2）抹底子灰。打底时应分层进行，每层厚度不应大于 7mm，以防空鼓。第一遍抹后扫毛，待六七成干时，可抹第二遍，随即用木杠刮平，木抹搓毛，终凝后浇水养护。多雨地区，找平层宜选用防水、抗渗性水泥砂浆，以满足抗渗漏要求。

3）弹线分格、排砖。按设计要求和施工样板进行排砖，确定接缝宽度及分格，同时弹出控制线，做出标记。排砖须用整砖，对于必须用非整砖的部位，非整砖的宽度不宜小于整砖宽度的 1/3。

5.3-3 Ⓣ

拓展阅读 14：窗台、腰线的排砖做法

一般要求阳角、窗口都是整砖。若按块分格，应采取调整大小的方法排砖、分格。外墙镶贴的饰面砖的外形有矩形和方形两种，矩形贴面砖可以采用密缝、疏缝，按水平、竖直方向相互排列，其排列方式有 6～8 种。密缝排列时，缝宽控制在 1～3mm 内，疏缝排列时砖缝宽一般控制在 4～20mm 内。凸出墙体部位，如窗台、腰线、阳角及滴水线等的饰面层排砖方法，其正面砖要往下凸出 3～5mm，底面砖要做出流水坡度，如图 5.13 所示。

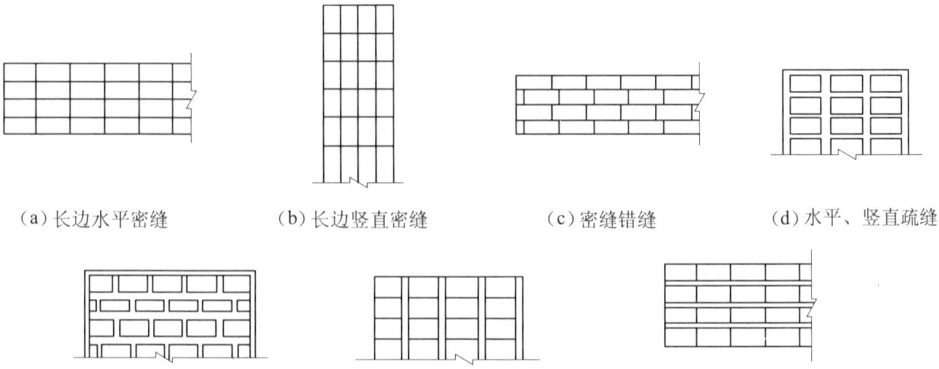

(a) 长边水平密缝　(b) 长边竖直密缝　(c) 密缝错缝　(d) 水平、竖直疏缝

(e) 疏缝错缝　(f) 水平密缝、竖直疏缝　(g) 水平疏缝、竖直密缝

图 5.13　矩形贴面砖的排列方式

4）浸砖。与内墙瓷砖相同。

5）贴标准点。在镶贴前，应先贴若干块废面砖作为标准块，上下用托线板吊直，作为黏结厚度的依据。横向每隔 1.5～2.0m 做一个标志块，用拉线或靠尺校正平整度。靠阳角的侧面也要挂直，称为双面挂直。

6）刷结合层。找平层经合格并养护后，宜在表面涂刷结合层，这样可以有益于满足强度要求，提高外墙饰面砖粘贴质量。

7）镶贴面砖。外墙饰面砖宜采用自上而下的顺序镶贴，并先往后贴墙面再贴墙间墙。铺贴用砂浆一般为 1∶2 水泥砂浆或掺入不大于水泥质量 15%石膏的水泥混合砂浆。粘贴时，先按水平线垫平八字尺或直靠尺，再用面砖背面满铺黏结砂浆，粘贴层厚度宜在 4～8mm。粘贴后，用小铲柄轻轻敲击，使之与基层黏牢，并随时用直尺找平找方，贴完一行后，需将面砖上的灰浆刮净。对于有设缝要求的饰面，可按设计规定的砖缝宽度制备小十字架，临时卡在每 4 块砖相邻的十字缝间，以保证缝隙精确；单元式的横缝或竖缝，则可用分格条，一般情况下只需挂线贴砖。分格条在使用前应用水充分浸泡，以防胀缩变形，在粘贴面砖次日（或当日）取出，取条时应轻巧，避免碰动面砖。

8）勾缝、清洗表面。贴完一个墙面或全部墙面并检查合格后进行勾缝。勾缝应用水泥砂浆分皮嵌实，并宜先勾水平缝，后勾竖直缝。勾缝一般分两遍，头遍用1∶1水泥砂浆，第二遍用与面砖同色的彩色水泥砂浆擦成凹缝，凹进深度为3mm。勾缝应连续、平直、光滑、无裂纹、无空鼓。勾缝处残留的砂浆，必须清洗干净。同时用3%～5%的稀盐酸清洗表面，并用清洗水冲洗干净。

5.3-4 Ⓜ 墙面砖施工质量验收

4. 饰面砖质量标准

（1）施工工艺和质量检测文件。

1）饰面砖工程的设计文件、设计变更文件、洽商记录等。

2）饰面砖的产品合格证、出厂检验报告和进场复检报告。

3）找平、黏结、勾缝材料的产品合格证和说明书，出厂检验报告，进场复检报告，配合比文件。

4）饰面砖的黏结强度检验报告。

5）施工技术交底文件。

6）施工工艺记录与施工质量检测记录。

（2）主控项目。

1）饰面砖的材料品种、规格图案、颜色和性能应符合设计要求。

2）饰面砖粘贴工程的找平、防水、黏结和勾缝材料及施工方法应符合设计要求及国家现行产品标准和工程技术标准的规定。

3）饰面砖粘贴必须牢固（强制性）。

4）满粘法施工的饰面砖工程应无空鼓、裂缝。

（3）一般项目。

1）饰面砖表面应平整、洁净、色泽一致，无裂痕和缺损。

2）阴阳角处搭接方式、非整砖使用部位应符合设计要求。

3）墙面突出物周围的饰面砖应整砖套割吻合，边缘应整齐。墙裙、贴脸突出墙面的厚度应一致。

4）饰面砖接缝应平直、光滑，填嵌应连续交圈、密实；宽度和深度应符合设计要求。

5）饰面砖粘贴的允许偏差和检验方法应符合表5.3的规定。

表5.3 饰面砖粘贴的允许偏差和检验方法

项次	项目	内墙面砖允许偏差/mm	检验方法
1	立面垂直度	2	用2m垂直检测尺检查
2	表面平整度	3	用2m靠尺和塞尺检查
3	阴阳角方正	3	用直角检测尺检查
4	接缝直线度	2	拉5m线，不足5m拉通线，用钢直尺检查
5	接线高低差	0.5	用钢直尺和塞尺检查
6	接缝宽度	1	用钢直尺检查

5.3.2 玻璃饰面施工

玻璃装饰板具有极好的透光率、耐热性、抗旱性和耐候性以及容易加工成型等特点。玻璃饰面品种繁多，包括普通平板镜面玻璃或茶色、蓝色、灰色的镀膜镜面玻璃等，各种艺术玻璃，如热熔玻璃、碎纹玻璃、彩釉玻璃、水晶玻璃等。其装饰设计手段更为多样，比如墙面光滑易清洁，一般用于墙面、隔断墙、入口等部位的装饰，起到活跃气氛、扩大空间、虚实相生的作用，也可结合不锈钢、铝合金等材料用于室外的装饰。

1. 玻璃饰面的装饰构造原理

首先在墙体基面上设置隔气防潮层，防止木衬板受潮变形，影响玻璃表面质量。然后按现场要求立木筋做成木框隔，木筋上钉人造多层木衬，最后再将玻璃固定。固定方法主要有：钉固法，在玻璃上钻孔，用各种金属装饰钉直接把玻璃固定在木基层上（图 5.14）；嵌压（托压）法，是靠压条和边框压住玻璃，而压条是用螺钉固定于木筋上的，压条用硬木、塑料、金属（铝合金、不锈钢、铜）等材料制成（图 5.15）；黏结法，适用环氧树脂把玻璃直接黏在衬板上，此用法适用于大面积镜面安装，并用玻璃胶四周密封（图 5.16）。

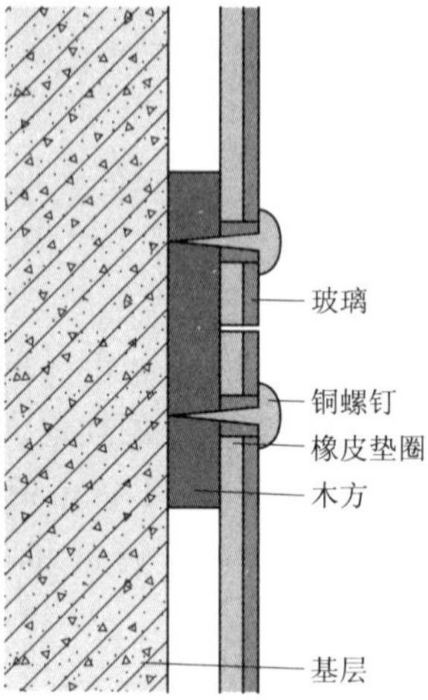

图 5.14 钉固法

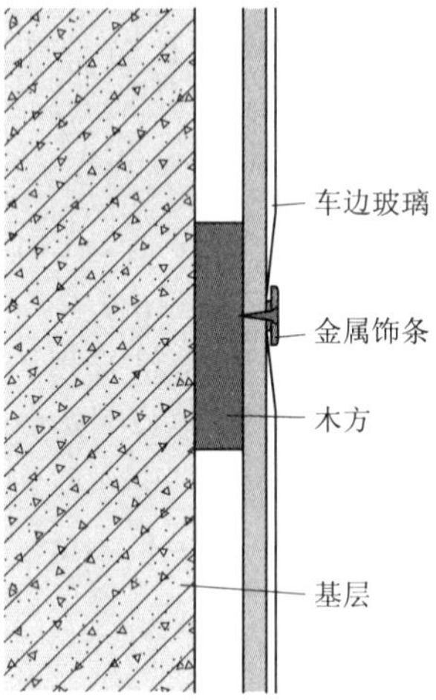

图 5.15 嵌压法

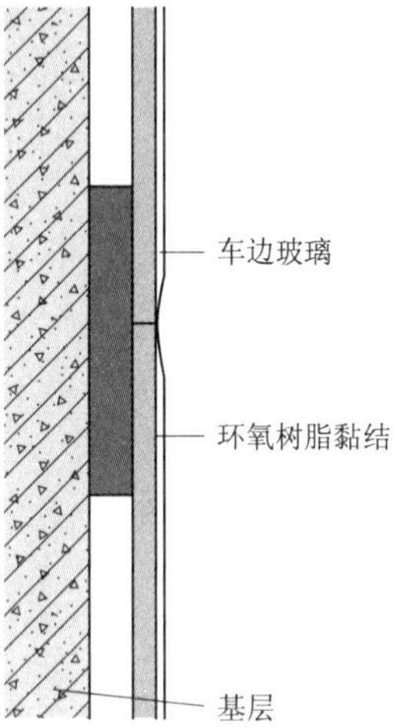

图 5.16 黏结法

2. 玻璃饰面施工工艺及要点

清理基体→铺贴基层衬板→铺贴面板→板面处理。

（1）清理基体。清理墙体表面，使其干洁、平整。

（2）铺贴基层衬板。基层材料可以是木基层、塑料基层、金属基层。一般可以采用黏结法直接将基层衬板铺贴到墙体上，基础衬板要保持平整、清洁干燥、无污物。

（3）铺贴面板。贴面板时，基层板要清洁干燥、无污物；粘贴时，基层和玻璃底板应同时刷胶，晾 15～30min，手触无黏性后再粘贴。玻璃板与玻璃板的黏结通常采用玻璃胶、502 胶进行粘贴，这类胶可使有机玻璃表面溶解，以达到黏合的目的，要求黏结面清洁、无灰尘。

(4) 板面处理。板材铺贴如果采用黏结法，完成之后要将板面上多余的胶擦抹干净；采用钉固法，需要先钻好孔，然后再固定；采用嵌压法，需要将压条或边框压住，使玻璃边角整齐。

5.3.3 金属饰面板施工

1. 施工准备

(1) 施工机具。

1) 机械：折板工作台、折板机、剪板机、刨槽机、手电钻、电动螺钉枪、手提切割机、切割机、冲击钻、电焊机、圆形锯、直线锯等。

2) 工具：扳手、拉铆枪、螺丝刀、手锤、钳子、錾子、铅丝、钉子、注胶枪、扫帚、多用刀、粉线包、小线、红蓝铅笔、墨斗等。

3) 计量检测用具：水准仪、经纬仪、盒尺、钢尺、靠尺、方尺、塞尺、水平尺、托线板、线坠等。

4) 安全防护用品：安全帽、安全带、白手套、护目镜等。

(2) 材料。

1) 金属饰面板。金属饰面板一般包括铝塑复合板、单层铝板和不锈钢板等。板材的品种、规格、颜色以及防火、防腐处理应符合设计要求。金属饰面板应具有产品出厂合格证和材料检测报告，其技术性能应符合下列规定。

a. 铝塑复合板。铝塑复合板的上、下两层铝合金板的厚度均应为0.5mm，其性能应符合现行国家标准《铝塑复合板》(GB/T 17748—2016) 规定的技术要求。铝合金板与夹心层的剥离强度标准值应大于7N/mm。

b. 单层铝板。单层铝板的技术性能应符合现行国家标准《铝及铝合金轧制板材》(GB/T 3880—1997)、《变形铝及铝合金状态代号》(GB/T 16475—2008) 的规定。

c. 不锈钢板。不锈钢板的技术性能应符合现行国家标准《不锈钢冷轧钢板》(GB/T 3280—2015)、《不锈钢热轧钢板》(GB/T 4237—2015)、《不锈钢和耐热钢冷轧带钢》(GB/T 4239—1991) 的规定。

2) 辅料。

a. 龙骨。应根据设计要求确定龙骨的材质、规格、型号。一般情况下，龙骨采用方钢管、镀锌扁钢、角钢或轻钢龙骨等。龙骨应具有产品出厂合格证和材料检测报告，有复试要求的材料，还应具有复试报告，龙骨材质的技术性能应符合现行国家标准《碳素结构钢》(GB/T 700—2006)、《合金结构钢》(GB/T 3077—2015) 的规定。

b. 附件、配件。与龙骨配套的连接固定件和吊挂件、装配件。各连接固定件、吊挂件和配件的材质宜采用铝合金件或不锈钢件，如膨胀螺栓、铁垫板、垫圈、螺栓等。各附件、配件的质量应符合设计要求。

c. 嵌缝材料。其主要包括密封胶条（应为挤出成型）、硅酮耐酸密封胶、硅酮结构密封胶等，嵌缝材料的种类应符合设计要求，必须具有产品合格证和材料检测报告，同时其技术性能应符合现行国家标准的规定，并应有相容性试验报告。

d. 保温、吸音材料。应根据设计要求选用保温、吸音材料。保温、吸音材料应具有产品出厂合格证及材料性能检测报告。

（3）作业条件。

1）主体结构施工验收合格，门、窗框已安装完成，各种专业管线已安装完成，基层处理完成并通过隐蔽工程的检查验收。

2）饰面板及骨架材料已进场，经检验其质量、规格、品种、数量、力学性能和物理性能符合设计要求和国家现行有关标准。

3）其他配套材料已进场，并经检验复试合格。

4）施工所需的脚手架已经搭设完，垂直运输设备已安装好，符合使用要求和安全规定，并经检验合格。

5）水平标高控制点（线）测设完毕，经预检合格并办理完交接手续。

6）现场材料库房及加工场地准备好，板材加工平台及加工机械设备已安装调试完毕。

（4）技术准备。

1）熟悉施工图纸及设计说明，根据现场施工条件进行必要的测量放线，对各个标高、各种洞口的尺寸、位置进行校核。发现问题及时向设计人员提出，并办理洽商变更手续，把问题解决在施工前。

2）编制施工组织方案，并经审批。

3）按设计要求对各立面分格及安装节点（如门套、柱根、柱头、阴阳角对接方法等）进行深化设计，绘制大样图，经设计、监理、建设单位确认后，委托订货。为防止不同批次的金属板出现色差，订货时应一次订足，留出适当的备用量。

4）饰面板及骨架供货到场后，按加工订货合同的规定进行材料进场检验，按不同规格、品种、材质分类码放。

5）施工前按照大样图进行样板间（段）施工。样板间（段）经设计、监理、建设单位检验合格并签认。对操作人员进行安全技术交底。

6）按照深化设计排板图，将饰面板进行预排，调整尺寸、纹理，然后在板背面统一进行编号，按安装顺序码放整齐，做好施工准备。

2. 施工工艺及操作要点

放线→饰面板加工→埋件安装→骨架安装→骨架防腐→保温、吸音层安装→金属面板安装→板缝打胶→板面清洁。

（1）放线。根据设计图和建筑物轴线、水平标高控制线，吊直、套方、找规矩，弹垂直线、水平线、标高控制线，然后根据深化设计的排板、骨架大样图测设墙、柱面上的饰面板安装位置线、顶棚标高线、门洞口尺寸线、配电箱柜、龙骨安装位置线、固定连接件的膨胀螺栓安装位置等，同时调整各种误差，以保证与其他分项工程交圈。

（2）饰面板加工。

1）铝塑复合板加工。

a. 板材存放。饰面板进场后，宜入库存放，露天存放时必须进行苫盖。饰面板储存放置应以10°向内倾斜立放，下面应垫厚木板。板材上面禁止放置重物或践踏，以防产生弯曲或凹陷。搬运时应板面朝上两人抬运。板与板、板与其他物体之间不得推拉滑移，以防擦伤板面。

b. 板材裁切。板材的裁切可用剪床、电锯、手提切割机等工具，按照设计要求和大样图将板材剪裁成所需尺寸。

c. 板材刨槽。铝塑复合板宜采用机械方式刨槽。先在板材需要刨槽的位置画好线，再将板材放到数控刨槽机工作台上，调好刨刀的距离、位置，然后按线进行开槽。铝塑复合板的刨槽深度应根据板厚确定，一般应使塑料复合材料层留下厚度的1/4且不小于0.3mm为宜，并应使所保留的塑料复合材料层厚薄均匀，以保证弯折平滑，并形成一弯曲半径为3～3.5mm的过渡圆角。

d. 板材弯折。用折板机将已开槽的板材进行弯折，弯折时不得一次弯折成90°，应分3次缓慢弯折，一次折30°，防止用力过猛、速度过快损伤板材，弯折完成后，应对几何尺寸进行复核。

e. 固定边角。板材弯折成形检验无误后，在四周扣边的夹角内侧放入铝质角码，用拉铆钉从板边外侧打孔穿入，将铝质角码与板边固定，以增强板材的整体强度。

f. 安装插挂件。根据深化设计图中各种插、挂件的形式和它们在板边上的位置，用夹钳将插、挂件卡在板边上临时固定，然后用拉铆钉或自攻螺钉把插、挂件与饰面板边固定牢固。

g. 安装加强肋。加强肋的位置应根据设计确定，也可按板材的性质和具体分格尺寸，经过结构计算而确定。首先用清洁剂清理加强肋的安装面，然后在加强肋上涂一层黏结胶或贴上双面胶带，再将其放在饰面板背面的安装位置上，施加一定挤压力，以保证黏结牢固，但应注意不要使饰面板变形。安装加强肋的同时，应将防撞条、门套加强板等粘贴于饰面板背面。

h. 成品板检验。加工好的铝塑复合板应小心放置在一旁，在胶固化前不得随意移动、挤压、碰撞。待胶黏剂固化后，对成品板进行外观、几何尺寸检验，满足要求后，码放在一起准备安装。

2）单层铝板加工。单层铝板应选用优质合金防锈铝板为板基，并在工厂经过钣金加工成型，表面进行化学处理、氟碳聚合树脂喷涂、烘烤固化等工艺制作而成。确认各尺寸无误后方可进行批量加工。

（3）埋件安装。

1）混凝土墙、柱上埋件安装。按已测量弹好的墙、柱面板安装面层线和排板图尺寸，在混凝土墙上的相应位置处，用冲击钻钻孔，安放膨胀螺栓，固定角钢连接件。

2）一般结构墙上埋件安装。基体为陶粒砖墙或其他二次结构墙时，如墙面有预埋钢筋，则用ϕ10mm钢筋通长横向布置，与预埋钢筋焊接成一体，作为竖向龙骨的连接件。如墙面无预埋钢筋，将陶粒砖每隔600～1000mm剔开一个250mm×100mm的洞，用C20混凝土将200mm×50mm×5mm（或依据设计确定）的预埋钢板浇筑埋入，作为竖向龙骨的连接件。待混凝土达到一定强度后，在预埋钢板上焊角钢连接件。

（4）骨架安装。墙、柱面骨架安装：将竖向龙骨置于埋好的墙面连接件中，根据饰面板块厚度和弹好的成活面层控制线调整位置，并用2m托线板靠吊垂直后用螺栓固定。在竖向龙骨安装检验完毕后，按板块高度尺寸安装水平龙骨，并与竖向龙骨焊成同一平面。

（5）骨架防腐。金属骨架均应有防腐涂层，所有焊接和防腐涂层被破坏部位应涂刷两道防锈漆，并办理隐蔽工程验收，经监理单位检验验收签认后，方可进行下道工序。

（6）保温、吸音层安装。室外金属板应安装保温层，室内根据设计要求对相应部位进行吸音层安装。先将背板固定在龙骨上，在背板上呈梅花形布置黏钉并粘贴牢固。将保温吸音层按照背板的大小平行安装到背板上，并与黏钉钉牢固。

（7）金属饰面板安装。墙、柱面饰面板安装前，操作人员应戴干净手套防止污染板面和划伤手臂。安装时应先下后上，从一端向另一端逐块进行。具体施工做法如下。

1）按排板图画出龙骨上插挂件的安装位置，用自攻螺钉将插挂件固定于龙骨上，并确保龙骨与板上插挂件的位置吻合，固定牢固。

2）龙骨插挂件安装完毕后，全面检验固定的牢固性及龙骨整体垂直度、平整度，并检验、修补防腐，对金属件及破损的防腐涂层补刷防锈漆。

3）金属饰面板安装过程中，板块缝之间塞填同等厚度的铝垫片以保证缝隙宽度均匀一致，并应采取边安装、边调整垂直度、水平度、接缝宽度和邻板高低差，以保证整体施工质量。

4）对于小面积的金属饰面板墙面可采用胶黏法施工，胶黏法施工时可采用木质骨架。先在木骨架上固定一层细木工板，以保证墙面的平整度与刚度，然后用建筑胶直接将金属饰面板粘贴在细木工板上。粘贴时建筑胶应涂抹均匀，使饰面板黏结牢固。

（8）板缝打胶。金属饰面板全部装完后，在板缝内填塞泡沫棒，胶缝两边粘好胶纸，然后用硅酮耐候密封胶封闭。注胶时应调节好胶枪嘴的大小及角度，注胶应均匀、连续、饱满。嵌缝胶打完后，及时用空胶瓶的弧边将胶缝拉压密实并形成凹弧面，最后撕掉胶缝两边预先粘好的胶纸，清除掉胶缝两边多余的胶。

（9）板面清洁。在拆架子之前将保护膜撕掉，用脱胶剂清除胶痕并用中性清洗剂清洁板面。

3．质量标准

（1）主控项目。

1）金属饰面板和安装辅料的品种、规格、质量、形状、颜色、花形、线条和性能，应符合设计要求。

检验方法：观察；检查产品合格证书、进场验收记录和性能检测报告。

2）金属饰面板孔、槽数量、位置和尺寸应符合设计要求。

检验方法：检查进场验收记录和施工记录。

3）金属饰面板安装工程预埋件或后置埋件、连接件的数量、规格、位置、连接方法和防腐处理必须符合设计要求，安装必须牢固，后置埋件的现场拉拔检测值必须符合设计要求。

检验方法：手扳检查；检查进场验收记录、现场拉拔检测报告、隐蔽工程验收记录和施工记录。

（2）一般项目。

1）金属饰面板表面应平整、洁净、美观、色泽一致，无划痕、麻点、凹坑、翘曲、褶皱、损伤，收口条割角整齐，搭接严密无缝隙。

检验方法：观察。

金属饰面板加工允许偏差见表5.4。

表5.4　金属饰面板加工允许偏差　单位：mm

项　目		允许偏差
边长	＜2000	±2.0
	＞2000	±2.5
对边尺寸	＜2000	＜2.5
	＞2000	＜3.0
对角线尺寸	＜2000	2.5
	＞2000	3.0
折弯高度		＜1.0
平面度		＜2/1000
孔的中心距		±1.5

2）金属饰面板接头、接缝应符合以下规定。

a. 条形板。接头平整，位置相互错开，严密、无明显缝隙和错台、错位。接缝平直、宽窄一致，板与收口条搭接严密。

b. 方块板。接缝平整，无明显错台、错位，横竖向顺直。缝隙宽窄一致，板与收口条搭接严密。

c. 柱面、窗台、窗套。剪裁尺寸准确，边角、线角、套口等突出件接缝平直、整齐。

d. 温度缝。搭接平整、顺直、光滑，无明显错台、错位，外观严密，伸缩无障碍。

检验方法：观察。

3）金属饰面板嵌缝应密实、平直、光滑、美观，直线内无接头，宽窄和深度应一致，并符合设计要求，防水应有效、无渗漏，嵌缝材料应色泽一致。

检验方法：观察；尺量检查。

4）金属饰面板上的各种孔洞套割吻合、边缘整齐，与其他专业设备的交界处，应位置正确、交接严密、无缝隙。

检验方法：观察。

5）金属饰面板安装的允许偏差和检验方法见表5.5。

表 5.5　　金属饰面板安装允许偏差和检验方法

项　目	允许偏差/mm		检　验　方　法
	国际标准、行业标准	企业标准	
立面垂直度	2.0	2.0	用 2m 垂直检测尺检查
表面平整度	3.0	2.0	用 2m 垂直检测尺和楔形塞尺检查
阴阳角方正	3.0	3.0	用直角检测尺检查
接缝直线度	1.0	0.5	拉 5m 线，不足 5m 拉通线，用钢尺检查
墙裙、勒脚上口直线度	2.0	1.0	拉 5m 线，不足 5m 拉通线，用钢尺检查
接缝高低差	1.0	0.5	用钢直尺和塞尺检查
接缝宽度	1.0	0.5	用钢直尺检查

5.3.4 木饰面板施工

1. 施工准备

(1) 材料要求。

1) 木材的树种、材质等级、规格应符合设计图纸要求及有关施工及验收规范的规定。

2) 龙骨料采用轻钢龙骨。

3) 面板一般要求纹理顺直、颜色均匀、花纹近似，不得有节疤、裂缝、扭曲、变色等疵病。

4) 辅料。

a. 防潮涂料，防火涂料。

b. 胶黏剂：乳胶。

c. 钉子：长度规格应是面板厚度的 2～2.5 倍；也可用射钉。

d. 防腐涂料。

(2) 主要机具。

1) 电动机具：小台锯、小台刨、手电钻、射枪。

2) 手持工具：木刨子（大、中、小）、槽刨、木锯、细齿、刀锯、斧子、锤子、平铲、冲子、螺丝刀；方尺、割角尺、小钢尺、靠尺板、线坠、墨斗等。

(3) 作业条件。

1) 安装木护墙、木筒子板处的结构面或基层面，应预埋好龙骨。

2) 木护墙、木筒子板的骨架安装，应在安装好门窗、窗台板以后进行，钉装面板应在室内抹灰及地面做完后进行。

3) 木护墙、木筒子板龙骨应在安装前将铺面板面刨平，其余三面刷防腐剂。

4) 施工机具设备在使用前安装好，接通电源，并进行试运转。

5) 施工项目的工程量大且较复杂时，应绘制施工大样图，并应先做出样板，经检验合格才能大面积进行作业。

2. 操作工艺

工艺流程：找位与画线→核查预埋件及洞口→涂刷防潮、防腐涂料→龙骨配置与安装→安装成品木饰面板。

(1) 找位与画线。木护墙、木筒子板安装前，应根据设计图要求，先找好标高、平面位置、竖向尺寸，进行弹线。

(2) 核查预埋件及洞口。弹线后检查预埋件、木砖是否符合设计及安装的要求，主要检查排列间距、尺寸、位置是否满足钉装龙骨的要求；量测门窗及其他洞口位置、尺寸是否方正垂直，与设计要求是否相符。

(3) 涂刷防潮、防腐涂料：设计有防潮、防腐要求的木护墙、木筒子板，在钉装龙骨时应压铺防潮卷材，或在钉装龙骨前进行涂刷防潮、防腐的施工。

(4) 龙骨配置与安装。

1) 木护墙龙骨。必须涂刷防火涂料后方可使用。

2) 局部木护墙龙骨。根据房间大小和高度，可预制成龙骨架，整体或分块安装。

3) 全高木护墙龙骨。首先量好房间尺寸，根据房间四角和上下龙骨的位置，将四框龙骨找位，钉装平、直，然后按设计龙骨间距要求钉装横竖龙骨。木护墙龙骨间距：一般横龙骨间距为400mm，竖龙骨间距为500mm。如面板厚度在15mm以上时，横龙骨间距可扩大到450mm。木龙骨安装必须找方、找直，骨架与木砖间的空隙应垫以木垫，每块木垫至少用两个钉子钉牢，在装钉龙骨时预留出板面厚度。

4) 木筒子板龙骨。根据洞口实际尺寸，按设计规定骨架料断面规格，可将一侧筒子板骨架分3片预制，洞顶一片、两侧各一片。每片一般为两根立杆，当筒子板宽度大于500mm时，中间应适当增加立杆。横向龙骨间距不大于400mm；面板宽度为500mm时，横向龙骨间距不大于300mm。龙骨必须与固定件钉装牢固，表面应刨平，安装后必须平、正、直。防腐剂配制与涂刷方法应符合有关规范的规定。

(5) 安装成品木饰面板。

1) 面板选色配纹。全部进场的面板材，使用前按同房间邻近部位的用量进行挑选，使安装后从观感上木纹、颜色近似一致。

2) 裁板配置。按龙骨排尺，在板上画线裁板，原木材板面应刨净；胶合板、贴面板的板面严禁刨光，小面皆须刮直。面板长向对接配置时，必须考虑接头位于横龙骨处。原木材的面板背面应做卸力槽，一般卸力槽间距为100mm、槽宽10mm、槽深4～6mm，以防板面扭曲变形。

3) 饰面板安装。饰面板安装前，对龙骨位置、平直度、钉设牢固情况、防潮构造要求等进行检查，合格后进行安装。

饰面板配好后进行试装，面板尺寸、接缝、接头处构造完全合适，木纹方向、颜色的观感尚可的情况下，才能进行正式安装。

饰面板收口板处应涂胶与龙骨钉牢，钉固面板的钉子规格应适宜，钉长约为面板厚度的2～2.5倍，钉距一般为100mm，钉帽应砸扁，并用尖冲子将针帽顺木纹方向冲入面板表面下1～2mm。

4) 钉贴脸。贴脸料应进行挑选，花纹、颜色应与框料、面板近似。贴脸规格尺寸、宽窄、厚度应一致，接挂应顺平无错槎。

3. 质量标准

（1）主控项目。

1）成品饰面板的基层材料的品种、材质等级、含水率和防腐措施，必须符合设计要求和施工及验收规范的规定。

2）细木制品与基层或木砖镶钉必须牢固、无松动。

（2）一般项目。

1）制作。尺寸正确，表面平直光滑，棱角方正，线条顺直，不露钉帽，无戗槎、刨痕、毛刺和锤印。

2）安装。位置正确，割角整齐、交圈，接缝严密，平直通顺，与墙面紧贴，出墙尺寸一致。

木护墙板、筒子板安装允许偏差见表5.6。

表5.6 木护墙板、筒子板安装允许偏差

项　目	允许偏差/mm	检　查　方　法
上口平直	3	拉5m线尺量检查
垂直	2	吊线坠尺量检查
表面平整	1.5	用1m靠尺检查
压缝条间距	2	尺量检查
垂直	2	吊线坠尺量检查
筒子板表面平整	1	用靠尺检查

5.3.5 裱糊与软包工程施工

1. 材料要求

（1）壁纸及墙布。为保证裱糊质量，各种壁纸、墙布的质量应符合设计要求和相应的国家标准。种类有塑料壁纸、无基层壁纸、可剥离壁纸、预涂胶壁纸和分层壁纸等。

（2）胶黏剂（成品和现场调配两类）要求。

1）胶黏剂为水溶性。

2）对基层和底纸都有良好的黏结力。基层腻子应平整、坚实、牢固，无粉化、起皮和裂缝。腻子的黏结强度应符合《建筑室内腻子》（JG/T 3049）N型的规定。

3）有一定的防潮性，这样在基层有一定含水量时仍可使用，以便缩短工期。基层颜色应一致。

4）干燥后仍有一定的柔性，以适应基层与壁纸和墙布的热伸缩。

5）有一定的防霉性。霉菌的生长不仅会在壁纸和基层之间产生隔离层而影响黏结力，还会穿透壁纸在表面产生霉斑。

6）如有防火要求，则胶黏剂具有高温不起层性能。

（3）软包材料。

1）软包墙面所用填充材料、纺织面料和龙骨、木基层板等均应进行防火处理。

2）墙面防潮处理应均匀涂刷一层清油或满铺油纸。不得用沥青油毡作防潮层。

3）木龙骨宜采用凹槽榫工艺预制，可整体或分片安装，与墙体连接应紧密、牢固并满足设计要求，不得有腐朽、节疤、劈裂、扭曲等疵病，并预先经防腐处理。

4）外饰面用的压条、分格框料和木贴脸等面料，一般采用工厂加工的半成品烘干料，含水率不大于12%，厚度应根据设计要求且外观没毛病的好料；并预先经过防腐处理。

5）如设计采取轻质隔墙做法时，其基层、面层和其他填充材料必须符合设计要求和配套使用。

6）罩面材料和做法必须符合设计图纸要求，并符合建筑内装修设计防火的有关规定。

7）材料符合《人造板及其制品中甲醛释放含量》（GB 18580—2001）及《壁纸中有害物质限量》（GB 18585—2001）等要求。

2. 主要机具（工具）

主要机具（工具）有裁纸工作台、钢板尺（1m长）、壁纸刀、毛巾、塑料水桶、塑料脸盆、油工刮板、拌腻子槽、小辊、开刀、毛刷、排笔、擦布或棉丝、粉线包、小白线、铁制水平尺、托线板、线坠、盒尺、钉子、锤子、红铅笔、砂纸、笤帚、工具袋、木工工作台、电锯、电刨、冲击钻、手枪钻、切裁织物（布、革）工作台。

3. 作业条件

（1）裱糊与软包工程应在顶棚喷浆和门窗油漆已经做完，地面已经做完的情况下进行。

（2）电气和其他设备已经安装，而影响的裱糊设备或附件应拆除。墙面钉帽应钉入基层表面，并涂刷防锈漆，用腻子填平。

（3）裱糊前，基层处理质量应达到下列要求。

1）新建筑物的混凝土或抹灰基层墙面在刮腻子前应涂刷抗碱封闭底漆。

2）旧墙面在裱糊前应清除疏松的旧装修层，并涂刷界面剂。

3）基层已检查验收合格，基层基本干燥、混凝土和抹灰面含水率不高于8%；木材制品墙面含水率不应大于12%。直观标志是抹灰面反白，无湿印，手摸感觉干。

4）基层腻子应平整、坚实、牢固，无粉化、起皮和裂缝。腻子的黏结强度应符合《建筑室内腻子》（JG/T 3049—1998）N型的规定。

5）基层颜色应一致。

6）裱糊前应用封闭底胶涂刷基层。

7）气候条件。裱糊过程中和干燥前，应防止穿堂风劲吹和温度突然变化。冬期施工应在采暖条件下进行，施工环境温度不低于15℃。

8）如房间较高，应提前准备好脚手架；如房间不高，应提前钉设木凳。

9）对施工人员进行技术交底时，应强调技术措施和质量要求。大面积施工前应先做样板间，经质检部门鉴定合格后，方可组织班组施工。

5.3-5 Ⓜ 墙纸材铺贴工艺

4. 施工工艺

（1）裱糊施工工艺流程。

基层处理→吊直、套方、找规矩、弹线→计算用料、裁纸→刷胶、糊纸→修整。

原则上是先裱糊顶棚后裱糊墙面。

1）裱糊顶棚壁纸操作工艺。

a. 基层处理裱糊工程基层要求。

ⅰ 坚实牢固，表面平整光洁，不得有疏松、掉粉飞刺、麻点、砂粒和裂缝。阴阳角应顺直。颜色一致；否则将直接影响裱糊质量和耐久性。

ⅱ 不同材料的基层相接处应糊条。

ⅲ 混凝土表面和抹灰表面必要时可增加满刮腻子数遍。

b. 吊直、套方、找规矩、弹线。首先应将顶棚的对称中心线通过吊直、套方、找规矩的办法弹出中心线，以便从中间向两边对称控制。墙顶交接处的处理原则：凡有挂镜线的按挂镜线，没有挂镜线则按设计要求弹线。

c. 计算用料、裁纸。根据设计要求决定壁纸的粘贴方向，然后计算用料、裁纸。应按所量尺寸每边留出 2～3cm，拿出，抖去余水，将纸面用净毛巾沾干。

d. 刷胶、糊纸。在纸的背面和顶棚的粘贴部位刷胶，应注意按壁纸宽度刷胶，不宜过宽，铺贴时应从中间开始向两边铺粘。第一张一定要按已弹好的线找直粘牢，应注意纸的两边各甩出 1～2cm 不压死，以满足与第二张铺粘时的拼花压槎对缝的要求。然后依上法铺粘第二张，两张纸搭接 1～2cm，用钢板尺比齐，两人将尺按紧，一人用劈纸刀裁切，随即将搭槎处两张纸条撕去，用刮板带胶将缝隙压实刮牢。随后将顶子两端阴角处用钢板尺比齐、拉直，用刮板及辊子压实，最后用温湿毛巾将接缝处辊压出的胶痕擦净，依次进行。

e. 修整。壁纸粘贴完后，应检查是否有空鼓处、接槎是否平顺、有无翘边现象、胶痕是否擦净、有无小包、表面是否平整、多余的胶是否清干净等，直至符合要求为止。

（2）裱糊墙面壁纸操作工艺。

1）基层处理。

a. 灰面基层，要满刮腻子一遍并磨砂纸。若表面有气孔、麻点、凹凸不平时，为保证质量应增加满刮腻子和磨砂纸的次数。特别是阴阳角、窗台下、管道后与踢脚板连接处的处理，要认真检查修整。面层刮腻子后，也可以在腻子五六成干时，用塑料刮板作有规律的压光处理。对于新浇混凝土墙面应用清洗剂清除表面油膜（由于模板隔离剂所致）。

b. 缝不显接槎，不露钉头，接缝处可贴上 50～70mm 宽的加强亚麻布或纸带，或用腻子补平并满刮，最后用砂纸磨平。

c. 裱糊时，板面应先用油性腻子局部找平，在无纸面石膏上裱糊时，板面应先刮一遍乳胶石膏腻子。

d. 除表面的杂物，用腻子使表面光滑，并防止基层颜色不一，影响装饰效果，必要时可涂刷油性底漆。对于附着牢固、表面平整的旧油性漆、墙面，裱糊前应作打毛处理。

e. 如石膏板和木基连拉处，应先贴一层纱布，再刮腻子修补，以防裱糊后壁纸被拉裂撕。

f. 结于基层泛碱部位，宜用9%的稀醋酸中和、清洗，防止浸蚀墙壁，使之变色。

2）吊垂直、套方、找规矩、弹线。先应将房间四角的阴阳角通过吊垂直、套方、找规矩，并确定从哪个阴角开始按照壁纸的尺寸进行分块弹线控制（习惯做法是进门左阴角处开始铺贴第一张。有挂镜线的按挂镜线，没有挂镜线的按设计要求弹线控制。

3）计算用料、裁纸。按已量好的墙体高度放大2～3cm，按此尺寸计算用料、裁纸，一般应在工作台上裁割，如果壁纸、墙布带花纹图案时，应先将上口的花饰全部对好，需特别小心地裁割，不得错位，切割时刀刃贴紧尺边，尺子压紧壁纸，用力均匀，一气呵成，中间不能停或变换持刀角度。裁切后纸边应平直、整齐，不得有毛刺，注意裁切后的壁纸卷起平放，不要立放。

4）润纸。不同壁纸、墙布对润纸的反应也不一样，反应比较明显的是纸胎的塑料壁纸。玻璃纤维基材，遇水无伸缩性，在裱糊前无需进行润纸。

a. 塑料壁纸遇水膨胀，为5～10min胀足，干后自行收缩，其幅宽方向膨胀率为0.5%～1.2%，收缩率为0.2%～0.8%。若不考虑这个特征，那么裱糊后的壁纸会出现气泡等质量通病。因此，必须先将塑料壁纸在水槽中浸泡2～3min，进行闷水处理，取出后甩掉余水，静置20min或用排笔刷水10min，这样就会随着水分的蒸发而收缩、绷紧。

b. 复合纸质壁纸由于湿强度较差，裱糊前严禁进行闷水处理。为达到软化壁纸的目的，可在壁纸背面均匀刷胶黏剂，然后胶面对胶面对叠，放置4～8min，即可上墙裱糊。

c. 纺织纤维壁纸不能在水中浸泡，而是先在壁纸背面用湿布稍揩一下再粘贴。壁纸裱糊前，应取一小条壁纸进行试贴，隔日观察接缝效果及纵向、横向收缩情况。

d. 刷胶、糊纸。应分别在纸上及墙上刷胶，其刷胶宽度应相吻合，墙上刷胶一次不应过宽。糊纸时从墙的阴角开始铺贴第一张，按已画好的垂直线吊直，并从上往下用手铺平、刮板刮实，并用小辊子将上、下阴角处压实。第一张粘好留1～2cm（应拐过阴角约2cm），然后粘铺第二张，依同法压平、压实，用钢板尺在第一、第二张壁纸搭槎处切割开，将纸撕去，边槎处带胶压实，并及时将挤出的胶液用湿温毛巾擦净，然后用同法将接顶、接踢脚的边切割整齐，并带胶压实。墙面上遇有电门、插销盒时，应在其位置上破纸作为标记。在裱糊时，阳角不允许甩槎接缝，阴角处必须裁纸搭缝，不允许整张纸铺贴，避免产生空鼓与皱褶。

5）花纸拼接。

a. 纸的拼缝处花形要对接拼搭好。

b. 铺贴前应注意花形及纸的颜色力求一致。

c. 墙与顶壁纸的搭接应根据设计要求而定，一般有挂镜线的房间应以挂镜线为界，无挂镜线的房间则以弹线为准。

d. 花形拼接如出现困难时，错槎应尽量甩到不显眼的阴角处，大面不应出现错槎和花形混乱的现象。

6）壁纸修整。糊纸后应认真检查，对墙纸的翘边翘角、起泡、皱褶及胶痕未擦净等，应及时处理和修整，使之完善。

（3）冬期施工

1）冬期施工应在采暖条件下进行，室内操作温度不应低于5℃。

2）做好门窗缝隙的封闭，并设专人负责测温、排湿、换气，严防寒气进入冻坏成品。

5. 软包工程施工工艺

（1）工艺流程。原则上是房间内的地、顶内装修已基本完成，墙面和细木装修底板做完，开始做面层装修时插入软包墙面镶贴装饰和安装工程。

基层或底板处理→吊直、套方、找规矩、弹线→计算用料、套裁填充料和面料→粘贴面料→安装贴脸或装饰边线、刷镶边油漆→修整软包墙面。

（2）操作工艺。

1）基层或底板处理。基层必须作认真的处理，方法是先将底板拼缝用油腻子嵌平密实，满刮腻子1～2遍，待腻子干燥后用砂纸磨平，粘贴前在基层表面满刷清油一道。如有填充层，此工序可以简化。

2）吊直、套方、找规矩、弹线。根据设计图纸要求，把该房间需要软包墙面的装饰尺寸、造型等通过吊直、套方、找规矩、弹线等工序，把实际设计的尺寸与造型落实到实墙面上。

3）计算用料、套裁填充料和面料。首先根据设计图纸的要求，确定软包墙面的具体做法。一般做法有两种：一种是直接铺贴法（此法操作比较简便，但对基层或底板的平整度要求较高）；另一种是预制铺贴镶嵌法，此法有一定的难度，要求必须横平竖直、不得歪斜，尺寸必须准确等，故需要做定位标志以利于对号入座。然后按照设计要求进行用料计算和底材（填充料）、面料套裁工作。要注意同一房间、同一图案与面料必须用同一卷材料和相同部位（含填充料）套裁面料。

4）粘贴面料。如采取直接铺贴法施工时，应待墙面细木装修基本完成、边框油漆达到交活条件，方可粘贴面料；如果采取预制铺贴镶嵌法，则不受此限制，可事先进行粘贴面料工作。首先按照设计图纸和造型的要求先粘贴填充料（如泡沫塑料、聚苯板或海绵、木条、五合板等），按设计用料（黏结用胶、钉子、木螺钉、电化铝帽头钉、铜丝等）把填充垫层固定在预制铺贴镶嵌底板上，然后把面料按照定位标志找好横竖坐标，上下摆正，首先把上部用木加钉子临时固定，然后把下端和两侧位置找好后，便可按设计要求粘钉面料。

5）安装贴脸或装饰边线。根据设计选择和加工好的贴脸或装饰边线，应按设计要求把油漆刷好（达到交活条件），便可把事先预制铺贴镶嵌的装饰板进行安装工作，首先经过试拼达到设计要求和效果后，便可与基层固定、安装贴脸或装饰边线，最后修刷镶边油漆成活。

6）修整软包墙面。如软包墙面施工安排靠后，其修整软包墙面工作比较简单，如果施工插入较早，由于增加了成品保护膜，则修整工作量较大，如增加除尘清理、钉粘保护膜的钉眼和胶痕的处理等。

（3）冬期施工。

1）冬期施工应在采暖条件下进行，室内操作温度不应低于5℃，要注意防火工作。

2）做好门窗缝隙的封闭，并设专人负责测温、排湿、换气，严防寒气进入冻坏成品。

（4）应注意的质量问题。

1）面层材料颜色不一。主要是材料质量较差，施工时没有进行试拼和认真挑选。

2）线角不直、缝格不匀、不直。主要是施工前没有认真按照图纸尺寸，核对结构施工的实际尺寸，以及分段分块弹线不细、拉线不直和吊线校正检查不勤等原因所造成的。

3）面层脏、斜视有胶痕。其主要原因是多方面的：一是操作工艺造成；二是操作人员必须有干净的施工场地和施工方法，养成良好习惯；三是要加强成品保护的管理和教育工作；四是竣工前要自上而下地进行全面彻底的清擦。

6. 成品保护

（1）要及时清擦干净残留在饰面面层上的污物，如手印、尘土、水等杂物，宜粘贴保护膜，预防污染、锈蚀。

（2）认真贯彻合理施工顺序，少数工种（水、电、通风、设备安装等）应做在前面，防止损坏、污染面层。

（3）完活后，易破损部分的棱角处要钉护角加以保护，其他工种操作时不得划伤或污染面层。

（4）已完工的部位应设专人看管，遇有危害成品的行为，应立即制止，并严肃处理。

7. 质量验收标准

（1）检验批的划分。同一品种的裱糊或软包工程每50间（大面积房间和走廊按施工面积30m^2为一间）应划分为一个检验批，不足50间也应划分为一个检验批。

（2）检查数量应符合下列规定。

1）裱糊工程每个检验批应至少抽查10%，并不得少于3间，不足3间时应全数检查。

2）软包工程每个检验批应至少抽查20%，并不得少于6间，不足6间时应全数检查。

8. 裱糊工程质量控制及验收

（1）主控项目。

1）壁纸、墙布的种类、规格、图案、颜色和燃烧性能等级必须符合设计要求及国家现行标准的有关规定。

检查方法：观察；检查产品合格证书、进场验收记录和性能检测报告。

2）裱糊工程基层处理质量应符合本规范的要求。

检查方法：观察；手摸检查；检查施工记录。

3）裱糊后各幅拼接应横平竖直，拼接处花纹、图案应吻合，不离缝，不搭接，不显拼缝。

检查方法：观察；拼缝检查距离墙面 1.5m 处正视。

4）壁纸、墙布应粘贴牢固，不得有漏贴、补贴、脱层、空鼓和翘边。

检查方法：观察；手摸检查。

（2）一般项目。

1）裱糊后的壁纸、墙布表面应平整，色泽应一致，不得有波纹起伏、气泡、裂缝、皱褶及斑污，斜视时应无胶痕。

检查方法：观察；手摸检查。

2）复合压花壁纸的压痕及发泡壁纸的发泡层应无损坏。

检查方法：观察。

3）壁纸、墙布与各种装饰线、设备线盒应交接严密。

检查方法：观察。

4）壁纸、墙布边缘应平直整齐，不得有纸毛、飞刺。

检查方法：观察。

5）壁纸、墙布阴角处搭接应顺直光滑，阳角处应无接缝。

检查方法：观察。

9. 软包工程质量控制验收

（1）主控项目。

1）软包面料、内衬材料及边框的材质、颜色、图案、燃烧性能等级和木材的含水率应符合设计要求及国家现行标准的有关规定。

检验方法：观察；检查产品合格证书、进场验收记录和性能检测报告。

2）软包工程的安装位置及构造做法应符合设计要求。

检验方法：观察；尺量检查；检查施工记录。

3）软包工程的龙骨、衬板、边框应安装牢固，无翘曲，拼缝应平直。

检查方法：观察；手扳检查。

4）单块软包面料不应接缝，四周应绷压严密。

检验方法：观察；手摸检查。

（2）一般项目。

1）软包工程表面应平整、洁净，无凹凸不平及皱褶；图案应清晰、无色差，整体应协调美观。

检验方法：观察。

2）软包边框应平整、顺直、接缝吻合。其表面涂饰质量应符合本规范的有关规定。

检验方法：观察；手摸检查。

3）清漆涂饰木制边框的颜色、木纹应协调一致。

检验方法：观察。

10. 安全措施

（1）采用高凳、架梯不允许垫高使用，下脚应绑麻布或垫胶布，并加拉绳，防止滑溜。

（2）搭设脚手板，不得放在凳梯的最高一档。板两端搭接长度不少于 20cm，不得有探头板。在一块脚手板上不得站两人同时操作。脚手板不允许搭在门窗、暖气片和水暖立管上。

（3）在超高的墙面裱糊时，逐层架木要牢固，并设护身栏等。

（4）在架子上操作，思想要集中，不得嬉笑打闹，以防意外事故发生。

（5）用刀裁割壁纸、墙面时，注意操作，防止裁刀伤手。

（6）操作人员要认真领会安全技术交底，在岗时间要处处注意安全。

5.3-6 Ⓟ 第5章彩图

本 章 小 结

本章介绍了抹灰工程的功能与施工基本要求，一般抹灰及装饰抹灰所需材料的要求及常用机具的性能、使用方法，使学生掌握一般内墙、外墙抹灰及装饰抹灰的分层做法及施工要点。重点介绍了抹灰工程在施工过程中的质量检查项目和质量验收检验项目，使学生熟悉抹灰工程施工质量检验标准及检验方法。同时还介绍了饰面砖工程施工准备、构造原理与施工，强调了饰面砖的质量控制标准，并对玻璃饰面、金属饰面板、木饰面、裱糊及软包工程施工及质量标准进行了介绍。

实 训 与 实 践

1. 实训项目

（1）三维虚拟仿真实训项目。结合学校软件基础，针对本章学习内容，选择符合自身条件的三维仿真实训项目。

（2）模拟交底。针对某种墙面装饰工程项目，如外墙抹灰，班级分组模拟工程技术人员对作业班组进行交底。

2. 实训目的

（1）通过三维虚拟仿真实训项目，增加对墙面装饰工程施工的直观认识，进一步掌握墙面装饰工程施工及质量控制要点。

（2）通过模拟技术交底，检验学生对装饰工程施工要点的掌握程度，积累工程经验。

3. 实训内容及要求

（1）三维虚拟仿真实训直观认知墙面装饰施工的过程。

（2）搜集技术交底相关资料，形成技术交底文本。

（3）调查某类墙面装饰工程的材料种类及优缺点。

习 题

一、单选题

1. 抹灰工程按使用材料和装饰效果分为一般抹灰和（ ）。

A. 高级抹灰　　B. 普通抹灰　　C. 装饰抹灰　　D. 地面抹灰

2. 抹灰的基本构造中（　　）起到找平的作用（　　）。

A. 底层　　B. 中层　　C. 面层　　D. 基层

3. 下列（　　）不属于一般抹灰的常用材料。

A. 水泥砂浆　　B. 聚合物水泥砂浆　　C. 麻刀灰　　D. 水泥色浆

4. 在混凝土表面抹灰，一般采用刷隔离层的做法，即润湿后涂刷（　　）水泥砂浆。

A. 1∶1　　B. 1∶2　　C. 2∶1　　D. 1∶3

5. 一般在抹灰前一天，用软管或胶皮管或喷壶顺墙自上而下浇水湿润，每天宜浇（　　）。

A. 一次　　B. 两次　　C. 三次　　D. 四次

6. 顶棚抹灰的顺序，宜（　　）进行。

A. 从中间向四周　　B. 从门口向房间　　C. 从房间向门口　　D. 从四周向中间

7. 钡砂（重晶石）砂浆抹灰要求水泥的强度等级为（　　）以上。

A. 25.5　　B. 32.5　　C. 42.5　　D. 52.5

8. 下列（　　）不是玻璃饰面板的优点。

A. 透光率好　　B. 耐热性墙　　C. 抗震好　　D. 耐候性强

二、简答题

1. 简述墙面装饰施工的作用有哪些。
2. 简述水刷石的施工工艺流程。
3. 简述饰面砖施工的作业条件。
4. 简述金属饰面板的施工工艺。
5. 木饰面板施工的材料要求有哪些？

第6章 吊顶工程施工与管理

学习目标

通过本章的学习，了解室内顶面装饰的常规做法，熟悉吊顶施工所涉及的建筑材料及其性能特点，能读懂吊顶装饰施工图。学会安排吊顶装饰施工的准备工作，掌握吊顶的构造及施工工艺，能够编制吊顶施工方案并指导施工。理解吊顶工程的质量验收标准及检查方法，会开展质量验收工作，熟悉吊顶工程质量通病的预防和处理的方法，具备独立分析和解决问题的能力。

学习要求

知识要点	能力目标	相关知识	权重/%
顶面装饰常规做法及构造	(1) 了解顶面装饰的常规做法 (2) 熟悉吊顶的装饰构造及各构件的作用 (3) 熟悉吊顶工程涉及的主要材料 (4) 会熟练识读吊顶施工图	(1) 顶面装饰常规做法 (2) 吊顶构造 (3) 吊顶装饰材料 (4) 标准图集	20
吊顶施工工艺	(1) 会吊顶施工准备 (2) 掌握木龙骨、轻钢龙骨吊顶施工工艺 (3) 会其他形式吊顶的工艺拓展	(1) 吊顶施工准备内容 (2) 吊顶工艺 (3) 施工规范涉及吊顶的规定	50
涉及顶面装饰的相关施工标准、规范	(1) 理解施工规范 (2) 会施工过程质量控制 (3) 掌握检验批确定方法，会成品验收 (4) 能处理一般质量通病	(1) 施工规范 (2) 质量验收标准 (3) 通病处置方法	30

学习导入

顶面装饰是指用装饰材料对房屋室内顶部进行装修并起到装饰作用，是室内装饰的重要部分。顶面装饰除了抹灰做法外，一般采用吊顶工艺。吊顶具有美化顶部空间、保温、隔热、隔声的作用，也可隐蔽电气、通风、空调、通信、防火、监控等设备的管线。吊顶装修材料是区分吊顶名称的主要依据，主要有轻钢龙骨石膏板吊顶、矿棉板吊顶、夹板吊顶、铝扣板吊顶、方形镀漆铝扣板吊顶、彩绘玻璃吊顶、铝蜂窝穿孔吸音板吊顶、全房复式吊顶、集成吊顶等。吊顶在室内装饰中占有相当重要的地位，对顶面作适当的装饰，不仅能美化室内环境，还能营造出丰富多彩的室内空间艺术形象。在选择吊顶装饰材料与设计方案时，要遵循“省材、牢固、安全、美观、实用”的原则。本章将全面讲述吊顶施工的有关知识和技能，使学生了解吊顶的材料、构造，掌握工艺流程、验收标准，具备一定的施工作业指导能力。

6.1-1 Ⓜ 吊顶及配套设施

6.1 顶面装饰施工基本知识

建筑室内顶面也称顶棚，位于楼板或屋面板的下面，是室内空间上部通过各种装饰材料组合，形成具有使用和美化功能的装饰结构。古今中外的建筑都普遍重视顶面的装饰，我国古代建筑通常用藻井装饰，一般做成向上隆起的井状，有方形、多边形或圆形凹面，周围饰以各种花藻井纹、雕刻和彩绘（图 6.1）；在西方建筑中，尤其是教堂建筑非常善于通过顶棚的装饰来营造宗教的神秘、庄重氛围，顶棚一般采用对称构造图形，具有严密的几何性，屋顶高大庄重，同时绘制宗教画面，具有非常高的观赏性和艺术价值（图 6.2）。

图 6.1　我国古建筑藻井

图 6.2　西方古建筑穹顶

现代建筑顶棚的做法很多，一般都追求使用功能和美化功能的结合，从外观看更加简洁，所使用的材料更加丰富。现代吊顶具有很好的隐藏功能，可以把建筑中的管线、设备进行隐蔽，融合了照明、通风、装饰、保温、隔热等功能，如人民大会堂的吊顶，通过灯光图案，营造了庄重的氛围（图 6.3）。

图 6.3　人民大会堂吊顶

6.1.1　顶面装饰构造分类

顶面的做法很多，最简单的是抹灰装饰，一般采用吊顶装饰的做法居多。可以按照外观、构造、材料等进行分类。

1. 按照外观分类

根据外观的形式不同，可以分为平滑式、井格式、分层式、波浪式、悬浮式、折板式等，如图 6.4 所示。

(a) 平滑式

(b) 井格式

(c) 分层式

(d) 波浪式

(e) 悬浮式

(f) 折板式

图 6.4 吊顶的外观形式

平滑式顶棚：整个顶棚呈现平直或弯曲的连续体。

井格式顶棚：模仿结构上主、次梁或井字梁交叉布置的规律，将顶棚划分为格子状。

分层式顶棚：在同一室内空间，根据使用要求，将局部顶棚降低或升高，构成不同形状、不同层次的小空间。

悬浮式顶棚：把杆件、板材、薄片或各种形状的预制块体（如船形、锥形、箱形等）悬挂在结构层或平滑式顶棚下，形成格栅状、井格状、自由状或有韵律感、节奏感的悬浮式顶棚，如深圳宝安国际机场候机厅吊顶（图 6.5），形成蜂窝状的装饰效果，来往于机场的旅客就像勤劳的蜜蜂一样。

图 6.5 深圳宝安国际机场候机厅吊顶

2. 按照构造分类

按照构造做法的不同，可以分为直接式（直接固定在楼板下）、悬吊式（通过吊杆固定在楼板下）和结构式（可上人或承担加大的荷载）。按照构造又可分为活动式吊顶和固定式吊顶。

3. 按照材料不同分类

吊顶装修材料是区分吊顶名称的主要依据，主要有轻钢龙骨石膏板吊顶、石膏板吊顶、矿棉板吊顶、夹板吊顶、异形长条铝扣板吊顶、方形镀漆铝扣板吊顶、彩绘玻璃吊顶、铝蜂窝穿孔吸音板吊顶、全房复式吊顶等。根据龙骨材料不同，可以分为木龙骨吊顶、轻钢龙骨吊顶、铝合金龙骨吊顶，如目前厨房和卫生间普遍采用集成吊顶，其龙骨为铝合金龙骨。在高档酒店的餐厅、会议室等部位，还可采用软膜材料制作吊顶（图 6.6）。

图 6.6 软膜吊顶

4. 按施工方法分类

按施工方法分类，可分为抹灰刷浆类顶棚、裱糊类顶棚、贴面类顶棚、装配式板材顶棚等。

6.1.2 吊顶的基本功能

1. 美化空间

对顶面作适当的装饰，不仅能美化室内环境，还能营造出丰富多彩的室内空间艺术形象。通过吊顶也可以弥补原结构的不足，如对房屋净高进行改动，形成错落有致的空间。

2. 遮蔽设备

现代建筑设备繁多，需要安装许多管线（图 6.7），吊顶在美化室内环境的同时，也是电气、通风、空调、通信、防火、监控、管线和设备等的隐蔽层。吊顶工程通常需要和设备安装工程进行协调，在饰面上留出检修孔、空调送风口、回风口等。

3. 改善照明

可通过吊顶布置灯光系统，在吊顶设计时就考虑灯光布置，在面板上留置适当的孔、槽用来布置灯具。吊顶上可安装吊灯、筒灯、射灯、灯带等灯具，可有效改善照明效果。例如，德国慕尼黑某银行营业厅，通过对吊顶作特殊处理，造成散射光的视觉效果（图6.8）。

图6.7 顶面需要隐蔽的设备管线

图6.8 慕尼黑某银行营业厅吊顶灯光

4. 保温隔热

图6.9 客厅与餐厅通过吊顶过渡

房屋顶层即使设计了隔热层，夏季也会比较热，如果在顶层室内加装吊顶，并采用保温材料填充，可进一步改善房屋的热工性能，做到冬暖夏凉。

5. 划分空间

室内不同部位具有不同的功能，如果下部空间贯通，可采用在不同部位设计不同形式的吊顶，这样便于空间的划分，如客厅与餐厅就可以通过吊顶进行过渡（图6.9）。

6.2 吊顶装饰材料

6.2-1 吊顶材料简介

吊顶是由吊杆、龙骨和罩面板组成的空间顶棚体系（图6.10）。按照龙骨的隐露分暗龙骨吊顶、明龙骨吊顶。其主要材料如下。

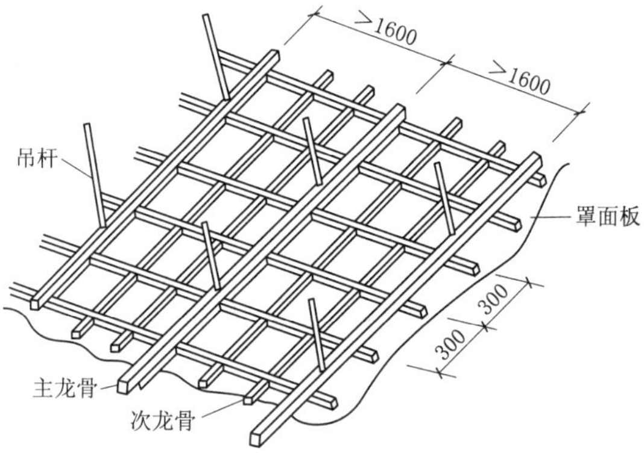

图6.10 吊顶构造（单位：mm）

1. 吊点

吊点材料视吊顶荷载来确定。如果吊顶很轻，可采用射钉固定，射钉可采用射钉枪发射刺入楼板混凝土起到固定作用；如果荷载较大，可采用膨胀螺栓固定，更大的荷载需在楼板现浇时就安装预埋件。

2. 吊筋

吊筋是吊点和龙骨之间的连接体，具有承载作用。吊筋可用钢筋焊接，也可采用带螺纹的成品吊杆。

3. 龙骨

龙骨是吊顶的骨架，用于安装面板，并承载面板的荷载。龙骨主要有木龙骨和金属龙骨。

(1) 木龙骨。木龙骨一般采用30mm×40mm或40mm×60mm截面的松木，并作防火处理。

(2) 轻钢龙骨。轻钢龙骨（图6.11）具有良好的防火性能，强度较高，经久耐用。轻钢龙骨可组合装卸，节省工时，施工简单。烤漆龙骨采用的是镀锌钢板，表面经过烤漆处理，造型美观。适用于商场、写字楼、宾馆、酒楼、银行及大型公共场所。

主龙骨（承载龙骨）：DU50/DC60龙骨（国际标准要求厚度不小于1.2mm），副龙骨、横撑龙骨：DC50龙骨（国际标准要求厚度不小于0.5mm）。

(3) 铝合金龙骨（图6.12）。铝合金龙骨是在铁皮烤漆龙骨上改进的产品。铝材经过表面处理之后不会生锈和脱色，具有更好的耐久性。

图6.11 轻钢龙骨吊顶构造

图6.12 铝合金龙骨

4. 饰面板

饰面板是附着于龙骨的轻质板材，起到饰面作用。饰面板一般以石膏板、硅钙板、木工板、烤漆铝板等人造材料为主。近年来，一些悬挂帷幔、“软雕塑”结构等新材料也开始应用于吊顶饰面。

(1) 纸面石膏板。纸面石膏板是吊顶最常用的饰面板，是以建筑石膏为主要原料，掺入适量添加剂与纤维做板芯，以特制的板纸为护面，经加工制成的板材。纸面石膏板具有重量轻、隔音、隔热、加工性能强、施工方法简便的特点（图6.13）。

图6.13 纸面石膏板

纸面石膏板有普通石膏板（白色面纸＋灰色背纸）、防火石膏板（蓝色面纸＋灰色背纸）、防潮纸面石膏板（绿色面纸＋灰色背纸）和穿孔纸面石膏板（适用于既有声学要求又追求装饰效果的吊顶及隔墙系统)。

(2) PVC板。以PVC为原料制成的截面为蜂巢状网眼结构的板材(图6.14)。大多以素色为主,也有仿花纹、仿大理石纹的。具有防水、防潮、防蛀的特性,内含阻燃原料,使用安全。主要用于卫生间和厨房中,价格比较便宜。PVC板两边有加工成型的企口和凹榫,完整平直,互相咬合顺畅,表面没有起伏和高差现象。

(3) 铝扣板。铝扣板是铝制品,因安装方法是扣在龙骨上,所以称为铝扣板。铝扣板一般厚0.4~0.8mm,有条形、方形、菱形等形状,可用于卫生间、厨房的天花板。铝扣板由于材质软、厚度薄,施工时可用剪刀或美工刀直接裁剪。集成吊顶的面板材料一般选择铝扣板(图6.15)。

图6.14 PVC板

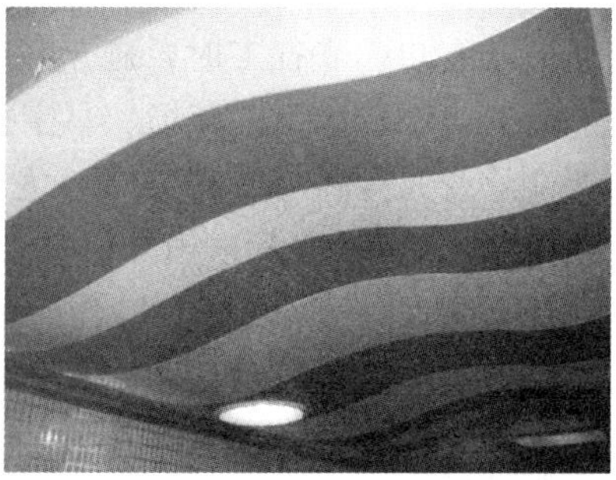

图6.15 铝扣板

(4) 铝塑板。铝塑板(图6.16)由薄铝层和塑料层构成,分单面铝塑板和双面铝塑板,厚度一般为3~5mm左右。其具有装饰性好的特点,可用于餐厅、浴室、形象墙、展柜、暖气罩、厨卫吊顶、隔断等造型上等。铝塑板可以切割、裁切、开槽、带锯、钻孔,也可以冷弯、冷折、冷轧,还可以铆接、螺钉连接或胶合黏结处理。

(5) 矿棉板。矿棉板(图6.17)是以矿物纤维为原料制成,其最大的特点是具有很好的吸声效果。其表面有滚花和浮雕等效果,图案有满天星、十字花、中心花、核桃纹等。矿棉板能隔音、隔热、防火。高档产品不含石棉,对人体无害,并有防下陷功能。矿棉板一般做成方形,结合T形烤漆龙骨使用,尺寸为600mm×600mm。

图6.16 铝塑板

图6.17 矿棉板

(6) 硅钙板。硅钙板又称石膏复合板,是一种多孔材料,具有良好的隔音、隔热性能。室内空气潮湿时能吸收空气中的水分子；空气干燥时，又能释放水分子，可以适当调节室内干、湿度，增加舒适感。石膏制品又是特级防火材料，在火焰中能产生吸热反应，同时，释放出水分子阻止火势蔓延，而且不会分解而产生任何有毒的、侵蚀性的、令人窒息的气体，也不会产生任何助燃物或烟气，具有轻质、高强、防潮、防腐、防火的性能，以及再加工方便、不易碎的特点（图 6.18）。

（7）集成吊顶。集成吊顶就是将吊顶模块与电器模块（图 6.19），均制作成标准规格的可组合式模块，安装时集成在一起。其优点是板面款式多样，外表美观，功能优化，实用安全。材料包括吊点、吊杆、铝合金龙骨（含烤漆边龙骨、主龙骨）、铝合金面板、电器模块（灯具、浴霸、风机等）。

图 6.18 硅钙板

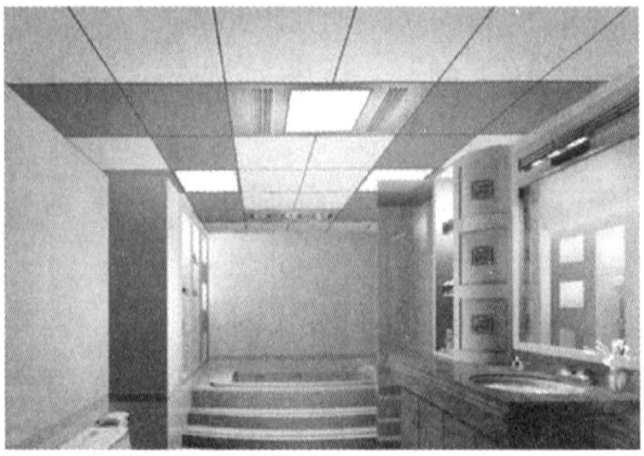

图 6.19 卫生间集成吊顶

6.3 木龙骨吊顶施工

6.3-1 Ⓜ 木龙骨吊顶施工

木龙骨吊顶是以木龙骨（木栅）为吊顶的基本骨架，配以胶合板、木丝板、纤维板或其他人造板作为罩面板材组合而成的悬吊式吊顶体系。

6.3.1 材料及主要施工机具

1. 木龙骨吊顶材料

（1）木龙骨。大木料被切成长木条作为建筑吊顶用骨架支撑材料，常用松木或杉木，且必须是烘干、无扭曲的红、白松木或杉木，并按设计要求进行防火、防潮处理。木龙骨规格按设计要求选用，主要考虑龙骨受力的刚度、稳定性，以及主龙骨、副（次）龙骨的分布情况采用；如设计无明确规定时，大龙骨可选规格有 40mm×60mm、50mm×70mm、50mm×100mm 等，小龙骨可用规格有 20mm×30mm、25mm×30mm、25mm×35mm、30mm×40mm、50mm×50mm、40mm×50mm 等，木吊杆规格为 50mm×50mm 或 40mm×40mm。市场采购的木料尺寸存在偏差，进场时需核对尺寸（图 6.20）。

（2）罩面板材。常用的罩面材料有胶合板、纤维板、实木板、纸面石膏板、矿棉板、吸声穿孔石膏板、矿棉装饰吸声板、泡沫钙塑板、塑料装饰板等，选用时严格控制材质及规格。

图 6.20 吊顶用木料

(3) 其他材料。$\phi 6$ 或 $\phi 8$ 吊筋、膨胀螺栓、射钉、圆钉、角钢、扁钢、胶黏剂、木材防腐剂、防火剂、8 号镀锌铁丝、防锈漆。

2. 主要工机具

小型施工机具，包括电圆锯、木工台刨、电钻、电锤、射钉枪、电焊机等（图 6.21）。

其他工具：激光投线仪（图 6.22）、钢卷尺、扳手、钳子、方尺、移动脚手架、线刨、木工斧、扫槽刨、木工锯、螺丝刀、手锤、扁铲、墨线盒等。

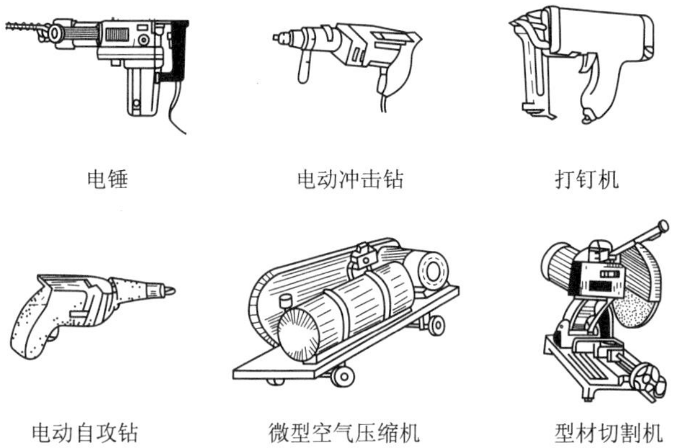

图 6.21 吊顶用电动工具

图 6.22 激光投线仪

6.3.2 施工准备

1. 作业条件准备

吊顶施工前，顶棚上部的电气布线、空调管道、消防管道、供水管道等均已安装就位，并基本调试完毕，各种灯具、报警器预留位置已经明确。由于涉及交叉作业，木工班组需要和其他作业班组充分协调沟通，以免日后由于设备漏装而拆改吊顶。吊顶房间需先做完墙面及地面的湿作业和屋面防水。现浇钢筋混凝土板中，按设计预埋吊顶固定件，如设计无要求时，可预埋 $\phi 6$ 或 $\phi 8$ 钢筋，间距为 1000mm 左右，也可后置吊点。墙为砌体时，应根据顶棚标高，在四周墙上预埋固定龙骨的木砖。直接接触墙体的木龙骨，应预先刷防腐剂。按工程不同防火等级和所处环境要求，对木龙骨滚涂防火涂料或置于防火涂料槽内浸渍处理（图 6.23）。

吊顶作业时，室内环境力求干燥，满足木龙骨吊顶作业的环境要求。由于吊顶位置较高，需要搭设作业平台，作业前需要对液压升降台进行调试，或自搭的操作平台搭好并经过安全验收。

图 6.23 木料防火涂刷处理

2. 作业人员准备

吊顶作业需要专业技术人员操作，其中电工、电焊工必须持证上岗，主要作业木工需具备中级工以上技能。龙骨安装、罩面板安装的主要作业人员必须有过 3 项以上同类型分项工程作业经历。作业人员需要经过安全、质量、技能培训，满足作业的各项要求。开工前施工人员需要对操作工人进行充分的技术、安全交底并形成交底记录，尤其动火作业（如焊接）需要经过监理审批才能操作，避免发生火灾事故。

6.3-2 Ⓣ

拓展阅读 15：动火审批表格

6.3.3 施工工艺

木龙骨吊顶的工艺流程：基层检查→放线→吊杆固定→木龙骨组装→固定沿墙龙骨→骨架吊装固定→安装罩面板→检查验收。

1. 基层检查

对屋面（楼面）进行结构检查，不符合设计要求的应及时进行处理，同时检查房屋设备安装情况，以及预留孔位置是否符合设计要求。

2. 弹线定位

放线的内容主要包括标高线、造型位置线、吊点布置线、大中型灯位线等。放线的作用：一方面使施工有基准线，便于下一道工序确定施工位置；另一方面能检查吊顶以上部位的管道等对标高位置的影响。对于大型吊顶，内部有比较复杂的设备，吊顶层次多，标高变化大时可通过 BIM 技术建模来进行碰撞检查，避免设备和吊顶的冲突，如某工程 4～9 轴线位置处的吊顶，通过 BIM 模型准确预知设备安装位置，以便吊顶作业（图 6.24）。

(a) 4～9轴处模型透视图　　(b) 4～9轴处实景样板图

图 6.24 BIM 技术协助吊顶放样

（1）确定标高线。根据室内墙上+50cm水平线，用尺量至顶棚设计标高，在该点画出高度线，用激光投线仪在同侧墙面找出另一点，再将这两点连线，即得吊顶高度水平线。用同样的方法在其他墙面作出高度水平线。操作时应注意，一个房间的基准高度点只用一个，各墙的高度线测点共用，沿墙四周弹一道墨线，这条线便是吊顶四周的水平线，其偏差不能大于5mm（图6.25）。

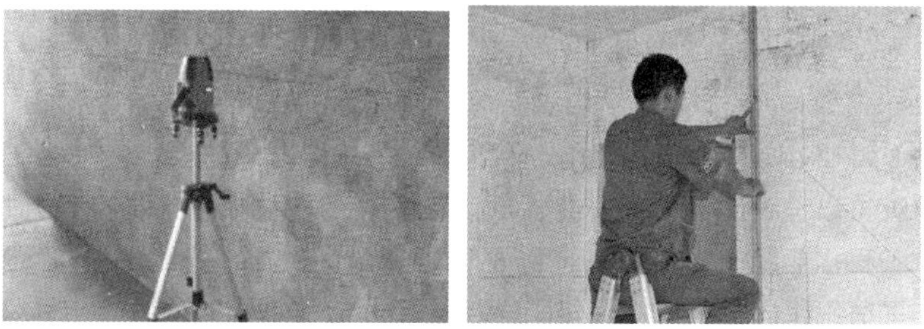

图6.25 吊顶标高位置线的确定

（2）确定造型位置线。对于较规则的建筑空间，其吊顶造型位置可先在一个墙面量出竖向距离，以此画出其他墙面的水平线，即得吊顶位置外框线，而后逐步找出各局部的造型框架线。对于不规则的空间画吊顶造型线宜采用找点法，即根据施工图纸测出造型边缘距墙面的距离，从墙面和顶棚基层进行实测，找出吊顶造型边框的有关基本点，将各点连线，形成吊顶造型线。

（3）确定吊点位置。对于平顶天花，其吊点一般是按每$1m^2$布置一个吊点，在顶棚上均匀排布。对于有叠级造型的吊顶，应注意在分层交界处布置吊点，吊点间距为0.8～1.2m。较大的灯具应安排单独吊点来吊挂（图6.26）。

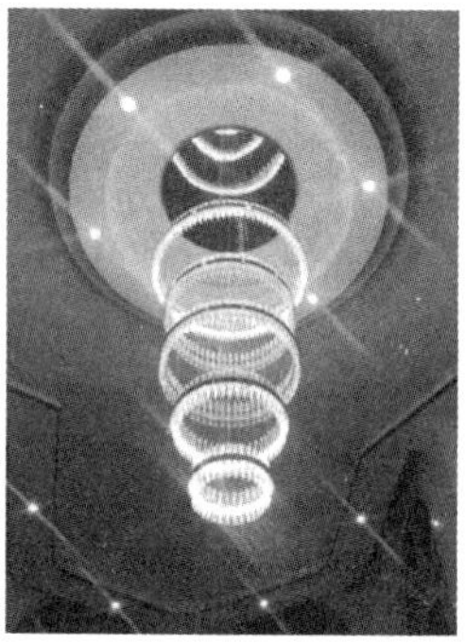

图6.26 吊顶上的大型灯具

（4）木龙骨处理。对吊顶用的木龙骨进行筛选，将其中腐蚀部分、斜口开裂、虫蛀等部分剔除。工程中所用的木龙骨均要进行防火处理，一般将防火涂料涂刷或喷于木材表面，也可把木材放在防火涂料槽内浸渍。对于直接接触结构的木龙骨，如墙边龙骨、梁边龙骨、端头伸入或接触墙体的龙骨应预先刷防腐剂。要求涂刷的防腐剂具有防潮、防蛀、防腐蚀的功效。

（5）安装吊杆。吊杆与楼板通过固定件连接，吊杆固定件的设置应根据设计要求及现场的实际情况选择以下方法（图6.27）：用M8或M10膨胀螺栓将∠25×3或∠30×3角铁固定在现浇楼板底面上。对于M8膨胀螺栓要求钻孔深度不小于50mm，钻孔直径以10.5mm为宜；对于M10膨胀螺栓要求钻孔深度不小于60mm，钻孔直径以13mm为宜；也可用$\phi5$以上高强射钉将∠40×4角钢或钢板等固定在现浇楼板的底面上；在现浇楼板或屋面板底部固定时，可在板底布置预埋铁件，铁件选用6mm厚钢板，锚爪用$4\phi8$mm钢筋，埋入混凝土尺寸$L\geqslant150$mm。这种方法必须在主体结构阶段确定吊顶设计方案；否则较难实现。

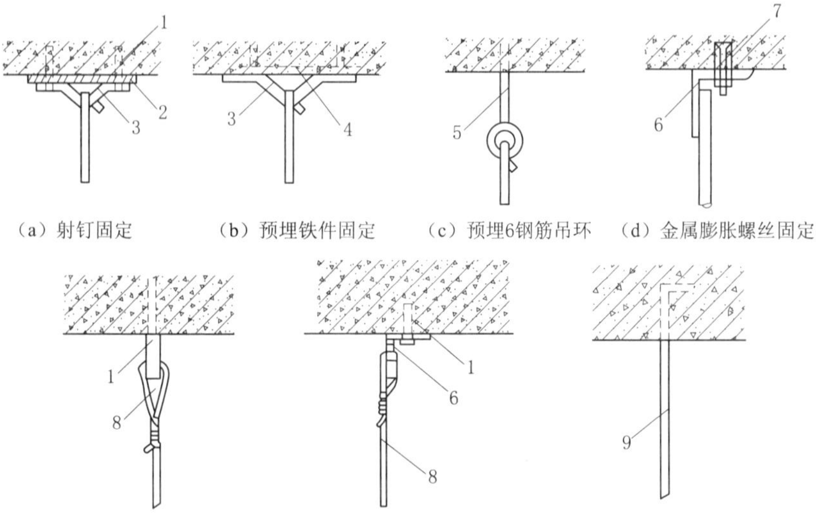

（a）射钉固定　（b）预埋铁件固定　（c）预埋6钢筋吊环　（d）金属膨胀螺丝固定

（e）射钉直接连接钢丝（或8号铁丝）　（f）射钉角铁连接法　（g）预埋8号镀锌铁丝

图 6.27　吊点固定方法示意图

1—射钉；2—焊板；3—10 钢筋吊环；4—预埋钢板；5—6 钢筋；6—角钢；7—金属膨胀螺栓；8—铝合金丝（8 号、12 号、14 号）；9—8 号镀锌铁丝

吊杆与主龙骨的连接通常采用在主龙骨钻孔，吊杆下部套丝，穿过主龙骨用螺母紧固。吊杆的上部与吊杆固定件连接一般采用焊接，施焊前拉通线，所有丝杆下部找平后，上部再搭接焊牢。吊杆与上部固定件的连接也可采用在角钢固定件上预先钻孔或在钢板埋件上加焊 ϕ10mm 钢筋环，然后将吊杆上部穿进后弯折固定。

吊杆纵横间距按设计要求，原则上吊杆间距应不大于 1000mm。吊杆长度大于 1000mm 时，必须按规范要求设置反向支撑。吊顶灯具、风口、灯槽及检修口等处应增设附加吊杆。

（6）安装主龙骨。主龙骨常用 50mm×70mm 枋料，较大房间采用 60mm×100mm 木枋，布置要按设计要求，分档划线，间距符合设计要求。主龙骨应平行于房间长向安装，同时应起拱，起拱高度为房间跨度的 1/250 左右。主龙骨的悬臂段不应大于 300mm。主龙骨接长采取对接，相邻主龙骨的对接接头要互相错开。主龙骨挂好后应基本调平（图 6.28）。

如果空间过大，骨架可采用分片吊装。龙骨架分片吊装在同一平面后，要进行分片连接形成整体，其方法是：将端头对正，用短方木进行连接，短方木钉于龙骨架对接处的侧面或顶面，对于一些重要部位的龙骨连接，可采用铁件进行连接加固（图 6.29）。

（7）安装次龙骨。次龙骨一般采用 50mm×50mm 或 40mm×50mm 的木枋，底面刨光、刮平，截面厚度应一致。次龙骨间距应按设计要求，设计无要求时应按罩面板规格决定，确保罩面板边缘能搭在次龙骨上，一般为 400～600mm。钉中间部分的次龙骨时，应起拱。房间 7～10m 的跨度，一般按 3/1000 起拱；10～15m 的跨度，一般按 5/1000 起拱。

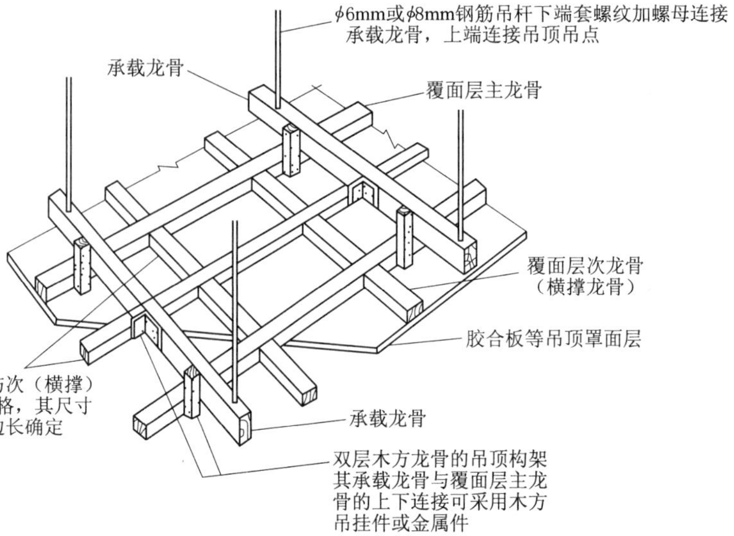

（a）木方构架及其罩面示意

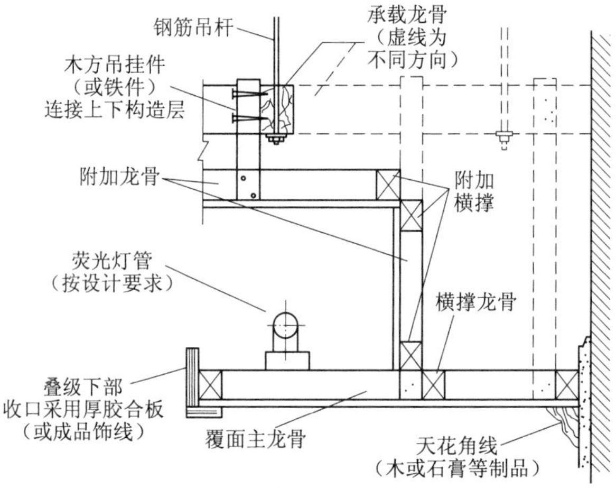

（b）叠级做法

图 6.28 木龙骨吊顶构造

按分档线先定位安装通长的两根边龙骨，拉线后各根龙骨按起拱标高，通过短吊杆将次龙骨用圆钉固定在大龙骨上，吊杆要逐根错开，不得吊钉在龙骨的同一侧面上。

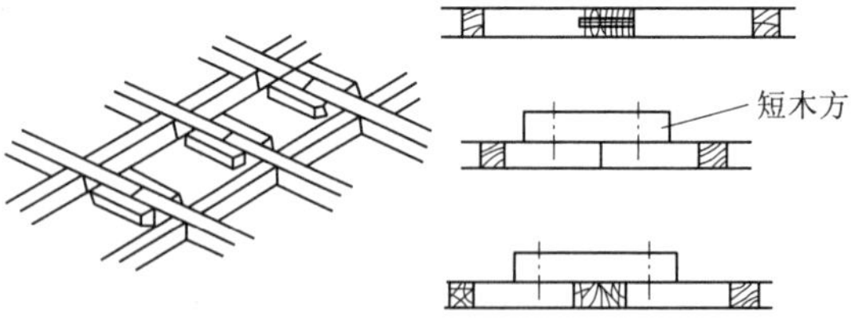

（a）短木方钉于龙骨架对接处的侧面　（b）顶面

图 6.29 木龙骨对接固定

先钉次龙骨，后钉间距龙骨（或称卡挡搁栅）。间距龙骨一般为 50mm×50mm 或 40mm×50mm 的方木，其间距一般为 30～40cm，用 33mm 长的钉子与次龙骨钉牢。次龙骨与主龙骨的连接，多采用 8～9cm 长的钉子，穿过次龙骨斜向钉入主龙骨，或通过角钢与主龙骨连接。次龙骨的接头和断裂及大节疤处，均需用双面夹板夹住，并应错开使用。接头两侧最少各钉两个钉子，在墙体砌筑时，一般是按吊顶标高沿墙四周牢固地预埋木砖，间距多为1m，用以固定墙边安装龙骨的方木（或称护墙筋），如果没有预埋木砖，也可以采用墙上钻孔后打入木楔子的方式固定。

木龙骨组装也可在龙骨上开出凹槽，槽深、槽宽以及槽与槽之间的距离应符合有关规定，然后将凹槽与凹槽进行咬口拼装，凹槽处应涂胶并用钉子固定（图 6.30）。

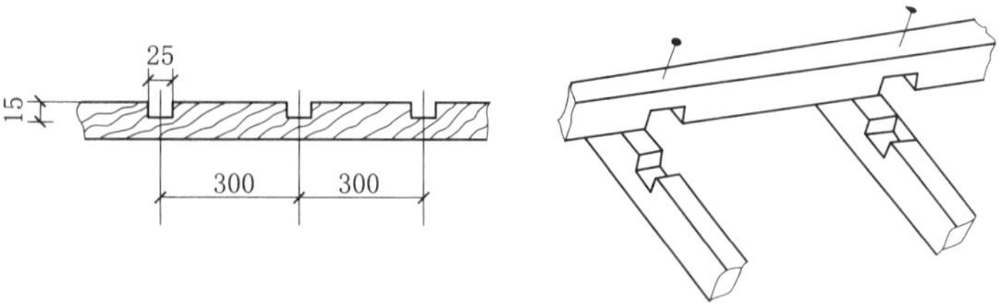

图 6.30 木龙骨咬口拼装

骨架与吊筋的固定方法有多种，常采用绑扎、钩挂、木螺钉固定等（图 6.31）。

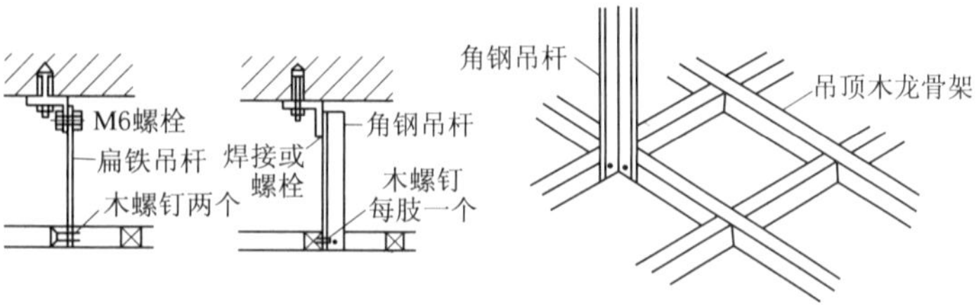

图 6.31 骨架与吊杆的连接

（8）灯具、管道、风口安装。吊顶时要结合灯具位置，中央空调进、出风口位置做好预留孔洞（图 6.32）。最好先咨询设备供应商或安装单位，确定具体尺寸和参数。当吊顶内有管道或电线穿过时，应预先安装管道及电线，然后再铺设面层，若管道有保温要求，应在完成管道保温工作后，才可封钉吊顶面层。

图 6.32 空调出风口

（9）吊顶罩面板的安装。木龙骨吊顶常用的罩面板有装饰石膏板（白平板、穿孔板、花纹浮雕板等）、胶合板、纤维板、木丝板、刨花板、印刷木纹板等。次龙骨的布置必须按照面板的尺寸划分，确保面板边缘能与龙骨用钉连接（图 6.33）。面板的接缝处理可用 V 形槽口对缝处理，也可采用离缝处理或用装饰条隐蔽处理（图 6.34）。

1）石膏板饰面。石膏板饰面是吊顶最常用做法，装饰石膏板可用木螺钉与木龙骨固定。木螺钉与板边距离应不小于 15mm，间距以 170～200mm 为宜，并均匀布置。螺钉帽应嵌入石膏板深度 1mm 为宜，并应涂刷防锈涂料，钉眼用腻子找平，再用与板面颜色相同的色浆涂刷。

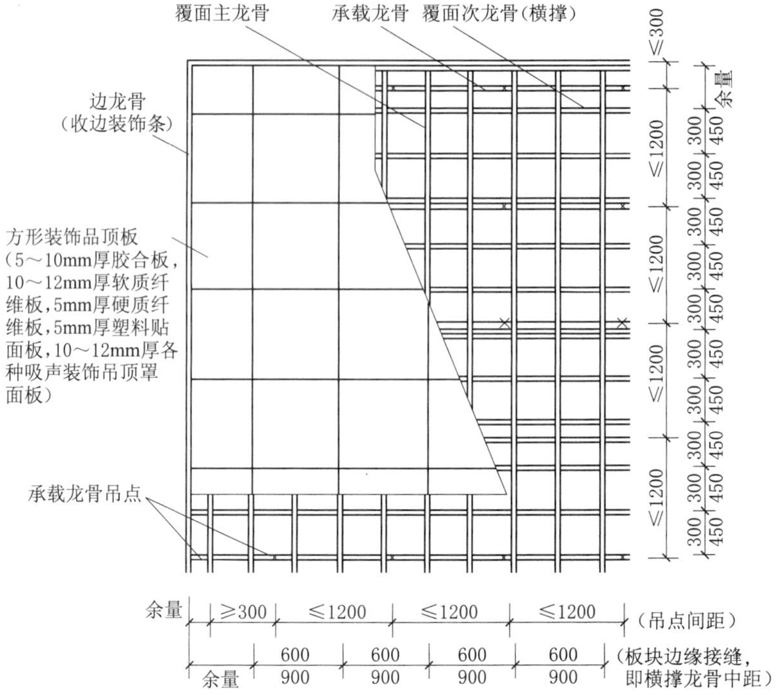

图 6.33 吊顶面板与龙骨布置（单位：mm）

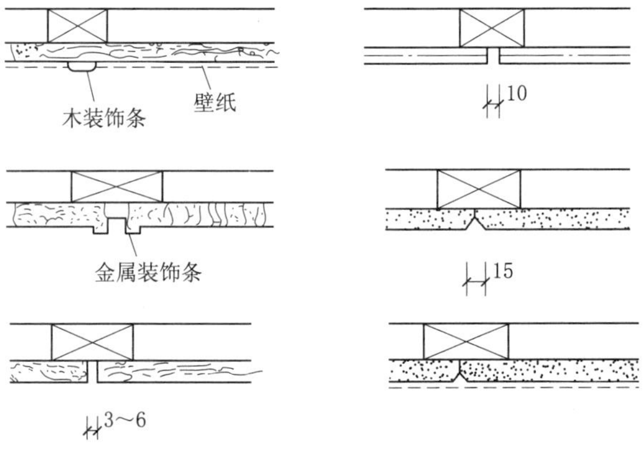

图 6.34 吊顶面板接缝处理

2）胶合板饰面。胶合板是将3层或多层木质单向纤维板，按纤维方向互相垂直胶合而成的薄板。胶合板顶棚被广泛应用于中、高级民用建筑室内顶棚装饰。用清漆饰面的顶棚，在钉胶合板前应对板材进行挑选，板面颜色一致的夹板钉在同一个房间，相邻板面的木纹应力求协调自然。铺胶合板时，应沿房间的中心线或灯框的中心线顺线向四周展开，光面向下。胶合板对缝时，应弹线对缝，可采用V形缝，也可采用平缝，缝宽6～8mm。顶棚四周应钉压缝条，以免龙骨收缩，顶棚四周出现沿墙离缝。板块间拼缝应均匀平直，线条清晰。钉距80～150mm，钉帽要敲扁，送进板面0.5～1mm。胶合板应钉得平整，四角方正，不应有凹陷和凸起。

胶合板顶棚以涂刷聚氨酯清漆为宜。先把胶合板表面的污渍、灰尘、木刺和浮毛等清理干净，再用油性腻子嵌钉眼，然后批嵌腻子，上色补色，砂纸打磨，刷清漆 2～3 道。漆膜要光亮，木纹清晰，不应有漏刷、皱皮、脱皮和起霜等缺陷。色彩调和，深浅一致，不应有咬色、显斑和露底等缺陷。

木龙骨吊顶也可以胶合板作基面粘贴玻璃镜面或其他可黏结的装饰板（图 6.35）。

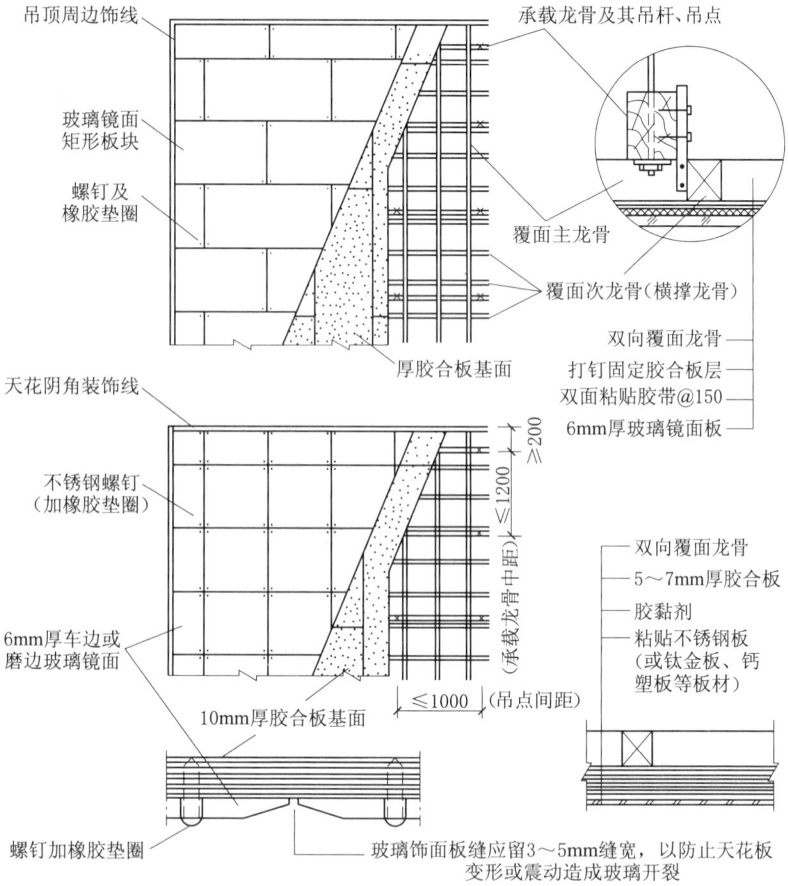

图 6.35 以胶合板作吊顶面板基层（单位：mm）

3）纤维板饰面。纤维板是以植物纤维重新交织、压制而成的一种人造板材。由于成型时温度和压力不同，纤维板可分为软质、硬质和半硬质 3 种。适宜于顶棚吊顶面板的主要是硬质纤维板平板。

硬质纤维板顶棚饰面安装之前，须将板进行加湿处理，即把板块浸入 60℃的热水中 30min，或用冷水浸泡 24h。将硬质纤维板浸水后码垛堆起再使其自然湿透，而后晾干即可安装。在工地现场可采取隔天浸水，晚上晾干，第二天使用的方法。因硬质纤维板浸水时四边易起毛，板的强度降低，为此，浸水后应注意轻拿轻放，尽量减少摩擦。

如采用钉子固定时，钉距应为 80～120mm，钉长应为 20～30mm，钉帽砸扁后敲进板面 0.5mm。其他与胶合板安装相同。

4）其他人造板顶棚饰面。其他人造板顶棚主要包括木丝板、刨花板、细木工板、印刷木纹板等。木丝板（万利板）是利用木材的短残料经机械刨成木丝，加入水泥及硅酸盐溶液经铺料、冷压凝固成型，最后经干燥、养护而成的板材；刨花板是利用碎木、刨花和胶料经热压而成的人造板材；细木工板是利用木材边角小料，经刨光、施胶、拼接、贴面而成的板材，贴面多用胶合板、纤维板和塑料板。

安装木丝板、刨花板、细木工板时，一般多用压条固定，其板与板间隙要求3～5mm。如不采用压条固定而采用钉子固定时，最好采用半圆头木螺钉，并加垫圈。钉距100～120mm，钉距应一致纵横成线，以提高装饰效果。

印刷木纹板：印刷木纹板又称装饰人造板，是在人造板表面上印刷花纹图案（如木纹）而制成。印刷木纹板不再需任何贴面装饰即自具美观。印刷木纹板安装，多采用钉子固定法，钉距不大于120mm。为防止破坏板面装饰，钉子应与板面钉齐平，然后用与板面相同颜色的油漆涂饰。

（10）细部节点构造。

1）阴阳角节点。通常用角木线钉压在角位上，固定时用直钉枪，在木线条的凹部位置打入直钉，如图6.36所示。

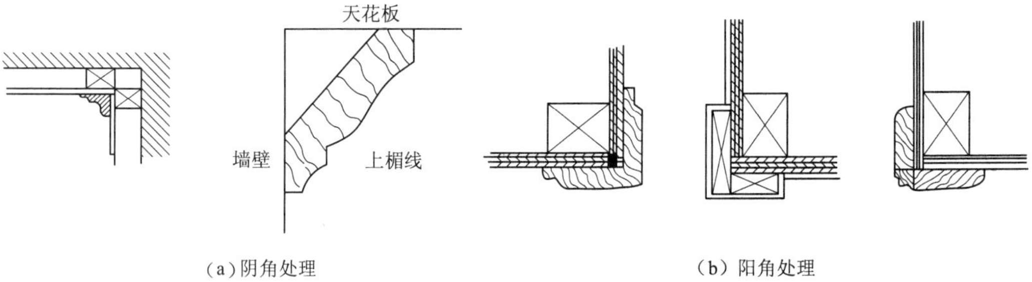

图6.36 阴阳角处理

2）过渡节点。饰面材料不同的部位可用线条进行处理，如图6.37所示。

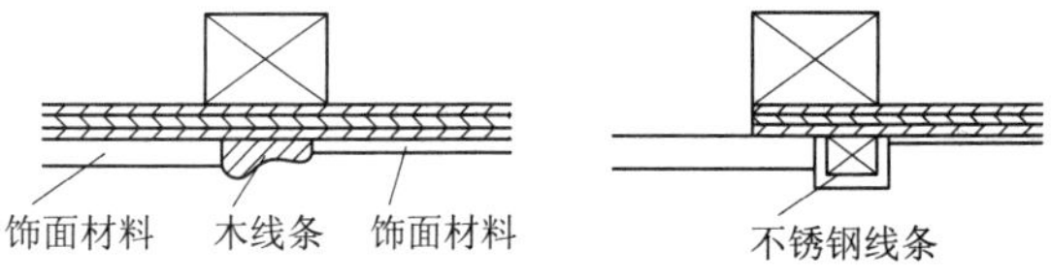

图6.37 过渡部位处理

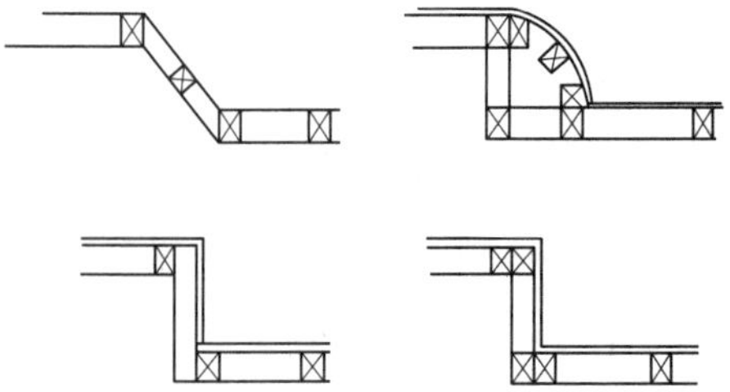

图6.38 骨架叠级构造

3）叠级吊顶龙骨架连接。对于叠级吊顶，一般是从最高平面吊装，其高低面的衔接，常用做法是先以一条方木斜向将上下平面龙骨架定位，再用垂直的方木把上下两个平面龙骨架连接固定，如图6.38所示。

4）木吊顶与设备之间的节点。吊顶与灯光盘节点，应结合灯光盘尺寸预留孔位，如图6.39所示。

吊顶与检修孔节点处理，应结合检修需要留孔，采用活动面板处理，如图 6.40 所示。

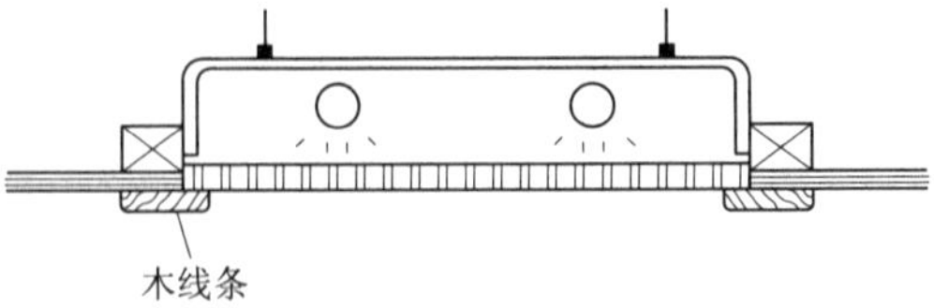

图 6.39 灯光盘与吊顶衔接

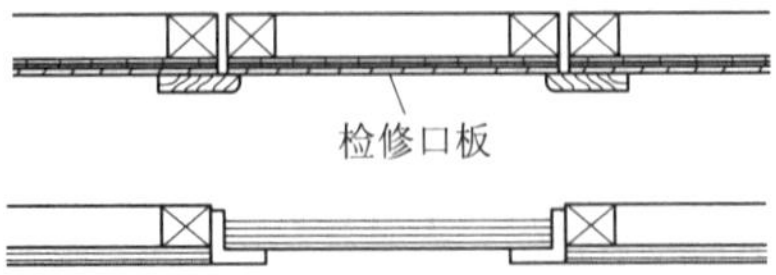

图 6.40 吊顶检修孔

5）木吊顶与墙面间节点。木吊顶与墙面间节点，通常采用固定木线条或塑料线条的处理方法，线条的式样及方法多种多样，常用的有实心角线、斜位角线、八字角线及阶梯形角线等，如图 6.41 所示。

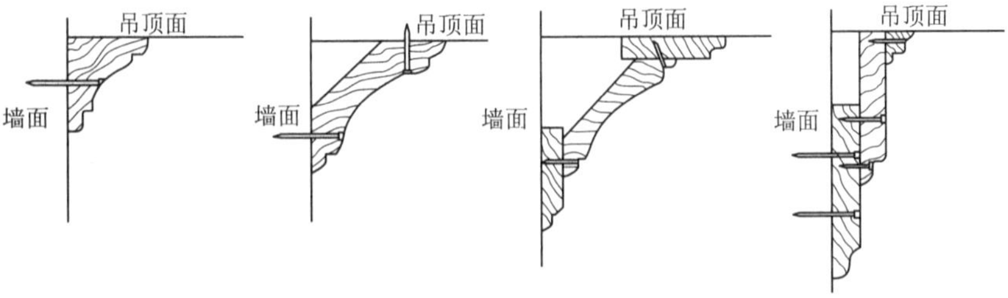

(a)实心角线收口　(b)斜位角线收口　(c)八字角线收口　(d)阶梯形角线收口

图 6.41 吊顶与墙面节点处理

>> 知识链接：质量验收标准

吊顶质量验收标准可参照《建筑装饰装修工程质量验收标准》(GB 50210—2018)、《建筑工程施工质量验收统一标准》(GB 50300—2013)、《民用建筑工程室内环境污染控制规范》(GB 50325—2013)，以及地方标准和企业标准执行。主要质量控制要点如下。

1. 主控项目

(1) 吊顶标高、尺寸、起拱和造型应符合设计要求。

检验方法：观察；尺量检查。

(2) 饰面材料的材质、品种、规格、图案和颜色应符合设计要求。

检验方法：观察；检查产品合格证书、性能检测报告、进场验收记录和复验报告。

(3) 吊顶工程的吊杆、龙骨和饰面材料的安装必须牢固。

检验方法：观察；手扳检查；检查隐蔽工程验收记录和施工记录。

(4) 吊杆、龙骨的材质、规格、安装间距及连接方式应符合设计要求。金属吊杆应经过表面防腐处理；木吊杆、撑杆、龙骨应进行防腐、防火处理。

检验方法：观察；尺量检查；检查产品合格证书、性能检测报告、进场验收记录和隐蔽工程验收记录。

(5) 石膏板的接缝应按其施工工艺标准进行板缝防裂处理。安装双层石膏板时，面层板与基层板的接缝应错开，并不得在同一根龙骨上接缝。

检验方法：观察。

2. 一般项目

(1) 饰面材料表面应洁净、色泽一致，不得有翘曲、裂缝及缺损。压条应平直、宽窄一致。

检查方法：观察；尺量检查。

(2) 饰面板上的灯具、烟感器、喷淋头、风口篦子等设备的位置应合理、美观，与饰面板的交接应吻合、严密。

检验方法：观察。

(3) 金属吊杆、龙骨的接缝应均匀一致，角缝应吻合，表面应平整，无翘曲、锤印。木质吊杆、龙骨应顺直，无劈裂、变形。

检查方法：检查隐蔽工程验收记录和施工记录。

(4) 吊顶内填充吸声材料的品种和铺设厚度应符合设计要求，并应有防散落措施。

检查方法：检查隐蔽工程验收记录和施工记录。

(5) 木骨架罩面板顶棚允许偏差和检验方法应符合表6.1和表6.2的规定。

表6.1　　暗龙骨吊顶工程安装的允许偏差和检验方法

项次	项目	允许偏差/mm				检验方法
		纸面石膏板	金属板	矿棉板	木板、塑料板格栅	
1	表面平整度	3	2	2	2	用2m靠尺和塞尺检查
2	接缝直线度	3	1.5	3	3	拉5m线，不足5m拉通线，用钢直尺检查
3	接缝高低差	1	1	1.5	1	用钢直尺和塞尺检查

表6.2　　明龙骨吊顶工程安装的允许偏差和检验方法

项次	项目	允许偏差/mm				检验方法
		石膏板	金属板	矿棉板	塑料板、玻璃板	
1	表面平整度	3	2	3	2	用2m靠尺和塞尺检查
2	接缝直线度	3	2	3	3	拉5m线，不足5m拉通线，用钢直尺检查
3	接缝高低差	1	1	2	1	用钢直尺和塞尺检查

吊顶工程质量验收检验批确定：同一品种的吊顶工程每50间（大面积房间和走廊按吊顶面积30m^2为一间）应划分为一个检验批，不足50间也应划分为一个检验批。

检查数量：每个检验批抽查不少于10%，并不少于3间；不足3间时应全数检查。

6.3.4 成品保护

木骨架材料，特别是罩面板，在进场、存放、安装过程中，应妥善管理，使其不损坏、不受潮、不变形、不污染。顶棚木骨架及罩面板安装时，应注意保护顶棚内装好的各种管线、设备；木骨架的吊杆、龙骨不准固定在通风管道及其他设备上。施工部位已安装的门窗，已完工的地面、墙面、窗台等，应注意保护，防止损坏。吊顶完成后，其他专业的吊挂件不得吊于已安装好的木骨架上，必须设立专用吊挂件，如用电器桥架来固定设备管线。

6.3.5 质量通病与防治

1. 吊顶不平

原因：小龙骨安装时标高定位不准。

防治措施：施工时应拉通线，做到标高、起拱准确。

2. 木骨架固定不牢

原因：没有按照施工规范要求的方法连接。

防治措施：大龙骨与吊挂连接的方法应严格按设计构造要求施工，龙骨钉固方法应符合设计和施工规范的要求。

3. 罩面板分块间隙缝宽窄不一致

原因：下料不仔细，或没有经过预拼装，操作不仔细等。

防治措施：要做好技术交底，施工时工人应注意板块规格、分块尺寸、安装位置的正确，管理人员现场巡查要到位，发现问题及时整改。

4. 压缝条、压边条不严密、不平直。

原因：材料扭曲，或工人操作不够仔细。

防治措施：施工时应弹位置线，罩面板安装接缝应平直，使压缝条与罩面板紧贴密实。

» 知识链接：木龙骨吊顶施工管理要点

1. 施工资料管理

吊顶施工所有原材料均应具有合格证明文件，木材应有等级质量证明和烘干料的试验资料。工程验收应有质量验评资料，包括吊点、龙骨等的隐蔽验收资料。资料齐全是工程质量验收的前提条件，为了顺利通过验收，必须在平时注意工程资料的收集整理。

2. 安全管理

吊顶施工过程有可能造成高处坠落、火灾、机械伤害等安全事故，所以应根据施工方案，做好技术与安全交底，提高工人的安全意识，并形成交底记录。进入施工现场，必须戴安全帽，禁止穿硬底鞋、拖鞋及易滑的钉鞋。施工现场的脚手架、防护设施、安全标志和警告牌等，不可擅自拆动，确需拆动应经施工负责人同意由专人拆动。

注意现场的临时用电安全管理，不私拉乱接电线，用电器必须配备接地保护装置。注意现场防火安全管理，动火作业需审批，焊接操作必须由特种作业人员操作，防止焊接造成火灾事故。

6.4-1 Ⓜ
轻钢龙骨吊顶施工

6.4 轻钢龙骨吊顶施工

轻钢龙骨吊顶是用轻钢龙骨作框架，然后覆上石膏板制成的吊顶，纸面石膏板面层可进行其他装饰，如涂刷、粘贴等。轻钢龙骨吊顶按承重分为上人轻钢龙骨吊顶（图6.42）和不上人轻钢龙骨吊顶（图6.43）。按龙骨截面可分为U形龙骨、C形龙骨、L形龙骨、T形龙骨、H形龙骨及V形龙骨等。

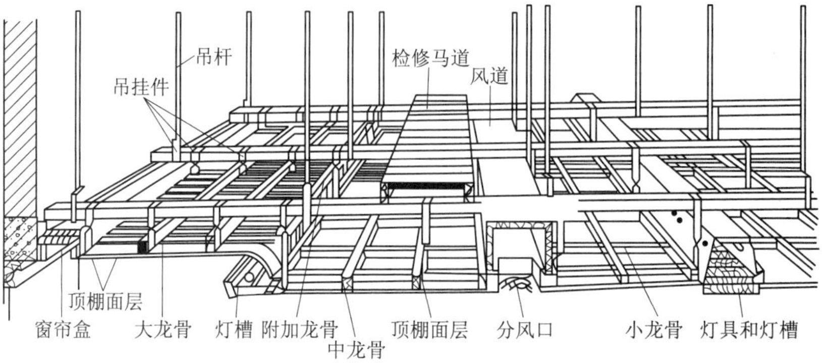

图6.42 上人吊顶龙骨示意图

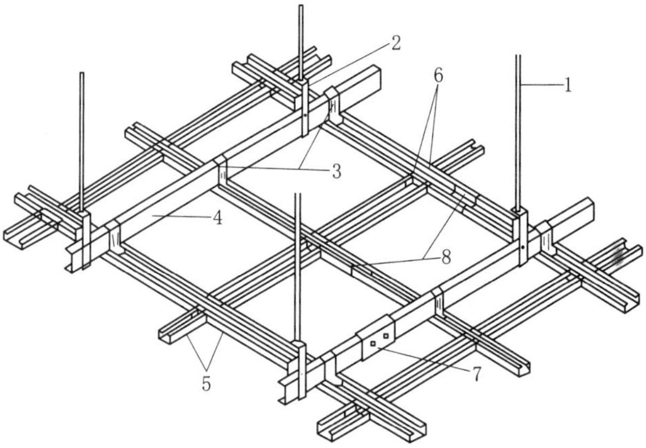

图6.43 不上人U形吊顶龙骨示意图

1—吊杆；2—吊件；3—挂件；4—承载龙骨；5—覆面龙骨；6—挂插件；7—承载龙骨连接件；8—覆面龙骨连接件

6.4.1 材料及主要施工机具

1. 轻钢龙骨吊顶主要材料

（1）轻钢龙骨。轻钢龙骨以冷轧钢板、镀锌钢板、彩色喷塑钢板冷弯而成的薄壁型钢，厚度为0.5～1.5mm。特点：自重轻，刚度大，防火、抗震性能好，加工方便，安装简便。

按用途不同，可分为主龙骨、次龙骨、边龙骨。

按承载能力不同分为上人龙骨、不上人龙骨。

主龙骨是轻钢吊顶龙骨体系中的主要受力构件，整个吊顶的荷载通过主龙骨传给吊杆。主龙骨的受力模型为承受均布荷载和集中荷载的连续梁。故主龙骨必须要满足强度和刚度的要求。次龙骨（中、小龙骨）的主要作用是固定饰面板，中、小龙骨多数是构造龙骨，其间距由饰面板尺寸决定。

常用轻钢龙骨截面形式为U形、C形、L形，其中U形龙骨为承载龙骨，是骨架主要受力构件；C形龙骨为覆面龙骨，用作固定饰面层；L形龙骨为边龙骨，固定边部饰面板。

U形龙骨按规格可以分为D60系列、D50系列、D38系列和D25系列。

(2) 龙骨连接件。常用的龙骨连接件有主龙骨吊件、主次龙骨挂件、主龙骨连接件、次龙骨连接件、次龙骨支托等（图6.44），主要用于龙骨的连接或接长（图6.45）。

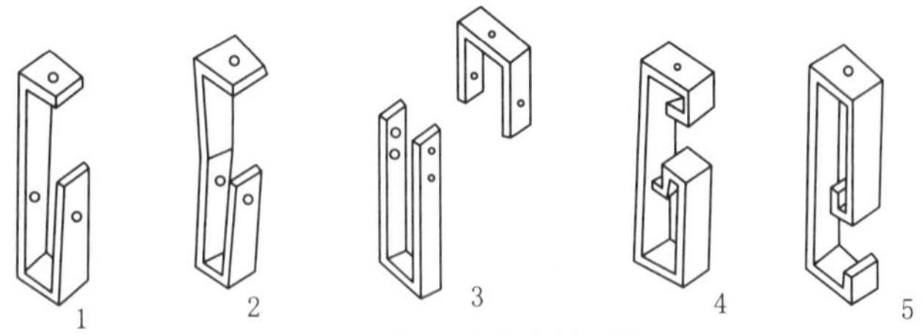

(a) U形轻钢龙骨吊件

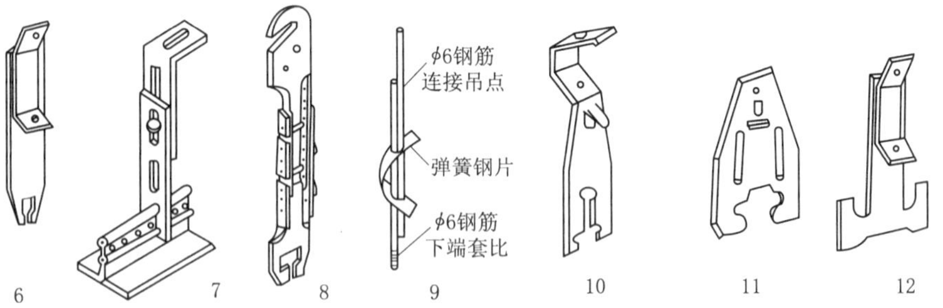

(b) T形及C形龙骨吊件

图6.44 吊顶金属龙骨的常用吊件

1～5—U形承载龙骨吊件（普通吊件）；6—T形主龙骨吊件；7—穿孔金属带吊件（T形龙骨吊件）；8—游标吊件（T形龙骨吊件）；9—弹簧钢片吊件；10—T形龙骨吊件；11—C形主龙骨直接固定式吊卡（CSR吊顶系统）；12—槽形主龙骨吊卡（C形龙骨吊件）

(3) 罩面板。轻钢龙骨骨架常用的罩面板材料有装饰石膏板、纸面石膏板、吸声穿孔石膏板、矿棉装饰吸声板、钙塑泡沫装饰板、各种塑料装饰板、浮雕板、钙塑凹凸板等，施工时应按设计要求选用。当设计深度不足，如罩面板未标明具体规格尺寸、罩面板厚度、罩面板等级以及罩面板质量密度、抗弯强度或断裂荷载、吸水率等技术性能要求时，则应在订货前与设计或业主联系确定，明确各种要求，便于以后的验收。

图6.45 龙骨连接

2. 施工机具

轻钢龙骨吊顶主要机具有型材切割机、电动曲线锯、手提电锯、电锤、自攻螺钉钻、砂轮机、射钉枪等。

其他工具包括激光投线仪、水平尺、活动扳手、操作台等，可参考表6.3配备。

表6.3　每班组主要机具配备一览表

序号	机械、设备名称	规格型号	额定功率或容量/kW	数量	性能	工种	备注
1	电圆锯	2008B	1.4	1	良好	木工	按8～10人/班组计算
2	角磨机	9523NB	0.54	1	良好	木工	按8～10人/班组计算
3	电锤	TE-15	0.65	2	良好	木工	按8～10人/班组计算
4	电动自动螺钉钻	FD-788HV	0.5	3	良好	木工	按8～10人/班组计算
5	手电钻	JIZ-ZD-10A	0.43	1	良好	木工	按8～10人/班组计算
6	射钉枪	SDT-A301		4	良好	木工	按8～10人/班组计算
7	电焊机	BX_6120	0.28	1	良好	木工	按8～10人/班组计算
8	砂轮切割机	JIG-SDG-350	1.25	1	良好	木工	按8～10人/班组计算
9	拉铆枪			2	良好	木工	按8～10人/班组计算
10	铝合金靠尺	2m		3	良好	木工	按8～10人/班组计算
11	水平尺	600mm		4	良好	木工	按8～10人/班组计算
12	扳手	活动扳手或六角扳手		8	良好	木工	按8～10人/班组计算
13	铅丝	ϕ0.4～ϕ0.8		100m	良好	木工	按8～10人/班组计算
14	粉线包			1	良好	木工	按8～10人/班组计算
15	墨斗			1	良好	木工	按8～10人/班组计算
16	小白线			100m	良好	木工	按8～10人/班组计算
17	开刀			10	良好	木工	按8～10人/班组计算
18	卷尺	5m		8	良好	木工	按8～10人/班组计算
19	方尺	300mm		4	良好	木工	按8～10人/班组计算
20	线锤	0.5kg		4	良好	木工	按8～10人/班组计算
21	托线板	2mm		2	良好	木工	按8～10人/班组计算
22	胶钳			3	良好	木工	按8～10人/班组计算

6.4.2 施工准备

1. 作业条件准备

结构施工时，应在现浇混凝土楼板或预制混凝土楼板缝中，按设计要求间距预埋ϕ6～ϕ10钢筋吊杆，一般间距为900～1200mm。如果没有预埋，也可后置吊点。当吊顶房间的墙、柱为砖砌体时，应在砌筑时按顶棚标高预埋防腐木砖，木砖沿墙间距900～1200mm，木砖在柱中每边应埋设两块以上。更多的做法是用电锤在墙上打孔，然后打入木楔代替木砖。

轻钢骨架顶棚大面积施工前，应做样板间，对顶棚的起拱度、灯槽、通风口等处进行构造处理，通过做样板间决定分块及固定方法，经鉴定认可后方可开始大面积施工。应注意施工环境对质量的影响，石膏板安装时室内湿度不宜大于70%。

2. 技术准备

施工前需编制轻钢骨架吊顶施工方案，并对工人进行书面技术及安全交底。技术人员在施工前应熟悉施工图纸及设计说明，并应熟悉现场。施工前还应按设计要求对房间的净高、洞口标高和吊顶内的管道、设备及其支架的标高进行交接检验。

为避免设备故障对吊顶施工的影响，施工前须对吊顶内的管道、设备的安装及水管试压情况进行验收。另外，在施工过程中应做好各项施工记录，收集好各种有关文件，做好材料进场验收记录和复验报告，以及技术交底记录。

3. 作业人员准备

吊顶作业的机运工、电工、电焊工必须持证上岗，轻钢龙骨吊顶主要作业人员要有过3项以上同类型分项工程（总面积不小于2000m^2）成功作业经历或经过系统培训后才能上岗，作业前需对作业人员充分进行技术和安全交底，以免做错及安全意识淡薄。

6.4.3 施工工艺

轻钢龙骨吊顶的工艺流程：工作面交接验收→找规矩、弹线放样→吊杆固定→安装骨架→安装罩面板→细部处理。

1. 工作面交接验收

在正式安装轻钢龙骨吊顶之前，对上一步工序进行交接验收，如结构强度、设备位置、水电管线、中央空调管线、风道等的铺设是否完成等，均要进行认真检查，上一步工序必须完全符合设计和有关规范的标准；否则不能进行轻钢龙骨吊顶的安装。

2. 找规矩、弹线放样

根据设计和工程的实际情况，在吊顶标高处找出一个标准基平面与实际情况进行对比，核实存在的误差并对误差进行调整，确定平面弹线的基准。弹线包括标高线、顶棚造型位置线、吊挂点布置线、大中型灯位线（同木龙骨吊顶）。

弹线的顺序是先竖向标高，后平面造型细部。竖向标高线弹于墙上，平面造型和细部弹于顶板上。

（1）确定安装标高线。根据室内墙上+50cm水平线，用尺量至顶棚的设计标高画线、弹线。若室内+50cm水平线未弹通线或通线偏差较大时，可采用激光投线仪校核，用同样方法在其他墙面作出高度水平线。操作时应注意，一个房间的基准高度点只用一个，各面墙的高度线测点共用。沿墙四周弹一道墨线，这条线便是吊顶四周的水平线，其偏差不能大于3mm。如果顶棚有跌级造型者，其标高均应弹出。

（2）确定造型位置线。对于较规则的建筑空间，其吊顶造型位置可先在一个墙面量出竖向距离，以此画出其他墙面的水平线，即得吊顶位置外框线，而后逐步找出各局部的造型框架线。对于不规则的空间画吊顶造型线，宜采用找点法，即根据施工图纸测出造型边缘距墙面的距离，从墙面和顶棚基层进行引测，找出吊顶造型边框的有关基本点或特征点，将各点连线，形成吊顶造型框架线。

（3）确定吊点（吊杆）位置。双层轻钢U形、T形龙骨骨架吊点间距不大于

1200mm，单层骨架吊顶吊点间距为 800～1500mm（视罩面板材料密度、厚度、强度、刚度等性能而定）。对于平顶天花，在顶棚上均匀排布。对于有叠层造型的吊顶，应注意在分层交界处吊点布置，较大的灯具及检修口位置也应该安排吊点来吊挂（图 6.46）。

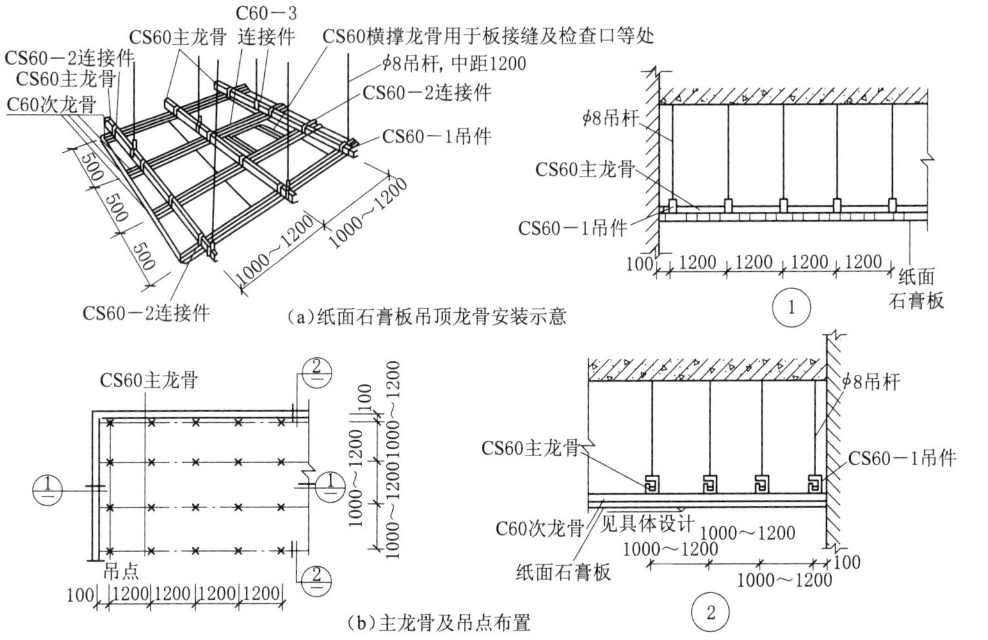

图 6.46 轻钢龙骨纸面石膏板顶棚龙骨安装及吊点布置示意图（单位：mm）

3. 吊杆固定

吊杆安装方法可参考木龙骨吊顶的吊杆安装方法（图 6.47）。对于荷载较大的上人吊顶，其吊点安装可预埋吊点或用化学锚栓后置吊点，但均需进行拉拔试验，确定承载力是否可以满足要求。

4. 安装骨架

首先，根据吊杆在主龙骨长度方向上的间距在主龙骨上安装吊挂件，然后将主龙骨与吊杆通过垂直吊挂件连接。

上人吊顶的悬挂，用一个吊环将龙骨箍住，用钳夹紧，既要挂住龙骨，同时也要阻止龙骨摆动。

不上人吊顶悬挂，用一个专用的吊挂件卡在龙骨的槽中，使之达到悬挂的目的。轻钢大龙骨一般选用连接件接长。连接件可用铝合金，也可用镀锌钢板，须将表面冲成倒刺，与主龙骨方孔相连，连接件应错位安装。大面积房间采用此类吊顶时，需每隔 12m 在大龙骨上部焊接横卧大龙骨一道，以加强大龙骨侧向稳定性及吊顶整体性。

根据标高控制线使龙骨就位。待主龙骨与吊件及吊杆安装就位以后，以一个房间为单位进行调整平直。调平时按房间的十字和对角拉线，以水平线调整主龙骨的平直，对于由 T 形龙骨装配的轻型吊顶，主龙骨基本就位后，可暂不调平，待安装横撑龙骨后再行调平、调正。较大面积的吊顶主龙骨调平时，应注意其中间部分应略有起拱，

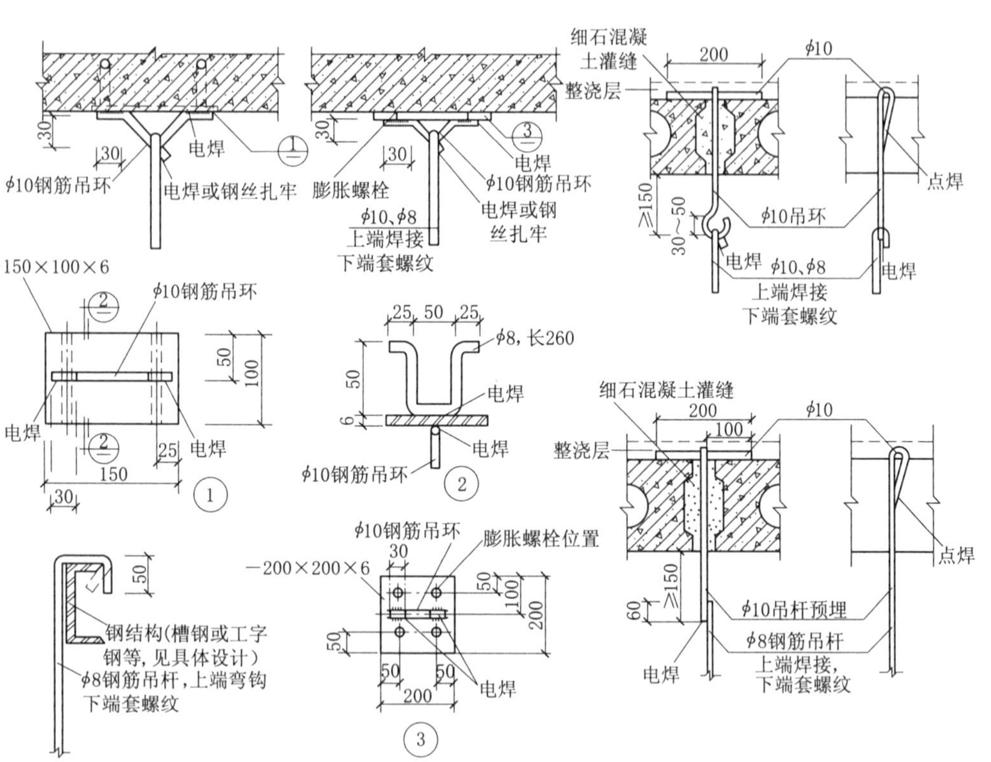

图 6.47 轻钢龙骨纸面石膏板顶棚吊杆锚固节点示意图（单位：mm）

起拱高度一般不小于房间短向跨度的 1/300～1/200。

安装次龙骨。在覆面次龙骨与承载主龙骨的交叉布置点，使用配套的龙骨挂件（或称吊挂件、挂搭）将二者上下连接固定，龙骨挂件的下部勾挂住覆面龙骨，上端搭在承载龙骨上，将其 U 形或 W 形腿用钳子嵌入承载龙骨内。双层轻钢 U、T 形龙骨骨架中龙骨间距为 500～1500mm，如果间距大于 800mm 时，在中龙骨之间增加小龙骨，小龙骨与中龙骨平行，与大龙骨垂直用小吊挂件固定。

安装横撑龙骨。横撑龙骨用中、小龙骨截取，其方向与中、小龙骨垂直，装在罩面板的拼接处，底面与中、小龙骨平齐，如装在罩面板内部或者作为边龙骨时，宜用小龙骨截取。横撑龙骨与中、小龙骨的连接，采用配套挂插件（或称龙骨支托）或者将横撑龙骨的端部凸头插入覆面次龙骨上的插孔进行连接。

边龙骨固定。边龙骨宜沿墙面或柱面标高线钉牢。固定时，一般常用高强水泥钉，钉的间距不宜大于 500mm。如果基层材料强度较低，紧固力不好，应采用钻孔打入木楔，然后在木楔上用钉的方法加固。边龙骨一般不承重，只起封口作用。

5. 安装罩面板

对于轻钢龙骨吊顶，罩面板材安装方法有明装、暗装、半隐装 3 种。明装是纵横 T 形龙骨骨架均外露，饰面板只要搁置在 T 形两翼上即可的一种方法（图 6.48）。

暗装是饰面板边部有企口，嵌装后骨架不暴露。半隐装是饰面板安装后外露部分骨架的一种方法（图 6.49）。

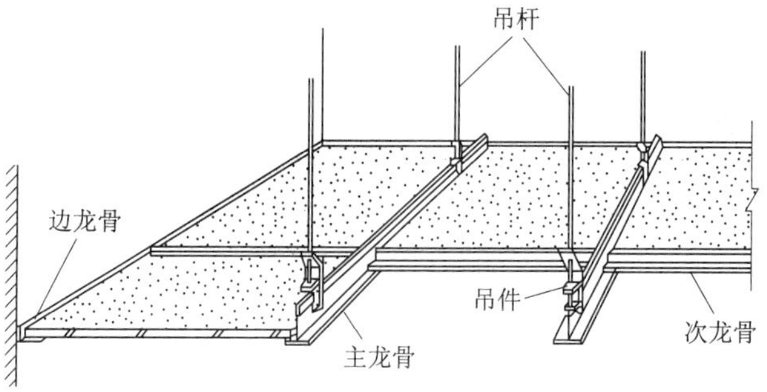

图 6.48 T形龙骨（明装）吊顶

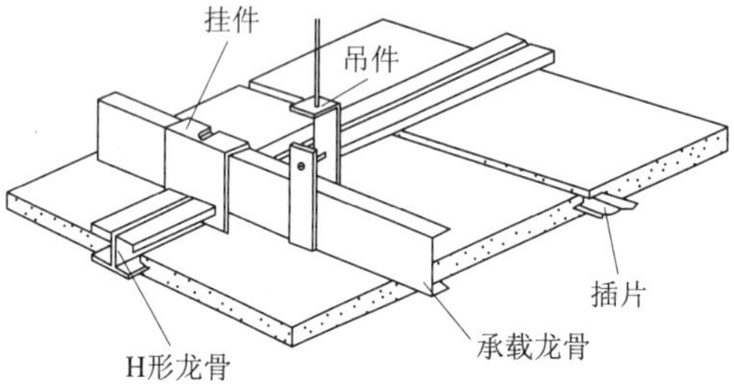

图 6.49 H形龙骨（暗装）吊顶

（1）固定罩面板。罩面板与轻钢骨架固定的方式分为罩面板自攻螺钉钉固法、罩面板胶结黏固法和罩面板托卡固定法。

自攻螺钉钉固法的施工要点：先从顶棚中间顺通长次龙骨方向装一行罩面板，作为基准，然后向两侧伸延分行安装，固定罩面板的自攻螺钉间距为150～170mm。钉帽应凹进罩面板表面内1mm。

胶结黏固法的施工要点：按主黏材料性质选用适宜的胶结材料，如401胶等，使用前必须做黏结试验，掌握好压合时间。罩面板应经选配修整，使厚度、尺寸、边楞一致。每块罩面板黏结时应预装，然后在预装部位龙骨框底面刷胶，同时在罩面板四周边宽10～15mm的范围刷胶，过2～3min后，将罩面板压黏在预装部位，每间顶棚先由中间行开始，然后向两侧分行黏结。

托卡固定法。当轻钢龙骨为T形时，多为托卡固定法安装罩面板。T形轻钢骨架通长次龙骨安装完毕，经检查标高、间距、平直度符合要求后，垂直通长次龙骨弹分块及卡档龙骨线。罩面板安装由顶棚的中间行次龙骨的一端开始，先装一根边卡档次龙骨，再将罩面板侧槽卡入T形次龙骨翼缘（暗装）或将无侧槽的罩面板装在T形翼缘上面（明装），然后安装另一侧卡档次龙骨。按上述程序分行安装。若为明装时，最后分行拉线调整T形明龙骨的平直。

（2）安装纸面石膏板。普通纸面石膏板在上顶以前，应根据设计的规格尺寸、花色品种进行选板，凡有裂纹、破损、缺棱、掉角、受潮以及护面纸损坏者均应一律剔除不用。选好的板应平放于有垫板的木架上，以免沾水受潮。

纸面石膏板的现场加工：大面积板料切割可使用板锯，小面积板料切割采用美工刀进行灵活裁割；可用圆孔锯在纸面石膏板上开各种圆形孔洞，用针锉在板上开各种异形孔洞；可用针锯在纸面石膏板上开出直线形孔洞，用边角刨将板边制成倒角，用滚锯切割小于120mm的纸面石膏板条；使用曲线锯，可以裁割不同造型的异形板材。

纸面石膏板的罩面钉装：大多是采用横向铺钉的形式，纸面石膏板在吊顶面的平面排布，需从整张板的一侧开始向不够整张板的另一侧逐步安装。板与板之间的接缝缝隙宽度一般为6～8mm。纸面石膏板的板材应在自由状态下就位固定，以防止出现弯棱、凸鼓等现象。纸面石膏板的长边（包封边），应沿纵向次龙骨铺设。板材与龙骨固定时，应从一块板的中间向板的四边循序固定，不得采用在多点上同时作业的做法。

用自攻螺钉铺钉纸面石膏板时，钉距以150～200mm为宜，螺钉应与板面垂直。自攻螺钉与纸面石膏板边的距离，距包封边（长边）以10～15mm为宜；距切割边（短边）以15～20mm为宜。钉头略埋入板面，但不能使板材纸面破损。自攻螺钉进入轻钢龙骨的深度，应不小于10mm；在装钉操作中如出现有弯曲变形的自攻螺钉时，应予以剔除，在相隔50mm的部位另安装自攻螺钉。

注意事项：吊顶施工中应注意工种间的配合，避免返工拆装损坏龙骨及板材。吊顶上的风口、灯具、烟感探头、喷洒头等可在吊顶板就位后安装，也可留出周围吊顶板，待上述设备安装后再行安装；T形明露龙骨吊顶应在全面安装完成后对明露龙骨及板面作最后调整，以保证平直。

纸面石膏板装钉完毕后，应对其安装质量进行检查。如整个石膏板顶棚表面平整度偏差超过3mm、接缝平直度偏差超过3mm、接缝高低度偏差超过1mm，石膏板有钉接缝处不牢固，应彻底纠正。

（3）纸面石膏板嵌缝。纸面石膏板拼接缝的嵌缝材料主要有两种，即嵌缝石膏粉和穿孔纸带。嵌缝石膏粉的主要成分是石膏粉加入缓凝剂等。嵌缝及填嵌钉孔等所用的石膏腻子，由嵌缝石膏粉加入适量清水（嵌缝石膏粉与水的比例为1∶0.6），静置5～6min后经人工或机械调制而成，调制后应放置30min再使用。注意石膏腻子不可过稠，调制时的水温不可低于5℃，若在低温下调制应使用温水；调制后不可再加石膏粉，避免腻子中出现结块和渣球。穿孔纸带是打有小孔的牛皮纸带，纸带上的小孔在嵌缝时可保证石膏腻子多余部分的挤出。纸带宽度为50mm，使用时应先将其置于清水中浸湿，这样做有利于纸带与石膏腻子的黏合。此外，另有与穿孔纸带起着相同作用的玻璃纤维网格胶带，其成品已浸过胶液，具有一定的挺度，并在一面涂有不干胶。它有着比牛皮纸带更优异的拉结作用，在石膏板板缝处有更理想的嵌缝效果，故在一些重要部位可用它取代穿孔牛皮纸带，以防止板缝开裂的可能性。玻璃纤维网格胶带的宽度一般为50mm，价格高于穿孔纸带。

整个吊顶面的纸面石膏板铺钉完成后，应进行检查，并将所有的自攻螺钉的钉头涂刷防锈漆，然后用石膏腻子嵌平。此后即作板缝的嵌填处理，其程序如下。

先清扫板缝，用小刮刀将嵌缝石膏腻子均匀饱满地嵌入板缝，并在板缝处刮涂约60mm宽、1mm厚的腻子。随即贴上穿孔纸带（或玻璃纤维网络胶带），使用宽约60mm的腻子刮刀顺穿孔纸带（或玻璃纤维网格胶带）方向压刮，将多余的腻子挤出，并刮平、刮实，不可留有气泡。用宽约150mm的刮刀将石膏腻子填满宽约150mm的板缝处带状部分，然后用宽约300mm的刮刀再补一遍石膏腻子，其厚度不得超出2mm。待腻子完全干燥后（约12h），用2号砂布或砂纸将嵌缝石膏腻子打磨平滑，其中间部分略微凸起，但要向两边平滑过渡。

6. 细部处理

（1）吊顶的边部节点构造处理。轻钢龙骨纸面石膏板吊顶与墙、柱立面结合部位，一般处理方法归纳为三类：一是平接式；二是留槽式；三是间隙式。端部吊杆距离墙体边缘一般不超过100mm，并适当加强处理，面板与墙体间留置5mm空隙，防止吊顶变形（图6.50）。

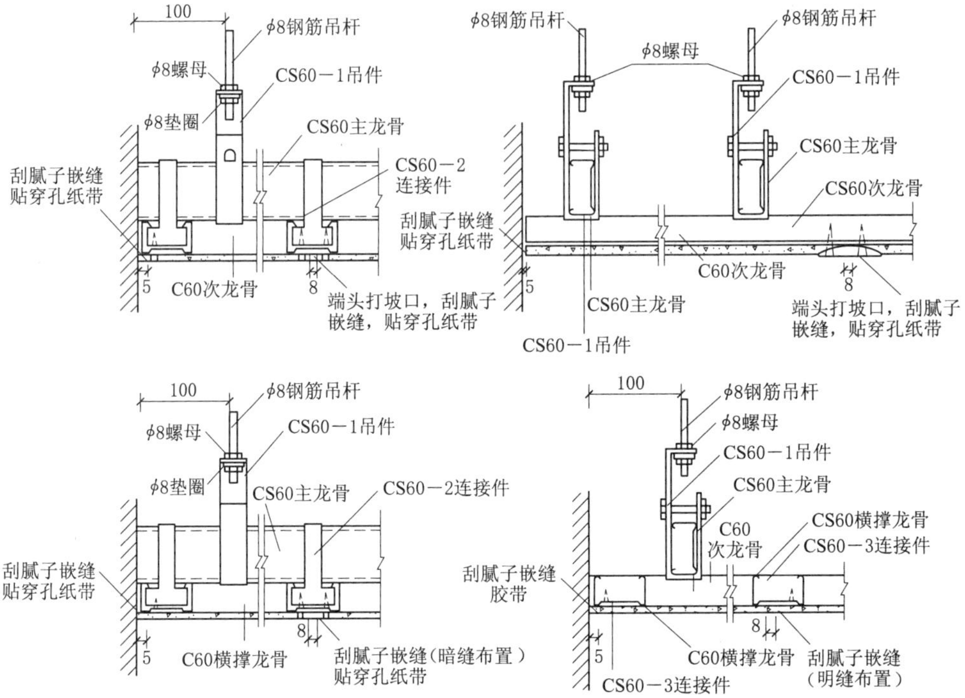

图6.50 吊顶与墙体衔接处理

（2）吊顶与隔墙的连接。轻钢龙骨纸面石膏板吊顶与轻质隔墙相连接时，隔墙的横龙骨（沿顶龙骨）与吊顶的承载龙骨用M6螺栓紧固；吊顶的覆面龙骨依靠龙骨挂件与承载龙骨连接；覆面龙骨的纵横连接则依靠龙骨支托。吊顶与隔墙面层的纸面石膏板相交的阴角处，固定金属护角处理。

图6.51 吊顶烟感器和喷淋头

（3）烟感器和喷淋头安装。施工中应注意水管预留必须到位，既不可伸出吊顶面，也不能留短；烟感器及喷淋头旁800mm范围内不得设置任何遮挡物。

>> 知识链接：轻钢龙骨吊顶质量验收标准

轻钢龙骨吊顶质量验收标准可参照《建筑装饰装修工程质量验收标准》（GB 50210—

2018)、《建筑工程施工质量验收统一标准》(GB 50300—2013)、《民用建筑工程室内环境污染控制规范》(GB 50325—2010),以及地方标准和企业标准执行。其检验批的确定办法同木龙骨吊顶,主要质量控制要点如下。

6.4-2 Ⓜ
吊顶工程验收

1. 主控项目

(1)吊顶标高、尺寸、起拱和造型应符合设计要求。

检验方法:观察;尺量检查。

(2)饰面材料的材质、品种、规格、图案和颜色应符合设计要求。

检验方法:观察;检查产品合格证书、性能检测报告、进场验收记录和复验报告。

(3)吊顶工程的吊杆、龙骨和饰面材料的安装必须牢固。

检验方法:观察;手扳检查;检查隐蔽工程验收记录和施工记录。

(4)吊杆、龙骨的材质、规格、安装间距及连接方式应符合设计要求。金属吊杆、龙骨应经过表面防腐处理。

检验方法:观察;尺量检查;检查产品合格证书、性能检测报告、进场验收记录和隐蔽工程验收记录。

(5)石膏板的接缝应按其施工工艺标准进行板缝防裂处理。安装双层石膏板时,面层板与基层板的接缝应错开,并不得在同一根龙骨上接缝。

检验方法:观察。

2. 一般项目

(1)饰面材料表面应洁净、色泽一致,不得有翘曲、裂缝及缺损,压条应平直、宽窄一致。

检验方法:观察;尺量检查。

(2)饰面板上的灯具、烟感器、喷淋头、风口篦子等设备的位置应合理、美观,与饰面板的交接应吻合、严密。

检验方法:观察。

(3)金属吊杆、龙骨的接缝应均匀一致,角缝应吻合,表面应平整,无翘曲、锤印。

检验方法:检查隐蔽工程验收记录和施工记录。

(4)吊顶内填充吸声材料的品种和铺设厚度应符合设计要求,并应有防散落措施。

检验方法:检查隐蔽工程验收记录和施工记录。

(5)轻钢龙骨罩面板顶棚允许偏差和检验方法应符合表 6.5 的规定。

表 6.5　　轻钢龙骨罩面板顶棚允许偏差和检验方法

项类	项　目	允许偏差/mm				检　验　方　法
		纸面石膏板	矿棉板	吸声石膏板	塑料板	
龙骨	龙骨间距	2	2	2	2	尺量检查
	龙骨平直	3	2	2	3	拉 5m 线,用钢直尺检查
	起拱高度	±10	±10	±10	±10	拉线尺量
	龙骨四周水平	±5	±5	±5	±5	拉通线或用水准仪检查

续表

<table>
<tr><th rowspan="2">项类</th><th rowspan="2" colspan="2">项　目</th><th colspan="4">允许偏差/mm</th><th rowspan="2">检　验　方　法</th></tr>
<tr><th>纸面石膏板</th><th>矿棉板</th><th>吸声石膏板</th><th>塑料板</th></tr>
<tr><td rowspan="7">罩面板</td><td rowspan="2">表面平整</td><td>暗装</td><td>3</td><td>2</td><td>2</td><td>2</td><td rowspan="2">用2m靠尺和塞尺检查</td></tr>
<tr><td>明装</td><td>—</td><td>3</td><td>2.5</td><td>2</td></tr>
<tr><td colspan="2">接缝平直</td><td>3</td><td>3</td><td>3</td><td>3</td><td>拉5m线，用钢直尺检查</td></tr>
<tr><td rowspan="2">接缝高低</td><td>暗装</td><td>1</td><td>1.5</td><td>1</td><td>1</td><td rowspan="2">用钢直尺或塞尺检查</td></tr>
<tr><td>明装</td><td>—</td><td>2</td><td>1.5</td><td>1</td></tr>
<tr><td colspan="2">顶棚四周水平</td><td>±5</td><td>±5</td><td>±5</td><td>±5</td><td>拉通线或用水准仪检查</td></tr>
<tr><td colspan="2"></td><td></td><td></td><td></td><td></td><td></td></tr>
<tr><td rowspan="2">压条</td><td colspan="2">压条平直</td><td>3</td><td>3</td><td>3</td><td>3</td><td>拉5m线，用钢直尺检查</td></tr>
<tr><td colspan="2">压条间距</td><td>2</td><td>2</td><td>2</td><td>2</td><td>尺量检查</td></tr>
</table>

注 木板、胶合板采用暗装安装方法，其安装允许偏差按塑料板暗装时的允许偏差。

3. 关键质量控制点

关键质量控制点主要控制方法见表6.6。

表6.6　关键质量控制点及主要控制方法

序号	关键控制点	主　要　控　制　方　法
1	龙骨、配件、罩面板的购置与进场验收	(1) 广泛进行市场调查 (2) 实地考察分供方生产规模、生产设备或生产线的先进程度 (3) 订购前与业主协商一致，明确具体品种、规格、等级、性能等要求
2	吊杆安装	(1) 控制吊杆与结构的紧固方式，对于上人吊顶，必须采用预埋方式 (2) 控制吊杆间距、下部丝杆端头标高一致性 (3) 吊杆防腐处理
3	龙骨安装	(1) 拉线复核吊杆调平程度 (2) 检查各吊点的紧挂程度 (3) 注意检查节点构造是否合理 (4) 核查在检修孔、灯具口、通风口处附加龙骨的设置 (5) 骨架的整体稳固程度
4	罩面板安装	(1) 安装前必须对龙骨安装质量进行验收 (2) 使用前应对罩面板进行筛选，剔除规格、厚度尺寸超差和棱角缺损及色泽不一致的板块
5	外观	(1) 吊顶面洁净，色泽一致 (2) 压条平直，通顺严实 (3) 与灯具、风口篦子交接部位吻合、严实

知识链接：成品保护措施

轻钢骨架、罩面板及其他吊顶材料在入场存放、使用过程中严格管理，保证不变形、不受潮、不生锈。轻钢骨架及罩面板安装应注意保护顶棚内各种管线。轻钢骨架的吊杆、龙骨不准固定在通风管道及其他设备上。施工顶棚部位已安装的门窗，已施工完毕的地面、墙面、窗台等应注意保护，防止污损。轻钢骨架安装后不得上人踩踏，其他工种吊挂件，不得吊于轻钢骨架上。为了保护成品，罩面板安装必须在棚内管道、试水、保温等一切工序全部完成验收后进行。

6.4.4 质量通病与防治

轻钢龙骨吊顶施工过程中，如果管理不到位、技术措施不正确，容易造成以下质量通病。

1. 吊顶局部下沉（图 6.52）。

图 6.52 吊顶平整度检查

（1）产生原因。可能是吊点与结构连接不牢固、吊杆连接不牢；或吊杆强度不够，产生拉伸变形；或局部被人为踩踏、增加意外荷载等导致。

（2）防治措施。设置吊点时，吊点应分布均匀，在一些龙骨接头处和承载处应增加吊点，龙骨不得有过大悬臂，一般不允许超过 300mm。吊点与基层固定要牢固，用膨胀螺栓固定时必须严格按规定掌握钻孔径及深度，并安装牢固。使用钢筋或粗铁丝作吊杆时，应用卷扬机将其拉直，使用较细铁丝作吊筋，可用人力拉直，不得使用弯曲不直且有小弯的钢筋或铁丝作吊杆（筋）。安装后龙骨不得踩踏或超载，安装后的吊杆应有足够强度，不得使其产生拉伸变形，吊杆连接后接头要逐处检查。

2. 覆面龙骨纵横线条不平直、框架尺寸不准、罩面板放不下或落空

（1）产生原因。安装时不注意放线分格、放线分格不准或未找平直，或事先未核对罩面板规格尺寸使之与框架尺寸相配套并留有安装间隔。龙骨被踩踏或堆放物品压弯，骨架材料在运输保管过程中不慎被碰撞、压弯及翼缘翘曲，也会造成面板安装困难；再就是吊点距离太大，龙骨刚度不够，使龙骨接头不牢固，产生松脱。

（2）防治措施。安装前应重新放线、分格，安装时必须按照分格尺寸拉线对线操作。事先对龙骨刚度做检查，选好规格型号，如龙骨安装后发现刚度不够，应立即用增加吊点、减小龙骨跨度方法解决。注意要对龙骨接头缝隙明显、高低不平处进行修整。

3. 横龙骨接头缝隙明显、高低不平

（1）产生原因。横龙骨截料尺寸控制不准、截料端口不平直；也可能是纵横龙骨下平面相交连接时，未注意高低平齐。

（2）防治措施。截料时应按实际量准尺寸，用尺画线下料。注意端头要锯平直并与其长轴垂直，接头缝隙一般不大于 1mm，为高级顶棚时，横龙骨截料长度均应有余量，以便安装时可用锉刀或手砂进行精加工，修正到安装后无明显缝隙为止。纵横龙骨下平面相交时，下平面接口要调平整，调整方法是利用横龙骨连接，及纵横龙骨上承插口深度视情况分别锉低、锉深或另加铝铆调平后固定。

4. 板面不平

（1）生产原因。可能由于龙骨不平，局部下沉变形，悬臂过长下挠导致；也可能是罩面板本身在运输保管过程中产生变形，板材本身质量不好，有翘曲变形现象；还可能是板材安装未放平，或因龙骨框格尺寸不方正或未预留板材安装间隙，致使板材

未能全部放下，局部被顶住所致。

（2）防治措施。罩面板安装前，必须对龙骨安装质量进行检查验收，发现龙骨安装不平整等缺陷时应及时处理至符合要求为止。板材运输保管过程中应注意按规定进行保护，板材进场前注意检查板材质量。板材安装时注意放平，应紧贴龙骨翼缘面搁实。放不下时检查原因处理解决，不得硬压硬撬。

5. 罩面板表面有污染、折裂、缺棱掉角、锤伤、翘角、漏、透等现象

（1）产生原因。运输保管及安装时未注意对罩面板认真保护，交叉作业污染，或使罩面板遭受损坏；也可能是板材质量不好，有翘角、扭曲、裂缝、不方正现象，或龙骨框格不方正，间隙预留少，安装时某角或局部放不下，引起翘角；安装时对板材硬压硬撬，也会使板材产生折裂、缺棱掉角、破损、漏、透等现象。

（2）防治措施。严格选板，加强运输及交叉作业保护。

6. 内墙柱面、隔墙、窗帘合、叠级层间连接不牢、不密合、不平顺方正

（1）产生原因。各连接处连接方法未按设计及有关规定施工；或各连接面存在质量缺陷，如墙面不平整、阴阳角不方正，隔断顶部龙骨及整个墙身刚度不够等影响；也可能是各连接杆件下料不准，未根据设计图纸严格计算下料，未留有进行修刨磨加工余量。

（2）防治措施。必须按节点详图及有关规定施工。安装前应对与之连接的面（体）进行质量检查，进行工序验收。各连接杆件下料时应核对尺寸，并留少许余量，以便能进行修整（通过刨、磨），直至互相连接密合、平顺、方正为止。下料时应用角尺划线，特别是锯45°角时，不能随意乱锯。特殊部位具体安装时，应及时用角尺、水平尺、靠尺对各部位安装质量进行自检，及时发现问题及时处理解决。

7. 设施与罩面板衔接不吻合、与龙骨错位

（1）产生原因。顶棚安装时，未与其他专业安装工作互相配合，吊顶平面布置图存在错误。各设施安装时粗心马虎，在罩面板上钻挖不准，致使各设施安装以后不合、扭曲不正、露缝隙，又缺乏镶边措施。

（2）防治措施。吊顶安装前必须与有关设备安装工作配合，吊顶施工单位应主动向有关安装单位了解设施规格大小、尺寸及安装位置等技术资料。注意烟感器、喷淋头下其他设施的距离应大于800mm，不得遮挡。各设施应布局合理，顶棚装饰面自然协调，各设施需要在罩面板上钻孔或挖孔时，宜由吊顶施工单位统一操作完成。顶棚安装时，有关设施安装单位人员临场检查是否与本专业安装工作有矛盾，发现问题及时处理。

6.4.5 吊顶施工管理

1. 现场管理

轻钢龙骨吊顶施工需要精细作业，尤其大面积吊顶作业时更要注意细节的管理。抄平、弹线必须精心细致，四周边线、主龙骨位置线、凸凹造型位置线、大中型灯位线等必须全部清晰弹出。罩面板安装前，必须对龙骨进行内部验收，要求吊杆、反向撑杆、主龙骨、次龙骨连接牢固，具有足够的强度、刚度和稳定性。吊杆、龙骨的材

质、规格、间距符合设计要求。吊杆、龙骨均经过防腐处理。饰面板上的灯具、烟感器、风口篦子必须事先准确标示出其位置，保证交接部位的吻合、严密。

要根据拟安装的罩面板单位面积重量，决定主龙骨的起拱量，防止吊顶面板安装后下坠。储存物料时，石膏制品不得在露天存放，要有防潮防雨措施。罩面板安装前要对型号、规格、厚度和表面平整度进行检查，对不符合要求的，必须调换。对温度变形较大的罩面板安装时应预留一定的缝隙，以免日后挤压变形。

2. 施工资料管理

吊顶验收时需要提供以下工程资料，需要在施工过程中注意收集整理。

(1) 龙骨、罩面板、胶黏剂的材质合格证明文件和检测报告。

(2) 材料进场验收记录和复验报告。

(3) 人造木板甲醛含量复检报告。

(4) 隐蔽工程验收记录。

(5) 技术交底记录。

(6) 吊顶工程检验批质量验收记录表。

(7) 吊顶分项工程质量验收记录表。

所有工程资料必须真实、完整、签章齐全。

3. 安全、环境管理

吊顶施工前需要编制施工方案，做好危险源辨识（表6.7），根据施工方案，做好技术与安全交底，形成交底记录。吊顶施工过程中，切割型材、钻孔等作业会产生噪声污染，另外面板可能会造成室内空气污染，因此要注意施工环保要求，做好相应的环保措施（表6.8）。

表6.7　危险源辨识及控制措施

序号	作业活动	危险源	主要控制措施
1	轻钢龙骨吊顶	高处坠落	作业前检查操作平台的架子、跳板、围栏的稳固性，跳板用铁丝绑扎固定，不得有探头板。液压升降台使用安全认证厂家的产品，使用前进行堆载试验
2	轻钢龙骨吊顶	物体打击	(1) 上方操作时，下方禁止站人、通行 (2) 龙骨安装时，下部使用托具支托 (3) 工人操作应戴安全帽 (4) 上下传递材料或工具时不得抛掷
3	轻钢龙骨吊顶	漏　电	(1) 不使用破损电线，加强线路检查 (2) 用电设备金属外壳可靠接地，按“一机一闸一漏”接用电器具，漏电保护器灵敏有效，每天有专人检测 (3) 接电、布线由专业电工完成
4	轻钢龙骨吊顶	机械伤害	制定操作规程，操作人员应熟知各种机具的性能及可能产生的各种危害。高危机具由经过培训的专人操作

注　表中内容仅供参考，现场应根据实际情况辨识。

施工现场的脚手架、防护设施、安全标志和警告牌等，不可擅自拆动，如确需拆动应经施工负责人同意由专人拆动。注意现场的临时用电安全管理，不私拉乱接电线，用电器必须配备接地保护装置。注意现场防火安全管理，动火作业需审批，焊接操作必须由特种作业人员操作，防止焊接造成火灾事故。

表 6.8 环境因素辨识及控制措施

序号	作业活动	环境因素	主要控制措施
1	轻钢龙骨吊顶	噪声	(1) 隔离、减弱、分散 (2) 在规定的时间作业
2		有害物质挥发	(1) 人造木板材必须进行甲醛、苯含量复检，超标者禁止使用 (2) 防腐剂、胶黏剂在配制和使用过程中采取减少挥发的措施 (3) 组织学习、贯彻、执行《民用建筑工程室内环境污染控制规范》(GB 50325—2010)
3		固体废物排放	(1) 加强培训、提高认识 (2) 建立各种回收管理制度 (3) 废余料、包装袋、油漆桶、胶瓶、电焊条头等及时清理、分类回收，集中处理

6.5 其他吊顶简介

6.5.1 铝合金龙骨吊顶（集成吊顶）

铝合金龙骨是室内吊顶装饰中常用的一种材料，可以起到支架、固定和美化作用，与之配套的是硅钙板和矿棉板、硅酸钙板、铝扣板等。铝合金龙骨是在铁皮烤漆龙骨上的改进，铝经过氧化处理之后不会生锈和脱色，具有强度高、质量较轻、个性化性能强、装饰性能好、易加工、安装便捷等特点。

铝合金龙骨分为主骨（行业内称之为“大 T”）、副龙骨（行业内称之为“小 T”）、修边角（L 形），大 T 常规长度是 3m，小 T 常规长度是 610mm，通用的规格是 600mm×600mm 与 610mm×610mm，吊顶所用的硅钙板、矿棉板等放置在龙骨固定形成的框架内，起到饰面的作用。

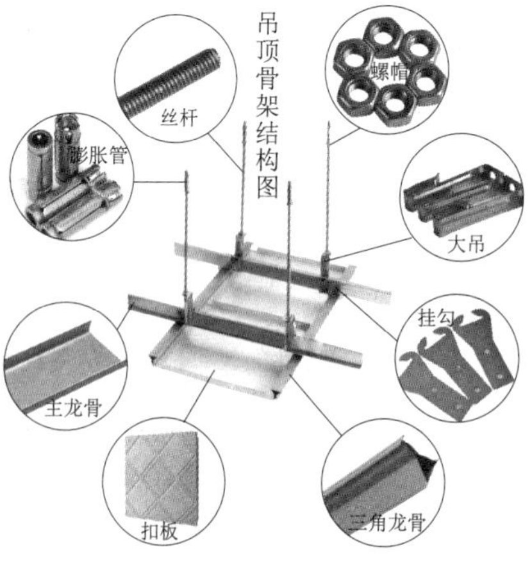

图 6.53 集成吊顶构造

现代集成吊顶是从铝合金龙骨吊顶的基础上演变而来的，它采用铝合金龙骨、模块化的铝扣板、电器（浴霸、风扇、灯具）集成安装。为了便于安装新的电器模块，选择铝扣板时，其尺寸一般可选择 300mm×300mm、600mm×600mm 两种。此外，要选择相应的龙骨材料，即镀锌钢板制造的三角吊件、轻钢龙骨、三角龙骨、修边条等（图 6.53）。

集成吊顶一般在厨房、卫生间墙面、地面施工完成后进行安装。安装方法如下。

(1) 先在准备安装吊顶的地方拉好水平线，

要注意与窗户高度协调，然后安装吊点（一般用射钉固定），吊好铝合金龙骨。

(2) 将专用三角卡码扣入三角龙骨，按所安装方板规格间格卡上（三角龙骨只需用单向，横向不使用）。

(3) 将龙骨安装好后，直接将铝扣板、电器模块压入三角骨缝中即可，安装面板前需检查电器线路，并接好属于集成吊顶设备的线路，并试机，直到能正常运转。

集成吊顶铝扣板装配要点：安装铝扣板必须戴手套，因扣板安装完成即为成品，不可污染。先撕掉铝扣板四边覆膜，可以从设备附近开始安装，逐块装配到墙边，拼缝间隙保持一致，扣板的4个角对齐。也可将所有修边角线条上的卡位拉成60°，必要时把卡位片拉成90°，再开始第一根龙骨的铝扣板装配，到最后两块时，应量出实际尺寸，如需切割，应切割好再装配，切割面应卡在卡位片与修边角线条面中间。铝扣板与修边角线条应保持平整。

铝扣板、面板装配好，应保持整体平整、缝隙一致，拼缝呈直线。最边上一块板装配，需要量出剩余尺寸，切割好铝扣板再安装，把最边上一块铝扣板先安装固定好后，再装配邻近一块整块的铝扣板，缝隙符合整体要求，拼缝整体呈直线。

质量检查要点：铝扣板4个对角平整，整体平整度一致。铝扣板拉丝条纹走向一致或符合面板纹路设计（拼花），铝扣板间的缝隙小于1mm。吊顶上依附的所有设备都应能正常使用。

6.5.2 金属装饰板吊顶

金属装饰板吊顶是由轻钢龙骨（U形、C形）或T形铝合金龙骨与吊杆组成的吊顶骨架和各类金属装饰面板构成。金属板材有不锈钢板、钛金板、铝板、铝合金板等多种，表面有抛光、亚光、浮雕或喷砂等多种形式。金属饰面板吊顶有两种安装方法：一种是搁置式安装；另一种是卡入式安装。

基本上有两大类，即方块形板或矩形板和条形板。方形金属吊顶分为上人（承重）吊顶与不上人（非承重）吊顶，如图6.54（a）所示。条形金属吊顶分为封闭型金属吊顶和开敞型金属吊顶。

方形板或条形金属板，其与墙柱面连接处可以离缝平接，也可以采用L形边龙骨或半嵌龙骨同平面搁置搭接或高低错落搭接，如图6.54（b）～（d）所示。

隔断沿顶龙骨必须与其垂直的顶棚主龙骨连接牢固。当顶棚主龙骨不能与隔断沿顶龙骨相垂直布置时，必须增设短的主龙骨，此短的主龙骨再与顶棚承载龙骨连接固定。总之，隔断沿顶龙骨与顶棚骨架系统连接牢固后，再安装罩面板。可按图6.55所示对窗帘盒、送风口、叠级处的连接进行处理。当采用长条形金属板时，换上相应的龙骨即可。

当金属板为穿孔板时，在穿孔板上铺壁毡，再将吸声隔热材料（如玻璃棉、矿棉等）满铺其上，以防止吸声材料从孔中漏出。

金属装饰板施工注意事项如下。

(1) 龙骨框格必须方正、平整，框格尺寸必须与罩面板实际尺寸相吻合。当采用普通T形龙骨直接搁置时，T形龙骨中至中的框格尺寸，应比方形板或矩形板尺寸稍

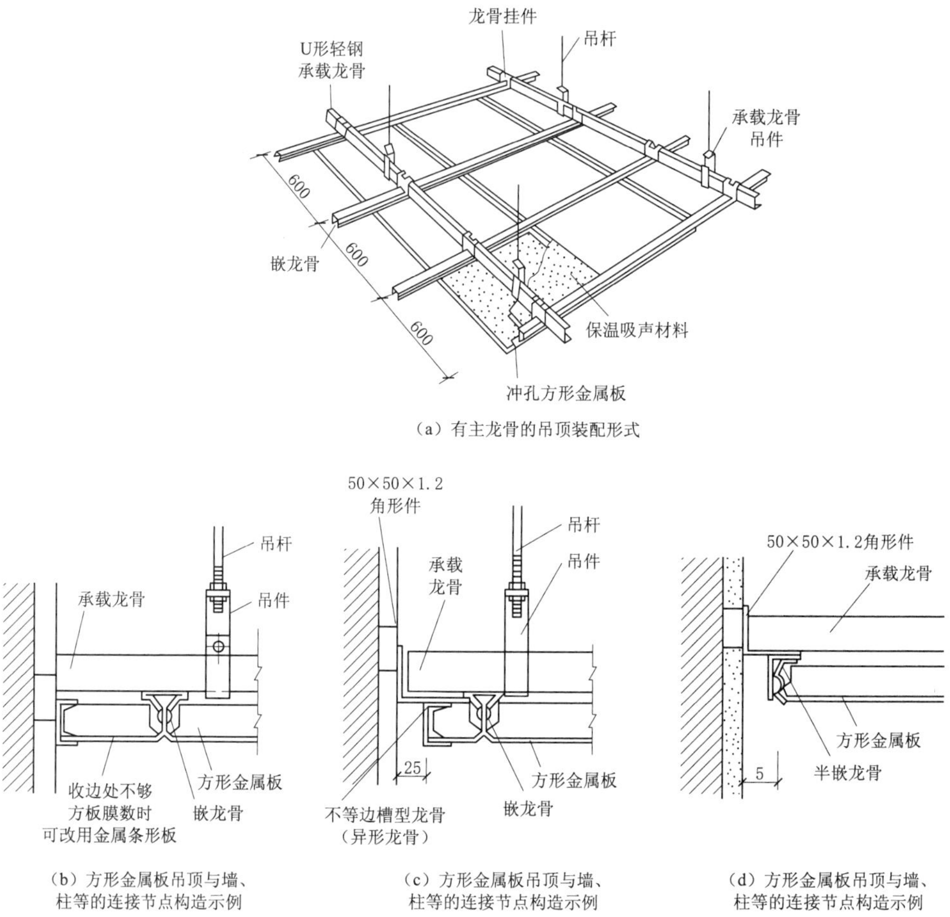

（a）有主龙骨的吊顶装配形式

（b）方形金属板吊顶与墙、柱等的连接节点构造示例

（c）方形金属板吊顶与墙、柱等的连接节点构造示例

（d）方形金属板吊顶与墙、柱等的连接节点构造示例

图 6.54 金属饰面板吊顶构造（单位：mm）

大些，以每边留有 2mm 间隙为准；当采用专用特制镶嵌龙骨时，龙骨中至中的框格尺寸，应与方形板或矩形板尺寸相同，不再留间隙。

（2）龙骨弯曲变形者不能用于工程，特别是专用镶嵌龙骨的嵌口弹性不好、弯曲变形不直时不得使用。

（3）纵、横龙骨十字交叉处必须连接牢固、平整、交角方正。

6.5.3 开敞式吊顶

开敞式吊顶通过特定形状的单元体组合而成，吊顶的饰面是敞口的，如木格栅吊顶、铝合金格栅吊顶（图 6.56）。吊顶饰面开口有方形、多边形、圆形、条形等，形式多样，其中挂片吊顶的金属挂片可以高低错落，使顶棚产生立体感。安装准备工作与前边的吊顶基本相同，但需对结构基底底面及顶棚以上墙柱面进行涂黑处理，或按设计要求涂刷其他深色涂料。

木质单体构件拼装成单元体形式多种多样，有板与板组合框格式、方木骨架与板组合框格式、侧平横板组合柜框格式、盒式与方板组合式、盒与板组合式等，分别如图

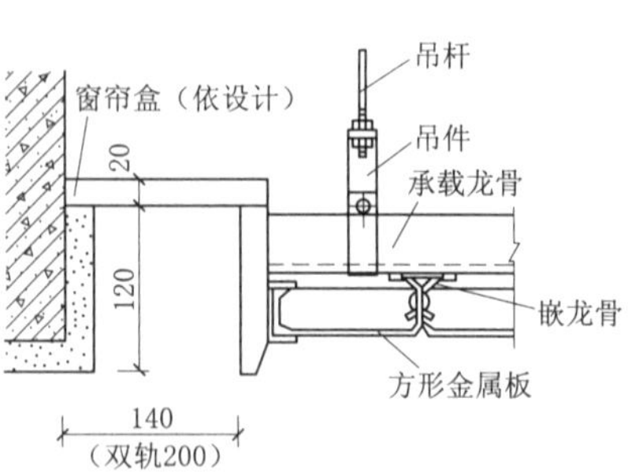

（a）窗帘盒与吊顶连接节点

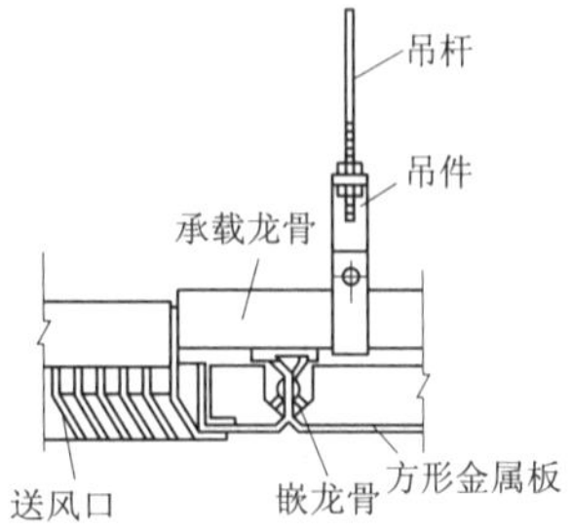

（b）送风口节点做法

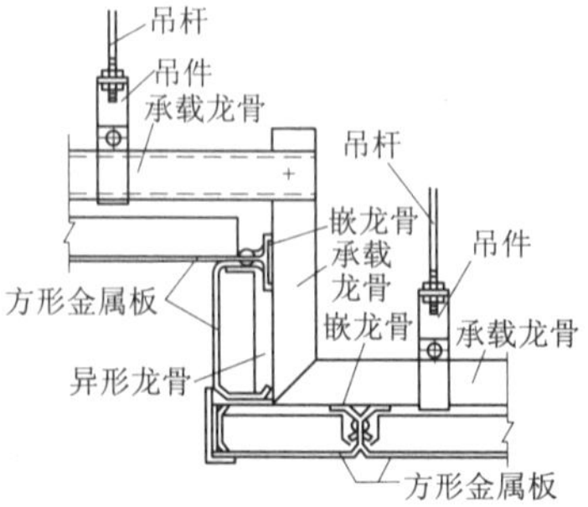

（c）叠级做法

图 6.55 金属饰面板吊顶细部节点构造（单位：mm）

图 6.56 开敞式吊顶及其构件

6.57 所示。板条及方木均需经刨平、刨光、砂纸打磨，使规格尺寸一致后方能开始拼装。

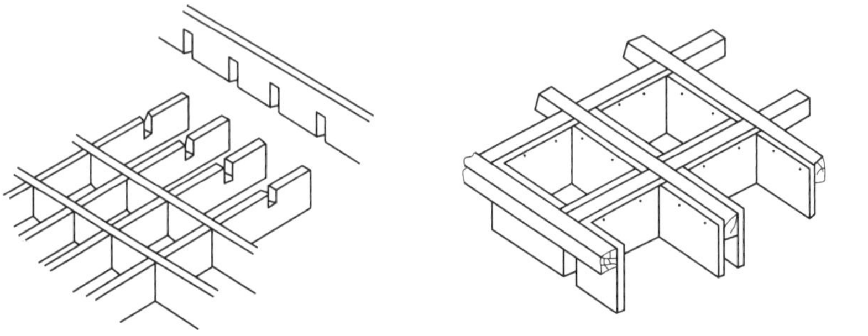

图 6.57 木质单体构件拼装

格片型金属单体构件拼装方式较为简单，只需将金属格片按排列图案先裁锯成规定长度，然后卡入特制的格片龙骨卡口内即可，如图6.58所示。十字交叉式格片安装时，须采用专用特制的十字连接件，并用龙骨骨架固定其十字连接件。

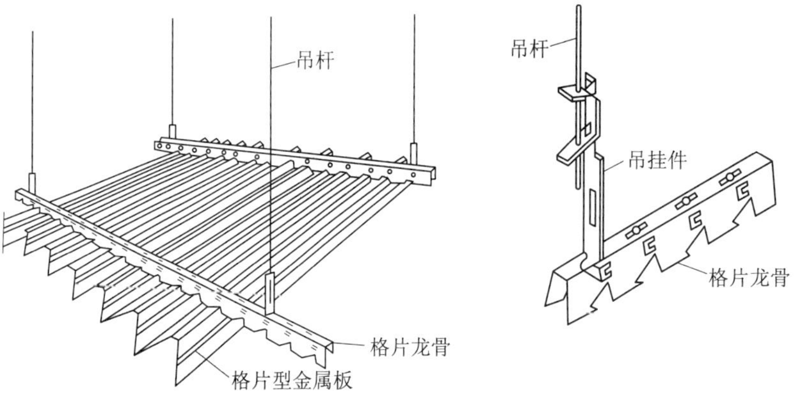

图6.58 金属单体构件拼装

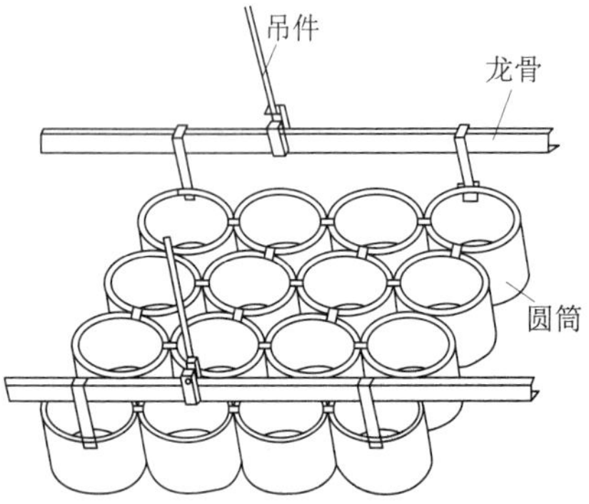

图6.59 复合单板网络格栅型金属单体构件拼装

复合单板网络格栅型金属单体构件拼装，一般都是以金属复合吸声单板（图6.59）通过特制的网络支架嵌插组成不同的平面几何图案，如三角形、纵横直线形、四边形、菱形、工字形、六角形等，或将两种以上几何图形组成复合图案。

单元安装固定如下。

（1）吊杆固定。吊点的埋设方法与前面各类吊顶原则上相同，但吊杆必须垂直于地面，且能与单元体无变形地连接，因此吊杆的位置可移动调整，待安装正确后再进行固定。

（2）单元体安装固定。格片型金属单元体安装固定一般用圆钢吊杆及专门配套的吊挂件与龙骨连接。此种吊挂件可沿吊杆上下移动（压紧两片簧片即松、放松簧片即卡紧），对调整龙骨平整度十分方便。

安装时可先组成单元体（圆形、方形或矩形体），再用吊挂件将龙骨与吊杆连接固定并调平即可。也可将龙骨先安装好，一片片单独卡入龙骨口内。无论采用何种方法安装，均应将所有龙骨相互连接成整体，且龙骨两端应与墙柱面连接固定，避免整个吊顶棚晃动。安装宜从角边开始，最后一个单元体留下数个格片先不勾挂，待固定龙骨后再挂。

由于铝合金格栅形单元比前述木质、格片质、网络型单元体整体刚度差，故吊装时多用通长钢管和专用卡具、或不用卡具而采用带卡口的吊管，或预先加工好悬吊骨架，将多个单元体组装在一起吊装。此时，吊点位置及相应吊杆数量较少。所以，应按事先选定的吊装方案设计好吊点位置，并埋设或安装好吊点连接件。

木质开敞式吊式顶棚均需要进行表面修饰。最终装饰一般是涂刷高级清漆，露出自然木纹。完成最终装饰后安装灯饰等物件时，工人必须戴干净的手套进行仔细操作，对成品进行认真保护，以防止污染终饰面层。必要时应覆盖塑料布、编织布加以保护。

6.5-1 Ⓟ
第6章彩图

本 章 小 结

本章主要介绍了木龙骨吊顶和轻钢龙骨吊顶施工工艺及管理要点。首先通过吊顶工程概述，了解吊顶的构造和功能以及吊顶的种类、主要建筑材料；其次，详细介绍了木龙骨吊顶、轻钢龙骨吊顶的构造、工艺及质量验收标准，学习吊顶的施工注意事项，如与其他工程的施工协调、材料的防火处理、成品保护等；最后介绍其他形势吊顶的安装工艺和质量验收要点。

实 训 与 实 践

任务1　吊顶工程观摩实践

1. 实训项目

（1）工地观摩实践。到附近在建工地进行参观实践，要求参观的工程项目刚好处于吊顶施工阶段。通过现场调查，了解吊顶的构造、施工机械设备、所用材料的种类，包括主要材料和辅助材料。

（2）根据现场施工内容，结合施工组织设计文件，班级分组模拟工程技术人员对作业班组进行技术交底，尤其注意与设备安装工程的交接协调。

（3）开展吊顶工程验收训练，对已完成的吊顶龙骨安装进行隐蔽验收，并填写相关质量验收报表。

（4）按照施工图纸，在现场进行吊顶施工放样训练，要求在顶棚弹出吊点位置线，在墙面弹出吊顶标高位置线。

2. 实训目的

（1）通过实训，增强对吊顶工程的直观认识，掌握吊顶的构造，理解吊顶各构件的作用。

（2）通过模拟技术交底和质量验收，检验技能掌握程度，训练施工管理技能，为将来指导施工作业积累工作经验。

（3）通过现场放样实训，提高学生阅读和理解吊顶施工图纸的能力，为将来担任施工员工作奠定岗位技能基础。

3. 实训要求

（1）了解工地概况、施工进度和即将开展的施工作业内容。

（2）在现场注意安全，服从施工单位的安排，进入现场必须佩戴安全帽。

（3）认真调查工地对吊顶工程的施工部署、质量保证措施、材料准备情况和作业人员准备情况。

（4）拍摄相关照片，把实训见闻整理成调查报告，以便积累工程经验。

任务2 吊顶材料工程量计算

知识链接：吊顶材料工程量计算规则

在施工准备阶段需要计算吊顶工程量，便于材料、人工、成本的预算，可参照相关工程定额进行工程量计算。在工程定额中，龙骨是按常用材料及规格编制，设计规定与定额不同时，可以换算，其他不变。对材料的损耗率定额也有规定，如木龙骨6%、轻钢龙骨6%、铝合金龙骨7%。

定额中顶棚等级划分。顶棚面层在同一标高者为“一级”顶棚。顶棚面层不在同一标高，且龙骨有跌级高差者为“二～三级”顶棚。定额中顶棚龙骨、顶棚面层分别列项，使用时分别套用相应定额。轻钢龙骨、铝合金龙骨定额按双层结构编制（即中、小龙骨紧贴大龙骨底面吊挂），如采用单层结构时（大、中龙骨底面在同一水平面上），扣除定额内小龙骨及相应配件数量。

1. 龙骨工程量计算

各种吊顶顶棚龙骨按主墙间净空面积以 m^2 计算；不扣除间壁墙、检查口、附墙烟囱、柱、灯孔、垛和管道所占面积。

（1）只有一级吊顶的顶棚龙骨工程量。

一级吊顶顶棚龙骨工程量＝主墙间的净长度×主墙间的净宽度

（2）有“二～三级”吊顶的顶棚龙骨的工程量。其中“二～三级”顶棚龙骨的工程量，按龙骨跌级高差外边线所含最大矩形面积以 m^2 计算，套用“二～三级”顶棚龙骨定额项目，各层级需分开计算，即

二～三级顶棚龙骨工程量＝跌级高差最外边线长度×跌级高差最外边线宽度

一级吊顶顶棚龙骨工程量＝(主墙间的净长度×主墙间的净宽度) －（二～三级顶棚龙骨工程量）

注：计算顶棚龙骨时，顶棚中的折线、跌落、高低吊顶槽等面积不展开计算。

2. 吊顶面板工程量计算

顶棚饰面工程量按以下规则计算。

（1）顶棚装饰面积，按主墙间设计面积以 m^2 计算；不扣除间壁墙、检查口、附墙烟囱、附墙垛和管道所占面积，但应扣除独立柱、灯带、大于 $0.3m^2$ 的灯孔及与顶棚相连的窗帘盒所占的面积。

顶棚饰面工程量＝主墙间的净长度×主墙间的净宽度－独立柱等所占面积

（2）顶棚中的折线、跌落、拱形、高低灯槽及其他艺术形式顶棚面层均按展开面积计算。

艺术形式顶棚饰面工程量＝∑展开长度×展开宽度

具体任务如下。

如图6.60所示，某预应力钢筋混凝土板底吊不上人型装配式U形轻钢龙骨吊顶，龙骨间距为450mm×450mm，龙骨上铺钉中密度板，面层粘贴6mm厚铝塑板，尺寸如图6.60所示，计算顶棚龙骨和面板工程量。

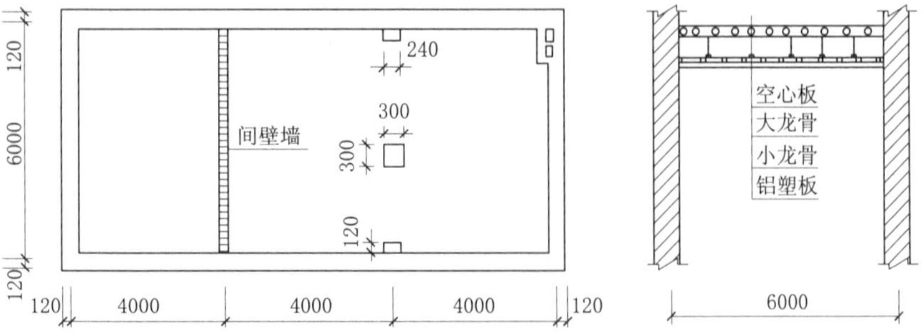

图 6.60　某房间吊顶示意图（单位：mm）

习　　题

一、填空题

1. 顶面的做法很多，最简单的是______，一般采用________做法居多。可以按照外观、构造、______________等进行分类。

2. 吊顶是由__________、__________和罩面板组成的空间顶棚体系。

3. 纸面石膏板有普通石膏板（白色面纸＋灰色背纸）、____________（蓝色面纸＋灰色背纸）、________________________（绿色面纸＋灰色背纸）和穿孔纸面石膏板。

4. 集成吊顶就是将__________与____________，均制作成标准规格的可组合式模块，安装时集成在一起。

5. 根据室内墙上______________水平线，用尺量至顶棚设计标高，在该点画出高度线，用________________，在同侧墙面找出另一点，再将这两点连线，即得吊顶高度水平线。

6. 对吊顶用的木龙骨进行筛选，将其中腐蚀部分、斜口开裂、虫蛀等部分剔除。对工程中所用的木龙骨均要进行__________，一般将防火涂料涂刷或喷于木材表面，也可把木材放在防火涂料槽内浸渍。

7. 常用轻钢龙骨截面形式为U形、C形、L形，其中U形龙骨为________，是骨架主要受力构件；C形龙骨为________，用作固定饰面层；L形龙骨为边龙骨，固定边部饰面板。

8. 吊顶施工应注意现场防火安全管理，动火作业需________________，焊接操作必须由____________操作，防止焊接造成火灾事故。

9. 轻钢骨架及罩面板安装应注意保护顶棚内各种管线。轻钢骨架的吊杆、龙骨____________（准或不准）固定在通风管道及其他设备上。

10. 吊顶安装前必须与有关设备安装工作配合，吊顶施工单位应主动向有关安装单位了解____________________等技术资料。注意烟感器、喷淋头下其他设施的距离应大于____________ mm，不得遮挡。

二、简答题

1. 木龙骨吊顶施工应具备哪些作业条件？

2. 木龙骨吊顶灯具、管道、风口安装注意事项有哪些?
3. 木龙骨吊顶的安装施工工艺要点有哪些?
4. 轻钢龙骨吊顶施工应做好哪些技术准备?
5. 轻钢龙骨的安装施工工艺要点有哪些?

第7章 楼地面工程施工与管理

学习目标

通过本章的学习，学生应了解楼地面装饰的常规做法，熟悉楼地面施工所涉及的建筑材料。学会安排楼地面施工的准备工作，掌握楼地面的构造及施工工艺。理解楼地面工程的质量验收标准及检查方法，熟悉楼地面工程质量通病的预防和处理。

学习要求

知识要点	能力目标	相关知识	权重/%
楼地面常规做法及构造	(1) 了解楼地面施工的常规做法 (2) 熟悉楼地面构造及各构件的作用 (3) 熟悉楼地面工程的材料	(1) 楼地面施工常规做法 (2) 楼地面构造 (3) 地面材料	20
楼地面施工工艺	(1) 楼地面施工准备 (2) 掌握楼地面施工整体面层、块料面层、铺贴面层的施工工艺 (3) 掌握新型地面装饰材料施工工艺	(1) 楼地面施工准备内容 (2) 楼地面施工工艺 (3) 施工规范涉及楼地面施工的规定	50
涉及楼地面施工的相关施工标准、规范	(1) 理解施工规范的规定 (2) 领会施工过程质量控制 (3) 掌握检验批确定方法，学会成品验收 (4) 能处理一般质量通病	(1) 施工规范 (2) 质量验收标准 (3) 通病处理方法	30

学习导入

在建筑中人们在楼地面上从事各项活动，安排各种家具和设备；地面要经受各种侵蚀、摩擦和冲击作用，因此要求地面有足够的强度、耐磨性和耐腐蚀性。地面作为地坪或楼面的表面层，首先要起保护作用，使地坪或楼面坚固耐久。按照不同的使用要求，地面应具有耐磨、防水防滑、易于清扫等特点。在高级装饰工程中，还要有一定的隔声、吸音功能，及弹性、保温性和阻燃性等。楼地面由面层和基层组成，基层又包括垫层和承重层两部分。地面常按面层材料和做法分类，按照常用的地面装饰材料分为水泥地面、水磨石地面、木质地板、塑料地板、耐磨地坪、环氧树脂地坪等。本章将要学习楼地面的施工工艺和质量验收标准。

7.1 楼地面施工基本知识

楼地面多指建筑物内部和周围地表的铺筑层，也指楼层表面的铺筑层（楼面）。通常由面层和基层两部分构成。基层包括找平层、结构层和垫层，有时还包括管道层。找平层用以保证面层平整，厚度取决于结构层的平整度，一般为20mm厚，用水泥砂浆做成。如要满足地面找坡、敷设管线或隔音、保温等特殊要求，则需在结构层和找平层之间加轻质材料的垫层，厚度按具体设计定，一般为50～60mm。面层直接承受物理和化学作用，并对室内空间起到美化作用，其材料和构造应根据房间的使用要求、地面的使用要求和经济条件加以选用。在大量人流通过的门厅、过道、穿堂等处，可选用美观、耐磨、易于清洁的面层，如花岗石、水磨石等面层。居室、病房、图书阅览室等供人们长时间逗留且要求安静的房间，可选用具有良好消声和触感的面层，如木板、地毯、橡胶等面层。厨房、卫生间、洗衣房等处，应用耐水、防滑、易于清洗的地面，如缸砖、马赛克（锦砖）等。医院、实验室、工厂车间等则根据具体要求，选用静音、耐压、耐磨以及耐酸碱或耐高温的面层，如PVC塑胶地板、耐磨地坪、环氧树脂地坪、水泥砂浆等面层。

7.1.1 楼地面构造

1. 楼地面的划分

根据《建筑地面工程施工质量验收规范》（GB 50209—2010）的规定，建筑装饰装修工程地面可分为整体面层、板块面层及木竹面层等。

2. 楼地面构造做法

（1）整体面层。

用现场浇筑法做成整片的地面，又可分为以下几种。

1）无机材料地面。有水泥地面、水磨石地面和金刚砂耐磨地面（图7.1）等。水泥地面通常用水泥砂浆找平，施工方便，但易起砂，多用于标准较低的建筑。如果使用C25以上混凝土表面撒金刚砂作面层，用磨光机打磨、抛光，形成金刚砂耐磨地坪，多用于厂房、停车库等。水磨石地面用水泥作胶凝材料，白云石子作骨料，待水泥凝结到一定硬度，用金刚砂打磨，再用草酸清洗、打蜡。如选用彩色水泥和彩色大理石子，用由粗到细的金刚砂进行多次打磨，即成为美术水磨石（图7.2）。水磨石地面具有天然石地面的光洁、坚硬、耐磨等优点，价格较低，应用广泛。

2）有机材料地面。有环氧树脂沥青地面、聚醋酸乙烯地面等。环氧树脂沥青地面（图7.3）是用环氧树脂、沥青漆和二乙烯三胺作黏结剂，用石英粉、石英砂作填充料配成砂浆，分数次刮抹磨光而成，厚3～4mm。聚醋酸乙烯塑料地面是用聚醋酸乙烯乳液加入细砂、石英粉等调制的砂浆抹成。这类地面经磨光打蜡后，表面光滑，易于清洁，有一定弹性，行走舒适，并耐化学腐蚀。可根据要求掺入颜料，制成各种色彩和花纹。但有静电吸附作用，容易老化。

（2）板块面层。

图 7.1 耐磨地坪

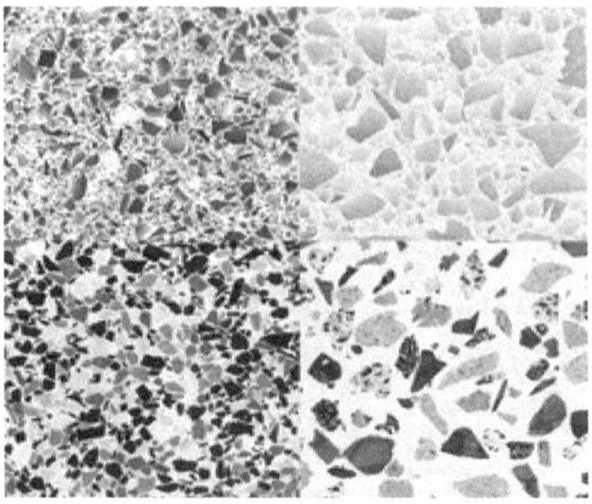

图 7.2 水磨石

图 7.3 环氧树脂地坪

1）天然石材地面。如花岗岩、大理石地面。花岗岩地面有灰白、红、青、黑等颜色。铺地用石常锯剖成 20～30mm 厚的板材或 50mm 以上厚度的块材，表面可磨光，也可以凿毛防滑，具有耐磨和耐久性能。大理石地面经打磨上蜡，纹理美丽，富有光泽，耐磨度不及花岗岩。天然石地面通常采用水泥浆粘贴在找平层上，较厚的也可直接铺放在砂垫层上。

2）陶瓷板地面。厚度为 3～10mm。这种地面耐磨、防滑、耐水、耐酸碱，自重比石料板地面小，广泛用于室内外地面。陶瓷板可烧制成各种色彩、质感和花纹，还可根据需要设计成方、长方、六角等形状，组合拼花，常用品种为抛光砖、玻化砖、通体砖等。

3）卷材地面。厚度为 2～10mm 的油地毡、塑料、橡胶、地毯成卷的铺材，有时也可裁成小块片状进行铺贴。这类面层可干铺在水泥砂浆找平层上，也可用胶粘贴。满铺地毯时应在房间四周设钢钉，将地毯平整地扣挂在钢钉上，或用尼龙搭扣衬条把地毯绷紧。地毯下可添设一层泡沫橡胶衬垫，以增加地面弹性和消声性能。卷材地面铺设方便，色彩鲜艳，图案多样，具有行走舒适和良好的保温特点。

(3）木竹面层。具有良好的弹性和蓄热性能，木板厚 15～25mm。有普通木地板、硬木条形地板、硬木拼花地板。如在找平层上加一层截面为40mm×40mm的木档，按照间距400mm制作的木搁栅，再将木条板钉固在木搁栅上，可取得更好的弹性。搁栅间的空档可用来安设各种管线。荷载和冲击力大的体育馆、舞台、仓库等建筑，可作双层地板。底板和面板的拼缝应按45°或90°铺设，并在两层板之间衬一层油纸，以减小摩擦。如要求更好的弹性，可在搁栅下加衬橡胶垫块，或改用钢或硬木托弓支承搁栅，这样做成的地板称为弹性地板。在湿度较大地区，为防止木板受潮、变形或腐烂，房屋底层宜采用架空式木地板。可在地垄墙身上架木搁栅，再铺地板，并应组织好架空层的通风。

7.1.2 楼地面的基本功能要求

地面饰面要求有足够的强度和耐磨、防潮、抗腐蚀等性能，还需符合隔音、保温、阻燃、防滑等构造要求。楼地面在人的视线范围内所占的比例较大，因此应在综合考虑诸多环境因素的前提下，精心设计并正确选择地面材料及其质感和色彩。

1. 隔声要求

隔声要求包括隔绝空气声和撞击声两个方面。当楼地面的质量较大时，空气声的隔绝效果较好，且有助于防止发生共振现象。撞击声的隔绝途径主要有两个：一是采用浮筑或所谓夹心地面的做法；二是采用弹性地面。前一种构造工艺复杂，而且效果也一般。弹性地面做法简单，而且弹性材料的不断发展，为隔绝撞击声提供了条件。

2. 吸声要求

一般来说，表面质密光滑，刚性较大的地面如大理石地面，对于声波的反射能力较强，吸声能力极小。而各种软质地面都可以起到比较强的吸声作用，如地毯的平均吸声效果达到55%。因此，对于吸声要求较高的办公空间，应注意选择和布置地面材料。

3. 满足装饰方面的要求

楼地面的装饰是整个装修工程的重要组成部分，对整个室内的装饰效果有很大影响。楼地面的装饰与顶棚的装饰能从整体的上下对应及上下界面巧妙地组合，使室内产生优美的空间序列感。楼地面的装饰与空间的实用性也有紧密的联系。例如，室内行走路线的标志，具有视觉诱导的功能。楼地面的图案与色彩设计，对烘托室内环境气氛与风格具有一定的作用。

4. 保温性能要求

住宅、公共建筑的能耗非常大，因此考虑材料的保温性能，对于建筑节能至关重要。从材料特性的角度考虑，瓷砖地面、大理石地面等都属于热传导性较高的材料，而地毯、木地板、塑胶地板等则属于热传导性较低的地面。从人的感受角度加以考虑，就是要注意人会以某种地面材料导热性能的认识，来评价整个室内空间的保温特性。因此，对于地面做法的保温性能的要求，宜结合材料导热性能、暖气负载与冷气负载的相对份额的大小、人的感受以及人在这一空间活动的特性等因素来加以综合考虑。

因此，地面的装饰设计要结合空间的形态、家具饰品的布置、人的活动状况及心理感受、色彩环境、图案要求、质感效果和空间的使用性质等诸因素予以综合考虑，妥善处理楼地面的装饰效果和功能要求之间的关系。

7.2 楼地面主要材料

1. 实木地板

常用的实木地板树种有白桦、西南桦、铁苏木、水曲柳、大甘巴豆、马来甘巴豆、水青冈、小叶青、白栎、红栎、苦栎、柞木、榉树、柚木、苦楝、木荚豆、香二翅豆、香脂木豆等。一般实木地板的标准尺寸是 90mm×900mm×18mm，宽板规格是 120mm×900mm×18mm，但是也有一些不是标准尺寸的实木地板，如 750mm×600mm 的短板，还有 750mm×60mm 的窄板，如图 7.4 所示。

2. 实木复合地板

实木复合地板是由不同树种的板材交错层压而成，一定程度上克服了实木地板湿胀干缩的缺点，干缩湿胀率小，具有较好的尺寸稳定性，并保留了实木地板的自然木纹和舒适的脚感。实木复合地板的规格比较多，常见的规格有 1200mm×150mm×15mm、800mm×200mm×15mm、1802mm×303mm×15mm 及 1802mm×150mm×15mm，这些是比较常用的尺寸，如图 7.5 所示。

图 7.4 实木地板

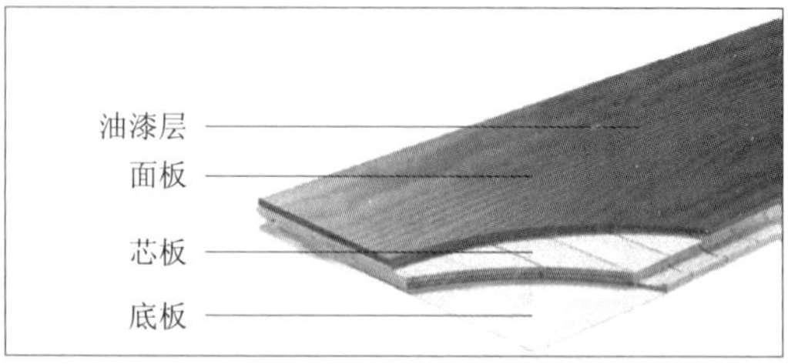

图 7.5 实木复合地板

3. 实木 UV 淋漆地板

实木 UV 淋漆地板是实木烘干之后，通过加工后成型的一种地板，表面通过淋漆固化处理而成，这种板材适合家居使用。其规格一般有 750mm×60mm×16mm、900mm×90mm×16mm、450mm×60mm×16mm 等尺寸，如图 7.6 所示。

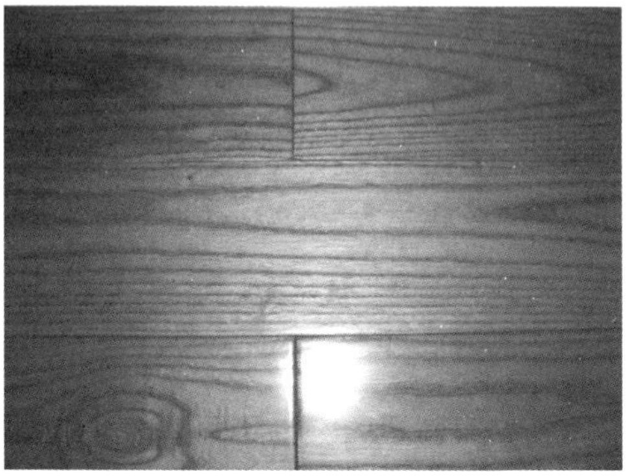

图 7.6 实木 UV 淋漆地板

4. 强化地板

这是以一层或多层专用纸浸渍热固性氨基树脂，铺装在刨花板、高密度纤维板等人造板基材表层，背面加平衡层，正面加耐磨层，经热压、成型的地板。这种地板的规格比较统一，一般尺寸为1200mm×90mm×8mm，也有厚度为7mm的尺寸，如图7.7所示。

5. 地砖

地砖也是装饰工程中不可缺少的材料，其种类颇多，主要有以下几种。

(1) 抛光砖（图7.8）：这是由通体砖打磨抛光之后形成的瓷砖。跟通体砖比较，抛光砖更光亮洁白，硬度比较高，且耐磨。抛光砖结合渗花技术能造出各种仿石、仿木效果。抛光砖用途广泛，可用于卫生间、厨房及其他场合。

图7.7 强化地板

(2) 通体砖（图7.9）：通体砖是不上釉的，因材质正反面都一样而得名。通体砖比较耐磨，但是没有釉面砖的花色丰富。种类上有防滑、抛光和渗花之分。一般适用于厅堂和过道等地面。

(3) 玻化砖（图7.10）：玻化砖是由石英砂和泥按一定比例烧制、打磨光亮而成，具有玻璃质感，也是最硬的一种砖。玻化砖的优点是吸水率、边直度、弯曲度以及耐酸碱性方面比其他砖要好。缺点是灰尘和油污比较容易渗入，不耐脏。广泛用于客厅、卧室、走道等地方。

图7.8 抛光砖

图7.9 通体砖

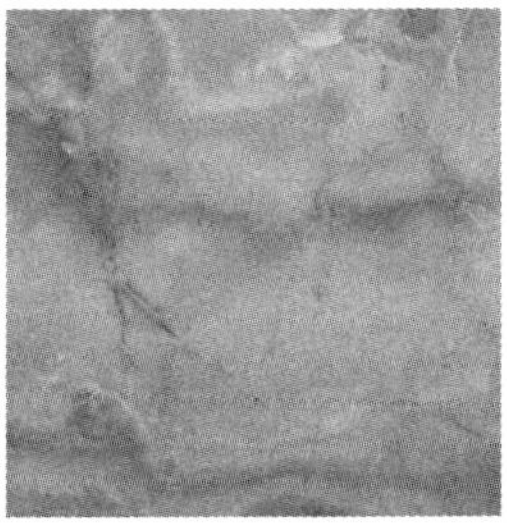

图7.10 玻化砖

6. 天然石材

天然石材是地面装饰材料中较为贵重的装饰材料，根据其属性不同，又可分为大理石（图7.11）和花岗岩（7.12）两种。用大理石或花岗岩装饰墙面或地面，装饰效果好、耐久，一般用在档次较高的工程装饰中。

图 7.11 大理石

图 7.12 花岗岩

7. 塑胶地板

这塑胶地板是 PVC 地板的另一种叫法，主要成分为聚氯乙烯材料。PVC 地板可以做成两种，一种是同质透心的，就是从底到面的花纹材质都是一样的。还有一种是复合式的，最上面一层是纯 PVC 透明层，下面加上印花层和发泡层。使用非常广泛，如家庭、医院、学校、办公楼、工厂、公共场所、超市、商业、体育场馆等各种场所，如图 7.13 所示。

图 7.13 塑胶地板

7.3 水泥砂浆地面施工

7.3-1 Ⓜ 水泥砂浆地面施工

7.3.1 主要材料及施工机具

1. 主要材料

(1) 水泥。包括硅酸盐水泥、普通硅酸盐水泥，其标号不应小于 425 号，并严禁混用不同品种、不同标号的水泥。

(2) 砂。应采用中砂或粗砂，过 8mm 孔径筛子，含泥量不应大于 3%。

2. 主要机具（工具）

主要机具（工具）包括：砂浆搅拌机、手推车、抹光机、水平尺、钢卷尺、尼龙线、木抹子、铁抹子、长木杠、墨斗、钢丝刷、喷壶和扫帚等，如图 7.14 所示。

7.3.2 施工准备

(1) 地面（或楼面）的垫层以及预埋在地面内各种管线已做完。穿过楼面的竖管已安装，管周围已堵塞密实，卫生间、厨房等有水房间应作泛水处理。

(2) 墙面的＋50cm 水平标高线已弹在四周墙上。

(a) 水泥砂浆搅拌机　(b) 抹光机　(c) 手推车

(d) 水平尺　(e) 铁抹子　(f) 木抹子　(g) 钢丝刷

(h) 墨斗　(i) 长木杠　(j) 扫帚

图 7.14 施工机具

(3) 门框已立好，并在框内侧做好保护，防止手推车碰坏。

(4) 墙、顶抹灰、屋面防水已完工。

7.3.3 施工工艺

1. 工艺流程

基层处理→找标高、弹线→洒水湿润→抹灰饼和标筋→搅拌砂浆→刷水泥浆结合层→铺水泥砂浆面层→木抹子搓平→铁抹子压第一遍→第二遍压光→第三遍压光→养护→抹踢脚板。

2. 操作工艺

本操作工艺要求在常规温度下操作，冬期施工时，室内温度不得低于+5℃。

(1) 基层处理。先将基层上的灰尘扫掉，用钢丝刷和錾子刷净、剔掉灰浆皮和灰渣层，用10%的火碱水溶液刷掉基层上的油污，并用清水及时将碱液冲净。

(2) 找标高、弹线。根据墙上的+50cm水平线，往下量测出面层标高，并弹在墙上。

(3) 洒水湿润。用喷壶将地面基层均匀洒水一遍。

(4) 抹灰饼和标筋(或称“冲筋”)。根据房间内四周墙上弹的面层标高水平线，确定面层抹灰厚度(不应小于20mm)，然后拉水平线开始抹灰饼(5cm×5cm)，横竖间距为1.5～2.00m，灰饼上表面即为地面面层标高。

如果房间较大，为保证整体面层平整度，还须抹标筋，将水泥砂浆铺在灰饼之间，宽度与灰饼宽相同，用木抹子拍抹成与灰饼上表面相平、一致。

铺抹灰饼和标筋的砂浆材料配合比均与抹地面的砂浆相同。

（5）搅拌砂浆。水泥砂浆的体积比宜为 1∶2（水泥∶砂），强度等级不应小于 M15，应使用搅拌机搅拌均匀，且颜色一致。

（6）刷水泥浆结合层。在铺设水泥砂浆之前，应涂刷水泥浆一层，其水灰比为 0.4～0.5（涂刷之前要将抹灰饼的余灰清扫干净，再洒水湿润），不要涂刷面积过大，随刷随铺面层砂浆。

（7）铺水泥砂浆面层。涂刷水泥浆之后紧跟着铺水泥砂浆，在灰饼之间（或标筋之间）将砂浆铺均匀，然后用木刮杠按灰饼（或标筋）高度刮平。铺砂浆时如果灰饼（或标筋）已硬化，木刮杠刮平后，同时将利用过的灰饼（或标筋）敲掉，并用砂浆填平。

（8）木抹子搓平。木刮杠刮平后，立即用木抹子搓平，从内向外退着操作，并随时用 2m 靠尺检查其平整度。

（9）铁抹子压第一遍。木抹子抹平后，立即用铁抹子压第一遍，直到出浆为止，如果砂浆过稀表面有泌水现象时，可均匀撒一遍干水泥和砂（1∶1）的拌合料（砂子要过 3mm 筛），再用木抹子用力抹压，使干拌料与砂浆紧密结合为一体，吸水后用铁抹子压平。如有分格要求的地面，在面层上弹分格线，用劈缝溜子开缝，再用溜子将分缝内压平、压直、压光。上述操作均在水泥砂浆初凝之前完成。

（10）第二遍压光。面层砂浆初凝后，人踩上去有脚印但不下陷时，用铁抹子压第二遍，边抹压边把坑凹处填平，要求不漏压，表面压平、压光。有分格的地面压过后，应用溜子溜压，做到缝边光直、缝隙清晰、缝内光滑顺直。

（11）第三遍压光。在水泥砂浆终凝前进行第三遍压光（人踩上去稍有脚印），铁抹子抹上去不再有抹纹时，用铁抹子把第二遍抹压时留下的全部抹纹压平、压实、压光（必须在终凝前完成）。

（12）养护。地面压光完工后 24h，铺锯末或其他材料覆盖洒水养护，保持湿润，养护时间不少于 7d。当抗压强度达到 5MPa 时才能上人。

（13）抹踢脚板。根据设计图规定墙基体有抹灰时，踢脚板的底层砂浆和面层砂浆分两次抹成。墙基体不抹灰时，踢脚板只抹面层砂浆。

1）踢脚板抹底层水泥砂浆。清洗基层，洒水湿润后，按＋50cm 标高线向下量测踢脚板上口标高，吊垂直线确定踢脚板抹灰厚度，然后拉通线、套方、贴灰饼、抹 1∶3 水泥砂浆，用刮尺刮平、搓平整，扫毛浇水养护。

2）抹面层砂浆。底层砂浆抹好、硬化后，上口拉线贴粘靠尺，抹 1∶2 水泥砂浆，用灰板、托灰、木抹子往上抹灰，再用刮尺板紧贴靠尺垂直地面刮平，用铁抹子压光，阴阳角、踢脚板上口用角抹子溜直压光。可参照墙面抹水泥砂浆的操作工艺。

7.3.4 质量标准

1. 主控项目

（1）水泥砂浆面层的厚度应符合设计要求，且不应小于 20mm。

（2）水泥采用硅酸盐水泥、普通硅酸盐水泥，其强度等级不应小于 32.5MPa，不同品种、不同强度等级的水泥严禁混用；砂应为中粗砂，当采用石屑时，其粒径应为

1～5mm，且含泥量不应大于3%。

检验方法：观察检查并且检查材质合格证明文件及检测报告。

（3）水泥砂浆面层的体积比（强度等级）必须符合设计要求；且体积比应为1∶2，强度等级不应小于M15。

检验方法：检查配合比通知单和检测报告。

（4）面层与下一层应结合牢固，无空鼓、裂纹。

检验方法：用小锤轻击检查。

注：空鼓面积不应大于400cm²，且每自然间（标准间）不多于两处可不计。

2. 一般项目

（1）面层表面的坡度应符合设计要求，不得有倒泛水和积水现象。

检验方法：观察和采用泼水或坡度尺检查。

（2）面层表面应洁净，无裂纹、脱皮、麻面、起砂等缺陷。

检验方法：观察检查。

（3）踢脚线与墙面应紧密结合，高度一致，出墙厚度均匀。

检验方法：用小锤轻击、钢尺和观察检查。

注：局部空鼓长度不应大于300mm，且每自然间（标准间）不多于两处可不计。

（4）楼梯踏步的宽度、高度应符合设计要求。楼层梯段相邻踏步高度差不应大于10mm，每踏步两端宽度差不应大于10mm；旋转楼梯梯段的每踏步两端宽度的允许偏差为5mm，楼梯踏步的齿角应整齐，防滑条应顺直。

检验方法：观察和钢尺检查。

（5）水泥砂浆面层的允许偏差应符合《建筑地面工程施工质量验收规范》（GB 50209—2010）的规定。

7.3.5 成品保护

（1）地面操作过程中要注意对其他专业设备的保护，如埋在地面内的管线不得随意移位、地漏内不得堵塞砂浆等。

（2）面层做完之后养护期内严禁进入。

（3）在已完工的地面上进行其他专业工序时，注意不要碰坏面层，油漆、灰浆不要污染面层。

（4）冬期施工的水泥砂浆地面操作环境如低于5℃时，应采取必要的防寒保暖措施，严格防止发生冻害，尤其是早期受冻，会使面层强度降低，造成起砂、裂缝等质量事故。

（5）如果先做水泥砂浆地面，后进行墙面抹灰时，要特别注意对面层进行覆盖，并严禁在面层上拌和砂浆和储存砂浆。

7.3.6 质量通病与防治

1. 空鼓、裂缝

（1）基层清理不彻底、不认真。在抹水泥砂浆之前必须将基层上的黏结物、灰尘、油污彻底处理干净，并认真进行清洗湿润，这是保证面层与基层结合牢固、防止空鼓裂缝的一道关键性工序，如果不仔细清除，使面层与基层之间形成一层隔离层，致使上下结合不牢，就会造成面层空鼓和裂缝。

(2) 涂刷水泥浆结合层不符合要求。在已处理洁净的基层上刷一遍水泥浆，目的是要增强面层与基层的黏结力，因此这是一项重要的工序。涂刷水泥浆配合比要适宜（一般为 0.4～0.5 的水灰比），涂刷时要均匀不得漏刷，面积不要过大，砂浆铺多少刷多少。如果先涂刷一大片，而铺砂浆速度较慢，已刷上去的水泥浆很快干燥，这样不但起不到黏结作用，反而起到隔离作用。另外，一定要用刷子涂刷已拌好的水泥浆，不能采用干撒水泥后，再浇水用扫帚来回扫的办法，由于浇水不匀，水泥浆干稀不匀，也影响面层与基层的黏结质量。

(3) 在预制混凝土楼板上及首层暖气沟盖上做水泥砂浆面层，也易产生空鼓、裂缝，预制板横、竖缝必须按结构设计要求，用 C20 细石混凝土填塞振捣、密实。由于预制楼板安装完之后，上表面标高不能完全平整一致，高差较大，铺设水泥砂浆时厚薄不均，容易产生裂缝，因此一般采用细石混凝土面层。

首层暖气沟盖板与地面混凝土垫层之间由于沉降不匀，也易造成此处裂缝，因此要采取防裂措施。

2. 地面起砂

(1) 养护时间不够，过早上人。水泥硬化初期，在水中或潮湿环境中养护，能使水泥颗粒充分水化，提高水泥砂浆面层强度。如果在养护时间短、强度很低的情况下，过早上人使用，就会对刚刚硬化的表面层造成损伤和破坏，致使面层起砂、出现麻坑。因此，水泥地面完工后，养护工作的好坏对地面质量的影响很大，必须要重视，当面层抗压强度达 5MPa 时才能上人操作。

(2) 使用过期或标号不够的水泥、水泥砂浆搅拌不均匀、操作过程中抹压遍数不够等，都是造成起砂现象的原因。

(3) 有地漏的房间倒泛水。在铺设面层砂浆时先检查垫层的坡度是否符合要求。设有垫层的地面，在铺设砂浆前抹灰饼和标筋时，按设计要求抹好坡度。

(4) 面层不光、有抹纹。必须认真按前面所述的操作工艺要求，用铁抹子抹压的遍数去操作，最后在水泥终凝前用力抹压不得漏压，直到将前遍的抹纹压平、压光为止。

7.3.7 施工管理

要对作业人员及时进行技术和安全交底，作业完成后应同时完成相关工程资料的收集和整理，以便为验收做好准备，如有必要，应该在施工过程中随拍影像资料，并妥善保存。

在材料运输、堆放，以及地面施工过程中应注意避免扬尘、遗撒、沾带等现象，应采取遮盖、封闭、洒水、冲洗等必要措施。运输、施工所用车辆、机械的废气、噪声等应符合环保要求。现场临时用电应符合施工临时用电安全管理规定。

7.4 水磨石地面施工

7.4.1 主要材料及施工机具

1. 主要材料

(1) 水泥。采用同一批号的32.5MPa普通硅酸盐水泥。

图7.15 石粒

(2) 矿物颜料。水泥中掺入的颜料应采用耐光、耐碱的矿物颜料，不得使用矿物酸性颜料。其掺入量为水泥重量的3%～6%，同一颜色面层应使用同厂、同批的颜料。

(3) 石粒。采用坚硬可磨的白云石、大理石等岩石加工而成，石料应无杂物(图7.15)。

(4) 分格条。采用铜条或玻璃条，断面尺寸为15mm×3mm，长度根据房间分块规格尺寸而定，如图7.16所示。

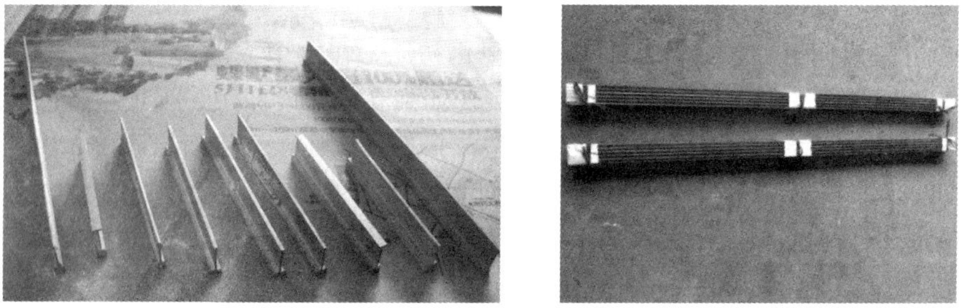

(a) 铜分格条　　(b) 玻璃分格条

图7.16 分格条

(5) 砂。中砂，过8mm孔径的筛子，含泥量不得大于3%。

(6) 草酸。草酸粉，使用前用水溶解稀释为10%～15%的草酸溶液。

2. 主要机具(工具)

主要机具(工具)包括磨石机、石滚子、木抹子、毛刷子、铁簸箕、2m长刮杠，手推车、5mm孔径筛子、磨石(粗、中、细)、胶皮管、大小水桶、扫帚、带胶皮的刮浆推板等。

7.4.2 施工准备

施工部位结构验收完毕，并做好屋面防水层，墙面弹好+50cm标高水平线，门洞口先不要安装门框。施工前应堵严管口、洞口，与地面有关的各种设备和埋件安装完，做完地面垫层，按标高留出磨石面层厚度(至少3cm)。即将使用的石渣分别过筛，并洗净无杂物。做好临时用电安全检查及污水处理准备。

7.4.3 施工工艺

1. 工艺流程

基层处理→找标高、弹水平线→找平层砂浆施工→养护→弹分格线、镶分格条并养护→拌制装填水磨石面层拌合料→滚压、抹平→粗磨→细磨→两遍刮浆→贴预制水磨石踢脚板→磨光→清洗打蜡上光头遍→竣工清理打蜡上光二遍。

7.4-1 Ⓜ 水磨石施工工艺

2. 操作工艺

(1) 基层处理。将混凝土基层上的杂物、浮浆清理干净、凿毛，用水浸泡 24h 后冲洗清理，晾晒 24h。不得有污物、浮土。

(2) 找标高、弹水平线。根据墙面上的＋50cm 标高线，往下量测出磨石面层的标高，弹在四周墙上，并考虑其他房间和通道面层的标高，各房间地面标高要一致。

(3) 找平层砂浆施工。找平层施工前，机电专业先将地面插座精确核实标高、安装到位，管线配齐。电管露出垫层表面时，上面覆盖 20cm 宽的钢板网，射钉间距 30cm 固定，防止面层开裂。

根据墙面上弹出的水平线，留出面层厚度 20mm（最薄处），抹 1∶3 水泥砂浆找平层，为保证找平层的平整度，先抹灰饼（纵横方向间距为 1.5m 左右），大小 8～10cm 并养护 3d。灰饼砂浆硬结后，以灰饼的高度为准，抹宽度为 8～10cm 的纵横筋。

为严格控制标高，保证面层厚度，铺找平层砂浆前，在基层上洒水湿润，刷一道水灰比为 0.4 的水泥浆，面积不得过大，随刷浆随铺抹 1∶3 找平层砂浆，并用 2m 长刮杠以标筋为准进行刮平，再用木抹子搓平。

(4) 养护。抹好找平层砂浆养护 24h，待抗压强度达到 1.2MPa，方可进行下道工序施工。

(5) 弹分格线。根据设计要求的分格尺寸和各房间分格原则，在房间中部弹十字线，周边先弹出 200mm 宽的镶边宽度，以十字线为准弹出分格线。

(6) 镶分格条。房间镶贴分格条布置原则：镶边交圈，遇柱时居中布置，分格条能够贯通，分格均衡。铜条宽不小于 5mm。

应用靠尺比齐，用小铁抹子抹稠水泥浆将分格条固定住，为确保水磨石面层的平整度，分格条安装距地面 2mm，抹成 300mm 八字形［图 7.17 (a)］，高度应低于分格条条顶 3mm，分格条应拉通线，上口要平直（上口平必须一致）、分格条要牢固、接头严密，不得有缝隙，作为铺设面层的标志，另外在粘贴分格条时，在分格条十字交叉接头处，为使拌和物填塞饱满，在距交点 40～50mm 内不抹水泥浆［图 7.17 (b)］。

(7) 拌制水磨石拌合料。拌合料的体积比采用 1∶1.5～1∶2.5（水泥∶石粒），水泥与石粒的拌合料调配必须计量正确。先将水泥与颜料过筛干拌后，再掺入石粒拌和均匀后加水搅拌，拌合料的坍落度为 60mm。

彩色水磨石拌合料，除彩色石子外，还加入耐光耐碱的矿物颜料，其掺入量为水泥重量的 3%～6%。同一彩色水磨石面层应使用同厂、同批颜料。在拌制前应根据整个地面所需的用量，将水泥和所需的颜料一次统一配好、配足。配料时不仅用铁铲拌和，还要用筛子筛匀后，用包装袋包装起来存放在干燥的室内，避免受潮。彩色石粒

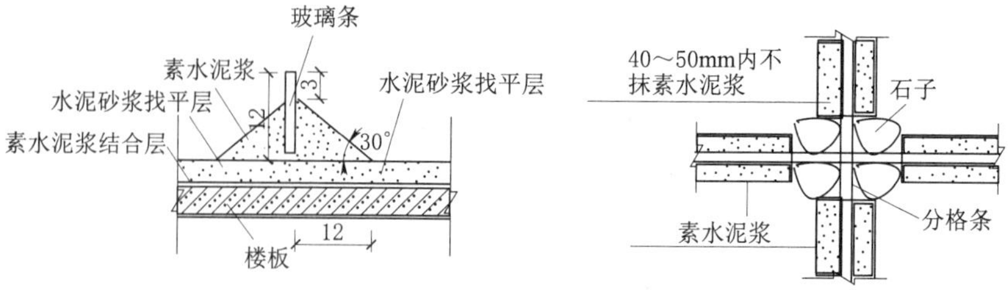

（a）现质水磨石地面镶嵌分格条剖面示意　（b）分格条交叉处正确的粘贴方向

图 7.17　镶分隔条

与普通石粒拌和均匀后，集中库存待用。

（8）铺设石渣拌合料。通过提前做样板，确定各部分石渣、水泥、颜料的颜色、粒径、配合比，拌和时计量准确，拌和均匀。

水磨石在面层铺设顺序：不同颜色地面装石渣时，先铺周围黑色镶边，待黑色镶边凝固后，再铺浅色大面积水磨石拌合料，用铁抹子由中间向边角推进，在分格条两边及交角处特别注意压实抹光，随抹随用直尺进行平整度检查（不得用刮杠刮平）。

铺设石渣前，在基层表面刷一遍与面层颜色相同的、水灰比为 0.4～0.5 的水泥浆做结合层，随刷随铺水磨石拌合料。

铺设时先铺分格条交叉点和分格条两侧并拍实，再按顺序铺大面；水磨石拌合料的铺设厚度要高出分格嵌条 1～2mm。拌合料要铺平整，用滚筒滚压密实。待表面出浆后，再用抹子抹平。在滚压过程中，如发现表面石子偏少，可在水泥浆较多处补撒砂子并拍平，次日开始养护。

（9）滚压、抹平。用滚筒滚压前，先用铁抹子或木抹子在分格条两边宽约 100mm 范围内轻轻拍实（避免将分格条挤移位）。滚压时用力要均匀，应从横、竖两方向轮换进行，达到表面平整密实，出浆石粒均匀为止。待石粒浆稍收水时，再用铁抹子将浆抹平、压实。如发现石粒不均匀之处，应补石粒浆，再用铁抹子拍平、压实，24h 后浇水养护。

（10）磨面。磨面至少要磨 3 遍，最后一遍磨面时间在踢脚线施工完，墙面刷完一遍涂料后开始。

1）试磨。把握开磨时间，一般根据气温情况确定养护时间，温度在 20～30℃时，2～3d 即可初磨，过早开磨石粒易松动，过迟造成磨光困难，所以需进行试磨，以面层不掉石粒为准。经检查认可后方可正式开磨。

2）粗磨。第一遍用 60～90 号粗金刚石磨，使磨石机机头在地面走横“8”形，边磨边加水，随时清扫水泥浆，做到随磨随用水冲洗检查，并用靠尺检查平整度，直至表面磨平、磨匀，分格条和石粒全部露出（边角处用人工磨成同样效果），磨后用清水洗、晾干，然后用较深的同色水泥浆涂抹，以填补面层表面所呈现的细小孔隙和凹痕（同样也是先擦深色，后擦浅色），然后浇水养护 2～3d。

3）细磨。第二遍用 90～120 号金刚石磨，要求磨至表面光滑为止。然后用清水冲洗干净，满擦第二遍水泥浆，注意小孔隙要细致擦严密，然后养护 2～3d。

4）磨光。第三遍用200～240号细金刚石磨。磨至表面石子显露均匀、无缺石粒现象。表面平整光滑、无孔隙。用水冲洗后，涂抹草酸溶液（热水：草酸=1：0.35重量比，溶液冷却后用）。第四遍用240～300号油石磨，研磨至出白浆、表面光滑为止，用水冲洗、晾干。

（11）打蜡上光。最后一遍磨面时间在踢脚线施工完、墙面刷完一遍涂料后开始。将蜡包在薄布里，在面层上薄薄涂一层，待干后用钉有帆布的木块代替油石装在磨石机上研磨，用同样的方法再打第二遍蜡，直到光滑洁亮为止，如图7.18所示。

图7.18 水磨石工艺及效果

（12）水磨石污水处理。当水磨石楼地面施工面积大，用水量较大时，根据工程环保要求，将磨石浆有组织地排放，通过楼梯间污水管道及时排放到预先砌筑好的污水沉淀池中，不得流入地漏、下水排污口内，避免造成堵塞。

7.4.4 质量要求

1. 主控项目

（1）水磨石面层的石粒，应采用坚硬可磨白云石、大理石等岩石加工而成，石粒应洁净无杂物，其粒径除特殊要求外，应为6～15mm；水泥强度等级不应小于32.5MPa；颜料应采用耐光、耐碱的矿物原料，不得使用酸性颜料。

检查方法：观察检查，材质合格证明文件及检测报告。

（2）水磨石面层拌合料体积比（水泥：石粒）应符合设计要求，且水泥与石粒体积比为1：1.5～1：2.5。

检查方法：检查配比通知单和检测报告。

（3）地面面层与基层的结合必须牢固，无空鼓、裂缝。

检验方法：观察和用小锤轻击检查。

2. 一般项目

（1）面层表面应光滑，无明显裂纹、砂眼和磨纹；石粒密实，显露均匀；颜色图案一致，不混色；分格条牢固、顺直和清晰。

检验方法：观察检查。

（2）踢脚线与墙面应紧密结合，高度一致，出墙厚度均匀。

检验方法：用小锤轻击；用钢尺检查。

（3）楼梯踏步的宽度、高度应符合设计要求。楼层梯段相邻踏步高度差不应大于

10mm，每踏步两端宽度差不应大于10mm，旋转楼梯段的每踏步的允许偏差为5mm，楼梯踏步的齿角应整齐，防滑条应顺直。

检验方法：观察和用钢尺检查。

（4）质量允许偏差，见表7.1。

表7.1 水磨石施工质量允许偏差

项　目	允许偏差/mm	检　查　方　法
表面平整度	3	用2m靠尺和楔形塞尺检查
缝格平整	3	拉5m线，不足5m拉通线尺量检查

7.4.5 成品保护

水磨石地面施工前，水电的综合布线管槽、各类管道都应全部完成，并经过监理检查认可后，与土建专业进行交接。施工现制水磨石地面时，除要对水电已安装完成的综合布线的管槽、立管、线盒进行保护及对木门框的成品保护外，还要对现制水磨石施工过程中的水泥浆进行有序的引导，流入沉淀池，安排人员随时清理，以防施工中的水泥浆浸泡和污染其他房间和成品。

要加强对水磨石初期的养护及半成品保护。养护期间严禁上人施工，强度达到后严禁在其上面拌制砂浆。在现制水磨石精磨完成，打一遍蜡后，为防止墙面涂料、油漆对地面的污染，在其上层覆盖一层木屑进行成品保护。

运输材料时，凡推车经过各类门口处时，推车要缓慢，防止撞坏门框。注意保护好门口抹灰层。面层装料等操作要注意保护分格条，不得损坏。进行磨石面层施工时要及时清理废浆，不得流入下水口及地漏内，以防堵塞。磨石机应设罩板，防止研磨石浆溅污墙面及设施，重要部位及设备应加覆盖。

水电进入二次安装时，对使用的人字梯、高凳的下脚要用麻布或胶皮包好，以防止滑倒和碰坏已施工完成的现制水磨石地面。要防止油漆、刷浆污染已完成的水磨石面板。严禁在完成的水磨石地面上拌和砂浆、堆放油漆桶及其他染物。

7.4.6 质量通病及预防措施

质量通病及预防措施见表7.2。

表7.2 水磨石施工质量通病及预防措施

序号	项目	主　要　原　因	预　防　措　施
1	地面裂缝	（1）工期较紧，结构沉降不稳定 （2）基层与面层工序跟得过紧，基层材料收缩不稳定，暗敷电线管过高，周围砂浆固定不好，造成面层裂缝 （3）基层清理不干净，地面荷载过于集中引起裂缝 （4）砂浆稠度过大，必然增加产生收缩裂缝的机会，并降低强度，引起水磨石地面空鼓裂缝	（1）基层浇筑后应有一定的保护期，使基层基本收缩后再做面层 （2）暗敷电线管不要太集中，管线上面至少有2cm混凝土保护层，电线管集中或较大的部位，垫层内采用加配钢板网做法 （3）做好基层表面清扫处理，保证上下层黏结牢固 （4）采用干硬性水泥砂浆施工

续表

序号	项目	主 要 原 因	预 防 措 施
2	分格条显露不清晰，呈一条纯水泥斑带，外形不美观	（1）面层水泥石子浆铺设厚度过高，超过分格条较多，使分格条难以磨出 （2）铺好面层后，磨石不及时，水泥石子面层强度过高，使分格条难以磨出 （3）水泥石子分格条镶嵌不牢固（或未低于面层），滚压前未用铁抹子拍打分格条两侧，在滚筒滚压过程中，分格条被压弯或压碎 （4）第一遍磨光时，所用的磨石号数过大，磨损量过小，不易磨出分格条 （5）磨光时用水量过大，使磨石机的磨石在水中呈漂浮状态，这时磨损量也较小	（1）控制面层水泥石子浆的铺设厚度，虚铺高度一般比分格条高出5mm即可，待用滚筒压实后，则比分格条高出约1mm，第一遍磨完后，分格条就能全部清晰外露 （2）水磨石施工前，应准备好一定数量的磨石机。面层施工时，铺设速度应与磨光速度（第一遍磨光速度）相协调，以相隔3d为宜，避免磨光时间过迟 （3）第一遍磨光应用适当的60～80号的粗金刚砂磨石，以加大其磨损量。同时磨光时应控制浇水速度，浇水量不宜过大，使面层保持一定浓度的磨浆水
3	分格条两边或分格条十字交接处四角石子显露不清或不匀	（1）分格条粘贴操作方法不正确。水磨石地面厚度一般为12～15mm，常用石子粒径为8～10mm。因此在粘贴分格条时，应特别注意砂浆的粘贴高度和水平方向的角度。图7.19（a）所示为一种错误的粘贴方法，砂浆粘贴高度太高，有的甚至把分格条埋在砂浆里，在铺设面层的水泥浆时，石子就不能靠近分格条，磨光后，分格条两边就没有石子，出现一条纯水泥带，影响美观 （2）分格条在十字交叉处粘贴方法不正确，嵌满砂浆，不留空隙。在铺设面层水泥石子浆时，石子不能靠近分格条的十字交叉处，结果周围形成一圈没有石子的纯水泥斑痕 （3）滚筒的滚压方法不妥，仅在一个方向来回辗压，与滚筒滚压方向平行的分格条两边不易压实，容易造成浆多石子少的现象 （4）面层水泥石子浆太稀，石子比例太少	（1）正确掌握分格条两边砂浆粘贴高度和水平方向的角度，正确的粘贴方法应按图7.19（b）所示，并应粘贴牢固 （2）分格条在十字交叉处的粘贴砂浆，应留出15～20mm的空隙，如图7.19（d）所示。这在铺设面层水泥石子浆时，石子就能靠近十字交叉处，磨光后，石子显露清晰、外形美观 （3）滚筒滚压时，应在两个方向（最好采用“米”字形3个方向），尽量使石子密集 （4）以采用干硬性水泥石子浆为宜，水泥石子浆的配合比应正确

续表

序号	项目	主 要 原 因	预 防 措 施
4	面层有明显的水泥斑痕	（1）水泥石子在铺设时是很松软的，如果是鞋底凹凸不平较明显的胶鞋进行操作，必将踩出很多较深的脚印。在滚压过程中，脚印部分往往由水泥浆填补，不易发现这一缺陷，磨光后则会立即发现脚印部分出现一块块水泥斑痕，造成无法弥补的质量缺陷。水泥石子浆越稀软，这种现象越明显 （2）铺设水泥浆地面面层，常用刮尺刮平，但铺设水泥浆地面面层时，由于水泥石子浆中石子成分较多，如果用刮尺刮平，则高出部分石子给刮尺刮走，留下的部分出现浆多石子少的现象，磨光后出现一块块水泥斑痕，影响美观	（1）水泥石子浆拌制不能过稀，以采用干硬性的水泥石子浆为宜 （2）铺设水泥石子浆时，应穿平底或底楞凹凸不明显的胶鞋进行操作 （3）面层铺设后，出现面层过高时，不得用刮尺刮平，应用铁抹子或铁铲将高出部分挖去一部分，然后再将周围的水泥石子浆拍挤抹平 （4）滚筒滚压过程中，应随时认真观察面层泛浆情况，如发现局部泛浆过多时，应及时填补石子，并滚压密实
5	表面光亮度差，细洞眼多	（1）磨光时磨石规格不齐，使用不当。水磨石地面施工中，金刚石砂轮的规格不齐，对第二、第三遍的磨石要求重视不够，只要求石子、分格条显露清晰，而忽视了对表面光亮度的要求 （2）打蜡之前未涂擦草酸溶液，或将粉状草酸直接撒于地面表面后进行干擦 （3）补浆时不用擦浆法，而用刷浆法	（1）打磨时，磨石规格应齐全，对外观要求较高的水磨石地面适当提高第三遍的油石号数，并增加磨光遍数 （2）打蜡之前应涂擦草酸溶液。涂擦草酸溶液的配比可用热水：草酸＝1∶0.35（重量比），溶化冷却后用。溶液洒于地面，并用油石打磨一遍后，用清水冲洗干净 （3）补浆应用擦浆法，用干布蘸上较浓的水泥浆将洞眼擦严擦实
6	彩色水磨石地面颜色深浅不一，彩色石子分布不匀	（1）施工准备不充分，材料使用不严格，使用多批号的材料，而不是一次配料 （2）每天使用的面层材料没有专人负责配制，往往随用随配。操作马虎，检查不严，造成配比不正确	（1）严格用料要求。对同一部位、同一类型的地面，使用同一厂、同一批号的材料，一次进场，以确保面层色泽一致 （2）认真做好配料工作。施工前，应根据整个地面所需的用量，事先一次配足。配料时应注意计量准确、拌和均匀 （3）固定专人配料，加强岗位责任制，认真操作，严格检查

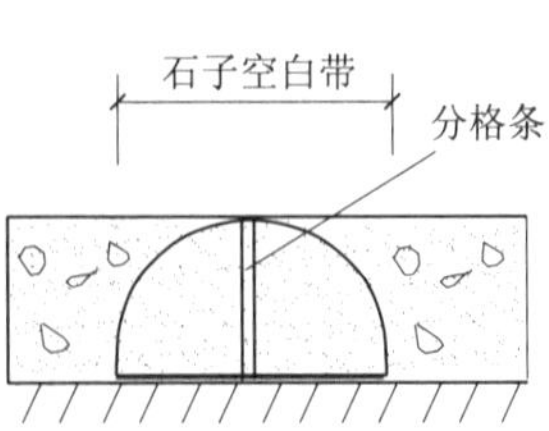

（a）分格条砂浆粘贴太高

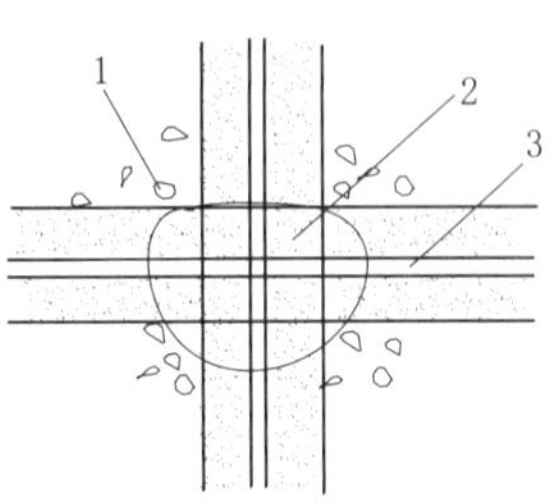

（b）分格条十字交叉处砂浆过多、过满
1—石子；2—无石子区；3—分格条

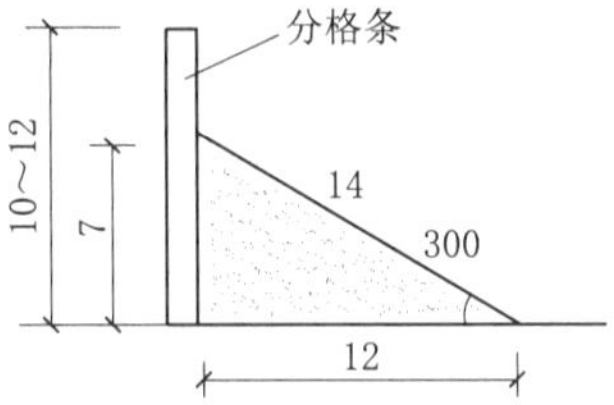

（c）正确粘贴分格条两边砂浆的方法

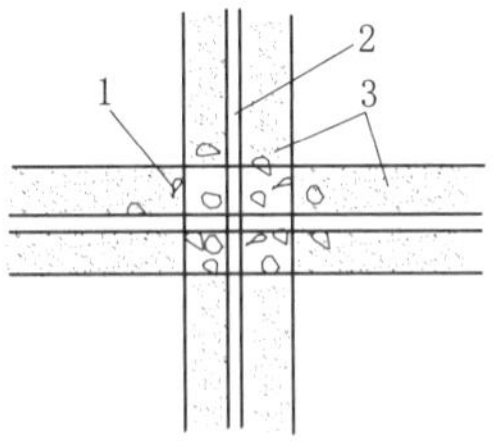

（d）正确的粘贴分格条十字交叉处的方法
1—石子；2—分格条；3—砂浆

图 7.19 分隔条操作

7.4.7 施工管理

1. 施工操作人员安全管理要求

施工人员必须经安全教育培训并熟知本工种的安全技术操作规程，考试合格后，方可进入施工现场。严禁穿拖鞋或光脚进入施工现场，在施工中严禁吸烟，严禁酒后操作。施工操作人员在进行水磨石作业中，必须认真操作，严禁打闹、开玩笑，正确穿戴好劳动保护用品（绝缘鞋、绝缘手套、安全帽、工作服）。同时必须认真按照安全技术交底进行施工。

作业前认真检查机械的运行是否正常，电缆线是否完好，漏电保护器是否灵敏可靠，保护零线是否牢固，插头、插座是否稳固，保护用品是否符合安全要求。水磨石操作应设专人拉设电线，必须将线路架空，操作时必须是两人操作，一人负责机械操作，一人负责理顺电缆线，杜绝电缆线拖地和浸泡在水里。施工中，如发现机械有故障，应通知专业维修人员采取维修措施，不得私自接拆机电线路，禁止使用带病的机电设备。

2. 临时用电安全要求

7.4-2 临时用电安全教育

水磨石机的保护接零必须可靠，保护接零的线不得有接头。设置专用电箱，达到“一机一闸一箱一漏”的安全规定要求，漏电器必须与上端的漏电器匹配，漏电器必须经项目安全部门检查、验收。水磨石属湿作业，特别是在磨光时，现场满地是水，必须使用符合规定要求的合格橡胶套电缆线。在机械使用前，应首先测试电路是否安全可靠，电缆线是否完好、绝缘，电缆不得有老化、破皮、漏芯的现象；电缆线必须挂置在带有绝缘措施的拉线上进行高挂，并稳固、可靠、安全。

临时用电进入楼层由首层电箱引入，通过楼板预留洞、楼梯间引线至楼层。根据生产情况必须设置三级周转电箱。分电箱与开关箱的距离不得超过30m。所有用电设备严禁直接接在二级配电箱使用，必须达到三级配电二级保护要求，上下级配电保护应相匹配，固定设备，实施“一机一闸一箱一漏”。

3. 水磨石机械的安全要求

电动机必须完好，有散热叶片，接线盒有合格的接零措施，操作开关灵敏可靠、稳固安全，并在操作中开启、关闭方便。使用前，必须定期进行设备的绝缘遥测并记录。水磨石机外侧设置的防护挡板必须稳固，严禁松动，避免作业撞击在墙体和管线上发生危险。

4. 环保措施要求

在水泥石子浆搅拌施工时，装运材料要轻拿轻放，避免产生较大的粉尘。操作人员要戴口罩进行个人防护；水泥袋等要集中存放到指定地点。石子浆铺抹完成后，为减少养护水的用量，在面层上铺塑料布减少水分蒸发。磨石机应有罩板，以免浆水四溅沾污墙面。

磨石浆采用有组织排放，通过楼梯间污水管道及时排放到预先砌筑好的污水沉淀池中，不得流入地漏、下水排污口内，避免造成堵塞。施工人员对磨石作业过程中产生的垃圾杂物进行收集，垃圾入站（现场封闭的垃圾站）时，按类别分别存放到垃圾站。作业面内严禁有杂物垃圾，作业前、后必须清理干净。噪声的控制措施：现场施工时，在指定地点范围内进行操作，并定期检查机械零件部，如发现有松动、磨损，及时紧固或更换，以降低噪声。

7.5 金刚砂耐磨地坪施工

7.5.1 主要材料及施工机具

1. 主要材料

（1）基层材料为C30混凝土，掺加5%防水剂。

（2）硬化剂分骨料和胶结物两种成分。骨料为砂状，平均粒径1.5mm，约占总量的60%；胶结物为经处理的高标号水泥。硬化剂骨料成分为天然矿石，以不生锈的非金属性骨料为主，硬度在莫氏8度以上。除天然矿石骨料外，其他水泥、色料等重量不超过总重量的25%。

2. 主要机具

除了使用随捣随抹混凝土地面的常规机具外，另外还要准备以下工具。

（1）泌水工具，如橡皮管或真空吸水设备。

（2）平整出浆工具。中间灌砂的ϕ150钢管，长度大于地模宽度500mm以上，两端设可转动拉环。

（3）墁光机。底盘为四叶钢片，可通过调整钢片角度（用于较软面层时角度小，用于较硬面层时角度大）压光地面面层，如图7.20所示。

7.5.2 施工准备

(1) 施工区域有充足的照明，做好临时用电准备。

(2) 作业人员充分熟悉图纸，明确质量验收标准。

(3) 预埋管线施工完毕，地面沉降稳定。

7.5.3 施工工艺

图 7.20 墁光机

1. 工艺流程

放样→混凝土基层浇筑 → 找平→金刚砂骨料第一次撒布及抹平、墁光→骨料第二次撒布及抹平、墁光→表面修饰及养护。

2. 具体操作

(1) 放样。依建筑物结构基准墨线（如墙面+50cm 线），用水准仪在地坪浇筑区域内定出混凝土预定浇筑厚度，设置水平高程标记，并认真复核，控制最大凹凸偏差为 3～5mm。

(2) 混凝土基层浇筑和找平。

1) 混凝土标号在 C25 以上，现场坍落度控制在 75～100mm。

2) 首先将地基清理干净，不得有松散颗粒和垃圾，并提前洒水使地基湿润。为减少泌水，应控制水灰比。

3) 根据基层表面平整情况，确定灰饼的正确位置，再用靠尺板找好平整度。灰饼宜用 1：3 水泥砂浆抹成方形。

4) 在灰饼的基础上，浇筑 70mm 或 50mm（最薄处）厚混凝土基层，混凝土尽可能一次浇筑至所需高度，局部未达到标高处利用混凝土料补齐并振捣，严禁使用砂浆修补。使用平板振捣器振捣，并用特制的钢滚筒多次反复滚压，柱、边角等部位用木抹拍平。混凝土刮平后水泥浆浮出表面至少 3mm 厚。

5) 用靠尺根据灰饼的设定刮地坪层一遍，确保表层平整。

6) 采用橡皮管或真空设备除去泌水，重复两次以上后开始耐磨地坪施工。耐磨地坪施工作业阶段施工人员应穿平底胶鞋进入。

(3) 第一次撒布耐磨材料及抹平、墁光。

1) 骨料撒布的时机随气候、温度、混凝土的配合比等因素变化而变化，撒布过早会使耐磨材料沉入混凝土而失去效果，撒布太晚混凝土已凝固，失去黏结力，使耐磨材料无法与其结合而造成剥落。在混凝土找平层初凝时，轻步脚印深约 5 mm 时，即可开始第一次撒布施工。

2) 将所需的金刚砂地面硬化骨料平均撒布在混凝土表面上，每平方米的用量，车道约为 5kg，其余部位约为 3kg。墙、柱、门和模板等边线处失水较快，应优先撒布施工，以防因失水而降低效果。

3) 第一次撒布量约为单位面积总投料量的 3/5，骨料应均匀下落，不能用力抛而致分离，撒布后即以木抹子抹平，让骨料吸收一定的水分。

4) 用水泥墁光机进行机械抹平，使骨料与混凝土基层水泥浆结合在一起，对于边角等部位机械无法抹平的，采用人工抹平，不宜过分抹压。

（4）第二次撒布耐磨材料及抹平、墁光。

1）第二遍撒料时先用靠尺测试水平度，并调整第一次撒布不平处，第二次撒布方向应与第一次垂直。

2）第二遍撒料用量约为单位面积总投料量的2/5，对失水较快部位加快撒布。撒布后立即抹平、墁光，并重复墁光机作业至少2次。墁光机作业时应纵、横向交错进行，均匀有序，防止材料聚集，边角用木抹子处理。

3）面层材料硬化至指头压下去稍有下陷时，墁光机的转速及角度应视硬化情况调整，墁光机作业时应纵横交错3次以上。

4）面层开始初凝收浆后，进行最后一次精抹。

5）骨料在投料中的质量分数约为60%，耐磨地面施工完毕后金刚砂层厚度为3～3.5mm。

（5）表面修饰及养护。

1）墁光机作业后面层仍存在抹纹较凌乱现象，为消除抹纹，采用铁抹子对表面进行有序、同向的人工压光，完成修饰工序。

2）耐磨地面施工5～6h后可浇水、喷洒养护液或覆盖塑料薄膜来对地面进行养护。

3）耐磨地面面层施工5～7d后可做切割缝，以防不规则龟裂，切割缝可根据车间柱距离而定，切割前应统一弹线，以确保切割缝整齐顺直，切割深度至少为地坪厚度的1/3，填缝材料建议采用密封胶。

7.5.4 质量验收标准

1. 主控项目

（1）所使用的材料必须具有出厂检验报告和合格证。

（2）面层和结合层的强度等级必须符合设计要求。

（3）面层与下一层结合必须牢固，无空鼓、无裂纹。

2. 一般项目

（1）表面坡度应符合设计要求。

（2）面层表面不应有裂纹、脱皮、起砂、麻面等缺陷。

（3）踢脚线与墙面应结合牢固、高度一致，出墙厚度应均匀。

（4）允许偏差：表面平整度4mm；踢脚线上口平直4mm；缝络平直3mm。

7.5.5 成品保护

（1）面层凝固后就应该打好保护剂，以免水分快速蒸发，让其自行保养。

（2）耐磨地坪施工完成24h后即可拆模，但应注意拆模时保护好地坪的边缘位置。

（3）正常情况下，地面施工完成24～48h后可以上人，7～10d后可以正常使用。

7.5.6 质量通病及防治

（1）撒料时间把握不准。浇注面层的混凝土没有按照施工时温度、湿度、施工速度设计专用配合比。坍落度较大时浇捣后容易产生离析，初凝时间较长，过早撒耐磨材料后表面泛浆形成了黏稠状，打磨后表面硬化层不纯，颜色变花。撒得过晚就会形成地面已变颜色发花变硬，导致磨不平、磨不匀、磨不亮。

（2）没有第一遍的机械磨平就开始撒耐磨料或撒料时控制不好，直接导致撒料不均布，有些地方厚，有些地方薄，部分地面的颜色深浅不一。

（3）撒料时没有严格按照先 3/5 后 2/5 的顺序分两遍播撒，一步到位（工艺要求中要求第二遍撒料在第一遍硬化至一定阶段之后），打磨后表面层不均匀，表面颜色不纯。

（4）最后一遍的打磨工作没有做彻底，收工早，现场部分地面成活后表面仍留有墁痕，表面粗糙，导致地面没有光洁度。

7.5.7 施工管理

1. 材料存储要求

耐磨骨料存放在现场仓库，妥善保管，不能露天存放，避免日晒、雨淋、受潮。

2. 安全文明施工措施

（1）每日工作班交底时，施工负责人应针对当天的工作进行安全措施交底，及时消除安全隐患。

（2）施工人员进入施工现场必须佩戴好安全帽等劳动保护用品。

（3）涂刷现场严禁烟火，在通风不良的条件下施工时，必须采取人工通风设施和佩戴必要的劳动保护措施。

（4）施工场所应保持整洁，做到“工完、料尽、场地清”，坚持文明施工。

7.6 花岗岩、地砖地面施工

7.6.1 主要材料及施工机具

1. 主要材料

（1）水泥。采用硅酸盐、普通硅酸盐、矿渣硅酸盐水泥，其强度等级不低于 32.5MPa，应有出厂合格证和复试报告，超过 3 个月的应做试验合格后方可使用。

（2）砂。采用中粗砂，其含泥量不应大于 3%。

（3）砖。大理石、花岗岩、缸砖、陶瓷锦砖、水泥花砖应符合国家建材标准和相应的产品各项技术指标。

（4）检查。对进场的各类面层砖，应进行检查，颜色、规格、品种应符合设计要求，外观检查基本无色差，无缺棱掉角，无裂纹，表面平整无翘曲，边角齐整无窜角。

2. 主要机具（工具）

主要机具（工具）包括手推车、铁锹、靠尺、水桶、喷壶、铁木抹子、小线、卷尺、橡皮锤、水平尺、钢丝刷、手提切割机、砂轮磨光机、刮杆、扫帚等。

7.6.2 施工准备

（1）内墙＋50cm水平标高线已弹好，并校核无误。

（2）墙面抹灰，层面防水已做完，门框已安装并加防护。

（3）地面预埋各种管线做完，穿过楼面的竖管洞堵塞密实。有地漏的房间应找好坡度，并完成蓄水试验办完隐蔽手续。

（4）提前选好砖，误差长、宽、厚不应超过1mm，平整度不应超过0.5mm，外观无缺陷，无色差，无缺棱掉角，无裂纹，表面平整无翘曲，强度、色泽、规格、品种、外形尺寸应符合设计要求和建材标准，并分类存放备用。

7.6.3 施工工艺

7.6-1 Ⓜ
地砖铺贴工艺

1. 工艺流程

基层处理→找标高、弹线→试拼排砖→刷水泥浆→铺砂浆→铺面层→勾缝、擦缝→养护→贴踢脚板→检查验收。

2. 操作工艺

（1）基层处理。将混凝土基层上的杂物清理干净，用钢丝刷刷掉黏结在基层上的砂浆，如有油脂污染应用10％火碱刷净，并用清水及时冲洗干净。也可采用钢丝圆盘磨石机清理，并清扫干净。

（2）弹线。为了检查和控制板块位置，在房间内拉十字控制线，弹在混凝土垫层上，并引至墙面底部，然后依据墙面＋50cm标高水平线找出面层标高，在墙上弹出面层水平标高线，弹水平线时要注意室内与楼道面层标高要求一致。

（3）试拼排砖。在正式铺设前，对每一房间板块应按图案、颜色、纹理试拼，按两个方向编号排列，按编号码放整齐。试排大房间内的两个互相垂直方向，铺设两条厚度不小于3cm的干砂，其宽度大于板块，根据试拼板块编号及施工大样图，结合房间实际尺寸，把板块排好，检查板块之间的缝隙，核对板块与墙面、柱子、洞口等部位的相对位置。

（4）刷水泥素浆及铺砂浆结合层。试铺后将干砂和板块移开，清扫干净，用喷壶洒水湿润，刷水泥浆一层（水灰比为0.4～0.5），不要刷的面积过大，随刷随铺砂浆，根据板面水平线，确定结合层砂浆厚度，拉十字控制线，开始铺结合层干硬性水泥砂浆（一般采用1∶2～1∶3的干硬性水泥砂浆，干硬程度以手握成团，落地即散为宜），厚度控制在放上铺贴板块高出水平线3～4mm。铺好后刮平，用抹子拍实找平（铺摊面积不应过大）。

（5）铺贴前应将板块用水浸湿，擦干和表面晾干方可铺设，根据房间拉的十字控制线，纵、横各铺一行，作为大面积铺贴标筋用。铺时应在十字控制线交点开始，先试铺合适，翻开板块，在找平层上抹一层水灰比为0.5的素水泥浆，然后正式镶铺，安放时应四角同时往下落，用橡皮锤轻击，根据水平线振实用水平尺找平，铺完第一块两侧和后退方向顺序铺砌，铺完纵横行之后有了标准，可分段分区依次铺贴，一般房间宜从里向外铺设，板块与墙角、镶边和靠墙处应紧密砌合，不得有空鼓。当尺寸不足整砖时，非整砖应用于边角处，横向平行于门口的第一排应为整砖，将非整砖排在靠墙位置。纵向垂直门口，应在房间内分中，非整砖对称排放在两墙边处。

(6) 擦缝修整。铺完 3～4 行应随时拉线检查缝格的平直度，超出规定应立即修整，并用橡皮锤拍实，此项工作应在结合层凝结之前进行。

7.6-2 美缝剂及美缝施工

(7) 勾擦砖缝。面层铺贴应在24h内进行擦缝、勾缝，采用同品种、同标号、同颜色的水泥。勾缝用1∶1水泥细砂浆勾缝，深度为厚度的1/3，要求缝内砂浆密实、平整光滑、深浅一致、表面洁净。擦缝如留缝隙很小时，要求擦缝平直，在铺实修整好的面层上用浆壶往缝里浇水泥浆，再用干水泥撒在缝子上，用棉纱团擦揉将缝隙擦满，最后将面层水泥浆擦干净。此道工艺如果采用美缝剂处理砖缝隙时可以省略，只要将砖缝用刮刀处理多余砂浆后，用吸尘器清扫干净即可进行美缝处理（图 7.21）。

(8) 养护。铺完砖 24h 后进行洒水养护，时间不少于 7d。

(9) 打蜡。采用大理石、花岗岩面层，水泥砂浆达到强度后方可进行打蜡。

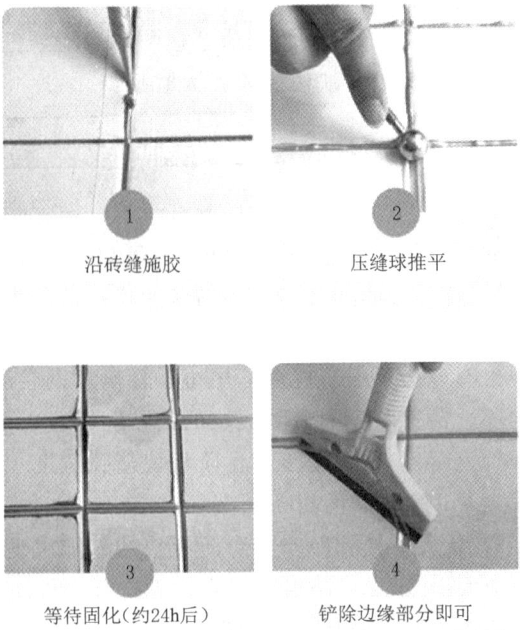

图 7.21 美缝施工

(10) 镶贴踢脚板。一般采用与地面块材同品种、同规格、同颜色的材料，踢脚板的立缝宜与地砖缝对齐，铺设时应在房间墙面两端头阴角处各镶贴一块砖（出墙厚度和高度宜为 10～15mm），以此砖上口为标准挂线，开始铺贴，砖背面朝上使水泥浆和砂浆粘满整块砖，并及时粘贴在墙上，砖上楞子要跟线立即拍实，随机将挤出的浆刮掉，将面层擦干净（在粘贴前块材要浸水阴干，墙面刷水湿润）。

7.6.4 质量标准

1. 主控项目

(1) 大理石花岗岩面层所用板块品种、规格、质量必须符合设计要求。

检查方法：观察检查；检查材质合格证。

(2) 面层与下一层结合应符合以下规定。

1) 合格。面层与下一层结合牢固，单块板边角局部空鼓，且每自然间（标准间）不超过总数的 5%。

2) 优良。面层与下一层结合牢固，无空鼓。

检查方法：用小锤轻击检查。

2. 一般项目

(1) 大理石、花岗岩表面应洁净、平整、无磨纹，且应图案清晰、色泽一致、勾缝均匀、周边顺直、镶嵌正确，板块无裂纹掉角、缺楞等现象。

1) 合格。面层表面应洁净，图案清晰，色泽基本一致，结合牢固，无缺棱掉角磨痕，周边顺直深浅基本一致。

2) 优良。面层表面应洁净，图案清晰，色泽一致，接缝平整，深浅一致，周边顺直，板块无裂纹，缺棱掉角，无磨痕。

检查方法：观察检查。

(2) 踢脚线粘贴应符合以下规定。

1) 合格。表面应洁净，高度一致，结合牢固，出墙厚度一致，上口平直，四周交圈，局部空鼓，每自然间不应多于两处，长度不大于30cm。

2) 优良。表面应洁净，高度一致，结合牢固，出墙厚度一致，上口平直，四周交圈，无空鼓、裂纹和损坏。

检查方法：观察检查；用小锤轻击及钢卷尺检查。

(3) 楼梯踏步和台阶板块的铺贴应符合以下规定。

1) 合格。楼梯踏步和台阶板块缝隙宽度一致，齿角整齐，楼层梯段相邻踏步高差不应大于10mm，防滑条顺直，黏结牢固。局部空鼓不大于20cm^2。

2) 优良。楼梯踏步和台阶板块的缝隙宽度一致，齿角整齐，楼层梯段相邻踏步高差不应大于5mm，防滑条平直，无空鼓，板块无缺陷。

检查方法：观察；用钢卷尺检查。

(4) 面层表面的坡度应符合的设计要求。

1) 合格。坡度符合设计要求，不倒泛水，个别处有轻微积水现象，地漏管道严密、牢固、无渗漏。

2) 优良。面层表面的坡度应符合设计要求，不倒泛水无积水，地漏、管道结合处应严密、牢固、无渗漏，厕浴间面层与相邻房间及走道应低于20mm。

检查方法：观察；泼水或坡度尺及蓄水检查。

允许偏差和检验方法见表7.3。

表7.3　块材地面施工允许偏差和检验方法

项目	允许偏差/mm					检验方法
	大理石花岗岩	陶瓷锦砖	缸砖	陶瓷地砖	水泥花砖	
表面平整度	1	2	4	2	3	用2m靠尺和塞尺检查
缝格平直	2	3	3	3	3	拉5m线和钢卷尺检查
接缝高低差	0.5	0.5	1.5	0.5	0.5	用钢直尺和塞尺检查
踢脚上口平直	1	3	4	3	—	拉5m线和钢卷尺检查
板块间隙宽度	1	2	2	2	2	用钢直尺检查

（5）实测项目的合格率应符合以下规定。

1）合格。实测达到80%～89%为合格。

2）优良。实测达到90%以上为优良。

7.6.5 成品保护

（1）不得雨淋、水泡，长期日晒，一般采用板块立放，光面相对，背面中间加柔性材料，在搬运过程中注意，不要碰撞门口、墙边角。铺设地面用水，要防止浸泡污染其他房间。

（2）铺设大理石地面时应穿软底鞋，操作人员随铺随擦干净，应用软布、棉纱，严禁过早上人踏地面。

（3）切割板块时应用垫板，禁止在已铺地面上切割。

（4）铺板块时要注意不要碰撞管线，涂料、油漆等操作时应对地面加以防护，严禁铁器重物无防护在地面上乱放、推拉，要合理安排工序，防止损坏地面。

7.6.6 质量通病及防治

（1）板面空鼓。主要原因是垫层清理不干净，浇水湿润不够，刷素浆不均匀，面积过大，时间长，干硬性水泥砂浆任意加水，砖未浸水，过早上人，都是导致空鼓的原因。

（2）接缝高低不平，缝宽窄不匀。主要原因是在铺贴前未选砖，砖平整、厚薄不一致，宽窄不匀，有窜角、翘曲、拱背等缺陷，铺设时未严格拉通线进行控制等因素，均易产生接缝高低不平、缝子不匀等缺陷。

（3）有地漏的房间倒坡。主要原因是做找平层砂浆时，没有按设计要求对泛水坡度进行弹线找坡、做灰饼来控制造成。

（4）踢脚板空鼓。主要原因是踢脚板背面砂浆未抹到边，未提前湿润，墙面未划毛造成，出墙厚度不一致，主要是墙面抹灰平整较差，在镶贴时应先拉线检查墙面，经过处理后再贴踢脚板。

（5）面层表面不洁净。主要是做完面层后成品保护不够，在面层上放油桶，拌和砂浆，刷浆时无覆盖等都会造成污染。

7.6.7 施工管理

1. 环保要求

（1）砖面层作业时，切割的碎片、碎块不应向窗外抛扔，切割板块材时，要戴口罩，防止粉尘吸入口内，对切割地点采取防尘措施，适当洒水。

（2）建筑废料和粉末应及时清理，放置指定地点并及时清运。

2. 资料管理

（1）大理石花岗岩板材产品质量证明书（包括放射性指标检测报告）。

（2）水泥出厂检测报告和现场抽样检测报告。

（3）砂、石现场抽样检测报告。

(4) 各种辅助材料进场验收记录。

(5) 胶黏剂产品质量证明书（包括挥发性有机物含量检测报告）。

(6) 隐蔽工程验收记录。

(7) 施工记录。

(8) 寒冷地区陶瓷砖的抗冻性和吸水性试验。

(9) 砖面层工程的施工图、设计说明及其他设计文件。

7.7-1 Ⓜ 木地板铺装施工

7.7 木地板施工

木地板分类较多，主要是实木地板、实木复合地板及木质纤维（或粒料）中密度（强化）复合地板。木地板的施工方法可分为实铺式、空铺式和浮铺式（也称“悬浮式”）。

实铺式是指木地板通过木搁栅与基层相连或用胶黏剂直接粘贴于基层上，实铺式一般用于二层以上的干燥楼面。

空铺式是指木地板通过地垄墙或砖墩等架空再安装，一般用于平房、底层房屋或较潮湿地面以及地面敷设管道需要将木地板架空等情况。

浮铺式是新型木地板的铺设方式，由于产品本身具有较精密的槽样企口边及配套的黏结胶、卡子和缓冲底垫等，铺设时仅在板块企口咬接处施以胶粘或采用配件卡接即可连接牢固，整体地铺覆于建筑地面基层。

7.7.1 主要材料及施工机具

1. 主要材料

(1) 木地板。面层所采用的材质和铺设时的木材含水率必须符合设计要求，木格栅、垫木和毛地板等必须作防腐、防蛀、防火处理。

(a) 木龙骨　　(b) 铝合金龙骨

图 7.22 木地板龙骨

(2) 龙骨。木龙骨材料可采用落叶松、白松、红松、杉木或废旧地板等材料，如图 7.22 (a) 所示。其规格按供需双方的约定，一般为 20mm×40mm、30mm×50mm、40mm×50mm 等。含水率应符合设计要求。高级龙骨有防霉、防虫、防火、防水功能，龙骨寿命可大大提高。

塑钢龙骨、铝合金龙骨系新型材料，如图 7.22 (b) 所示。除能保持木龙骨铺设富于弹性的优点外，克服了铺设麻烦、施工期长的缺点，此外还具有拆装、更换、维修方便的优点。

(3) 硬木踢脚板。宽度、厚度、含水率均应符合设计要求，背面应满涂防腐剂，花纹颜色应力求与面层地板相同，如图 7.23 所示。

(4) 黏结材料。地板块之间的黏结胶应有相应的检测证明和合格证，无环境污染等性能指标。

(5) 防潮膜。要求其具有一定的弹性、防潮、防腐性，应具有相应的质量证明和产品合格证。

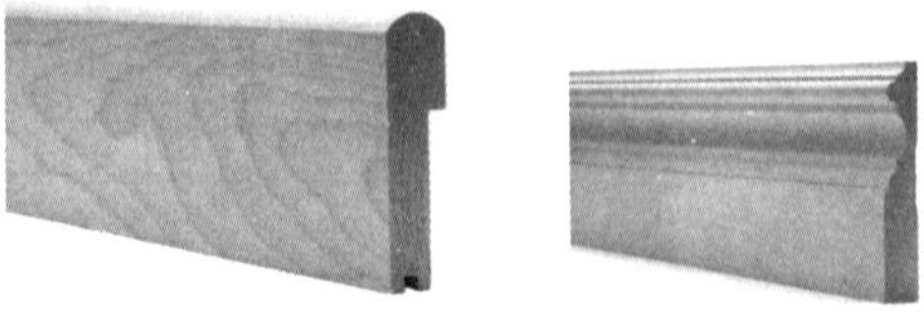

图 7.23 硬木踢脚线

2. 主要机具（工具）

主要机具（工具）包括地板切割机、电动圆锯、冲击钻、手电钻、磨光机、刨平机、锯、斧、锤、凿、螺丝刀、直角尺、量尺、墨斗、铅笔、撬杆及扒钉、水平仪、水平尺、方尺、钢尺、小线、錾子、刷子、钢丝刷等。

7.7.2 施工准备

地板施工前应完成顶棚、墙面的各种湿作业工程，且干燥程度在 80%以上。铺地板前地面基层应作好防潮、防腐处理，而且在铺设前要使房间干燥，并避免在气候潮湿的情况下施工。水暖管道、电气设备及其他室内固定设施应安装油漆完毕，并进行试水、试压检查，对电源、通信、电视等管线进行必要的测试。复合木地板施工前应检查室内门扇与地面间的缝隙能否满足复合木地板的施工要求。通常空隙为 12～15mm；否则应刨削门扇下边以适应地板安装。

此外，施工前应对所有作业人员进行技术交底。要求材料检验已经完毕并符合要求；对所覆盖的隐蔽工程进行验收且合格，并进行隐检会签。施工前，做好水平标志，以控制铺设的高度和厚度，可采用竖尺、拉线、弹线等方法进行。

7.7.3 木地板构造及施工工艺

1. 构造做法

(1) 双层铺设。即是指木地板铺设时在长条形或块形面层木板下采用毛地板的构造做法，毛地板铺钉于木搁栅（木龙骨）上，面层木地板铺钉于毛地板上，如图 7.24 所示。

(2) 单层铺设。普通实木地板面层的单层铺设做法，是指采用长条木板直接铺钉于地面木搁栅上，而不设毛地板。

(3) 高架铺设。根据工程需要及设计要求，一般是在建筑底层室内四周基础墙上敷设通长的沿缘木，再架设木搁栅，当搁栅跨度较大时即在其中间设置地垄墙或砖墩，上面铺油毡或涂防潮油等防潮措施后再搁置垫木，固定木搁栅；必要时再加设剪刀撑，以保证支撑稳定且不影响整体结构的弹性效果；最后，将单层或双层木地板铺钉于木搁栅上（图 7.25）。

2. 施工工艺

(1) 主要施工工艺流程。木地板的铺装工艺主要有实铺式、空铺式和浮铺式。

1) 实铺式。

a. 搁栅式：基层处理（修理预埋铁件或钻孔打木塞）→安装木搁栅、撑木→钉毛

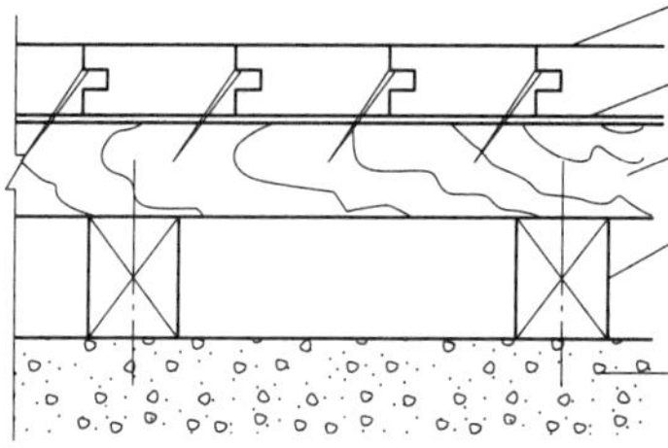

(a)剖面构造示意

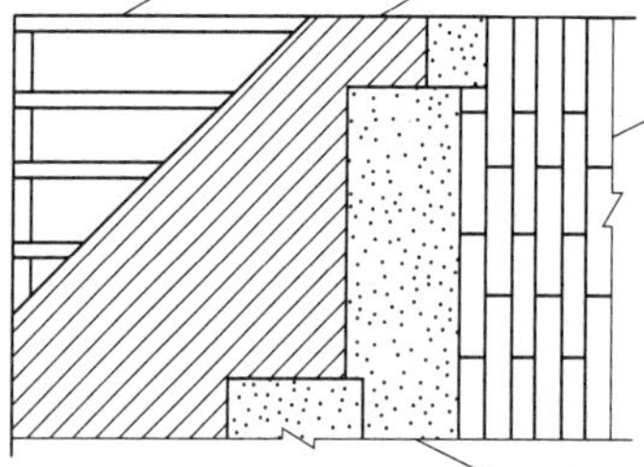

(b)平面层次示意

图 7.24 双层铺设木地板做法

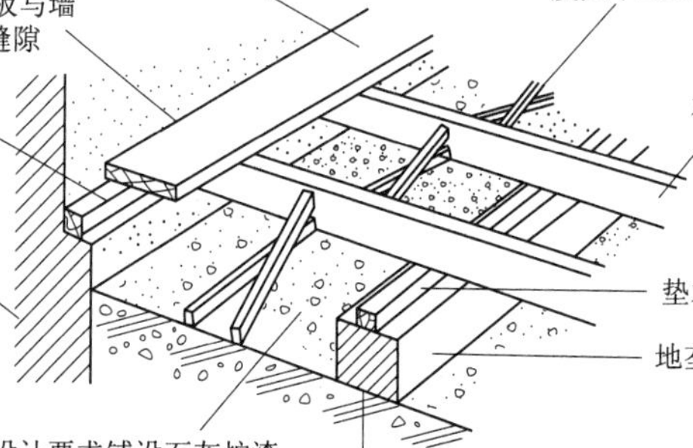

图 7.25 建筑底层房间的架空木地板构造示意

地板→（找平、刨平）→弹线、钉硬木地板→钉踢脚板→刨光、打磨→油漆。

b. 粘贴式：基层清理→弹线定位→涂胶→粘贴地板→刨光、打磨→油漆。

2）空铺式。

基层处理→砌地垄墙→干铺油毡→铺垫木（沿缘木）、找平→弹线、安装木搁栅→钉剪刀撑→钉硬木地板→钉踢脚板→刨光、打磨→油漆。

3）浮铺式。

基层清理→弹线、找平→（安装木搁栅→钉毛地板）→铺垫层→试铺预排→铺地板→安装踢脚板→清洁表面。

(2) 铺装工序要点(以单层实铺式为例)。

1) 基层清理。基层清理要求平整、干燥、干净、凹凸处用铲刀铲平。若遇有凹处面积较大，影响龙骨平整度的地方，必须用水泥砂浆填实刮平，待半个月以上干燥。检查合格后，扫去表面浮灰和其他杂质。

2) 弹线。根据地板铺设方向和长度，弹出龙骨铺设位置。每块地板至少搁在3条龙骨上，一般间距不大于350mm。

3) 铺设龙骨。根据地面的实际情况决定电锤打眼位置和间距。若地面有找平层，采用电锤打眼的方法。一般电锤打入深度约25mm以上。如果采用射钉透过木龙骨进入混凝土，其深度必须大于15mm。当地面高度差过大时，应以垫木找平。先用射钉把垫木固定于混凝土基层，再用铁钉将木龙骨固定在垫木上。

注意：龙骨间、龙骨与墙或其他地材间均应留出间距5～10mm。龙骨端头应钉实。若地面下有水管或地面采暖等设施，千万不能打眼，一般可采用悬浮铺设法。也可改用塑钢、铝合金龙骨等新型龙骨，或改用胶黏剂黏结短木龙骨。

4) 找平、刨平。铺设后的木龙骨进行全面的平直度拉线和牢固性检查，检测合格后方可铺设。

5) 铺设木地板。地板面层铺设一般为错位铺设，从墙面一侧留出8～10mm的缝隙后，铺设第一排木地板，地板凸角向外，以螺纹钉、铁钉把地板固定于龙骨上，以后逐块排紧钉牢；每块地板凡接触木龙骨的部位，必须用气枪钉、螺纹钉或普通钉钉入。以45°～60°斜向钉入，钉子的长度不得短于25mm；为使地板平直均匀，应每铺3～5块地板，即拉一次平直线，检查地板是否平直，以便于及时调整，如图7.26所示。

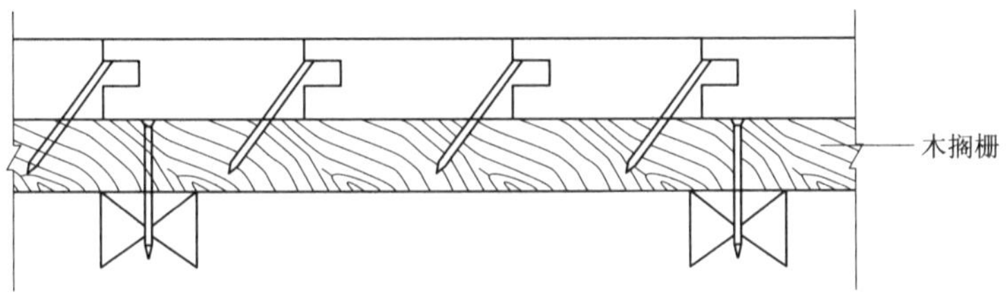

图7.26 木地板铺钉方式

6) 踢脚板安装。先在墙面上弹出踢脚板上口水平线，在地板上弹出路脚厚度的铺钉边线，用51mm钉子将踢脚板上下钉牢在嵌入墙内的木砖上。接头锯成45°斜面，接头上下各钻两个小孔钉入圆钉，钉帽打扁，冲入2～3mm。

7.7.4 质量标准

1. 主控项目

(1) 实木地板面层所采用的材质和铺设时的木材含水率必须符合设计要求。木搁栅、垫木和毛地板等必须作防腐、防蛀处理。

检验方法：观察检查；检查材质合格证明文件及检测报告。

（2）搁栅安装应牢固、平直。

检验方法：观察、脚踩检查。

（3）面层铺设应牢固；黏结无空鼓。

检验方法：观察、脚踩或用小锤轻击检查。

说明：选用的材质必须符合现行国家标准，木搁栅、垫木和毛地板必须进行防腐、防蛀处理，木材含水率应符合设计要求；面层铺设必须牢固、无松动，脚踩检验时不应有明显的声响。

2. 一般项目

（1）实木地板面层应刨平、磨光，无明显刨痕和毛刺等现象；图案清晰、颜色均匀一致。

检验方法：观察、手摸和脚踩检查。

（2）面层缝隙应严密；接头位置应错开、表面洁净。

检验方法：观察检查。

（3）拼花地板接缝应对齐，粘、钉严密；缝隙宽度均匀一致；表面洁净，胶粘无溢胶。

检验方法：观察检查。

（4）踢脚线表面应光滑，接缝严密，高度一致。

检验方法：观察检查；钢尺检查。

（5）实木地板面层的允许偏差应符合表7.4的规定。

检验方法：应按本规范表7.4中的检验方法检验。

说明：要求板缝严密，接头错开，粘、钉严密，高度一致；表面观感应刨平、磨光、洁净，无刨痕、毛刺，图案清晰、颜色均匀一致。

表7.4　木地板施工允许偏差表

项次	项　目	允许偏差/mm				检验方法
		实木地板面层			实木复合地板、中密度（强化）复合地板面层、竹地板面层	
		松木地板	硬木地板	拼花地板		
1	板面缝隙宽度	1.0	0.5	0.2	0.5	用钢尺检查
2	表面平整度	3.0	2.0	2.0	2.0	用2m靠尺和楔形塞尺检查
3	踢脚线上口平齐	3.0	3.0	3.0	3.0	拉5m通线，不足5m拉通线和用钢尺检查
4	板面拼缝平直	3.0	3.0	3.0	3.0	
5	相邻板材高差	0.5	0.5	0.5	0.5	用钢尺和楔形塞尺检查
6	踢脚线与面层的接缝	1.0				楔形塞尺检查

7.7.5 成品保护

(1) 铺面层板应在建筑装饰基本完工后开始。

(2) 施工时应注意对定位定高的标杆、尺、线的保护，不得触动、移位。

(3) 对所覆盖的隐蔽工程要有可靠保护措施，不得因铺设实木地板面层造成漏水、堵塞、破坏或降低等级。

(4) 实木地板面层完工后应进行遮盖和拦挡，避免受侵害。

(5) 后续工程在实木地板面层上施工时，必须进行遮盖、支垫，严禁直接在实木地板面上动火、焊接、和灰、调漆、支铁梯、搭脚手架等。

7.7.6 质量通病及防治

1. 踩踏时有响声

(1) 产生原因。普通木地板，木材松动、变形或钉接不牢。复合木地板，胶黏剂的涂刷量少和早期黏结力小；黏结地板时没有及时进行早期养护；地板的尺寸太薄或基层不平。或由于木搁栅固定不牢固，含水率偏大或施工时周围环境湿度大、潮湿等原因造成踩踏时有响声；当采用Π形铁件锚固木搁栅时，因锚固铁钉变形，间距过大也会造成木搁栅受力后弯曲变形、滑移、松动，以致出现此类质量通病。

(2) 防治措施。普通木地板，严格控制木板的含水率并现场抽样检查，木龙骨含水率应不大于12%；钉接施工时，每钉一块地板，用脚踩检查，如有响声，及时返工；钉接时钉长、数量应符合要求。复合木地板，选用较厚板材；基层的平整度在2mm以内；使用的胶黏剂要有早期强度，而且不能浸入苯乙烯类材料；要充分涂抹胶黏剂，黏结初期要充分挤压粘牢。对有木搁栅的地板，采用预埋铁丝法锚固木搁栅，施工时要注意保护铁丝，不要将铁丝弄断；木搁栅及毛地板必须先干燥后使用，并注意铺设时的环境干燥；锚固铁件的间距应控制在800mm以下，顶面宽度不小于100mm，14号铅丝要与木搁栅绑扎牢固，并形成两个固定点；横撑或剪力撑间距不应大于800mm，且与搁栅钉牢，搁栅铺钉完后，要认真检查有无响声，不符合要求不得进行下道工序。

2. 地板拼缝不严

(1) 产生原因。其主要原因是地板条不符合要求（如地板条不顺直、宽窄不一、企口榫大松等），拼装企口地板条时缝大而虚，表面上看结合紧密，经刨平后即出现缝隙；面层板铺设至接近尾声时，加工拼装不当；板条受潮，在铺设阶段含水率过大，经风干收缩而产生大面积“拨缝”。

(2) 防治措施。在铺设时要严格控制地板条的含水率，将材料存放于干燥通风的室内；拼装前应严格选料，剔除有腐朽、疖疤、劈裂、翘曲等疵病的地板条；为使地板面层铺设严密，铺钉前房间应弹线找方，并弹出地板周边线。铺设长条地板时，应与搁栅垂直铺钉，接头置于搁栅上且相互错开，接头处两端各钉一枚钉子；铺钉接近尾声时，要注意地板条的宽度，既不可硬性挤入，也不可加大缝宽；地板铺完后应及时刨平磨光，及时上油或烫蜡。

3. 表面不平

(1) 产生原因。房间内水平线弹得不准，使每一房间实际标高不一；木龙骨不平等；先后施工的地面，或不同房间同时施工的地面，操作时互不照应，造成高低不平。或由于室内标高不一，地面不平整、木搁栅铺钉不平、刨平磨光不当均会造成木地板表面不平。

(2) 防治措施。木龙骨经检验合格后方可铺设毛地板或面层；施工前校正、调整水平线；两种不同材料的地面如高差在3mm以内，可将高处刨平或磨平，但必须在一定范围内顺平，不得有明显痕迹；门口处高差为3～5mm时，可加过门石处理。施工前要校正一下水平线，各室内标高要统一控制，有误差要及时调整；木搁栅经隐蔽验收后方可铺设毛地板或面层；施工顺序应遵守先湿作业后干作业，先低后高（标高控制）确保里外交圈一致；使用电动地板刨时，刨刀要细要快（转速不宜低于4000r/min），行走速度要均匀，中途不得停顿，人工修边要尽量找平。

4. 地板起鼓

(1) 产生原因。普通木地板面层的木地板含水率偏高或偏低，偏高时，在干燥空气中失去水分，断面产生收缩，而发生翘曲变形，偏低时，易吸收空气中的水分而产生起拱；地板四周未留伸缩缝、通气孔，面层板铺设后内部潮气不能及时排出；毛地板未拉开缝隙或缝隙过少，受潮膨胀后使面层板起鼓、变形。复合木地板基层没有充分干燥或地板表面的水分沿缝隙进入板下，引起地板受潮膨胀；安装时，基层未充分找平，使地板表面有凹凸；木地板表面被烫或被硬物磕碰，造成表面有损伤。此外，由于室内湿度太大，保温隔声材含水率偏大；未设防潮层或地板未开通气孔，铺设面层后内部潮气不能及时排出；毛地板未拉开缝隙或拉缝偏小，受潮后鼓胀严重，引起面层起鼓；雨水渗漏、浸泡也会使木地板严重起鼓。

(2) 防治措施。

1) 普通木地板，搁栅和踢脚板一定要留通风槽孔，并应做到孔槽相通，地板面层通气孔每间不少于两处；所有暗埋水、气管施工完，必须试压，合格后才能进行地板施工；阳台、露台厅口与地板连接部位必须有防水隔断措施，避免渗水进入地板内；地板与四周墙面应留有10～15mm的伸缩缝，以适应地板变形；木地板下层毛地板的板缝应适当拉开，一般为2～5mm。

2) 复合木地板，基层充分干燥才能施工，以防地板受潮膨胀起鼓；安装时，充分找平基层，平整度不得大于2mm；使用中注意防止硬物碰撞和烫伤地板表面。

此外，合理安排木地板施工工序，待室内湿作业完成至少10d后方可进行木地板施工；严格控制面层木地板条的含水率；杜绝管道漏水及阳台等处的倒泛水；毛地板条之间拉开3～5mm的缝隙，合理设置通气孔；室内上下水或暖气片试水应在木地板刷油或烫蜡后进行，同时杜绝木地板被水浸泡。

5. 拼花不规矩

(1) 产生原因。由于地板条规格不符合要求，宽窄长短不一，施工前又未严格挑选，安装时没有套方，致使拼花犬牙交错；铺钉时没有弹施工线或弹线不准，排档不匀；操作人员互不照应，造成混乱，以至不能保证拼花图案匀称、角度一致。

（2）防治措施。拼花地板应经挑选，规格整齐一致；最好分规格、颜色装箱编号，操作中也要逐一套方；不合要求的地板要经修理后再用；房间应先弹线后施工，席纹地板弹十字线，人字地板弹分档线，各对称边留空一致，以便圈边；铺设宜从中间开始，做到边铺设边套方，不规矩的应及时找方。

6. 木踢脚板安装缺陷

（1）产生原因。由于踢脚板变形翘曲，与墙面接触不严；木砖间距过大，垫木表面不在同一平面上，钉完后呈波浪形。

（2）防治措施。为防止木踢脚板翘曲，应严格选材并控制其含水率，在靠墙的一面设两道变形槽，槽深3～5mm，宽不少于10mm；木砖间距不得大于400mm，木砖要上下错位置或立放（图7.27），转角处或最端头必须设木砖，垫木要平整，并拉通线找平；踢脚板与木地板交接处有缝隙时，可加钉三角形或半圆形木线条。

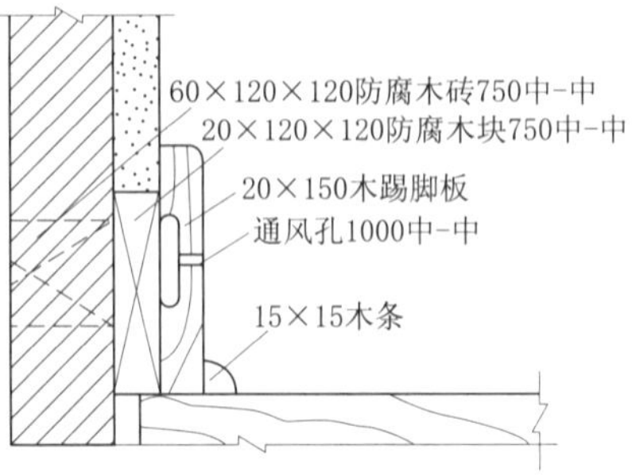

图7.27 木踢脚板安装示意图（单位：mm）

7.8 PVC塑胶地板地面施工

7.8.1 主要材料及施工机具

1. 主要材料

（1）对原材料的检验。PVC地板及胶黏剂应符合《室内装饰装修材料 聚氯乙烯卷材地板中有害物质限量》（GB 18586—2016）、《建筑材料燃烧性能分级方法》（GB 8624—2006）、《室内装饰装修材料 胶黏剂中有害物质限量》（GB 18583—2008）、《民用建筑工程室内环境污染控制规范》（GB 50325—2010）要求。

（2）塑胶卷材。表面应色泽均匀、无裂纹，并应符合产品标准的各项技术指标，有产品出厂合格证。

（3）黏结剂。应根据所铺的材料化学成分和面层的使用要求，按产品说明书使用并通过试验决定。

2. 主要机具

（1）地面清理工具，包括吸尘器、打磨机、2m水平靠尺、塞尺、钢刷。

（2）自流平施工工具，包括搅拌器、自流平刮板、钉鞋。

（3）地板铺贴工具，包括钢卷尺、地板切割器、推边器、软木、钢铁辊、刮胶板、棕毛刷、开槽机、焊线修平器、焊枪。

7.8.2 施工准备

1. 施工前环境要求

（1）地面干燥。

（2）地面平整，不起砂。平整度采用2m曲尺检查时，其高低落差不应大于2mm（如地面轻度不平，可使用自流平水泥找平；严重时先用水泥找平，后做自流平）。

（3）地面无裂缝。

（4）地面无油漆、涂料、油脂等污染，如有必须祛除或用铝箔胶带覆盖。

（5）室内温度为15～28℃。

2. 施工前准备

施工前应将主材产品打开连同辅材料放置施工现场以适应环境温度，防止施工后胀缩，提前将卷材进行预铺预裁。

7.8.3 施工工艺

楼地面基层处理、清洁→涂刷界面处理剂→施工自流平→自流平表面打磨、清洁→PVC地板放样→涂刷专用黏结剂→粘贴PVC卷材→排气、压实→收边处理、养护→开槽焊线→修平焊线→清理残渣、表面打蜡。

操作要点如下。

1. 基层处理

（1）1∶2.5水泥砂浆找平层表面应坚硬、干燥、密实、洁净、无油脂及其他杂质，平整度用2m靠尺检查不得大于2mm，不得有麻面、起砂、裂缝等缺陷，基层含水率不得大于6%。对局部很小面积的凹坑或凸起，在施工前用原子灰填平凹坑或用打磨机磨平凸起处，最后用吸尘器彻底清洁干净。

（2）涂刷水性界面剂，必须使界面剂均匀涂于基层上，涂刷应均匀，不得有露底，待整个表面泛出均匀的光泽为准。干燥时间为3h左右（以手触不黏为准），界面剂不得过夜或干燥成白色。

2. 自流平施工

（1）将自流平水泥按设计水灰比倒入盛有清水的搅拌桶中，边倾倒边搅拌，使用大功率低转速搅拌器搅拌至均匀、无结块流态混合状。然后静置2～3min使其反应充分熟化，最后再搅拌1min即可使用。

（2）将搅拌好的自流平水泥均匀地倒入施工区域，用锯齿形刮板布展均匀至要求的厚度（3mm）。整个操作过程不得超过30min。

（3）自流平干燥24h后即可进行打磨，打磨时需磨掉表面浮浆、至坚实层，墙角边缘用手砂纸打磨，切忌用角磨机进行打磨。

3. 楼地面PVC卷材铺设

（1）粘贴PVC卷材前，应用吸尘器将基层表面灰尘、杂物清理干净，严禁遗留颗粒状硬物，并将PVC卷材背面用棉纱擦净。施工现场的温度必须达到15℃以上，并保证至少24h恒温。

（2）PVC卷材预铺下料前应展开静置24h以上，保证与地面及周围环境温度相同，记忆性还原后，将卷材按照平面布局放线、预铺。

（3）将胶黏剂倒在预铺设的基层上，使用齿形刮板在楼地面基层上涂刮胶黏剂，同时用毛刷在卷材背面涂刷胶黏剂，胶黏剂一定要涂刷均匀。基层表面涂刮部分应超出卷材边缘10mm左右。

(4) 胶黏剂涂刮完等候10min左右，待胶黏剂稍干不黏手后即可铺贴卷材，将卷材按基层放线一次就位准确，用软木块推压平整，排除卷材下面的残余气体。

铺贴完一张卷材后，及时清除卷材两侧多余的胶黏剂，随后用50kg钢压辊滚压3遍。注意滚压时先横向后纵向，使卷材与基层粘贴密实（整个胶黏剂的作业时间必须在20min左右完成）。待90min后再重复辊压3遍（图7.28）。

铺贴第二张卷材时，要注意卷材背面箭头所示方向与前一张卷材一致。相邻卷材铺贴应搭接30mm，用导轨裁边器画线并切割（图7.29）。卷材间的接缝宽度不得超过3mm，且均匀一致。

图7.28 卷材辊压排气

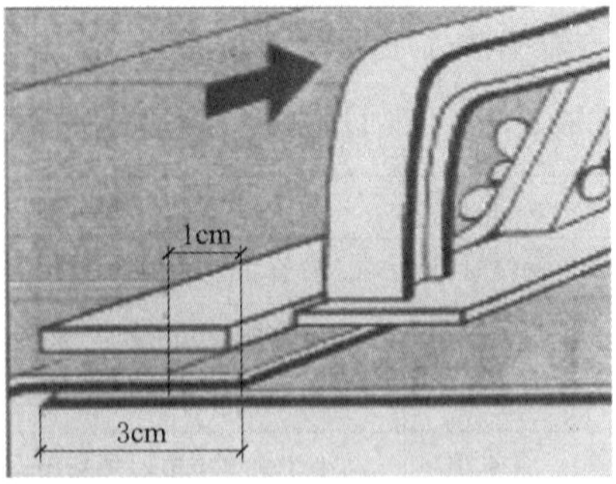

图7.29 卷材裁边

(5) 踢脚线施工工艺与地板相同，要求侧面平整、拼接严密，阴阳角可做成直角或圆角。为防止卷材脱落，踢脚线基层不得采用批腻子、石膏等吸水率大的材料。

4. PVC卷材接缝焊接

(1) 地板的开槽工作待整间地板铺设完后24h进行。

(2) 用开槽器在地板的接缝处开出U形焊槽，开槽宽度不得大于3.5mm，深度至卷材厚度的2/3处（图7.30）。

图7.30 开槽

(3) 接缝焊接前，先将专用热风焊枪接通电源，焊枪出口处气流温度调至30～40℃，用热风焊枪将板缝内的杂物吹净。

(4) 由专人一手控制焊条，另一手持专用热风焊枪，焊枪出口气流温度控制在180～250℃，焊速应均匀，保持在20～30cm/min，如图7.31所示。

(5) 焊缝凹陷处不得低于地板表面0.5mm，对脱焊部分应进行补焊，焊缝凸起部分用焊条修平器修平。

5. PVC地板保养

(1) 地板施工完后应进行打蜡保护，在打蜡之前需要用拧干的墩布将表面的污物

图 7.31 卷材焊接

去掉，晾干后再打蜡。

(2) 将适量的石蜡水洒在地板上，用打蜡机毛刷横向均匀打磨，直至灯下无光环为宜。打蜡机不得前后推拉，以免打花。

(3) 打蜡要分 2～3 遍完成，不要一次打得过多。第一遍施工完后，2h 内地板上不得上人，待其晾干后再进行第二遍施工。

7.8.4 质量标准

1. 自流平施工质量标准

自流平施工质量标准见表 7.5。

表 7.5 自流平施工质量表

编号	项目	检验方法	编号	项目	检验方法
1	材料对号	符合指定专用自流平水泥	6	表面光洁度	手摸无粗糙感
2	时效控制	符合施工后 12h 严禁行走	7	表面起砂	观察无砂尘
3	强度	不小于 C20	8	表面空鼓	轻击无空声
4	含水率	小于 4.5%用刀刻划出白道	9	表面清洁	无油渍、无灰尘
5	平整度	2m 靠尺、塞尺检查不大于 4mm	10	表面裂缝	观察无裂缝

2. 塑胶地板施工质量标准

塑胶地板施工质量标准见表 7.6。

表 7.6 塑胶地板施工质量标准表

编号	项 目	检验方法
1	材料符合合同批号	到货现场检查货号
2	卷材表面图案清晰、色泽一致	观察，检查批号
3	卷材与基层黏结必须牢固、不空鼓不翘边	手压、脚踩及逆光观看
4	接缝基本严密无空隙，底胶或冷焊剂无外溢	观察；手摸检查
5	与墙边交接吻合（预留 2mm），若采用卷材施工前覆盖踢脚线的成其注意	观察
6	卷材有花形图案的，须对花拼接（须考虑预留错位损耗）	观察
7	双色及必须拼色的应周边顺畅，走边直线平直；转角对角线拼接；弧线应符合图纸要求及流畅美观	对照设计图纸并观察
8	表面平整度允许偏差小于 2mm	2m 靠尺和塞尺检查
9	接缝高低允许偏差：冷焊 0.3mm，焊条 0.5mm	尺量和塞尺检查

7.8.5 成品保护

铺贴操作人员应穿洁净软底鞋，防止鞋钉、砂粒、灰尘污染磨损表面。清除表面污渍时，不可用刀刮，应用皂液擦洗或用松节油清除，严禁用酸性洗液擦洗。墙面、顶部作业时，使用的爬梯、凳脚要包裹软性材料保护，防止重压划伤地面。使用高温器具（如电热器、电炉等）不得直接与板面接触，以免烫伤、烧焦面层或造成翘曲、变色。对于局部受损、脱层应及时修补或更换，防止扩展。

7.8.6 质量通病及防治

1. 地板与基层分离

防治措施：水泥砂浆基层或混凝土基层应有足够的强度，不空鼓，无空鼓，无起皮、起砂等缺陷。

2. 鼓泡

防治措施如下。

（1）铺贴时基层应干燥，用刀刻划出白槎。潮湿地面（首层），其基层下应做防水层，既要防潮也要防水渗入基层。

（2）铺贴时，聚氯乙烯塑料地板应用丙酮与汽油混合液除蜡。

（3）严格按操作工艺施工，用锤或滚筒锤击或滚压，要从中间向四周进行，排除气体，反复进行多次。

（4）刮胶要匀，不漏刮。

3. 翘曲

防治措施如下。

（1）选择不翘的产品，卷材打开静置3～5d后再用。

（2）选用塑料地板时，同时选用与之配套的黏胶。

（3）施工温度不得低于5℃，涂胶后手触不黏手时即可粘贴，以防干涸。

4. 错缝

防治措施如下。

（1）认真选材，剔除尺寸不合格产品。

（2）铺贴时，隔2～3块设一道控制线，消除累积误差。

7.8.7 施工管理

1. 劳动力组织

现场所有的技术、操作人员必须经过地板铺装系统施工技术培训学习，并通过考核。

2. 安全措施

操作工人入场必须进行三级安全教育，使其明确各种安全规章制度和安全操作规程，杜绝违章操作和野蛮施工。工地项目实行班前安全交底制度，项目安全员每日在工地现场巡查，发现安全隐患及时排除，保证安全生产。

使用现场电气管理人员指定的电源，严禁私拉乱接现象。施工机具在使用前必须经过检查并试运转，确认安全可靠后方可投入使用。施工现场做好防火措施，增强消防意识。废弃材料包装袋集中处理，严禁乱扔烟头。料场、库房的设置应符合消防要

7.8-1 Ⓟ
第7章彩图

求，并配有必要的防火设施。

本 章 小 结

本章主要介绍了整体式和板块式地面施工工艺及管理要点。首先通过楼地面工程概述，了解各种样式地面的构造和功能，以及楼地面的种类、主要建筑材料；其次，详细介绍了水泥砂浆地面、水磨石地面、金刚砂耐磨地坪以及石材、地砖、木地板、PVC等材料地面的施工工艺和质量验收标准。学习各种材料地面的施工注意事项，如与其他工程的施工协调、成品保护、绿色施工、安全防护等。

实 训 与 实 践

1. 实训项目

（1）工地观摩实践。到在建工地进行参观实践，要求参观的工程项目刚好处于楼地面施工阶段，要求通过观摩了解施工现场环境及工地施工组织特点，如现场场地布置，临时用电设计，现场施工标牌和成品保护措施等。

（2）根据现场施工内容，如地砖铺贴施工，班级分组模拟工程技术人员对作业班组进行技术交底。

（3）在校内开展楼地面工程质量验收训练，对已完成的楼地面成品进行质量验收，并填写相关质量验收报表。

2. 实训目的

（1）通过实训，增加对楼地面工程的直观认识，掌握楼地面的功能要求、施工工艺和质量验收标准。

（2）通过模拟技术交底和质量验收，检验技能掌握程度，训练施工管理技能，为将来指导施工作业积累工作经验。

（3）通过与工地管理人员和技术工人的沟通交流，锻炼沟通能力，适应工地环境。

3. 实训内容及要求

（1）了解工地概况、施工进度和即将开展的施工作业内容。

（2）调查观摩项目的楼地面材料种类、数量、部位，以及相关工程图纸。

（3）调查工地对楼地面工程的施工部署、质量保证措施、材料准备情况和作业人员准备情况。

（4）到建材市场调研地砖、木地板等楼地面主要材料的品牌及质量特点。

（5）拍摄相关照片，把收集到的信息整理成调查报告，以便积累工程经验。

习 题

一、填空题

1. 环氧树脂沥青地面是用________、________和________作黏结剂，用石英粉、石英砂作________配成砂浆，分数次刮抹磨光而成，厚________ mm。

2. PVC 地板可以做成两种：一种是________，就是从底到面的花纹材质都是一样的；还有一种是________，就是最上面一层是纯 PVC 透明层，下面加上________和________。

3. 地面的装饰设计要结合________，家具饰品的布置，________及心理感受、色彩环境、图案要求、质感效果和空间的使用性质等诸多因素予以综合考虑。

4. 玻化砖的优点是________、________、________以及耐酸碱性方面比其他砖要好。缺点也很明显，灰尘和油污比较容易渗入进去，不耐脏。所以，被广泛用于客厅、卧室、走道等地方。

5. 地板起鼓主要由于室内________太大，保温隔音材________偏大；未设________或地板未开通气孔，铺设面层后内部潮气不能及时排出；毛地板未拉开缝隙或拉缝偏小，受潮后鼓胀严重，引起面层起鼓；雨水渗漏、浸泡也会使木地板严重________。

6. 楼梯踏步和台阶板块的铺贴符合优良要求为________宽度一致，________整齐，楼层梯段相邻踏步高差不应大于________ mm，防滑条平直，无空鼓，板块无________。

二、简答题

1. 水泥砂浆地面施工工艺流程是什么？

2. 抛光砖、玻化砖、通体砖的优缺点是什么？

3. 金刚砂耐磨地坪地面施工中应如何放样？

4. 木地板可以采用哪几种铺装方式？简述实铺式的工艺流程有哪些工序。

第8章 幕墙工程施工与管理

学习目标

通过本章的学习，学生应熟悉建筑幕墙的作用、种类和构造；掌握玻璃幕墙和石材幕墙工程的施工工艺和质量控制要点；了解幕墙工程施工专项方案编制的相关规定和编制要求，并会应用幕墙工程施工专项方案指导施工。理解幕墙工程施工管理的要点，尤其是幕墙工程质量控制方法。最后要求掌握玻璃幕墙和石材幕墙的质量验收标准和验收资料编制。

学习要求

知识要点	能力目标	相关知识	权重/%
幕墙的种类、构造特点和作用	(1) 熟悉幕墙的分类和构造特点 (2) 熟悉建筑幕墙的设计要求	(1) 建筑幕墙的分类 (2) 建筑幕墙的构造 (3) 幕墙的设计原则	20
幕墙施工工艺	(1) 掌握玻璃、石材、金属幕墙施工准备 (2) 掌握玻璃、石材、金属幕墙材料要求 (3) 掌握幕墙施工工艺要点 (4) 掌握幕墙质量验收标准及验收程序	(1) 幕墙施工准备 (2) 幕墙材料进场要求 (3) 幕墙施工工艺 (4) 幕墙验收标准	50
幕墙工程施工专项方案编制及应用	(1) 了解幕墙专项施工方案的编制要求及内容，并理解方案的作用 (2) 理解幕墙专项施工方案的相关编制依据 (3) 了解幕墙专项施工方案编制方法，并理解相关案例	(1) 幕墙施工相关标准、规范 (2) 幕墙施工方案编制要求	30

学习导入

建筑幕墙是当前比较流行的外墙装饰做法，尤其是商业建筑、高档住宅楼群使用玻璃幕墙和石材幕墙作为外围护结构的较多。幕墙系统相比传统的外墙装饰做法更加复杂，安全性要求更高，需要从业者熟悉幕墙的构造、传力路径及施工质量管理流程。本章主要学习玻璃幕墙、石材幕墙和金属幕墙的构造和施工工艺。学习过程中，还应该注意幕墙和外墙保温系统、消防系统、防雷系统的关系，并在施工过程中适当处理。

8.1 幕墙工程概述

建筑幕墙是由支承结构体系与面板组成的，可相对主体结构有一定位移能力，不分担主体结构所受作用的建筑外围护结构。幕墙的面板材料主要有玻璃、金属板、石板、陶瓷板等，支承结构材料有铝合金横梁、立柱、钢结构、玻璃肋等。目前我国拥有数量庞大的幕墙施工队伍，但从事幕墙安装施工的技术人员依旧匮乏，作业层仍以农民工为主。施工队伍有能跻身世界先进水平的公司，也有大量施工能力一般的幕墙施工单位，使得幕墙产品质量参差不齐，甚至造成工程质量事故。因此在高职建筑装饰施工与管理课程教学中，让学生学习有关幕墙施工的技能非常有必要，部分学生今后可能到幕墙施工单位去工作，并把此项技能作为主要的职业拓展方向。

8.1.1 幕墙发展概述

幕墙的优点是美观、节能、易维护。

外围护结构采用幕墙主要有以下几个理由：首先是建筑立面外观的要求，某些高档建筑要求有大面积的整体外围护平面或者曲面，幕墙比传统窗更具优势；其次是建筑采光的要求，某些建筑要求有更大的窗墙比和通透性，采用玻璃幕墙可以满足这一要求；第三是高层、超高层建筑或者体量大的建筑，要求建筑安装施工简约化和工业化，需要进一步改进和提高施工效率和速度等，幕墙符合建筑立面装配化的技术发展趋势。

由于上述原因，导致建筑构件出现了从窗到幕墙的转化，创新了一系列的幕墙结构、构造、工艺等，幕墙的性能也得到优化。幕墙和窗的区别：幕墙是悬挂在主体结构外的连续外围护系统，窗是固定在主体结构之内的间断外围护系统。

我国最早出现的铝合金玻璃幕墙是在铝合金门窗工程的基础上发展而来的，玻璃幕墙的出现把建筑门窗工程拓展到外围护结构的综合建造领域，使得门窗产品延伸到建筑物外立面装饰工程结构体系。20 世纪 70 年代，由于森林的大量砍伐，国家提出建筑门窗以钢代木，全面发展钢门窗代替木门窗，铝合金门窗在 80 年代迅速发展应用。1983 年，原北京门窗厂与比利时企业合作完成北京长城饭店玻璃幕墙工程，是我国第一个大型玻璃幕墙工程。稍后一段时间，我国又以自主技术建造了一批较大的玻璃幕墙工程，如上海希尔顿大厦玻璃幕墙工程、成都百货公司大型波伏玻璃幕墙工程、深圳市上海宾馆幕墙工程等。

进入 21 世纪后，我国电解铝行业的大力发展，铝型材的产量大增，进一步推动了玻璃幕墙行业的发展。大中型城市铝合金门窗、玻璃幕墙的使用比例逐年增长。近年来，我国建筑幕墙行业结构优化取得明显进展，产品科技含量提升较快，新材料、新设备、新技术、新工艺得到很好的应用，加速了幕墙产品种类和质量的升级，产品朝着绿色、节能、装配化的方向发展。建筑幕墙以体现建筑主体风格、通透、节能、环保、舒适为特点，结构形式进一步丰富，材料进一步改良，估计到 2020 年左右我国幕墙行业的主要技术领域将达到国际先进水平。上海陆家嘴作为世界级的金融中心，其

图 8.1 上海陆家嘴的玻璃幕墙建筑

代表性的建筑，如环球金融中心、金茂大厦、上海中心的外立面均采用的是玻璃幕墙（图 8.1）。2016 年完工的上海中心工程，采用了双层玻璃幕墙，其幕墙设计制造水平和施工工艺都达到世界先进水平。

8.1.2 幕墙的分类

幕墙可按照饰面材料、结构形式、施工方法等进行分类（表 8.1），各类别根据构造特点又可细分，种类繁多，如玻璃幕墙按其结构形式及立面外观情况，可分为金属框架式玻璃幕墙、玻璃肋胶接式全玻璃幕墙、点式连接玻璃幕墙；又可细分为金属明框式玻璃幕墙、隐框式或半隐框式玻璃幕墙、后置式玻璃肋胶接全玻璃结构幕墙、骑缝式或平齐式玻璃肋胶接全玻璃幕墙、接驳式点连接全玻璃幕墙、张力索杆结构点支式玻璃幕墙。其中金属框架式玻璃幕墙工程按其构件加工和组装方式，又可分为元件式（镶嵌槽式、断热型、隐窗型、隐框式）幕墙和单元式玻璃幕墙等。

表 8.1　　幕 墙 的 分 类

分类根据	分类名称	说　明
根据墙体金属框架构件露明程度分类	明框幕墙	墙体金属框架构件显露在外表面的幕墙
	半隐框幕墙	墙体金属框架竖向或横向构件显露在外表面的幕墙
	隐框幕墙	墙体金属框架构件全部均不显露在外表面的幕墙
根据墙体表面（墙面）所用材料分类	全玻幕墙（玻璃幕墙）	凡墙体表面材料以玻璃板材和玻璃肋制作的幕墙称为全玻幕墙或玻璃幕墙
	金属板幕墙	凡墙体表面材料以金属板材制作的幕墙，称为金属板幕墙。金属板幕墙又有下列几种，即铝板幕墙、不锈钢板幕墙、铝锌钢板幕墙、搪瓷复合板幕墙、其他金属板幕墙
	石材幕墙	凡墙体表面材料以石材制作的幕墙，称为石材幕墙

1. 按照饰面材料分类

建筑幕墙工程按饰面板材料的不同，可分为玻璃幕墙、石材幕墙、金属幕墙、混凝土幕墙和组合幕墙等。比较常见的建筑幕墙是玻璃幕墙、石材幕墙和金属幕墙。

（1）玻璃幕墙。多使用铝合金龙骨，按照框的安装形式分为明框幕墙、隐框幕墙和半隐框幕墙（分为横隐竖明式及横明竖隐式）（图 8.2）。

全玻璃幕墙按照高度区分可分为镶嵌式（3m 以下）和吊挂式（3m 以上）。镶嵌式全玻璃幕墙以下部支座受力为主；吊挂式全玻璃幕墙能实现荷载的转移，与传统的以下部基座承重的方式不同，将整片玻璃吊挂于结构架下，荷载由梁负荷。玻璃受地震、

（a）明框玻璃幕墙　　（b）隐框玻璃幕墙　　（c）半隐框玻璃幕墙

图 8.2　玻璃幕墙

风力等外力作用时，可做小幅度摇摆，以避免应力过于集中而破坏。如下部受重力冲击破裂时，上部仍悬于梁下，可避免整片玻璃坍塌造成的伤害。

（2）石材幕墙。分为干挂式石材幕墙和传统湿贴石材幕墙，石材厚度为 2.5～3cm。目前石材幕墙工艺以干挂法为主，石材幕墙所承载的力均分在每根龙骨上，龙骨连接主体结构，主龙骨的长度为楼层的层高，每根龙骨只有一个定点，石材幕墙的荷载最终传递至建筑主体结构。

（3）金属幕墙。金属板幕墙多用于不采光墙面，墙体框架为铝合金或型钢制造，墙面材料见表 8.2。

表 8.2　金属幕墙材料

幕墙名称	金属板用料说明	金属板规格	说　明
铝板幕墙	使用全铝板，背面加筋（肋）	厚 2.5～3.0mm	强度高，多用于高层建筑。具有供货周期长、只能在铝板加工厂加工的特点
夹芯铝板幕墙	内外两层表皮使用铝材，夹芯以 PVC 或其他聚合物构成	内外铝板厚 0.5～1.2mm；夹芯厚 2～5mm	可折弯，具有现场加工所需尺寸的优点
蜂窝夹芯复合铝板幕墙	内外两层铝板，蜂窝夹芯以不同材料制成，如铝箔蜂窝夹芯、玻璃钢蜂窝夹芯、混合纸蜂窝夹芯等。蜂窝形状多样，有正六角形、双曲度形、长方形、十字形、波纹条形等	内外铝板厚：0.8～1.2mm、1.2～1.8mm	
不锈钢板或彩色不锈钢板或钛金不锈钢板幕墙	金属板用不锈钢板或彩色不锈钢板或钛金不锈钢板		
彩色钢板夹芯板	彩色钢板夹芯板，夹芯有聚苯乙烯泡沫塑料、聚氨酯等		
搪瓷复合板幕墙	金属板用搪瓷复合板		该种板缺点较多，故这种幕墙较少

2. 按墙体金属框架构件露明程度分类

一般金属幕墙和石材幕墙的骨架体系都属于隐蔽项目，施工完成后均不可见。

玻璃幕墙按墙体金属框架构件露明程度可以分为明框幕墙、半隐框幕墙和隐框幕墙。一般情况下，明框幕墙是墙体金属框架横向和竖向构件均显露在外表面的幕墙；半隐框幕墙是墙体金属框架竖向或横向构件显露在外表面的幕墙；隐框幕墙是墙体金属框架构件均不显露在外的幕墙。

8.1-1 玻璃幕墙安装施工

3. 按照施工方法分类

玻璃幕墙的施工方法可以分为构件式安装和单元式安装。

（1）构件式安装是指在主体结构安装预埋件或后置埋件，然后安装骨架、玻璃，并密封处理的做法。石材幕墙和金属幕墙一般采用构件式安装方法。单元式安装指在工厂做好幕墙单元，该单元包括骨架、玻璃和密封材料，然后到现场按单元整体吊装的施工方法。

构件式幕墙的立柱（或横梁）先安装在建筑主体结构上，再安装横梁（或立柱），立柱和横梁组成框格，面板材料在工厂内加工成单元组件，固定在由立柱和横梁组成的框格上。面板材料所承受的荷载通过立柱（或横梁）传递给主体结构。构件式幕墙的优点如下。

1）施工灵活，工艺成熟，是采用较多的幕墙结构形式。

2）主体结构适应能力强，安装顺序基本不受主体结构影响。

3）采用密封胶进行材料密封，水密性、气密性好，具有较好的保温、隔声、降噪能力，同时具有一定的抗层间位移能力。

4）面板材料单元组件工厂制作，结构胶使用性能有保证。

（2）单元式幕墙，是符合当今世界潮流的高档建筑外围护系统。单元式幕墙工厂化生产，技术标准化，可大量节约施工时间，成为建筑幕墙领域最具普及价值和发展优势的幕墙形式。单元式幕墙的主要优点如下。

1）工业化生产，组装精度高，能有效控制工程施工周期，经济效益和社会效益明显。

2）单元之间采用结构密封，适应主体结构位移能力强，适用于超高层建筑和钢结构高层建筑。

3）不需要在现场填注密封胶，不受天气对打胶的影响。

4）具有优良的气密性、水密性、风压变形及平面变形能力，可达到较高的节能要求。

4. 新型幕墙

（1）智能型呼吸式幕墙。该幕墙系统由内外两道幕墙组成，内幕墙一般采用明框幕墙、活动窗，或开有检修门；外幕墙采用有框幕墙或点支承玻璃幕墙。内外幕墙之间形成一个相对封闭的空间，大大提高了幕墙的保温、隔热、隔声功能。采用双层幕墙系统可以降低建筑30%～50%的综合能耗，因此呼吸式幕墙被称为建筑的“双层绿色外套”。双层结构幕墙有显著的隔音效果，结构的特征也赋予建筑“呼吸效应”，居住者能够体验到冬暖夏凉，减少极端环境带来的不适。例如，上海中心大厦（高

632m）采用了双层玻璃幕墙，它是目前世界上最高的绿色建筑（图 8.3）。

图 8.3 上海中心大厦双层玻璃幕墙

智能幕墙（图 8.4）是呼吸式幕墙的延伸，是在智能化建筑的基础上将建筑配套技术（暖、热、光、电）适度整合，通过幕墙材料对太阳能有效利用。用计算机网络调节室内空气、温度和光线，从而节省建筑物使用过程中的能源消耗，降低建筑物使用过程造成的费用。它包括呼吸式幕墙、通风系统、遮阳系统、空调系统、环境监测系统、智能化控制系统等。智能型呼吸式幕墙的关键在于智能控制系统，该系统完成信息采集到执行指令传动机构的全过程控制。它涉及温度、湿度、空气、照度的测量，采暖、通风、空调、遮阳等机构运行状态信息的采集及控制，电力系统的配置及控制，楼宇计算机控制等多方面的因素。

（2）光电幕墙。光电幕墙（图 8.5）是一种集发电、隔音、隔热、装饰等功能于一体，把光电技术与幕墙技术相结合的新型功能性幕墙，代表着幕墙技术发展的新方向。其通过太阳能光电池和半导体材料对自然光进行采集、转化、蓄积、变压，最后联入建筑供电网络，为建筑提供可靠的电力支持。

图 8.4 智能型呼吸式幕墙（双层幕墙）

图 8.5 光电幕墙

光电幕墙主要特点是具有将光能转化为电能的功能，其实现光电转换的关键部件是光电模板。光电模板背面可衬以不同颜色，以适应不同的建筑风格。光电幕墙特殊的外观具有独特的装饰效果，可赋予建筑物鲜明的时代色彩。光电幕墙的基本单元为光电板，而光电板是由若干个光电电池进行串、并联组合而成的电池阵列，把光电板安装在建筑幕墙相应的结构上就组成了太阳光伏电源系统。太阳光伏电源系统的立柱和横梁一般采用铝合金龙骨，光电模板要便于更换。

8.1.3 幕墙设计原则、依据及成果文件

建筑幕墙的构造复杂，功能要求较多，因此需要专门的设计。幕墙设计的内容一般包括立面设计、结构设计、节点设计、节能设计、消防设计等。

1. 幕墙设计原则

（1）安全性。安全性是幕墙设计中最重要的性能要求。设计方案在保证安全的前提下，考虑幕墙的外观和使用寿命（目前一般幕墙设计使用年限为25年），须严格遵守国家和行业相应的标准规范。作为外围护结构的幕墙应选择适当的材料、结构，确保足够的强度，抵御风荷载、自重、地震作用及特殊情况下外力造成的冲击，并采用有效措施保证幕墙的可靠性和耐久性。

（2）浮动连接。幕墙主要的连接设计除与主体结构的连接外，均应采用浮动连接，并留下足够的间隙，以便吸收沉降、热应力及地震作用。采用合理的密封材料或构造，对所留间隙进行密封，必须保证水密性和气密性。

（3）经济性。经济适用也是一个不可忽视的原则，如在立面设计时应考虑面板的大小和龙骨的使用量之间的关系。在保证外观、安全和使用性能的前提下，应尽量节约材料成本。

（4）性能设计。幕墙主要的使用性能包括气密性、水密性、保温性、隔热性、隔声、光学等性能。进行幕墙设计时应采用等性能设计。等性能设计有两层含义：一是根据幕墙不同部位的使用功能，采用与其相适应的性能设计；二是在使用功能相同的条件下，不同部位的性能应该相同。

（5）可施工性。幕墙在结构设计阶段就应当考虑可施工性。加工性和安装性好，利于组织生产和现场施工管理，可缩短工期、节约成本。

（6）可维护性。幕墙设计必须考虑安装以后的维修和保养问题。幕墙面板和幕墙主杆件必须采用可拆卸结构，以便在面板破损及其他情况下进行更换。例如，热通道幕墙，必须留下足够的空间进人或内侧全部为可开启结构，以便清洁和保养。

2. 幕墙设计依据

（1）原建筑设计图纸。包括建筑图和结构图，立面设计应该与原建筑图一致，结构设计必须结合主体结构施工图考虑预埋件的设置部位及主龙骨的布置，包括建筑设计说明、建筑平面图、立面图、剖面图、墙身大样图以及其他可以确定建筑结构的图纸。

（2）建筑幕墙工程施工（或设计）合同（或协议）。合同体现业主的意愿，对原建筑设计的效果是否可以改动以达到更好的效果，要求达到什么样的使用功能或外观效果，需要设计师与业主进行沟通、交换意见。

（3）标准与规范。相关的建筑国家标准与行业规范，各种材料的性能标准。

（4）当地的气候条件。各地的地理位置不同，当地的基本风压就不一样，在进行幕墙设计时应根据当地的基本风压进行设计。有50年一遇、100年一遇的基本风压，根据建筑物的重要程度选用。

（5）地质情况。我国是多地震国家，设防烈度6度以上地区占国土面积70%以上，绝大多数的大、中城市都要求考虑抗震设防，因此设计时应考虑当地的抗震设防烈度的要求。

3. 幕墙设计应提交的文件

（1）设计说明。说明工程概况、设计依据、材料要求、施工要求及其他需要说明的内容。

（2）平面图。预埋件布置平面图、局部平面大样图。

（3）立面分格图。体现建筑效果的分格图，用以确定板材分格尺寸及板材分布位置。

（4）立面刚架布置图。体现主次龙骨布置及规格。

（5）节点大样图。主要用以体现复杂部位的构造，及各构件的尺寸、型号和相互关系。

（6）幕墙结构计算书。主要体现幕墙荷载的确定，结构受力模型和材料强度计算，确保幕墙结构的安全性。

（7）节能计算书。通过节能计算书体现幕墙的节能指标，体现幕墙是否满足节能规范的要求。

（8）消防设计专篇。提供消防审批使用，主要体现幕墙满足消防要求的程度。

8.1-2 Ⓣ
拓展阅读16：幕墙结构计算书案例

8.1-3 Ⓣ
拓展阅读17：节能计算书案例

8.2 玻璃幕墙工程

玻璃幕墙是指由支承结构体系可相对主体结构有一定位移能力、不分担主体结构所受作用，面板材质为玻璃的建筑外围护结构或装饰结构。玻璃幕墙是一种美观、新颖的建筑墙体装饰做法，现代高层建筑普遍采用玻璃幕墙作为外围护结构。

幕墙玻璃一般采用由镜面玻璃与普通玻璃组合，隔层充入干燥空气或惰性气体的中空玻璃。中空玻璃有两层和三层之分，两层中空玻璃由两层玻璃加密封框架，形成一个夹层空间；三层玻璃则是由三层玻璃构成两个夹层空间。中空玻璃具有隔音、隔热、防结霜、防潮、抗风压强度大等优点。据测量，中空玻璃可有效减少室内外的热传导，在炎热的夏天，双层中空玻璃可以挡住90%的太阳辐射热。使用中空玻璃幕墙的房间冬暖夏凉，可极大地改善生活环境。

8.2.1 玻璃幕墙构造

1. 框架式幕墙

框架式玻璃幕墙一般由固定玻璃的骨架、连接件、嵌缝密封材料、填衬材料和幕墙玻璃等材料组成。玻璃通过金属构件支承在铝合金横梁上或由玻璃胶直接粘贴在铝合金框架上，横梁连接在立柱上，立柱则悬挂在主体结构上。骨架材料可为型钢、铝合金或不锈钢材料（图8.6）。

（1）明框玻璃幕墙。明框玻璃幕墙是金属框架构件显露在外表面的玻璃幕墙（图8.7），它以特殊断面的铝合金型材为框架，玻璃面板全嵌入型材的凹槽内。明框玻璃幕墙的特点在于铝合金型材本身兼有骨架结构和固定玻璃的双重作用，是传统的幕墙形式，应用最广泛，工作性能可靠。比隐框玻璃幕墙更易施工。

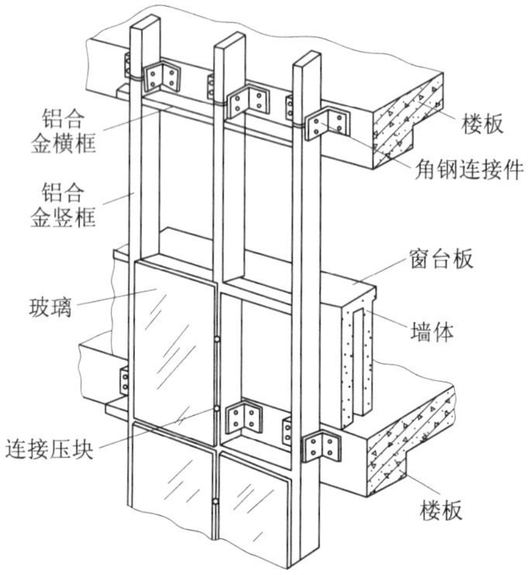

图 8.6 框架玻璃幕墙构造

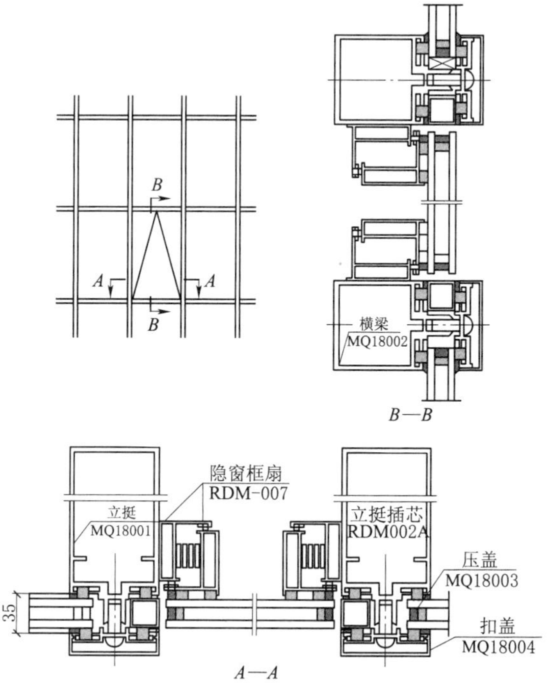

图 8.7 明框玻璃幕墙构造

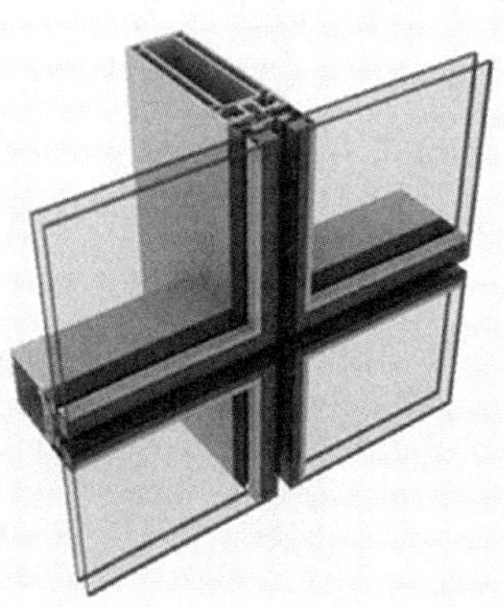

图 8.8 隐框玻璃幕墙

（2）隐框玻璃幕墙。隐框玻璃幕墙的金属框隐蔽在玻璃的背面，室外看不见金属框（图 8.8）。隐框玻璃幕墙又可分为全隐框玻璃幕墙和半隐框玻璃幕墙两种。隐框玻璃幕墙的构造特点：玻璃在铝框外侧，用硅酮结构密封胶把玻璃与铝框黏结，幕墙的荷载主要靠密封胶承受。

2. 点支式幕墙

点支式玻璃幕墙是近年来新出现的一种支承方式，全称为金属支承结构点式玻璃幕墙（图 8.9）。

按照支承结构的不同方式，点支式玻璃幕墙在形式上可分为以下几种。

（1）金属支承结构点式玻璃幕墙。这是目前采用最多的一种形式，它用金属材料作支承结构体系，通过金属连接件和紧固件将面玻璃牢固地固定在它上面，充分利用金属结构的灵活多变以满足建筑造型的需要，人们可以透过玻璃清楚地看到支承玻璃的整个结构体系。玻璃的晶莹剔透和金属结构的坚固结实，体现“美”与“力”，可增

图 8.9 点支式玻璃幕墙

强“虚”“实”对比的效果。

(2) 全玻璃结构点式玻璃幕墙。它通过金属连接件及紧固件将玻璃支承结构（玻璃肋）与面玻璃连成整体，成为建筑围护结构。玻璃面和肋构成开阔的视野，使人赏心悦目，可使建筑物室内、外空间达到最大程度的视觉交融。

(3) 拉杆（索）结构点式玻璃幕墙。它采用不锈钢拉杆或用与玻璃分缝相对应的拉索做成幕墙的支承结构，玻璃通过金属连接件与其固定。在建筑中充分运用机械加工的精度，使构件均为受拉杆件，施工时要施加预应力。拉索柔接可降低震动时玻璃的破损率。

8.2.2 材料、机具和施工准备

1. 框架玻璃幕墙材料要求

面板材料尺寸按照《建筑模数协调统一标准》(GB/T 50002—2013) 的规定，建筑幕墙水平横向扩展模数从 900mm 开始按 1 模增至最大尺寸为 6000mm；其竖向扩展模数从 2700mm 开始按 1 模增至最大尺寸为 6000mm。如工程需要跨越上述尺寸时，可向制作厂家另行订制。

材料性能应根据建筑物所在地域、气候条件、建筑物的体型、高度、周围环境以及建筑物的重要性等因素选取，且与《建筑幕墙物理性能分级》(GB/T 15225—1994) 相一致。设计应明确建筑物所在地的地理、气候、环境和周围建筑物的状态，以文字和图样型式明确建筑物的类别、体型、高度和幕墙所在的部位、形状等。

(1) 立柱材料。立柱截面及主要受力部位的厚度应符合下列要求。

1) 铝型材截面开口部位的厚度不应小于 3.0mm，闭口部位的厚度不应小于 2.5mm；型材孔壁与螺钉之间直接采用螺纹受力连接时，其局部厚度尚不应小于螺钉的公称直径。

2) 钢型材截面主要受力部位的厚度不应小于 3.0mm。

3) 对偏心受压立柱，其截面宽厚比应符合《玻璃幕墙工程技术规范》(JGJ 102—

2003）第 6.2.1 条的相应规定。

（2）铝合金型材。铝型材牌号有 6061－T4(LD30－CZ)、6061－T6(LD30－CS)、6063－T5(LD31－RCS)、6063－T6(LD31－CS)、6063A－T5、6063A－T6。

铝型材允许偏差分为普通级、高精级、超高精级。铝型材常用表面处理为：阳极氧化、电泳涂装（在表面氧化和电解着色后，采用化学电解电镀的原理在表面泳涂一层 10μm 以上的有机透明漆，再经 200℃固化而成）、丙烯酸喷涂、粉末（纯聚酯或环氧树脂）喷涂、氟碳喷涂，安装时要注意保护型材表面。

（3）钢型材。钢材表面应进行防腐处理。当采用热浸镀锌处理时，其膜厚应大于 45μm；当采用静电喷涂时，其膜厚应大于 40μm。不同金属材料之间应有绝缘措施，防止异质金属间电化学腐蚀。

1）低合金高强度结构钢。牌号表示方法：由字母 Q（屈服点）、屈服点数值、质量等级（A～E）三部分组成。常用 Q235，在幕墙中使用时，表面热镀锌或涂防腐涂料。

2）耐候钢。在钢中加入少量的合金元素，如 Cu、P、Cr 等。牌号表示方法：由字母 Q（屈服点）、屈服点数值、NH（耐候）组成。在高度超过 40m 的钢结构幕墙中，宜采用耐候钢，表面涂防腐涂料。

3）不锈钢（Cr 元素含量 11.74%以上的钢材）。分为四类，即奥氏体型（A1～A5）、马氏体型（C1、C3、C4）、铁素体型（F1）和奥氏体—铁素体型（FA）。不锈钢表示方法：组别代号-性能等级，如 A2－70，表示奥氏体钢、冷加工、最小抗拉强度 700MPa。

由于不同的不锈钢化学成分和金相组织不同，其性能也不同。奥氏体钢因其耐腐蚀性，力学及加工性能优于其他种不锈钢，适合在幕墙中使用。奥氏体不锈钢无磁性，含 Cr、Ni、Mo 等元素，马氏体、铁素体型不锈钢一般不含 Ni。一般项目应选用 A2，在沿海或工业污染严重的地区，则应选择耐腐蚀性能更好的不锈钢，如 A4 或 A5。

（4）密封材料。玻璃与玻璃之间采用耐候硅酮胶密封，玻璃与金属结构之间采用结构硅酮胶黏结。建筑点式玻璃幕墙中密封胶只起密封作用，不必进行强度计算。在使用前必须进行胶与接触材料的相容性试验，性能检测合格，并且在有效期内使用，且严格遵守操作规程，以确保施工质量。

结构胶用于幕墙结构性装配，有单组分和双组分两种，以 GE 胶（SSG4400）为例，单组分有两种包装，即 299mL 硬胶瓶装和 591.5mL 锡纸软包装；双组分包括基体（A 组 189.3L 大圆桶装，白色）和固化剂（B 组，18.9L，小圆桶装，黑色），两者须经打胶机混合使用，混合后的颜色为黑色。

幕墙工程应使用高弹性模量、高抗拉强度、中性结构胶，注胶宽度根据强度计算确定，厚度根据结构变位要求计算确定，一般为 6mm、8mm、10mm。宽度与厚度之比为 2∶1 较合适。酸性结构胶仅适合于全玻璃装配时使用。结构胶使用前，须提供与实际工程相同的装配材料样品，作相容性试验。有些基材表面处理不能与结构胶相容，须打底涂或采取其他措施。

幕墙常采用的橡胶制品有（按质量优劣排序）有机硅橡胶胶条、三元乙丙（EPDM）胶条、氯丁胶条，常用 EPDM，玻璃垫用压模成型橡胶块，应根据节点确定胶条的形状和硬度。

（5）玻璃。玻璃分为普通平板玻璃和浮法玻璃两种，浮法玻璃质量比普通平板玻璃好，普通玻璃无色透明，规格为厚 2～25mm，最大尺寸 3050mm×12500mm，最小尺寸 500mm × 700mm，建筑上常用的玻璃厚度为 5mm、6mm、8mm、10mm、12mm、15mm、19mm。玻璃幕墙所使用的玻璃主要有热反射玻璃、中空玻璃、钢化玻璃、夹层玻璃、夹丝玻璃、夹胶玻璃、吸热玻璃等。

1）热反射镀膜玻璃。以浮法透明玻璃或本体着色玻璃为基片，在真空状态下以磁控溅射的方法镀上一层或多层透明金属薄膜而成。通过对不同的金属材料膜层厚度的控制，结合不同颜色的基片，可形成各种视觉效果，并具有不同的光学和热学性能的玻璃。

2）热反射在线镀膜玻璃。浮法玻璃生产过程中，在玻璃表面镀上一层透明的金属氧化膜，其颜色不如离线镀膜玻璃丰富，但膜层非常牢固，所以可以进行各种热处理，如热弯、钢化、强化等。

3）彩釉钢化玻璃。在浮法玻璃表面镀上一层陶瓷釉料，通过高温加热处理后，釉料膜坚固地保存在玻璃表面，永不褪色脱落的一种不透明玻璃。

4）低辐射玻璃。简称 Low-E 玻璃，在玻璃表面镀金属银层，使玻璃辐射率从 0.84 降低到 0.04～0.12，Low-E 玻璃具有很好的光谱选择性，在大量通过可见光的基础上，能阻挡相当部分红外线和几乎全部远红外线，所以比普通的热反射镀膜玻璃的保温隔热性能好，离线镀膜 Low-E 玻璃不能单独使用，须做成中空玻璃或夹胶玻璃。

5）钢化玻璃。在水平钢化炉中将玻璃加热到软化点，然后用冷风快速冷却而成，因表面骤冷而收缩快，中间层收缩慢，所以在玻璃内存在很大的内应力，强度是普通玻璃的 3～4 倍，破碎时分裂成很多小的没有锐角的碎片，不伤人，也称为安全玻璃。

6）中空玻璃。由两片和多片浮法玻璃组合而成，玻璃之间用铝合金隔框隔开，铝合金隔框内填充干燥剂，隔框与玻璃之间用丁基胶密封后再用聚硫胶（用于明框幕墙）或结构胶（用于隐框幕墙）作二道密封，中空层可以是干燥空气，也可以充惰性气体（如氩气、氪气）或特种气体（如氟化硫），中空玻璃有很好的保温及隔声性能。中空玻璃厚度一般为 6mm＋d＋6mm、8mm＋d＋8mm（d 为空气厚度，可取 6mm、9mm、12mm）。

7）夹层玻璃。最常用的夹层玻璃为中间放置一层（0.38）或多层（0.76、1.14、1.52 等）聚乙烯醇缩丁醛（PVB）胶片，经高压窑等设备的加压加热工序组合而成的夹胶玻璃。其最大的特点为安全性好，当遭受外力破坏后只产生裂痕但不会碎落，还具有良好的隔声和防紫外线的功能。PVB 能吸收冲击能量，用不同厚度的 PVB 和玻璃片可制成防弹玻璃。夹层玻璃的厚度一般为 6mm＋6mm、8mm＋8mm（中间夹聚氯乙烯醇缩丁醛胶片，干法合成）。

选择玻璃还应符合以下要求。

1）玻璃幕墙应采用反射比不大于 0.30 的玻璃，对有采光功能要求的玻璃幕墙，其采光折减系数不宜低于 0.20。

2）框支承玻璃幕墙，宜采用安全玻璃。

3）点支承玻璃幕墙的面板玻璃应采用钢化玻璃。

3）采用玻璃肋支承的点支承玻璃幕墙，其玻璃肋应采用钢化涂层玻璃。

4）人员流动密度大、青少年或幼儿活动的公共场所以及使用中容易受到撞击的部位，玻璃幕墙应采用安全玻璃；对使用中容易受到撞击的部位，尚应设置明显的警示标志。

2. 点支式幕墙的主要材料

(1) 支承体系。支承体系的作用是将玻璃所受的各种荷载直接传递到主体结构上。一般根据承受的荷载大小和建筑造型来选择结构形式和材料，如玻璃肋、不锈钢立柱、铝型材柱或经防腐处理的钢桁架、钢立柱或不锈钢拉杆（索）等。

(2) 金属连接件。金属连接件包括固定件（俗称驳接爪座和爪子）和扣件（图 8.10）。固定件通常用不锈钢铸造而成，扣件为不锈钢机械加工件。考虑到金属相容性，爪座必须采用与支承体系相同的材质，或使用机械固定。金属连接件把玻璃固定在支承结构上，会产生玻璃孔边缘附加应力，应允许少量的位移来调节施工误差，同时还要有减震措施以提高抗震能力。金属连接件具有显著的装饰效果，除满足功能上的要求外，还要有优美的造型设计和精细的加工制造质量。

(3) 玻璃。点式玻璃幕墙所用的玻璃，由于钻孔而导致孔边玻璃强度降低约 30%，因此点式玻璃幕墙必须采用强度较高的钢化玻璃。

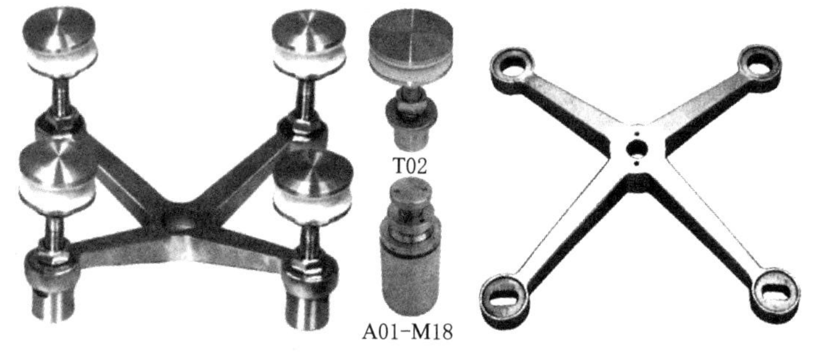

图 8.10 点支式玻璃幕墙固定件

3. 施工机具

主要机具有起重机（塔式、车载式）、电动葫芦、电动真空吸盘、手动吸盘、预应力张拉器、电焊机、氩弧焊机、扭矩扳手、普通扳手、索内应力测量仪、冲击钻、测厚仪、应力仪、铅垂仪、经纬仪、全站仪、水准仪、超声波探伤仪、玻璃边缘应力测试仪、钢尺、钢卷尺、水平尺、角度尺等。玻璃幕墙施工机具较多，一般在编写施工方案时应将项目所需使用的机具罗列清单，便于在施工准备时备妥，表 8.3 是某幕墙施工项目的机具清单。

表 8.3　　　　某幕墙项目机具清单

序号	机具设备名称	型号/规格	单位	数量	使用状况
1	全站仪	徕卡 TS15，1s 级，测距精度 1mm	台	1	正常
2	激光垂准仪/天顶仪	大连拉特　精度：1/200000	台	1	正常
3	水准仪	徕卡自动安平型　NA2	台	2	正常
4	手持式测距仪	徕卡 测程 200m，精度 1mm	台	2	正常
5	钢尺	田岛 50m 钢尺	支	4	正常
6	温度计	红外温度计	支	1	正常
7	气压计	普通	支	1	正常
8	湿度计	普通	支	1	正常
9	3t 链式电动葫芦	G10ASF2	台	3	正常
10	龙门吊	自制	副	2	正常
11	活动小吊车	自制	台	2	正常
12	2t 手拉葫芦	HSZ－A618	台	5	正常
13	电控卷扬机	2t/250m	台	2	正常
14	叉车	5t	台	1	正常
15	手动液压托盘车	HZBO	台	2	正常
16	三级配电箱	DPXL	台	4	正常
17	流动配电箱	HS	台	5	正常
18	手电钻	BOSCH	台	10	正常
19	台钻	Z516－1A	台	2	正常
20	铆钉枪	HANDRIVETER	支	5	正常
21	射钉枪	南山	支	10	正常
22	胶枪		支	10	正常
23	电焊机	BX1－315	台	5	正常
24	冲击钻	PR－38E	台	5	正常
25	曲臂车	AB85RJ	台	1	正常
26	千斤顶	5t	台	2	正常
27	电动玻璃吸盘	BOLE	套	2	正常

8.2－1 Ⓣ
拓展阅读 18：玻璃幕墙交底记录案例

4. 施工准备

幕墙分包单位在玻璃幕墙安装施工前应编制专项施工方案，并提交给建筑施工总承包单位审批。幕墙安装前应对作业人员进行安全、技术交底，吊装与玻璃安装期间应设置警戒范围，派专人值守，并应先进行试吊装。玻璃幕墙的材料、零附件和结构件等应符合设计要求，进场时应提交产品质量证明书。

施工前应按有关规范的要求对主体结构进行验收，会造成严重污染的分项工程应安排在玻璃幕墙施工前进行；否则应采取有效的保护措施。在冬季寒冷天气下进行玻璃幕墙安装施工作业时，还应符合国家现行《建筑工程冬期施工规程》（JGJ 104—

2011）的有关规定。施工前应仔细放样，并注意构件的安装顺序，防止误差的积累。

8.2.3 框架式玻璃幕墙施工

框架式玻璃幕墙的优点是玻璃镶嵌在框架龙骨内，相对比较安全，施工也比较简便。框架式玻璃幕墙施工总体方案是：充分利用现场作业面，统筹安排，在保证工程质量的前提下缩短现场施工工期。幕墙的立柱分区段自下而上安装，玻璃板块在区段内自上而下安装。

1. 安装流程

测量放线→预埋件复测纠偏及拉拔试验→安装钢支座→安装铝合金立柱→避雷系统安装→防火材料安装→横梁安装→安装玻璃面板→嵌缝、打胶→自检→清理→验收。以上流程只体现主要的安装过程，各工序均需有专职人员质检。

（1）测量放线。按土建提供的基准中心线、水平线，经复验后进行幕墙的测量放线，并与主体结构测量放线相配合，水平标高要逐层从地面引上，避免误差累积。测量放线时应注意在每天定时进行，以减少温差的影响，测量时风力不应大于四级。测量放线工序是整个幕墙施工的重要工序，必须严格操作和检测，以保证放线准确无误。应沿楼板外沿弹出墨线或用钢丝线定出幕墙平面基准线，从基准线推出幕墙平面位置，以此线为基准确定立柱的前后位置，从而决定整片幕墙的位置。根据放线结果，对主体结构超差部位又确定影响外墙施工的，应要求土建承包商在一定时间内负责修正。

（2）预埋件复测纠偏及拉拔试验。为了保证幕墙与主体结构连接牢固、可靠，幕墙施工安装前，应进行预埋件拉拔试验，并检查埋件位置是否符合设计要求。标高偏差、轴线偏差、轴线前后差均应控制在±10mm之内。

（3）立柱安装。幕墙铝合金立柱在区段内从幕墙的底部开始向上安装，通过预埋件安装在主体结构上，并通过支座上长孔调节立柱进出位置。铝合金立柱的安装要点如下。

1）对照施工图检查立柱的尺寸及加工孔位是否正确。

2）将立柱附件（芯套、防腐垫片、连接支座、铝码等）安装上立柱。

3）安装立柱，通过调节螺栓调整立柱位置，以确保立柱安装的误差符合规范。

4）安装误差控制：标高为＋3mm，前后为＋2mm，左右为＋3mm（不超过上述数值）。

幕墙铝合金立柱通过钢支座与预埋件连接。幕墙铝合金立柱安装时，应特别注意钢、铝接触处的隔离（防腐垫片），以防止异种金属电化腐蚀。铝合金立柱安装完成后，须检查钢构件表面涂层，破损处应进行补刷。

立柱为竖向构件，是幕墙安装施工的关键之一，它的质量影响整个幕墙的安装质量。钢支座连同绝缘垫片一起通过不锈钢螺栓预先安装在铝合金立柱上，随立柱在安装工作区段内从幕墙工程底部开始向上安装。

（4）幕墙防雷系统的安装及技术保证措施。幕墙安装时，建筑主体防雷已形成，整幢建筑物已处于均压中。幕墙系统与主体结构防雷可靠连接，形成电气通路。在幕墙骨架安装过程中，已安装好的幕墙骨架应及时与建筑主体防雷系统连通，防止安装过程中被雷击。

(5) 幕墙防火系统的安装。根据《建筑设计防火规范》(GB 50016—2014，2018版）进行防火设计，幕墙的上、下封断是由防火保温层来完成的，应确保防火材料满铺。

(6) 横梁安装。立柱安装调整完毕后，即可安装横梁，横梁与立柱通过铝合金连接角码用螺栓连接。

横梁为水平构件，是分段在立柱中嵌入安装，横梁两端与立柱连接处缝隙注硅酮密封胶，此道硅酮密封胶有两重作用。

1) 密封，保证室内冷凝水排除。

2) 适应或消除横向温度变形的要求。

相邻两根横梁的水平标高偏差不大于1mm，同层标高偏差不大于4mm，同时应与立柱的嵌面板凹槽一致，其表面偏差不大于1mm。

同一层的横梁安装应自下而上进行，当安装完一层时，应进行检查、调整、校正、固定，使其符合质量要求。

(7) 玻璃板块安装。现场安装时应先对清图号、面板号以确认其安装位置，安装须在脚手架上进行。

明框玻璃安装前，预先在横梁玻璃槽内设置玻璃垫块。将玻璃置于骨架槽内，调整玻璃单元板块上下、左右位置，压紧铝合金压条，扣上铝合金装饰条，注胶。在安装前要清洁玻璃，四边的铝框也要清洁，应注意玻璃室内室外朝向；玻璃不能与其他构件直接接触。玻璃安装时应控制玻璃接缝宽度一致，并保证接缝平直。

(8) 玻璃幕墙开启扇安装。区段玻璃幕墙固定玻璃板块安装完成后，进行玻璃幕墙开启扇安装。

(9) 嵌缝、打胶。幕墙板块组件安装完毕或完成一定单元时，即时对缝隙进行填缝处理。先将填缝部位用清洁剂净化，塞入泡沫条，在胶缝两侧玻璃上贴宽12.7mm的保护胶纸，用耐候胶填缝。注胶后要把污渍擦洗干净，做到耐候胶与玻璃组框黏结牢固，胶缝平整、光滑。

(10) 边界封修。顶部封修在安装顶层板块时进行，并考虑防渗漏及保温要求；底部封修在板块安装至相应位置前进行。

(11) 清理。在每层板块安装完毕，清除现场杂物，待整个工程安装完毕清理现场及临时设施，交业主验收，同时准备撤离现场。

2. 淋水试验和自检

现场采用消防龙头，对施工完的幕墙进行淋水试验，淋水量不小于4 L/min，时间10min。要求无一处有渗漏水现象，通过自检。

3. 幕墙抗渗、排水技术保证措施

工程应通过设计、材料选择、高质量安装施工来保证幕墙抗渗、排水性能。

在幕墙的设计中，利用等压原理进行幕墙开启窗构造设计，利用幕墙结构形成的等压腔防止渗水，幕墙所用胶条选用耐候性强的三元乙丙胶条，保证胶条连接部位防渗漏质量；在幕墙的固定玻璃部分，采用内外两道硅胶密封，每块玻璃的下部都设有两个填有疏水海绵的排水口，把可能积蓄在横框上的雨水排到室外。

8.2.4 点支式玻璃幕墙施工

点支式玻璃幕墙一般以玻璃面板材料来命名，如钢化玻璃点支式玻璃幕墙、双层玻璃点支式玻璃幕墙等。按照支承结构又可分为主体结构支承、刚性结构支承、钢拉索结构支承、钢拉杆结构支承、自平衡索桁架点支承、玻璃肋支承幕墙等。按照玻璃面板支承方式可以分为四点支承、六点支承、多点支承、托板支承、夹板支承点支玻璃幕墙。点支玻璃幕墙的类型丰富，施工方法也稍有区别。

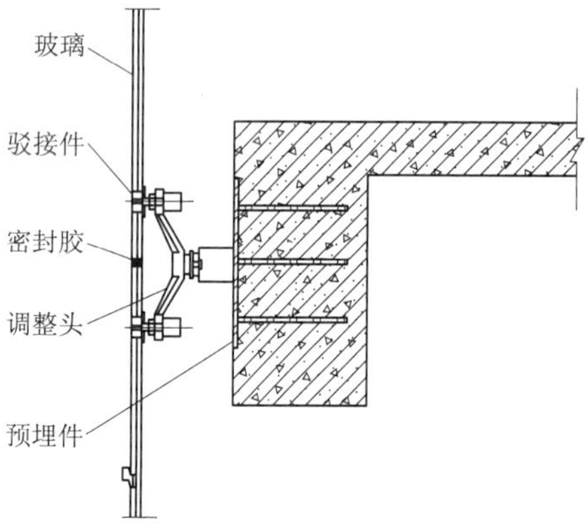

图 8.11 梁支承点支幕墙

1. 支承方式

(1) 建筑主体支承。驳接系统由建筑结构主体来支承，通过支承杆与预埋板直接焊接实现连接。这种支承结构容易施工，支承点一般设置在梁、柱上，由于主体结构施工误差难以避免，应注意连接支座的可调性(图 8.11)。

(2) 单柱支承。如图 8.12 所示，单柱支承是将驳接系统支承在单根立柱上或横梁上，一般使用于楼层较低的层间玻璃幕墙，使用时应注意柱子的稳定性，需进行长细比验算，并确保上下有稳固的支撑体系。其特点是视野好、施工简便。

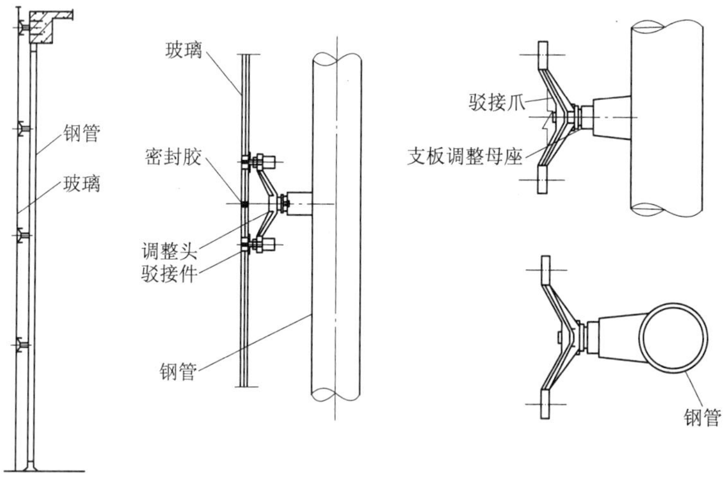

图 8.12 单柱支承点支幕墙

(3) 球形网架支承幕墙。它是以球形网架作为支承点的幕墙结构，如图 8.13 所示。

(4) 钢桁架支承。该类幕墙的荷载是通过钢桁架传递到主体结构上。幕墙与桁架

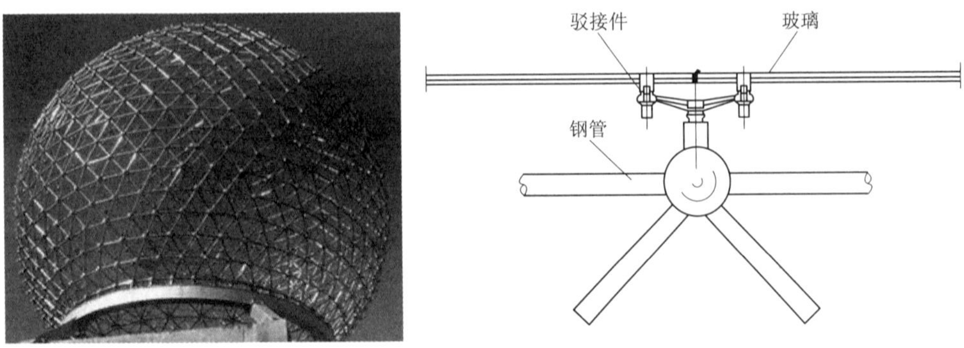

图 8.13 球形网架支承

形成独立的受力支承系统，在建筑中适用性强，被大量使用（图 8.14）。

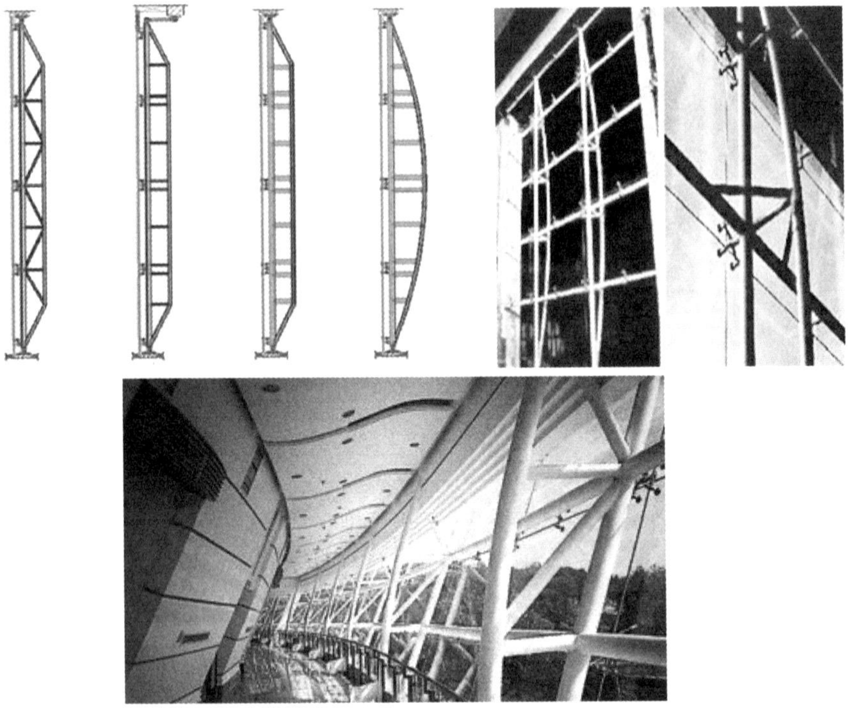

图 8.14 桁架支承点支幕墙

（5）预应力拉杆或拉索结构。受力构件是预应力受拉杆件或拉索组成的支撑系统，该结构体态轻盈，是比较新型的支承形式（图 8.15）。

2. 点支式幕墙施工工艺

点支式玻璃幕墙施工工艺流程如图 8.16 所示。

（1）索桁架制作。

1）钢索可选用不锈钢钢绞线 1×19 或 1×37，材质为奥氏体或奥氏体＋铁素体，其整绳抗拉强度不应小于 $f_y=1300$MPa，整绳弹性模量不应小于 $E=1.25\times10^5$MPa。

钢索桁架典型形式如图 8.17 所示。

图 8.15 拉杆和拉索支承幕墙

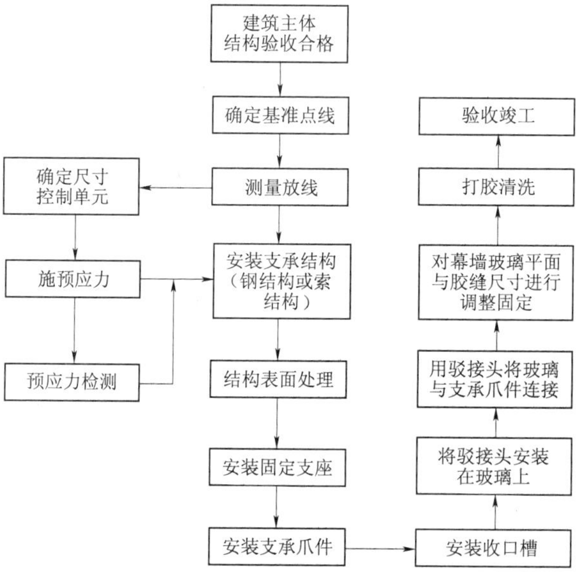

图 8.16 点支式玻璃幕墙施工工艺流程

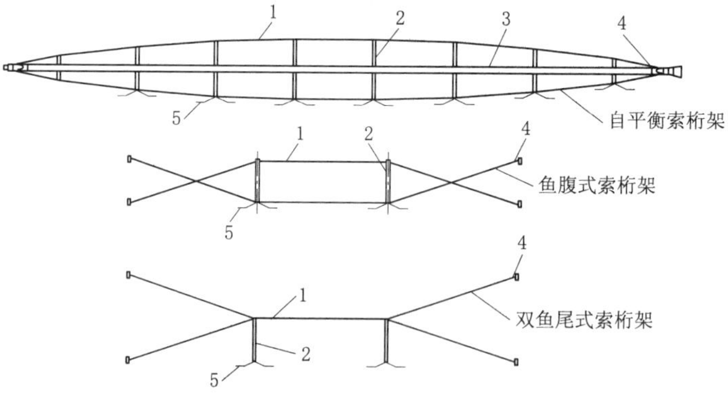

图 8.17 钢索桁架制作示意图

1—不锈钢铰线；2—腹杆；3—主压杆；4—连接座；5—支承爪件

2）钢绞线应捻制均匀，不得有扭曲及松弛的钢丝，钢丝均应紧密绞合在一起。每根钢丝不应有再凸起、折断、擦伤及错乱交叉现象。

3）索桁架在运输及安装过程中应采取临时措施保证平面外稳定。

4）索桁架安装前应单独进行结构试验，以检测强度及变形是否满足设计要求。

5）索桁架加工的误差应符合表8.4的要求。

表8.4　　索架加工误差

名称	项目	内容		
拉索	长度偏差	节间距 $L_0<1\text{m}$	$L_0=1\sim2\text{m}$	$L_0>2\text{m}$
		±3mm	±4mm	±5mm
	螺纹偏差	不低于6g精度		
	外观	表面光亮、无锈斑，钢绞线不允许有断丝及其他明显的机械损伤，钢拉索接头粗糙度不大于 $Ra3.2\mu\text{m}$		
腹杆	长度偏差	±2mm	安装偏差	±2mm
	螺纹偏差	内外螺纹为6H/6g		
	外观	喷丸处理	表面均匀、整洁	
		抛光处理	$Ra3.2\mu\text{m}$	
		表面无锈斑、裂纹及明显机械损伤		

6）支承钢结构及构件安装施工时应符合表8.5的要求。

表8.5　　支承钢结构安装偏差允许值

序号	名称	允许偏差/mm
1	相邻两竖向构件间距	±2.5
2	竖向构件垂直度	l/1000或≤5，l 为跨距
3	相邻三竖向构件表面平面度	5
4	相邻两钢爪座轴线水平间距	±2
5	相邻两钢爪座轴线水平高低差	1.5
6	同层高度内钢爪高低差　连续跨距不大于35m 连续跨距大于35m	5 7
7	相邻两钢爪座垂直间距	±2.0
8	单个分格钢爪座对角线差	4
9	钢爪座端面平面度	6.0

（2）驳接系统的固定与安装。

1）驳接座的安装。在结构调整结束后，按照控制单元所控制的驳接座安装点进行驳接座的安装，对结构偏移所造成的安装点误差可用偏心座和偏心头来校正。

2）驳接爪的安装。在驳接座焊接安装结束后开始定位驳接爪，将驳接爪的受力孔向下，并用水平尺校准两横向孔的水平度（两水平孔偏差应小于0.5mm），配钻定位销孔，安装定位销（图 8.18）。

点支式玻璃幕墙驳接爪的安装施工应符合下列要求：钢爪安装前应精确定出其安装位置，钢爪的允许偏差应符合设计要求。钢爪装入后应能进行三维调整，并应能减少或消除结构平面变形和温差的影响。钢爪安装完成后，应对钢爪的位置进行检验。钢爪与玻璃点连接件的固定应采用力矩扳手，力矩的控制应符合设计要求及有关规定。力矩扳手应定期进行力矩校定。

（3）驳接头的安装。驳接头在安装之前要对其螺纹的松紧度、头与胶垫的配合情况进行 100%的检查。先将驳接头的前部安装在玻璃的固定孔上并销紧，确保每件驳接头内的衬垫齐全，使金属与玻璃隔离，保证玻璃的受力部分为面接触，并保证锁紧环锁紧密封，锁紧扭矩为 10N·m，在玻璃吊装到位后将驳接头的尾部与驳接爪相互连接并锁紧，同时要注意玻璃的内侧与驳接爪的定位距离在规定范围以内（图 8.19）。

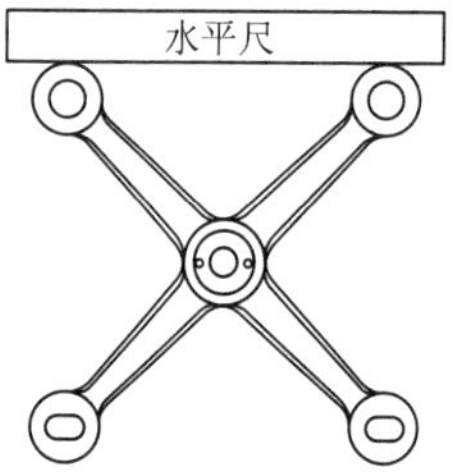

图 8.18 驳接爪调平

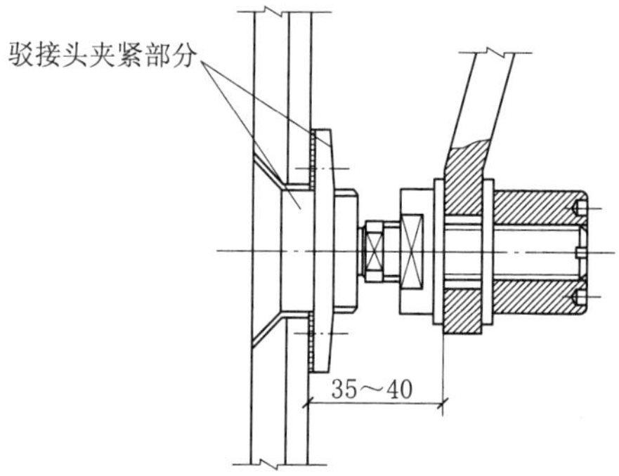

图 8.19 驳接头安装

支承爪件的 4 个安装孔中高度定位孔应装在上部，二维可调孔装在下部（图 8.20）。

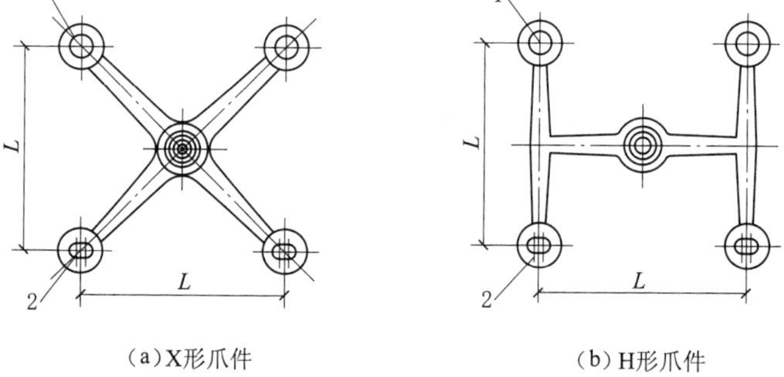

图 8.20 爪件安装方向图

1—二维可调圆孔；2—高度定位长孔

爪件在幕墙平面内不得承受幕墙自重以外的其他荷载。金属与玻璃连接处应加弹性耐候衬垫和衬套，厚度不宜小于 1.0mm。

（4）玻璃安装。玻璃到达施工现场后，由现场质检员与安装组长对玻璃的表面质量、公称尺寸进行100%的检测。同时使用玻璃边缘应力仪对玻璃的钢化情况进行全检。玻璃安装顺序可采取先上后下，逐层安装调整。玻璃垂直运输：可采用电动葫芦进行垂直提升到安装平台上进行定位、安装。在整个过程中应减少尺寸误差积累，每个控制单元内尺寸公差允许值为±3mm。

（5）打胶。在玻璃安装调整结束后进行打胶，使玻璃的缝隙密封。打胶顺序是先上后下，先竖向后横向。打胶过程中应注意先清洗玻璃，特别是玻璃边部与胶连接处的污迹要清洗擦干，在贴美纹纸后24h之内打胶并及时处理，打好的胶不得有外溢、毛刺等现象。

8.2.5 全玻璃幕墙施工

全玻璃幕墙是一种采用玻璃肋或点式钢爪作为支承体系的一种全透明、全视野的玻璃幕墙（图8.21）。高度不超过4.5m的全玻璃幕墙，可以用下部直接支承的方式进行安装；超过4.5m的全玻璃幕墙，宜用上部悬挂方式安装（图8.22）。

（a）全玻璃幕墙外观

（b）玻璃加强肋

图8.21 全玻璃幕墙

下部支承式全玻璃幕墙安装工艺流程：测量放线→底框安装→顶框安装→玻璃就位→玻璃固定→肋玻璃黏结→幕墙玻璃之间的缝隙处理→肋玻璃端头处理→淋水试验→清洁→验收。

悬吊式全玻璃幕墙安装工艺：测量放线→校核预埋件、安装后置埋件→安装钢架→安装边缘固定槽→安装吊夹→安装玻璃→密封注胶→淋水试验及清洗→验收。

全玻璃幕墙施工要点如下。

1. 测量放线

施工前，采用线锤、钢丝线、墨线、测量器具等在主体上进行测量放线。幕墙定位轴线的测量放线必须与主体结构的测量配合，误差应及时调整，不得积累。

2. 底框和顶框安装（下部支承）

幕墙下部和侧边边框的安装要严格按照放线定位和设计标高施工，所有钢结构表面和焊缝应进行防腐处理。上部承重钢结构安装时，锚栓位置不宜靠近钢筋混凝土构件的边缘，钻孔孔径和深度要符合锚栓厂家的技术规定。每个构件安装位置和高度都应严格按照放线定位和设计图纸要求进行。所有钢结构焊接完毕，应进行隐蔽工程质量验收，验收合格后应进行防腐处理。

3. 校核预埋件、安装后置埋件（悬吊支承）

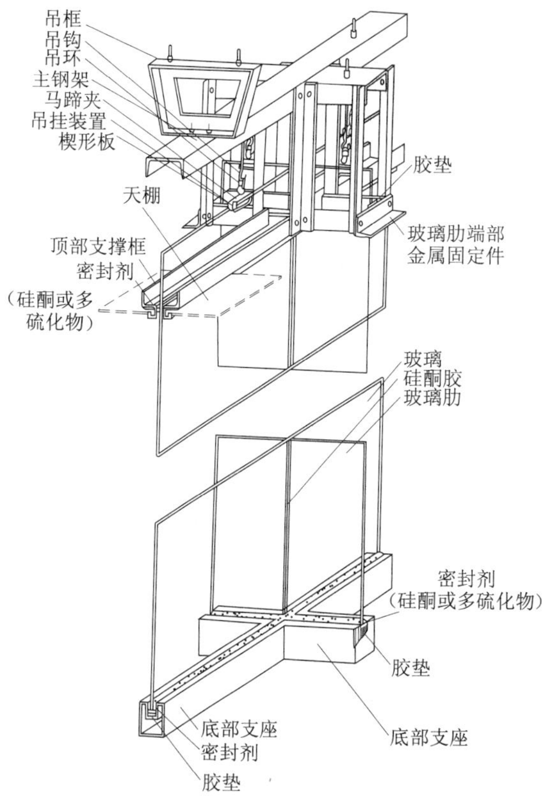

图 8.22 全玻璃幕墙固定方式

按测设好的各控制线，对预埋件进行检查和校核，位置超差、结构施工时漏埋或设计变更未埋的预埋件，应按设计要求进行处理或补做后置埋件，后置埋件通常可采用包梁、穿梁、穿楼板等形式安装，与结构之间应选用化学锚栓固定，不得采用膨胀螺栓，并应做拉拔力试验，同时做好施工记录。

4. 安装钢架（悬吊支承）

全玻幕墙的吊挂钢架分为成品钢架和现场拼装钢架两种，安装时参考图 8.23。

(1) 成品（半成品）钢架安装。按照设计图纸的要求，在工厂将钢架加工完成，运抵现场后按照预定的吊装方案将钢架吊装就位，与已安装好的埋件进行可靠连接。连接可采用螺栓连接或焊接固定。注意应先调整好位置后再将钢架与埋件固定牢固。

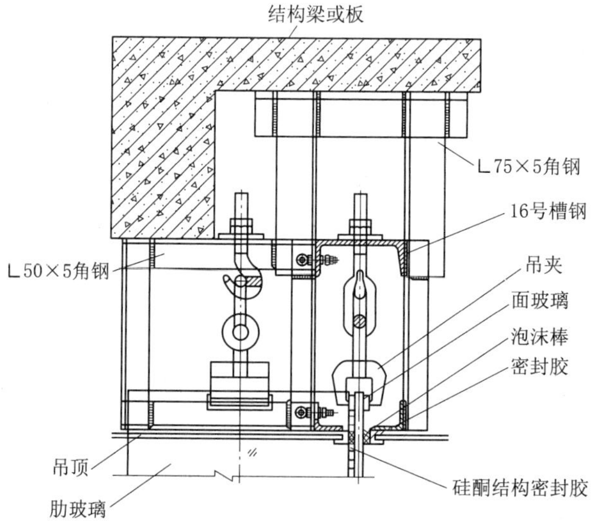

图 8.23 钢架安装

(2) 现场拼装钢架安装。各种型钢杆件运至现场后，先按设计图的要求和组装次序，在地面上进行试拼装并按安装顺序编号，然后按顺序码放整齐。安装时按拼装次序先安装主梁，再依次安装次梁和其他杆件。主梁与埋件、主梁与次梁以及与杆件之间连接固定方式应符合设计要求，一般采用螺栓连接，也可采用焊接，连接应牢固、可靠。

5. 安装边缘固定槽

玻璃的底边和与结构交圈的侧边，一般应安装固定槽，通常固定槽选用槽形金属型材。安装时先将角码与结构埋件固定，然后将固定槽与角码临时固定，根据测设的标高、位置控制线，调整好固定槽的位置和标高，检查合格后将固定槽与角码焊接固定，施工安装时参考图 8.24。

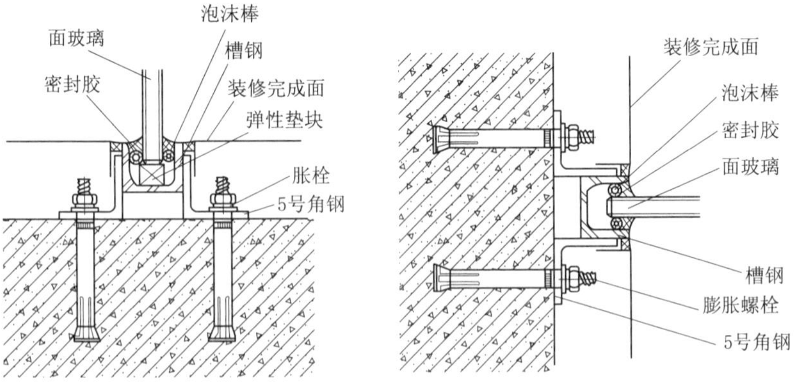

(a) 底边节点 (b) 侧边节点

图 8.24 边缘固定槽安装示意图

6. 安装吊夹（悬吊支承）

根据设计图和位置控制线，用螺栓将玻璃吊架与连接器连接，再把连接器与埋件或钢架进行连接，然后检查调整吊夹，使其中心与玻璃固定槽一致，最后将玻璃吊夹、连接器固定牢固。若为支撑式全玻璃幕墙，上边没有玻璃吊夹，而是将顶端玻璃固定槽直接固定到埋件或钢架。吊夹或固定槽固定好后应进行全面检查，所有紧固件应紧固可靠，并有防松脱装置，所有防腐层遭破坏处应补做防腐涂层。

7. 玻璃安装

吊装玻璃前，每个工位的人员必须到位，各种机具、工具必须齐全、正常，安全措施必须可靠。吊运安装玻璃时，应防止玻璃在升降移位时碰撞钢架和金属槽口。玻璃定位后应反复调整，使玻璃正确就位。第一块玻璃就位后，检查玻璃侧边的垂直度，确保以后就位的玻璃上下缝隙符合设计要求。

8. 缝隙处理及玻璃加强肋安装

在玻璃两侧缝隙内填入填充料（肋玻璃位置除外）至距缝口 10mm 位置后再往缝内用注射枪均匀、连续、严密地注入密封胶，上表面与玻璃或框表面应成 45°，并将多余的胶迹清理干净。

按设计要求将玻璃肋黏结在幕墙玻璃上后，向肋玻璃两侧的缝隙内填入填充料并连续、均匀地注入深度大于 8mm 的密封胶。

8.2.6 玻璃幕墙工程质量控制及验收标准

1. 玻璃加工质量控制

(1) 玻璃面板孔洞的边缘和板的边缘都应磨边及倒棱，磨边宜用精磨，倒棱宽度宜不小于1mm。

(2) 玻璃边缘至孔中心的距离 c 不应小于 $2.5d$（d 为玻璃孔径），也不应小于90mm（图8.25）。

(3) 玻璃板块的周边，必须用磨边机加工，应采用45°倒角，倒角尺寸不应少于1.5mm。角部尖点倒角圆弧半径 R 应在1～5mm范围内（图8.26）。

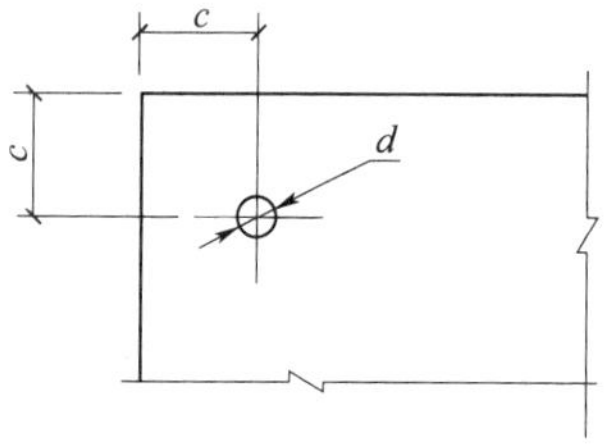

图8.25 开孔至玻璃边缘的距离

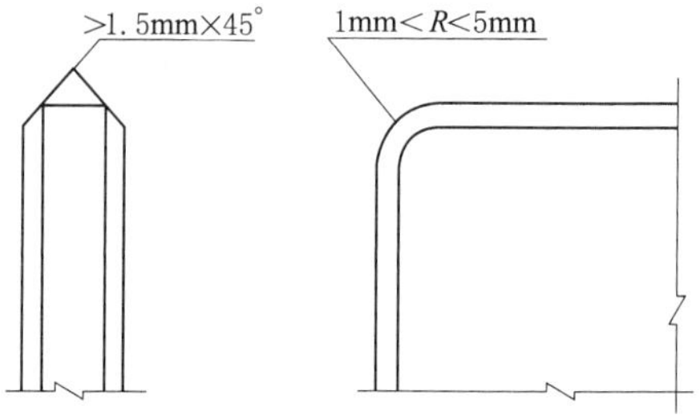

图8.26 玻璃板块的周边倒角

(4) 经磨边后的玻璃板块边缘不应出现爆边、缺角、裂纹等缺陷。

(5) 点支幕墙磨边后，玻璃板块的尺寸允许偏差应符合表8.6的要求。

表8.6 点支承玻璃加工允许偏差

项目	边长尺寸	对角偏差	钻孔位置	孔距	孔轴与玻璃平面垂直度
允许偏差	±1.0mm	≤2.0mm	±0.8mm	±1.0mm	±12

(6) 中空玻璃开孔后，开孔处应采取多道密封措施。

(7) 夹层玻璃的钻孔可采用大、小孔相对的方式。

(8) 玻璃板块的允许弯曲度应符合表8.7的要求。

表8.7 玻璃板块允许弯曲度

玻璃种类		允许弯曲度/%
钢化玻璃或半钢化玻璃	单独使用	0.2
	制作夹层玻璃	0.1
	制作中空玻璃	0.2
夹层玻璃		0.2

(9) 玻璃钻孔的允许偏差：直孔直径为0～+0.5mm；锥孔直径为0～+0.5mm；夹层玻璃两孔同轴度为2.5mm（图8.27）。

(10) 玻璃钻孔直径不应小于5mm，且不小于玻璃厚度 t。

• 孔径不大于玻璃短边边长度的1/3。

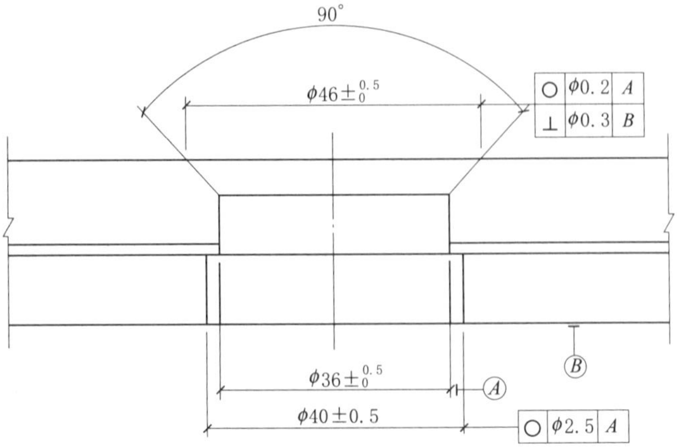

图 8.27 玻璃钻孔的允许偏差

- 孔边缘与玻璃边缘的距离不小于 $2t$，且不小于孔径。
- 孔边缘至玻璃面板角部尖点的距离不小于 $4t$。

2. 安装质量控制

（1）幕墙铝合金构件要横平竖直，标高正确，表面不允许有机械损伤（如划伤、擦伤、压痕），也不允许有需处理的缺陷（如斑点、污迹、条纹等）。

（2）幕墙全部外露金属件（压板），从任何角度看均应外表平整，不允许有任何小的变形、波纹、紧固件的凹进或突出。

（3）预埋件与T形槽固定后应焊接牢固，与主体结构混凝土接触面的间隙不得大于1mm，并用镀锌钢板塞实。预埋件与幕墙的连接，必须垫好防震胶垫。施工现场焊接的钢件焊缝，应在现场涂两道防锈漆。

（4）与砌体、抹面或混凝土表面接触的金属表面，必须涂刷防锈漆，厚度应大于100μm。

（5）玻璃安装时，其边缘与龙骨必须保持有间隙，使上、下、左、右各边空隙均有保证。同时，要防止污染玻璃，特别是镀膜一侧应尤加注意，防止镀膜剥落形成花脸。安装好的玻璃表面应平整，不得出现翘曲等现象。

（6）橡胶条和胶条的嵌塞应密实、全面，两根橡胶条的接口处必须用密封胶填充严实。使用封缝胶密封时，应挤封饱满、均匀一致，外观应平整光滑。

（7）层间防火、保温矿棉材料，要填塞严实，不得遗漏。

3. 质量验收资料

玻璃幕墙工程验收前应编写相应的质量控制资料，包括各种材料的出厂合格证/性能检测报告、各种材料的进场验收记录/复试报告、后置埋件的现场拉拔检测报告、隐蔽工程验收记录、检验批、分项/子分部工程质量验收记录、装饰装修分部工程施工技术资料审查表、装饰装修分部工程质量验收报告及其他质量控制资料。

4. 成品保护

玻璃幕墙验收交工后，使用单位应及时制订保养制度和维修计划，幕墙清洗每年不应少于两次。清洗玻璃幕墙的设备和工具应安全可靠、方便灵活，操作时不得损伤幕墙表面。玻璃幕墙的清洗应选用无腐蚀作用的清洁剂，最后一遍应采用清水冲洗。发现密封损坏、零件脱落或其他质量隐患时，应及时修复或更换。在幕墙竣工后，使用单位应会同幕墙工程承包单位进行一次全面检查，此后每隔3年检查一次。

知识链接：玻璃幕墙工程质量控制标准

1. 主控项目

(1) 玻璃幕墙工程所使用的各种材料、构件和组件的质量，应符合设计要求及国家现行产品标准和工程技术规范的规定。

检验方法：检查材料/构件/组件的产品合格证书、进场验收记录、性能检测报告和材料复检报告。

(2) 玻璃幕墙的造型和立面分格应符合设计要求。

检验方法：观察；尺量。

(3) 玻璃幕墙使用的玻璃应符合下列规定。

1) 幕墙应使用安全玻璃，玻璃的品种、规格、颜色、光学性能及安装方法应符合设计要求。

2) 幕墙玻璃的厚度不应小于6.0mm，全玻幕墙玻璃的厚度不应小于12mm。

3) 幕墙中的中空玻璃应采用双道密封。

4) 幕墙的夹层玻璃应采用聚乙烯醇缩丁醛（PVB）胶片干法加工合成的夹层玻璃。点支承玻璃幕墙夹层玻璃的夹层胶片（PVB）厚度不应小于0.76mm。

5) 钢化玻璃表面不得有损伤；8.0mm以下的钢化玻璃应进行引爆处理。

6) 所有幕墙玻璃均应进行边缘处理。

检验方法：观察；尺量检查；检查施工记录。

(4) 玻璃幕墙金属框架与主体结构连接、立柱与横梁的连接及幕墙面板安装的各种预埋件、连接件、紧固件必须安装牢固，其数量、规格、位置、连接方法和防腐处理应符合设计要求。

检验方法：观察；检查隐蔽工程验收记录和施工记录。

(5) 各种连接件、紧固件的螺栓应有防松动措施；焊接连接应符合设计要求和焊接规范的规定。

检验方法：观察；检查隐蔽工程验收记录和施工记录。

(6) 隐框或半隐框玻璃幕墙，每块玻璃下端应设置两个铝合金或不锈钢托条，其长度不应小于100mm，厚度不应小于2mm，托条外端应低于玻璃外表面2mm。

检验方法：观察；检查施工记录。

(7) 明框玻璃幕墙安装应符合下列规定。

1) 玻璃槽口与玻璃的配合尺寸应符合设计要求和技术标准规定。

2) 玻璃与构件不得直接接触，玻璃四周与构件凹槽底部应保持一定的空隙，每块玻璃下部应至少放置两块宽与槽口宽度相同，长度不小于100mm的弹性定位垫块；玻璃两边嵌入量及空隙应符合设计要求。

3) 玻璃四周橡胶条的材质、型号应符合设计要求，镶嵌应平整，橡胶条长度应比边框内槽长 1.5%～2.0%。橡胶条在转角处应斜面断开，并应用黏结剂黏结牢固后嵌入槽内。

检验方法：观察；检查施工记录。

(8) 高度超过 4m 的全玻幕墙应吊挂在主体结构上，吊夹具应符合设计要求，玻璃与玻璃、玻璃与玻璃肋之间的缝隙，应采用硅酮结构胶填嵌严密。

检验方法：观察；检查隐蔽工程验收记录和施工记录。

(9) 点支承玻璃幕墙应采用带万向头的活动不锈钢爪，不锈钢爪的中心间距应大于 250mm。

检验方法：观察；尺量检查。

(10) 玻璃幕墙四周，玻璃幕墙内表面与主体之间的连接点、各种变形缝、墙角的连接节点应符合设计要求和技术标准的规定。

检验方法：观察；检查隐蔽工程验收记录和施工记录。

(11) 玻璃幕墙应无渗漏。

检验方法：在易渗漏部位进行淋水检查。

(12) 玻璃幕墙结构胶和密封胶的打注应饱满、密实、连续、均匀、无气泡，宽度应符合设计要求和技术标准的规定。

检验方法：观察；尺量检查；检查施工记录。

(13) 玻璃幕墙开启窗的配件应齐全，安装应牢固，安装位置和开启方向、角度应正确；开启应灵活，关闭应严密。

检验方法：观察；手扳检查；开启和关闭检查。

(14) 玻璃幕墙的防雷装置必须与主体结构的防雷装置可靠连接。

检验方法：观察；检查隐蔽工程验收记录和施工记录。

2. 一般项目

(1) 玻璃幕墙表面应平整洁净；整幅玻璃的色泽应均匀一致；不得有污染和镀膜损坏。

检验方法：观察。

(2) 每平方米玻璃的表面质量和检验方法应符合表 8.8 的规定。

表 8.8　每平方米玻璃的表面质量和检验方法

项次	项　目	质量要求	检验方法
1	明显划伤和长度大于 100mm 的轻微划伤	不允许	观察
2	长度不大于 100mm 的轻微划伤	≤8 条	用钢尺检查
3	擦伤总面积	≤500mm^2	用钢尺检查

(3) 一个分格铝合金型材的表面质量和检验方法应符合表 8.9 的规定。

表 8.9　一个分格铝合金型材的表面质量和检验方法

项次	项　目	质量要求	检验方法
1	明显划伤和长度大于 100mm 的轻微划伤	不允许	观　察
2	长度不大于 100mm 的轻微划伤	≤2 条	用钢尺检查
3	擦伤总面积	≤500mm^2	用钢尺检查

(4) 明框玻璃幕墙的外露框长压条应横平竖直，颜色、规格应符合设计要求，压条安装应牢固。单元玻璃幕墙的单元拼缝或隐框玻璃幕墙的分格玻璃拼缝应横平竖直、均匀一致。

检验方法：观察；手扳检查；检查进场验收记录。

(5) 玻璃幕墙的密封胶缝应横平竖直、深浅一致、宽窄均匀、光滑顺直。

检验方法：观察；手扳检查。

(6) 防火、保温材料填充应饱满均匀，表面应密实、平整。

检验方法：检查隐蔽工程验收记录。

(7) 玻璃幕墙隐蔽节点的遮封装修应牢固、整齐、美观。

检验方法：观察；手扳检查。

(8) 明框玻璃幕墙安装的允许偏差和检验方法应符合表8.10的规定。

表8.10　明框玻璃幕墙安装的允许偏差和检验方法

项次	项目		允许偏差/mm	检验方法
1	幕墙垂直度	幕墙高度≤30m	10	用经纬仪检查
		30m<幕墙高度≤60m	15	
		60m<幕墙高度≤90m	20	
		幕墙高度>90m	25	
2	幕墙水平度	幕墙幅宽≤35m	5	用水平仪检查
		幕墙幅宽>35m	7	
3	构件直线度		2	用2m靠尺和塞尺检查
4	构件水平度	构件长度≤2m	2	用水平仪检查
		构件长度>2m	3	
5	相邻构件错位		1	用钢直尺检查
6	分格框对角线长度差	对角线长度≤2m	3	用钢尺检查
		对角线长度>2m	4	

(9) 隐框、半隐框玻璃幕墙安装的允许偏差和检验方法应符合表8.11的规定。

表8.11　隐框、半隐框玻璃幕墙安装的允许偏差和检验方法

项次	项目		允许偏差/mm	检验方法
1	幕墙垂直度	幕墙高度≤30m	10	用经纬仪检查
		30m<幕墙高度≤60m	15	
		60m<幕墙高度≤90m	20	
		幕墙高度>90m	25	
2	幕墙水平度	层高≤3m	3	用水平仪检查
		层高>3m	5	
3	幕墙表面平整度		2	用2m靠尺和塞尺检查
4	板材立面垂直度		2	用垂直检测尺检查

续表

项次	项 目	允许偏差/mm	检 验 方 法
5	板材上沿水平度	2	用1m水平尺和钢直尺检查
6	相邻板材板角错位	1	用钢直尺检查
7	阴角方正	2	用直角检测尺检查
8	接缝直线度	3	拉5m线，不足5m拉通线，用钢直尺检查
9	接缝高低差	1	用钢直尺和塞尺检查
10	接缝宽度	1	用钢直尺检查

(10) 点支式玻璃幕墙安装质量应符合表8.12的规定。

表8.12　　点支承幕墙安装允许偏差

项 目		允许偏差/mm	检 查 方 法
竖缝及墙面垂直度	高度≤30m	10	激光仪或经纬仪
	30m<高度≤50m	15	
平整度		2.5	2m靠尺、钢板尺
胶缝直线度		2.5	2m靠尺、钢板尺
拼缝宽度		2	卡尺

8.2.7 玻璃幕墙验收应注意的问题

硅酮结构胶、硅酮耐候胶在使用时应提供与接触材料的相容性试验合格报告和抗拉力试验合格报告以及保质年限的质量证明文件。幕墙结构用的金属材料应具有耐候性，不锈钢材料应使用奥氏体不锈钢，使用钢材前要对材质做化学分析，钢材应进行表面防腐处理，其耐候性能应符合设计要求。钢索在使用前必须提供预张拉试验报告、破断力试验报告，其性能必须符合相关技术标准。

工程验收时，应按要求进行隐蔽验收，必要时可对隐蔽节点拆开检查。验收时应对每幅幕墙进行全面观感检查，并符合下列要求。

(1) 玻璃接缝及外露边框、封口应横平竖直、宽度适宜均匀。

(2) 材料不应有变色、变形、镀膜脱落、污垢或伤痕等现象。

(3) 玻璃应安装牢固，方向正确无误，钢化玻璃的表面不得有伤痕，隐蔽节点封装应整齐、美观。

(4) 封口安装可靠，接缝黏结牢固，不得有渗漏。

(5) 玻璃胶缝应横平竖直、宽度一致，胶缝表面平整、光滑。

8.3 石材幕墙工程

凡墙体饰面材料以石材面板制作的幕墙，称为石材幕墙。饰面石材通过干挂件与钢构架连接，把石材的荷载传给钢构架，石材与钢构架形成一个整体，再通过钢构架与预埋件的连接件将荷载传递给预埋支座，最后传到主体结构。整个幕墙的荷载都由主体结构承受，因此，在进行建筑设计时，主体结构设计必须考虑幕墙传递的荷载效应。

8.3.1 石材幕墙构造

8.3-1 钢销式石材幕墙施工

早期石材幕墙采用湿贴法施工，由于湿贴法（又称灌浆法）施工效率低，已经很少采用。随着幕墙技术的发展及幕墙技术规范的完善，干挂石材的工艺已经普及和多样化，以下是几种较典型的干挂法节点构造设计。

（1）钢销式干挂法。钢销式干挂法又称为插针法，是干挂石工艺中最早的做法。也是最简洁的做法。钢销式又分为两侧连接和四侧连接，结构特点是相邻两块石材面板固定在同一支钢销上，钢销固定在连接板上，连接板再与骨架固定，板片与石材的接触面积相对来说较大，这种构造方法适用于材质较软的石材。

（2）短槽式干挂法。短槽式干挂法是在石材面板两侧或四侧开短槽，通过不锈钢（铝合金）挂件与主体结构（或钢架）连接组成干挂系统，形成整体装饰面层，达到装饰效果（图 8.28）。单肢短槽式干挂法是将相邻两块石材面板共同固定在 T 形或 L 形型材上，T 形或 L 形型材一般采用奥氏体不锈钢制作。T 形或 L 形型材再与骨架固定。这种做法是在钢销式干挂法的基础上改进而成，属目前常用的固定方式，相对于钢销式干挂法，板片与石材的接触面积较大，但仍属于板边点式固定，石材板边易崩落，与其他干挂方式相比较，板片与石材的接触面积相对较小，当石材受水平荷载时，应力集中所造成的隐患也是最大的，这种结构体系的每块石材上作为承重的支撑点只有两个。

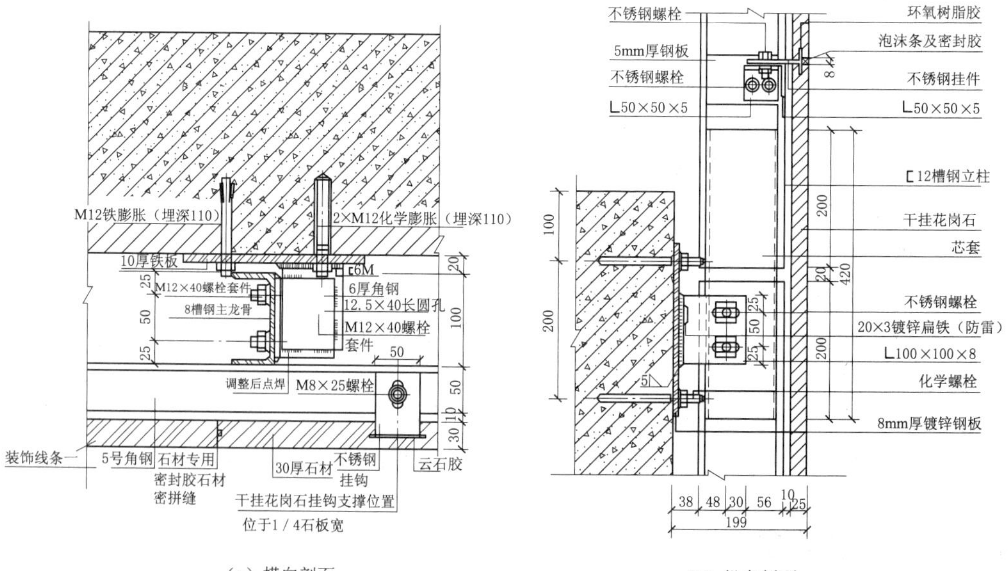

（a）横向剖面　　（b）纵向剖面

图 8.28 短槽式连接石材幕墙节点

（3）通槽式干挂法。通槽式干挂法原理与单肢短槽式干挂法相近，只是采用通长卡条将相邻两件石材面板固定在骨架上。在单元式石材幕墙中，更多采用这种干挂法（图 8.29）。

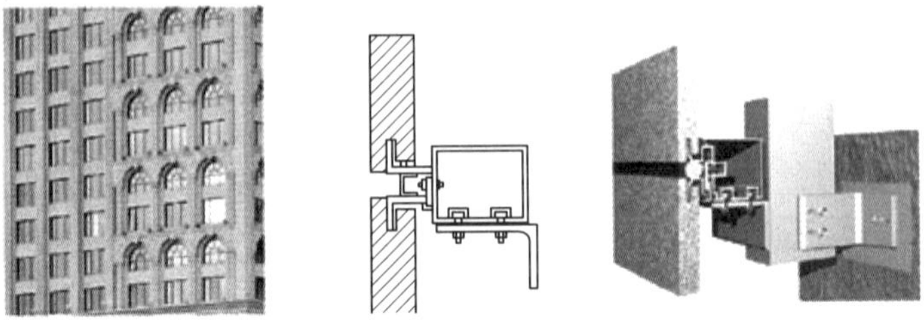

图 8.29 通槽连接石材幕墙节点

8.3-2 通槽式石材幕墙施工

（4）小单元式干挂法（图 8.30）。小单元式干挂法是与上述几种干挂法在设计构思上完全不同的一种工艺。石材面板虽然还是通过铝合金挂钩与骨架相连，不同的是相邻石材面板均是独立与骨架相连，不再是共同连接。这一连接方式的变化彻底改变以往传统的设计思维模式，使干挂石材幕墙的设计方法、加工方法、安装方法、物理性能等都得到改善，板块与骨架采用防震胶条柔性连接，改变了以往压块式结构不能弹性变形的缺陷，具有更优的抗震性能。

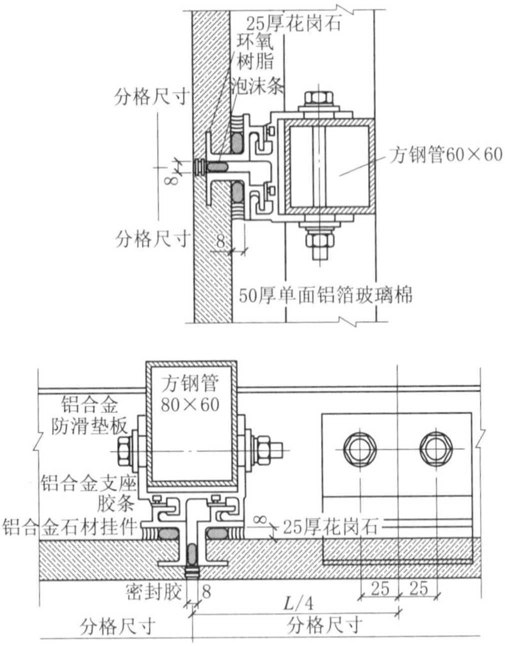

图 8.30 小单元式干挂法

（5）背栓式干挂法（图 8.31）。背栓式干挂法是在石材面板的背面采用专用拓孔设备在石材上钻孔、拓孔，然后安装无应力螺栓锚固在石材背面，再通过铝合金挂钩与骨架连接。背栓属新一代石材干挂方式，技术先进，每块石材

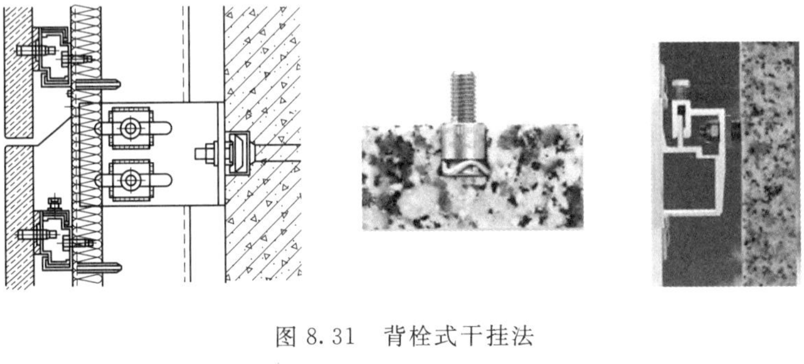

图 8.31 背栓式干挂法

的固定点不仅限在板边，可更合理布置受力点，以最少的固定点使石材、锚栓均达到强度要求；可使石材受力更均匀，板材独立安装、独立受力，不会发生荷载传递；可根据装饰效果做任意大小的石材分格。适合于材质较软的石材以及悬挂板材。

8.3-3 石材幕墙施工准备

8.3.2 材料与机具

1. 石材幕墙材料要求

（1）石材幕墙工程所用材料的品种、规格、性能和等级，应符合设计要求、国家现行标准及工程技术规范的规定。石材的弯曲强度不应小于8.0MPa，吸水率应小于0.8%。石材幕墙的铝合金挂件厚度不应小于4.0mm，不锈钢挂件厚度不应小于3.0mm。石材要求厚度一致、无裂纹、颜色一致并且无其他质量缺陷，为降低外界对饰面的污染，所选石材一般要做防护处理。

（2）金属框架和连接件的防腐处理应符合设计要求。铝合金型材骨架表面必须经阳极氧化处理，型钢骨架则必须进行热镀锌防腐处理，焊接处必须重新做防锈处理，工程特殊部位要采用不锈钢骨架。

（3）锚固件。必须通过现场拉拔试验确定其承载力。

（4）金属挂件。挂件主要有不锈钢类和铝合金类，挂件要有良好的抗腐蚀能力，挂件种类要与骨架材料相匹配，不同类金属不宜同时使用，以免发生电化学腐蚀。

（5）石材幕墙的防火、保温、防潮材料的设置应符合设计要求，填充应密实、均匀、厚度一致。

（6）防火层应采取隔离措施。防火层的衬板应采用经防腐处理且厚度不小于1.5mm的钢板，不得采用铝板。防火层的密封材料应用防火密封胶。防火层与玻璃不应直接接触，且一块玻璃不应跨两个防火分区。

（7）主体结构与幕墙连接的各种预埋件，其数量、规格、位置和防腐处理必须符合设计要求。

（8）幕墙的金属框架与主体结构预埋件的连接、立柱与横梁的连接及幕墙面板的安装必须符合设计要求，安装必须牢固。

（9）单元幕墙连接处和吊挂处的铝合金型材的壁厚应通过计算确定，并不得小于5mm。

（10）幕墙的金属框架与主体结构应通过预埋件连接，预埋件应在主体结构混凝土施工时埋入，预埋件的位置应准确，并应通过试验确定其承载力。

（11）立柱采用螺栓与角码连接，螺栓直径应经过计算，并不应小于10mm。不同金属材料接触时采用绝缘垫片分隔。

2. 石材幕墙施工机具

主要机具，包括电锤、电焊机、型材切割机、云石锯、角磨机。

主要工具，包括吊篮、打胶器、壁纸刀等。

8.3.3 施工技术准备

1. 施工技术交底

在施工图得到业主确认后发放到项目部，项目部技术人员熟悉图纸后组织技术交底会。在交底会上设计单位应将施工重点、难点及应注意的事项向施工作业人员交代清楚，让施工人员能准确把握设计意图，及时进入施工阶段。

2. 材料采购技术交底

项目部拿到施工图纸后，向材料员进行技术交底，明确新材料的名称、种类、性能和执行标准；外协加工的工艺流程、工艺性能及质量标准，并提供外协加工采购的途径。材料员根据设计交底，查询供应商、进货渠道。

3. 质量控制技术交底

由公司质检部及项目部质检人员对现场施工技术人员进行技术交底，明确材料、工艺的执行标准和质量控制环节，为材料的进货检验和加工安装质量控制做好技术准备。

4. 图纸会审

项目部在对施工现场踏勘及初步测量后，针对施工图及时进行图纸熟悉，分析图纸方面的变化及节点详图，对与实际不符合之处予以图上标记，随后组织有施工、设计、监理等单位参加的图纸审核，施工方应仔细聆听业主、监理单位对工程的要求，并对图纸的疑问提请设计和业主单位予以解答，并做好记录，以形成幕墙施工图纸会审纪要。

8.3-4 石材幕墙施工

8.3.4 石材幕墙施工

石材幕墙施工工序：测量放线→埋件（后置件）安装→主龙骨安装（钢梁）→次龙骨安装（铝横梁）→石材板面安装→注胶→清洁、验收。

1. 石材选择及加工

（1）石材的选择。

1）材料选择。须选用一个矿脉的石材，保证花岗岩的物理性能无差异。

2）石材外装饰面的色差控制。以业主确定的石材样板为色差控制标准，选择色泽一致的原料，加工后的花岗岩板材基本上无色差现象。

3）板块加工程序。首先对荒料进行编号，再根据编号顺序逐一进行石纹规律调查，将石纹一致的加工锯成板胚，再将每块荒料的板胚进行编号，选定所需的表达面，而后把板胚粗磨打平，直到符合验收标准。

（2）石材的加工。由于石材外形尺寸变化多，板材所需规格多，为了便于加工，所有要挂的花岗岩石板均绘制排板翻样图，每块板材均编号，注明尺寸大小，绘制平面图、排列图及详图；安装前应根据施工石材排版图检查领出的石材是否相符。石材加工应符合以下要求。

产品表面光泽度须达到85度以上；表面平整度误差不超过0.5mm；角度偏差不超过0.5mm；几何尺寸要达到（+0mm，-1mm）的要求；厚度偏差不超出（+1mm，-2mm）。产品表面色差尽量控制基本一致，但不允许有石胆、石蛇、射线、扫花及边角有损现象。板材加工完后，须在石板背面涂刷两道防水涂料，加工入库后应注意防潮。

2. 施工准备

所有施工人员应熟悉图纸、施工工艺，施工主管须对施工班组进行技术交底和操作培训。花岗岩板材需开箱预检数量、规格及外观质量，逐块检查，对不符合质量标准的退回加工厂。按图纸编号预摆排列检查，对需贴花岗岩的基层尺寸要做垂直度预检。现场色差控制员对所有石板进行色差控制，将颜色一致的石板进行预排。

3. 测量放线

由于土建施工允许误差较大，幕墙工程施工要求精度很高，所以不能依靠土建水平基准线，必须由基准轴线和水准点重新测量，并校正复核。按照设计在底层确定幕墙定位线和分格线。用经纬仪或激光垂直仪将幕墙的阳角和阴角引上，并用固定在钢支架上的钢丝线作标志控制线。使用水平仪和标准钢卷尺等引出各层标高线，确定好每个立面的中线。

测量时应控制分配测量误差，不能使误差积累。测量放线应在风力不大于四级的情况下进行，并要采取避风措施。所有外立面装饰工程应统一放基准线，并注意施工配合。

4. 预埋件安装

预埋件应在土建施工时埋设，幕墙施工前要根据该工程基准轴线、中线、基准水平点对预埋件进行检查和校核，一般允许位置尺寸偏差为±20mm。如有预埋件位置超差而无法使用或漏放时，应根据实际情况提出选用化学锚栓（后置埋件）的方案，并报设计单位审核批准，且应在现场做拉拔试验，做好记录。

5. 主龙骨安装

先对照施工图检查主龙骨的尺寸及加工孔位是否正确，然后将附件、支座、支撑板安装上主龙骨。主龙骨连接支座的加工：连接件外观应平整，不得有裂纹、毛刺、凹坑、变形等缺陷；表面做热浸镀锌处理，连接件的开孔长度不应小于开孔宽度加40mm，孔边距离不应小于开孔宽度的1.5倍，连接件的壁厚不得有负偏差。主梁连接螺栓的检验指标：采用不锈钢六角螺栓，不锈钢六角螺栓应带有弹簧垫圈；当未采用弹簧垫圈时，应点焊防脱。

支座通过点焊或螺栓与预埋件定位，再将主龙骨通过不锈钢螺栓与支座相连接，调整主龙骨的垂直度、标高与水平度，然后上紧螺栓，支座再通过焊接与预埋件固定。主龙骨的安装顺序：幕墙主龙骨的安装工作，是从结构的底部向上安装，待埋件的安装校核完毕后就可进行。

主龙骨找平、调整主龙骨的垂直度可用吊锤控制，平面度由两根定位轴线之间所引的水平线控制。上、下主龙骨的连接用芯套，上、下之间可自由伸缩。安装误差控制：标高为±3mm、前后为±2mm、左右为±3mm。主龙骨标高偏差调整至不大于3mm，轴线前后偏差调整整至不大于2mm，左右偏差调整至不大于3mm。相邻的主龙骨水平交差不得大于+1mm，同层内最大水平差不大于2mm；相邻两根主龙骨安装标高偏差不大于3mm，同层主龙骨的最大标高偏差不大于5mm。

6. 横向龙骨安装

主龙骨与横向龙骨一端通过安装角码用不锈钢螺钉相连接，要求安装牢固、接缝严密；主龙骨与横向龙骨另一端通过焊接的形式连接，围焊牢固。相邻两根横梁的安装角码的水平标高偏差不大于1mm；同一层安装角码安装应由下向上进行，当安装完一层高度时，应进行检查、调整、校正、固定，使其符合质量要求。调整好整幅幕墙的垂直度、水平度后，加固好主龙骨，然后进行角码安装，保证框对角线误差不大于1mm。

7. 防雷系统安装

按图纸要求先逐个完成幕墙自身防雷网的焊接，焊缝应及时敲掉焊渣，冷却后涂刷防锈漆。逐个完成幕墙防雷网与主体结构防雷系统的焊接，焊缝应及时敲掉焊渣，冷却后涂刷防锈漆。焊缝应饱满、焊接牢固，不允许漏焊或随意移动变更防雷节点位置。

8. 防火系统的安装

石材幕墙窗与窗、幕墙相接处需安装防火隔离层，安装时要注意石材与楼墙面间的镀锌铁板要密封、牢固、美观，防火石棉严禁直接接触到板块。防火层安装好后要做好隐蔽签证。

9. 石材面板挂板安装

(1) 检查花岗岩板块加工的尺寸是否合格，开槽槽口（短槽式）或开孔（背栓）偏差是否满足安装要求，槽口位、连接件是否完好，孔位周围不得存在开裂、倾斜现象。

(2) 检查龙骨上对接不锈钢挂件位置是否满足安装精度需要，若满足，则进行定位画线，确定石材板块在外平面的水平、垂直位置，并在框格平面外设控制点，拉控制线控制安装的平面度和各组件的位置。

(3) 将板块缓缓抬起，对准连接槽口或被栓孔（图8.32）并上紧，用靠尺、吸盘检查并调整石材的垂直、水平、进出位置，使其符合立面控制线。然后加固不锈钢挂件，完成板块安装工序。

(4) 向槽孔内注射环氧树脂胶，固定不锈钢挂件，并使之定位牢固。

板材安装后石材表面要平整，颜色均匀，分格缝宽度一致，横平竖直，大角通顺；连接件与基层、石材要牢牢固定；石材经过挑选，必须无裂缝、无风化、无隐伤、无破损。石材挂板尽量减少偏差，并严格注意板块质量、色泽的一致性，玻璃幕墙与石板幕墙交汇处封胶严密、宽度均匀、上下通顺。

10. 耐候胶嵌缝

幕墙大面安装后，各石材板块之间的间隙必须用耐候封胶嵌缝，予以密封，防止气体渗透和雨水渗透。耐候密封胶施工必须严格按照施工工艺要求操作。施工过程需有完整记录，包括施工时温度、湿度，施工日期、时间、耐候密封胶牌号、生产日期、批号、施工者姓名等。耐候胶有效期必须符合要求。

嵌缝耐候密封胶注胶时应注意：充分清洁板材间缝隙，不应有水、油漆、铁锈、水泥、砂浆和灰尘等，可用二甲苯或甲基二乙酮作清洁剂，清洁后使表面干燥；调整缝的深度，避免三面粘胶，缝内应充填聚氯乙烯发泡材料（小圆棒）；控制打胶的厚度在3.5mm与4.5mm之间，不能打得太薄或太厚。

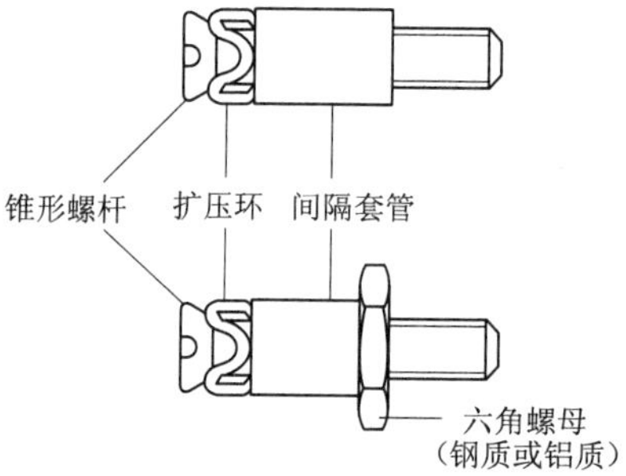

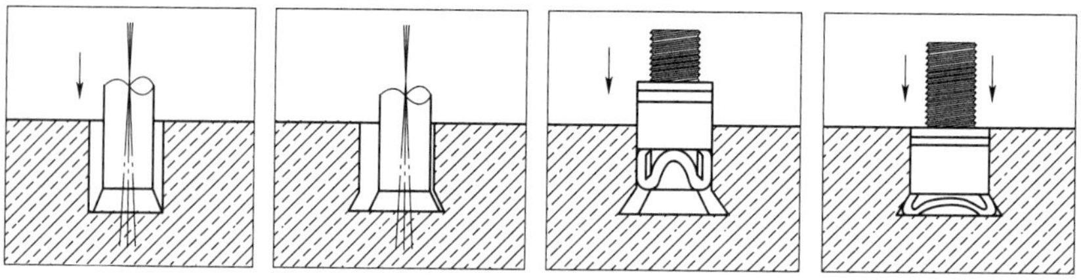

（a）齐平式柱锥锚栓

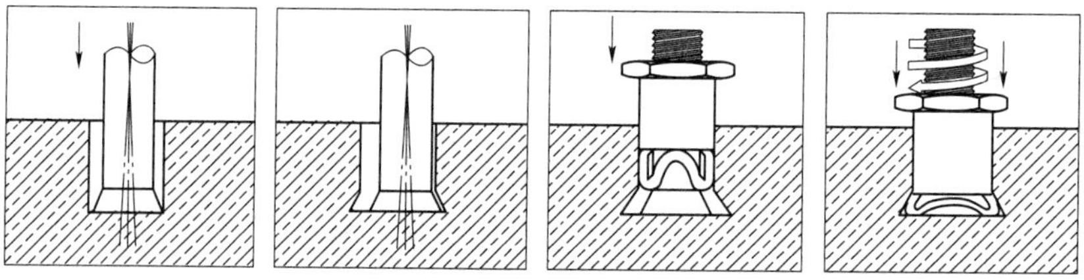

（b）间隔式柱锥锚栓

图 8.32 锚栓及其安装过程

为避免密封胶污染石材，应在缝两侧贴保护胶纸。注胶后将胶缝表面刮平，取掉多余的胶，胶体表面应平整、光滑。注胶完毕，将保护胶纸撕掉，必要时可用溶剂拭取。封顶、封边、封底应牢固美观、不渗水，封顶的水应向里排。胶在未完全硬化前，不要沾染灰尘和划伤。

11. 石材表面清洗

石材板面的清洁，原则上不可使用酸类清洁剂，如表面上有污渍宜用中性清洁剂清理，防止石材表面产生白斑、锈斑等污染，使石材板面具有光泽。

12. 成品保护

当花岗岩安装好之后，一定要安排专职人员对产品进行保护，防止污损和撞击，用保护膜在易被脏水或污物溅到的地方贴好；容易碰撞到的地方要用夹板或其他材料挡住，防止机械撞击及化学药品、水泥砂浆及腐蚀性气体的腐蚀。

13. 交工验收

当全部幕墙工程完成之后，就要从上到下全面清理，交工时做到硬件美观（产品）、软件齐全（资料）。

知识链接：石材幕墙工程质量验收

1. 各分项工程的检验批划分

（1）相同设计、材料、工艺和施工条件的幕墙工程每500～1000m^2应划分为一个检验批，不足500m^2也应划分为一个检验批。

（2）同一单位工程的不连续的幕墙工程应单独划分检验批。

（3）对于异型或有特殊要求的幕墙，检验批的划分应根据幕墙的结构、工艺特点和幕墙工程规模，由监理单位（或建设单位）和施工单位协商确定。

2. 检查数量的规定

每个检验批每100m^2应至少抽查一处，每处不得小于10m^2。

对于异形或有特殊要求的幕墙工程，应根据幕墙的结构和工艺特点，由监理单位（或建设单位）和施工单位协商确定。

3. 主控项目

（1）石材幕墙工程所用材料的品种、规格、性能和等级，应符合设计要求、国家现行产品标准及工程技术规范的规定。石材的弯曲强度不应小于8.0MPa；吸水率应小于0.8%。石材幕墙的铝合金挂件厚度不应小于4.0mm，不锈钢挂件厚度不应小于3.0mm。

检验方法：观察；尺量检查；检查产品合格证书、性能检测报告、材料进场验收记录和复验报告。

（2）石材幕墙的造型、立面分格、颜色、光泽、花纹和图案应符合要求。

检验方法：观察。

（3）石材孔、槽的数量、深度、位置、尺寸应符合设计要求。

检验方法：检查进场验收记录或施工记录。

（4）石材幕墙主体结构上的预埋件和后置埋件的位置、数量及后置埋件的拉拔力必须符合设计要求。

检验方法：检查拉拔力检测报告和隐蔽工程验收记录。

（5）石材幕墙的金属框架立柱与主体结构预埋件的连接、立柱与横梁的连接、连接件与金属框架的连接、连接件与石材表面板的连接必须符合设计要求，安装必须牢固。

检验方法：手扳检查，检查隐蔽工程验收记录。

（6）金属框架和连接件的防腐处理应符合设计要求。

检验方法：检查隐蔽工程验收记录。

（7）石材幕墙的防雷装置必须与主体结构防雷装置可靠连接。

检验方法：观察；检查隐蔽工程验收记录和施工记录。

（8）石材幕墙的防火、保温、防潮材料的设置应符合设计要求，填充应密实、均匀、厚度一致。

检验方法：检查隐蔽工程验收记录。

（9）各种结构变形缝、墙角的连接节点应符合设计要求和技术标准的规定。

检验方法：检查隐蔽工程验收记录和施工记录。

(10) 石材表面和板缝的处理应符合设计要求。

检验方法：观察。

(11) 石材幕墙的板缝注胶应饱满、密实、连续、均匀、无气泡，板缝宽度和厚度应符合设计要求技术标准规定。

检验方法：观察；尺量检查；检查施工记录。

(12) 石材幕墙应无渗漏。

检验方法：在易渗漏部位进行淋水检查。

4. 一般项目

(1) 石材幕墙表面应平整、洁净，无污染、缺损裂痕。颜色和花纹应协调一致，无明显色差，无明显修痕。

检验方法：观察。

(2) 石材幕墙的压条应平直、洁净、接口严密、安装牢固。

检验方法：观察，手扳检查。

(3) 石材接缝应横平竖直、宽窄均匀；阴阳角石板压向应正确，板边合缝应顺直；凸凹线出墙厚度应一致，上下口应平直；石材表面板上洞口、槽边应套割吻合，边缘应整齐。

检验方法：观察；尺量检查。

(4) 石材幕墙的密封胶缝应横平竖直、深浅一致、宽窄均匀、光滑顺直。

检验方法：观察。

(5) 石材幕墙上的滴水线、流水坡向应正确、顺直。

检验方法：观察；用水平尺量检查。

(6) 每平方米石材的表面质量和检验方法应符合表8.13的规定。

表8.13 每平方米石材的表面质量和检验方法

项次	项　目	质量要求	检验方法
1	裂痕、明显划伤和长度大于100mm的轻微划伤	不允许	观察
2	长度不大于100mm的轻微划伤	≤8条	用钢尺检查
3	擦伤总面积	≤500mm^2	用钢尺检查

(7) 石材幕墙安装的允许偏差和检验方法应符合表8.14的规定。

表8.14 石材幕墙安装的允许偏差和检验方法

项次	项　目		允许偏差/mm		检验方法
			光面	麻面	
1	幕墙垂直度	幕墙高度≤30m	10		用经纬仪检查
		30m<幕墙高度≤60m	15		
		60m<幕墙高度≤90m	20		
		幕墙高度>90m	25		
2	幕墙水平度		3		用水平仪检查

续表

项次	项　　目	允许偏差/mm		检　验　方　法
		光面	麻面	
3	板材立面垂直度	3		用水平仪检查
4	板材上沿水平度	2		用 1m 水平尺和钢尺检查
5	相邻板材板角错位	1		用钢尺检查
6	幕墙表面平整度	2	3	用垂直检测尺检查
7	阳角方正	2	4	用直角检测尺检查
8	接缝直线度	3	4	拉 5m 线，不足 5m 拉通线用钢尺检查
9	接缝高低差	1		用钢尺和塞尺检查
10	接缝宽度	1	2	用钢直尺检查

5. 质量验收资料

石材幕墙工程验收前应编写相应的质量控制资料，包括各种材料的出厂合格证/性能检测报告、各种材料的进场验收记录/复试报告、后置埋件的现场拉拔检测报告、隐蔽工程验收记录、检验批、分项/子分部工程质量验收记录、装饰装修分部工程施工技术资料审查表、装饰装修分部工程质量验收报告及其他质量控制资料。

8.4 金属幕墙工程

金属幕墙是一种新型的建筑幕墙型式，这种幕墙的面板材料为金属板材。由于金属板材具有优良的加工性能、多样的色彩及良好的安全性，能完全适应各种复杂的造型，可以任意增加凹进和凸出的线条，而且可以加工各种型式的曲线线条，给建筑师以巨大的发挥空间，所以受到建筑师的青睐。

8.4.1 金属幕墙面板材料及构造

1. 金属面板

金属幕墙所使用的面板材料主要有铝复合板、单层铝板、铝蜂窝板、防火板、钛锌塑铝复合板、夹芯保温铝板、不锈钢板、彩涂钢板、珐琅钢板等。

(1) 铝复合板。铝复合板是金属幕墙早期常用的面板材料，由内外两层均为 0.5mm 厚的铝板中间夹持 2～5mm 厚的聚乙烯或硬质聚乙烯发泡板构成，板面涂有氟碳树脂涂料，形成一种坚韧、稳定的膜层，附着力和耐久性较好，色彩丰富，板的背面涂有聚酯漆防止腐蚀。

(2) 单层铝板。采用 2.5mm 或 3mm 厚铝合金板，外幕墙用单层铝板表面材料与铝复合板正面涂膜材料一致，膜层具有坚韧性、稳定性，附着力和耐久性均较好。

(3) 铝蜂窝板。它是两块铝板中间加蜂窝芯材黏结成的一种复合材料（图 8.33），根据幕墙的使用功能和耐久年限要求，可分别选用厚度为 10mm、12mm、15mm、

20mm 和 25mm 的铝蜂窝板，厚度为 10mm 的铝蜂窝板应由 1mm 的正面铝板和 0.5～0.8mm 厚的背面铝合金板及铝蜂窝黏结而成；厚度在 10mm 以上的铝蜂窝板，其正面及背面的铝合金板厚度均应为 1mm。幕墙用铝蜂窝板的蜂窝应为铝蜂窝，蜂窝的形状有正六角形、扁六角形、长方形、正方形、十字形、扁方形等，蜂窝芯材要经特殊处理，确保强度和使用寿命。

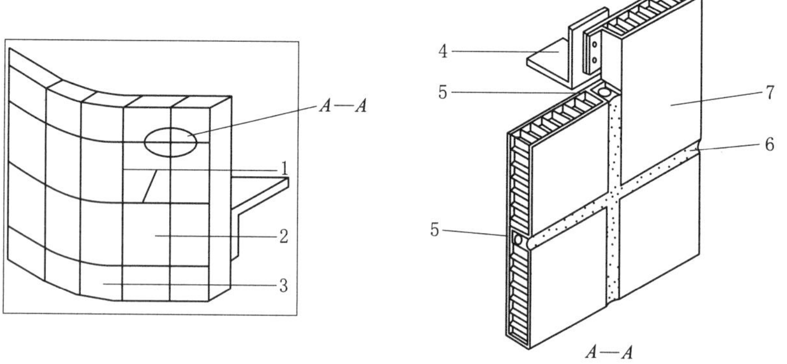

图 8.33 蜂窝复合铝板幕墙

1—板间接缝；2—平面蜂窝芯铝合金复合板；3—弧形蜂窝芯铝合金复合板；4—钢或铝合金龙骨、铁码；5—填充棒；6—防水密封胶；7—蜂窝芯铝合金复合板

(4) 防火板。防火板是以金属板（铝板、不锈钢板、彩色钢板、钛锌板、钛板、铜板等）为面板，阻燃无机物填芯料为芯层，热压复合而成的一种防火的三明治式夹芯板，分为 A2 和 B 两个燃烧性能等级。

(5) 夹芯保温铝板。与铝蜂窝板和铝复合板形式类似，只是中间的芯层材料不同，夹芯保温铝板芯层采用的是保温材料（岩棉等）。由于其兼具装饰和保温作用，使用量有逐年增加的趋势。

(6) 不锈钢板。它有镜面不锈钢板、亚光不锈钢板、钛金板等。不锈钢板的耐久、耐磨性非常好，但过薄的板会鼓凸，过厚的板自重和价格又非常高，所以不锈钢板幕墙使用不多，只少量应用于幕墙局部。

金属幕墙中的铝板幕墙一直在金属幕墙中占主导地位，轻量化的材质减少了建筑的负荷，适用于高层建筑。铝板幕墙的主要优势是：防水、防污、防腐蚀性能优良，能保证建筑外表面持久长新；加工、运输、安装施工等都比较容易实施；色彩的多样性及可以组合加工成不同的外观形状，拓展了建筑师的设计空间；具有较高的性价比，易于维护，使用寿命长。

2. 金属幕墙构造

金属幕墙按幕墙的结构形式，可分为单元铝板幕墙和构件式铝板幕墙两种形式。单元幕墙是指将面板、横梁、立柱在工厂组装为幕墙单元，以幕墙单元形式在现场整体安装施工的有框幕墙。构件式幕墙是在现场依次安装立柱、横梁和面板的有框幕墙。

单层铝板幕墙构造如图 8.34 所示，为加强单层铝板的板面强度，在铝板背面按需要设置边肋和中肋等加强肋。加强肋用同样铝合金材质的铝带或角铝制成，打孔以后用铝合金螺栓与单板相连，铝合金螺栓则以电栓焊焊接在单层铝板后面，使单块单层铝板能够做到最大尺寸，并保持足够的刚度和平整度。

铝板与铝型材龙骨之间，沿周边应采用铆接、螺栓或胶黏与机械连接相结合的形式固定。除开缝式幕墙构造体系外，铝板间缝隙一般选用聚乙烯泡沫棒垫衬空隙，然后再用硅酮密封胶嵌缝。

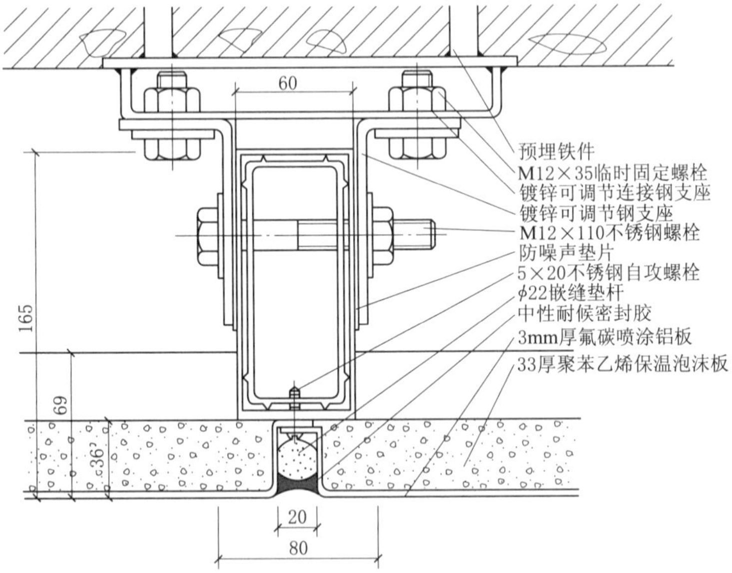

图 8.34 单层铝板幕墙

8.4.2 金属幕墙施工

1. 工艺流程

测量放线→锚固件制作、安装→骨架制作安装→面板安装→嵌缝打胶→清洗。

2. 操作工艺

(1) 测量放线。根据设计和施工现场实际情况准确测放出幕墙的外边线和水平、垂直控制线，然后将骨架竖框的中心线按设计分格尺寸弹到结构上。测量放线要在风力不大于四级的天气情况下进行，个别情况应采取防风措施。

(2) 锚固件安装。幕墙骨架锚固件应尽量采用预埋件，在无预埋件的情况下采用后置埋件，埋件的结构形式要符合设计要求，锚栓要现场进行拉拔试验，满足强度要求后才能使用。锚固件一般由埋板和连接角码组成，施工时按照设计要求在已测放竖框中心线上准确标出埋板位置，后打孔将埋件固定，并将竖框中心线引至埋件上，然后计算出连接角码的位置，在埋板上画线标记。同一竖框同侧连接角码位置要拉通线检测，不能有偏差。角码位置确定后，将角码按此位置焊到埋板上，焊缝宽度和长度要符合设计要求，焊完后焊口要重新做防锈处理，一般需涂刷防锈漆两遍。

(3) 骨架制作安装。根据施工图及现场实际情况确定的分格尺寸，在加工场地内下好骨架横竖料，然后运至现场进行安装。安装前先根据设计尺寸挂出骨架外皮控制线，挂线要求准确无误，挂线质量将直接关系幕墙饰面质量。骨架如果选用铝合金型材，锚固件一般采用螺栓连接，骨架与连接件间要垫有绝缘垫片，螺栓材质规格和质量要符合设计要求及规范规定；骨架如采用型钢，连接件可采用螺栓，也可采用焊接的方法连接，焊接质量要符合设计要求及规范规定，并要重新做防锈处理。

主体结构与幕墙连接的各种预埋件，其数量、规格、位置和防腐处理必须符合设计要求。

幕墙的金属框架与主体结构预埋件的连接、立柱与横梁的连接及幕墙面板的安装必须符合设计要求，安装必须牢固。

(4) 面板安装。面板要根据其材质选择合适的固定方式，一般采用自攻钉直接固定到骨架上或板折边加角铝后再用自攻钉固定角铝的方法固定。饰面板安装前要在骨架上标出板块位置，并拉通线，控制整个墙面板的竖向和水平位置。安装时要使各固定点均匀受力，不能挤压板面，不能敲击板面，以免发生板面凹凸或翘曲变形，饰面板要轻拿轻放，避免磕碰，以防损伤表面漆膜。面板安装要牢固，固定点数量要符合设计及规范要求，施工过程中要严格控制施工质量，保证表面平整、缝格顺直。

(5) 嵌缝打胶。打胶要选用符合设计要求的耐候胶，打胶前要在板缝中嵌塞大于缝宽2～4mm的泡沫棒，嵌塞深度要均匀，打胶厚度一般为缝宽的1/2。打胶时板缝两侧饰面板要粘贴美纹纸进行保护，以防污染，要在表层固化前用专用刮板将胶缝刮成凹面，胶面要光滑圆润，不能有流坠、褶皱等现象，刮完后应立即将缝两侧美纹纸撕掉。打胶操作阴雨天不宜进行。

(6) 清洗。待耐候胶固化后，将整片幕墙用清水清洗干净，个别污染严重的地方可采用有机溶剂清洗，但严禁用尖锐物体刮，以免损坏饰面板表面涂膜。清洗后要设专人保护，在明显位置设警示牌以防污染或破坏。

>> 知识链接：金属幕墙质量验收

1. 主控项目

(1) 金属幕墙工程所使用的各种材料和配件，应符合设计要求及国家现行产品标准和工程技术规范的规定。

检验方法：检查产品合格证书、性能检测报告、材料进场验收记录和复验报告。

(2) 金属幕墙的造型和立面分格应符合设计要求。

检验方法：观察；尺量检查。

(3) 金属面板的品种、规格、颜色、光泽及安装方面应符合设计要求。

检验方法：观察；检查进场验收记录。

(4) 金属幕墙主体结构上的预埋件、后置埋件的数量、位置及后置埋件的拉拔力必须符合设计要求。

检验方法：检查拉拔力检测报告和隐蔽工程验收记录。

(5) 金属幕墙的金属框架立柱与主体结构预埋件的连接、立柱与横梁的连接、金属面板的安装必须符合设计要求，安装必须牢固。

检验方法：手扳检查；检查隐蔽工程验收记录。

(6) 金属幕墙的防火、保温、防潮材料的设置应符合设计要求，并应密实、均匀、厚度一致。

检验方法：检查隐蔽工程验收记录。

(7) 金属框架及连接件的防腐处理应符合设计要求。

检验方法：检查隐蔽工程验收记录和施工记录。

(8) 金属幕墙的防雷装置必须与主体结构的防雷装置可靠连接。

检验方法：检查隐蔽工程验收记录。

(9) 各种变形缝、墙角的连接点应符合设计要求和技术标准的规定。

检验方法：观察；检查隐蔽工程验收记录。

(10) 金属幕墙的板缝注胶应饱满、密实、连续、均匀、无气泡，宽度和厚度应符合设计要求和技术标准的规定。

检验方法：观察；尺量检查；检查施工记录。

(11) 金属幕墙应无渗漏。

检验方法：在易渗漏部位进行淋水检查。

2. 一般项目

(1) 金属板表面应平整、洁净、色泽一致。

检验方法：观察。

(2) 金属幕墙的压条应平直、洁净、接口严密、安装牢固。

检验方法：观察；手扳检查。

(3) 金属幕墙的密封胶缝应横平竖直、深浅一致、宽窄均匀、光滑顺直。

检验方法：观察。

(4) 金属幕墙上的滴水线、流水坡向应正确、顺直。

检验方法：观察；用水平尺检查。

(5) 每平方米金属板的表面质量和检验方法应符合表 8.15 的规定。

(6) 金属幕墙安装的允许偏差和检验方法应符合表 8.16 的规定。

表 8.15　　每平方米金属板的表面质量和检验方法

项次	项　目	质量要求	检验方法
1	明显划伤和长度>100mm 的轻微划伤	不允许	观察
2	长度≤100mm 的轻微划伤	≤8 条	用钢尺检查
3	擦伤总面积	≤500mm²	用钢尺检查

表 8.16　　金属幕墙安装的允许偏差和检验方法

项次	项　目		允许偏差/mm	检　验　方　法
1	幕墙垂直度	幕墙高度≤30m	10	用经纬仪检查
		30<幕墙高度≤60m	15	
		60<幕墙高度≤90m	20	
		幕墙高度>90m	25	

续表

项次	项目		允许偏差/mm	检验方法
2	幕墙水平度	层高≤3m	3	用水平仪检查
		层高>3m	5	
3	幕墙表面平整度		2	用2m靠尺和塞尺检查
4	板材立面垂直度		3	用垂直检测尺检查
5	板材上沿水平度		2	用1m水平尺和钢直尺检查
6	相邻板材角错位		1	用钢直尺检查
7	阳角方正		2	用直角检测尺检查
8	接缝直线度		3	拉5m线不足5m拉通线用钢直尺检查
9	接缝高低差		1	用钢直尺和塞尺检查
10	接缝宽度		1	用钢直尺检查

3. 质量验收资料

金属幕墙工程验收前应编写相应的质量控制资料，包括各种材料的出厂合格证/性能检测报告、各种材料的进场验收记录/复试报告、后置埋件的现场拉拔检测报告、隐蔽工程验收记录、检验批、分项/子分部工程质量验收记录、装饰装修分部工程施工技术资料审查表、装饰装修分部工程质量验收报告及其他质量控制资料。

8.5 幕墙工程质量通病与防治

8.5.1 玻璃幕墙质量通病与防治

1. 玻璃幕墙施工质量通病

(1) 预埋件安装。预埋件尺寸不一，安装位置欠准确，偏差超出规范控制要求。

(2) 立柱与主体连接。

1) 采用膨胀螺栓打入主体结构，再与玻璃幕墙立柱相连。

2) 同一根玻璃幕墙立柱两端固定或下端固定，没有按规范要求将立柱锚固悬挂在主体结构上，使其处于受拉工作状态。

(3) 铝框架安装。铝框架安装时，不按规范操作，没有抓好质量，水平度、垂直度、对角线差和直线度超标，直接影响幕墙的物理性能。

(4) 不同金属接触。玻璃幕墙不同金属材料接触处未采取防腐措施，如立柱与连接件之间等未设置绝缘垫片或采取其他防腐蚀措施。

(5) 主柱与横梁连接。玻璃幕墙的主柱与横梁接触处，未按要求设置具有压缩性的软质橡胶垫片。

(6) 结构胶与密封胶。隐框玻璃幕墙的玻璃结构胶打注在施工现场进行，少数工程甚至将玻璃直接用结构胶粘于立柱、横梁上。对密封胶施工条件不重视，雨季强行露天施工耐候密封胶，无法保证密封质量。耐候硅酮密封胶施工不密实，封堵不严或长宽比不符合规范要求，导致雨水从嵌填的空隙和裂隙渗入。密封胶条尺寸不符或采用劣质材料，很快松脱或老化，失去密封防水功能。

(7) 幕墙缝隙。玻璃幕墙四周与主体结构之间的缝隙、与每层楼板、隔墙处的缝隙仅用普通装饰材料进行封闭，没有采用防火保温材料进行填塞，未能满足消防要求，如楼层发生火灾时不能有效对火势进行隔断。

(8) 幕墙玻璃。玻璃幕墙的玻璃未能采用安全玻璃（钢化玻璃、夹层玻璃、夹丝玻璃及组合成的中空玻璃），或热反射镀膜玻璃安装反向。

(9) 幕墙清洁。没有及时清除幕墙表面的污染物，或清除幕墙表面的污染物时使用了金属利器刮铲和使用有腐蚀性的清洗剂清洗。

2. 玻璃幕墙施工质量问题防治措施

(1) 预埋件安装。主体施工过程中要及时、准确地安置预埋件，预埋件应埋设牢固、位置准确。幕墙安装前必须做好对已建建筑物和预埋件的复测检查，预埋件应全数检查，并根据检查结果调整幕墙分格和对偏差进行调整。如发现偏差必须按设计出具的修改方案图进行施工。要求每个预埋件的偏差控制在标高不大于10mm，位置偏差不大于20mm。

(2) 幕墙与预埋件连接。

1) 玻璃幕墙立柱必须通过连接件和主体结构中预埋件的相连，不得采用膨胀螺栓打入主体结构来连接。

2) 安装的连接件、绝缘片，紧固的材质、规格、数量必须符合设计要求。

3) 连接件应安装牢固，不松动，螺栓应有防松脱措施。焊缝饱满、不咬肉、无焊渣。

4) 连接件防锈和调节范围应符合设计要求。

5) 角码连接应有三维调节构造。

6) 连接件与预埋件之间位置偏差采用焊接调整时，焊缝长度应符合设计要求。

(3) 立柱安装。

1) 连接立柱的芯管材质、规格应符合设计要求。

2) 芯管伸入上下立柱的长度各不宜小于200mm。

3) 上下立柱之间的间距应不小于10mm，并用密封胶密封。

4) 立柱应为受拉构件，其上端应与主体结构固定连接，下端为可上下活动的连接。

5) 立柱与连接件采用不同金属材料时，应采用绝缘片分隔。

(4) 横梁安装。

1) 连接固定横梁的连接件、螺栓（钉）的材质、规格、品种、数量必须符合设计要求，螺钉应有防松脱的措施。同一个连接处的连接螺栓（钉）不应少于两个，且不应采用自攻螺栓。

2) 弹性垫片安装位置正确，不松脱。

3) 梁、柱连接不松动，其接缝间隙不大于1mm，并以密封胶密封。

(5) 结构胶和密封胶。注意控制密封胶的使用环境，严禁下雨天露天施工耐候硅酮密封胶。结构胶的施工车间要求清洁无尘土，保持操作环境清洁，室内温度不宜高于27℃，相对湿度不宜低于50%，通风良好。在现场装配打胶时，基材表面温度不得超过60℃。结构硅酮密封胶、耐候硅酮密封胶和墙边胶注胶前，注胶部位必须做好净化工作，应先将铝框、玻璃或缝隙上的尘埃、油渍、松散物和其他脏物清除干净，注胶后应嵌填密实、表面平整，加强养护，防止手摸、水冲等。

必须选用优质结构硅酮密封胶、耐候硅酮密封胶、墙边胶，而且要加强检验，防止过期使用。结构硅酮密封胶应打注饱满，其厚度和宽度必须符合规范规定和设计要求。不得使用过期的结构硅酮密封胶和耐候硅酮密封胶。组件应待结构硅酮密封胶完全固化后才可挪动。养护14～21d后方可运往现场组装。结构硅酮密封胶必须在非受力状态下固化；否则必须先用机械方式固定。用机械方式固定时，待结构硅酮密封胶完全固化后才能拆除机械固定材料。

(6) 幕墙缝隙。幕墙四周与主体结构之间的缝隙应采用防火保温材料填塞，内、外表面应采用密封胶连续封闭，接缝严密、不渗漏。

(7) 幕墙玻璃。玻璃幕墙的玻璃必须采用安全玻璃，热反射玻璃的镀膜面应朝室内，中空玻璃镀膜应在第二面上。

(8) 成品保护。要注意安装完毕后的产品保护，型材表面的保护膜应在装饰施工完毕后方可剥除，并及时清除幕墙表面的污染物。清除幕墙表面的污染物时，不得使用金属利器刮铲。当用清洗剂时，应采用对幕墙无腐蚀性的清洗剂清洗。

8.5.2 石材幕墙质量通病与防治

1. 石材幕墙主要通病

(1) 材料方面的通病。幕墙表面不平整，有色差。骨架材料型号、材质不符合设计要求，用料端面偏小，杆件有扭曲变形现象。所采用的锚栓无产品合格证，无物理力学性能测试报告。石材加工尺寸与现场实际尺寸不符，或与其他装饰工程发生矛盾。石材色差大，颜色不均匀。

(2) 安装质量通病。骨架竖框的垂直度、横梁的水平度偏差较大。锚栓松动不牢，垫片太厚。石材缺棱掉角。石材安装完成但不平整。防火保温材料接缝不严密。

(3) 注胶与胶缝。表现为：板缝不饱满，有胶痕；密封胶开裂、不严密；胶中有硅油渗出污染板面；板（销）孔中未注胶（环氧树脂胶黏剂）。

(4) 墙面清洁完整。

1) 质量通病：墙表面被油漆、胶污染，有划痕、凹坑。

2) 产生原因：注胶施工过程中硅油渗出板面；上部施工时未对下部墙面进行成品保护；石材板块在搬运过程中未保护好；拆脚手架时损伤墙面。

2. 防治措施

(1) 幕墙材料缺陷控制。

1) 骨架结构必须有相应资质登记证明的设计部门设计，按设计要求选购合格产品。

2）设计要提出锚栓的物理力学性能要求，选择正规厂家牌号产品，施工单位要严格采购的检测和验货手续。

3）加强现场的统一测量放线，提高测量放线精度，加工前绘制放样加工图，并严格按放样图加工。

4）要加强到产地选材的工作，不能单凭小样板确定材种，加工后要进行试铺配色，不要选用含氧化铁和含硫成分较多的石板材种，不要用质地太脆的石材。

（2）安装缺陷防治措施。

1）提高测量放线的精度，所用的测量仪器要检验合格，安装时加强检测和自验工作。

2）钻孔时，必须按锚栓说明书要求施工，钻孔的孔径、孔深适合所有锚栓的要求，不能扩孔，不能钻孔过深。

3）挂件尺寸要能适用土建的误差，垫片太厚会降低锚栓的承载拉力。

4）要用小型机具和工具，解决施工安装时人工扛抬搬运容易造成破损棱角的问题。

5）一定要控制将挂件调平和用螺栓锁紧后再安装石材。

6）不能将测量和加工误差积累。

7）施工难度并不大，要选用良好的锚钉和胶黏剂，铺放时要仔细。

（3）注胶与胶缝防治措施。

1）必须选用柔软、弹性好、适用寿命长的耐候胶，一般宜选用硅酮胶。

2）施工时要用清洁剂将石材表面污物擦净。

3）胶缝宽度和深度不能太小，施工是精心操作，不漏封。

4）应选用石材专用嵌缝胶（耐候硅酮密封胶）。

5）要严格按照设计要求施工。

（4）清洁通病防治措施。上部施工时，必须注意对下部成品的保护。搭脚手架和搬运材料要注意防止损伤墙面。

8.5.3 金属幕墙质量通病与防治

1. 板面不平整、接缝不平齐

（1）产生原因。

1）连接码件固定不牢，产生偏移。

2）码件安装不平直。

3）金属板本身不平整。

（2）防治措施。确保连接件的固定，应在码件固定时放通线定位，且在安装板前严格检查金属板的质量。

2. 开胶开裂而产生气体渗透或雨水渗漏

（1）产生原因。

1）注胶部位不洁净。

2）胶缝深度过大，造成三面黏结。

3）胶在未完全黏结前受到灰尘沾染或其他污浊损伤。

（2）防治措施。

1）充分清洁板材间隙（尤其是黏结面），并加以干燥。

2）在较深的胶缝中填充聚氯乙烯发泡材料（小圆棒），使胶形成两面粘贴，保证其嵌缝深度。

3）注胶后认真养护，直至完全硬化。

3. 预埋件位置不准致使横、竖龙骨很难与其固定连接

（1）产生原因。

1）预埋件安放时偏离安装基准线。

2）预埋件与模板、钢筋的连接不牢，使其在浇筑混凝土时位置变动。

（2）防治措施。

1）预埋件放置前，认真校核安装基准线，确定其准确安装位置。

2）采用适当方法将预埋件板、钢筋牢固连接（如绑扎、焊接等）。

（3）补救措施。若结构施工完毕后已出现较大预埋件偏差或个别漏放，则需及时进行补救。

1）预埋件面向内凹入超过允许偏差范围，采用加长铁码补救。

2）预埋件面向外凸出超过允许偏差范围，采用缩短铁码或剔去原预埋件，改用膨胀螺栓将铁码紧固于混凝土结构上。

3）预埋件向上或向下偏移超出允许偏差范围，则修改竖框连接孔或采用膨胀螺栓调整连接位置。

以上修补方法须经设计部门认可签字后方可实施。

4. 胶缝不平滑充实、胶线不平直

（1）产生原因。打胶时，挤胶用力不均匀，胶枪角度不正确，刮胶时不连续。

（2）防治措施。连续均匀挤胶，保证正确的角度，将注胶注满后用专用工具将其刮平，表面应平整、光滑、无皱纹。

5. 成品变形、变色、受污染

（1）产生原因。金属板安装完毕后，未及时保护，使其发生碰撞变形、变色、污染、排水管堵塞等现象。

（2）防治措施。

1）施工过程中要及时清除板面及构件表面的黏附物。

2）安装完毕后立即从上向下清扫，并在易受污染破坏的部位粘贴保护胶纸或覆盖塑料薄膜，易受磕碰的部位设护栏。

8.6 幕墙专项施工方案

建筑幕墙安装工程属于危险性较大的分部分项工程，为了加强幕墙工程施工现场安全管理，落实施工企业安全生产主体责任，最大限度地减少安全事故的发生，政府建设工程安全管理部门要求施工企业在开工前必须编制专项方案。专项施工方案从施

工准备、施工部署、施工工艺、应急预案等方面侧重施工安全管理进行计划，并作为幕墙安装施工的指导性文件。

8.6.1 幕墙专项施工方案的编制管理

根据《危险性较大的分部分项工程安全管理规定》（2018 年住建部令第 37 号）的规定，施工高度 50m 及以上的建筑幕墙安装工程必须编制专项施工方案，且应当由施工单位组织召开专家论证会。实行施工总承包的，由施工总承包单位组织召开专家论证会对方案进行论证。建筑工程实行施工总承包的，专项方案应当由施工总承包单位组织编制；如幕墙安装工程实行分包的，其专项方案可由专业承包单位组织编制。专项方案编制应包括以下内容。

（1）工程概况。危险性较大的分部分项工程概况、施工平面布置、施工要求和技术保证条件。

（2）编制依据。相关法律、法规、规范性文件、标准、规范及图纸（国标图集）、施工组织设计等。

（3）施工计划。包括施工进度计划、材料与设备计划。

（4）施工工艺技术。技术参数、工艺流程、施工方法、检查验收等。

（5）施工安全保证措施。组织保障、技术措施、应急预案、监测监控等。

（6）劳动力计划。专职安全生产管理人员、特种作业人员等。

（7）计算书及相关图纸。

专项方案应当由施工单位技术部门组织本单位施工技术、安全、质量等部门的专业技术人员进行审核。经审核合格的，由施工单位技术负责人签字。实行施工总承包的，专项方案应当由总承包单位技术负责人及相关专业承包单位技术负责人签字，然后报监理单位由总监审核签字才能执行。不需专家论证的专项方案，经施工单位审核合格后报监理单位，由项目总监理工程师审核签字，然后执行。

8.6-1 Ⓣ
拓展阅读 19：建筑幕墙安全专项施工方案编制指南解析

8.6.2 建筑幕墙专项施工方案编制指南

1. 工程概况（第一章）

本章主要写明工程名称、性质、规模和地理位置，这些信息必须与图纸一致。工程性质指公共建筑或民用建筑，简要介绍使用功能；工程规模是指建筑面积、高度、层数、结构形式、立面变化情况、抗震设防烈度、耐火等级、节能要求等。工程项目的建设单位、设计（包括建筑设计和幕墙设计）单位、监理单位和总承包单位等信息也要明确。工程承包或分包范围和内容，包括幕墙施工面积、幕墙施工部位，应按照施工图介绍各立面情况，必要时附相应图纸。

工程概况不能写得过于简单，要让读者通过工程概况大致了解工程的基本信息。

2. 幕墙设计简介（第二章）

可以分以下小节进行描述，主要对幕墙的设计方案、技术指标进行描述。

第一节：各立面幕墙设计简介，主要包括主楼、裙楼的描述，如项目为建筑群，则应分单位工程描述。主要介绍立面的造型特点、标高、面积等信息。

第二节：不同类型幕墙使用部位及工程量，可按类型分别介绍。另外，需写清楚幕墙工程包含的其他钢结构装饰、雨篷、百叶、采光顶等内容。

第三节：采用新型幕墙、新技术、新工艺情况，说明是否通过了新产品技术鉴定和应用论证。

第四节：幕墙节能设计的节能构造和采用的节能材料简介。

第五节：幕墙构件吊装（如屋顶幕墙钢结构、单元式玻璃幕墙板块等）应附相关平面和节点图。

第六节：幕墙的附加设备（如电动开窗机、擦窗机）的安装要加以说明。

3. 编制依据（第三章）

幕墙施工方案编制依据主要由工程设计图纸、图纸会审纪要、相关的各级标准规范、地方性文件以及企业内部管理体系等组成，应明确具体的标准、规范名称、文件文号和标题等。标准、规范引用的必须是最新的版本。

（1）编制依据的规范很多，不能照搬，可摘录与安全相关的内容；施工组织设计作为安全方案的依据，可以摘录与安全有关的内容。

（2）在《安全生产相关法律法规》中罗列的规范应有针对性。

（3）《建设工程重大质量安全事故应急预案》中也应明确安全措施的编制依据。

（4）总承包单位的施工组织设计、图纸、投标书也可作为编制依据。

（5）国家有关施工安全的规章、程序性条文可作为编制依据；企业部门的规章、地方性的规章（如《浙江省建筑施工特种作业人员管理办法》《杭州市建筑施工高处作业吊篮安全管理规定》）等都可以作为当地工程的施工方案编制依据。

4. 施工部署和施工计划（第四章）

第一节：施工条件，重点描述与幕墙施工相关的条件，主要包括以下内容

（1）工程主体结构施工情况及实际进度。

（2）甲供材料、设备计划和实际落实情况。

（3）现场预埋件的安装分工与实际落实情况，埋件的类型需要详细描述。

（4）现场脚手架种类、安装及搭设情况。原结构脚手架是否可用、是否用吊篮作业都要详细写，必要时附相应图样。需要明确可否利用总承包企业的垂直运输设备、施工设备及外架。利用总承包企业垂直运输设备、施工设施（包括脚手架、临时用电设备等）的应与总承包企业订立配合协议，明确双方的责任和义务。

对于无法利用总承包企业垂直运输设备、施工设施的，应介绍相应的解决方案。

（5）垂直运输设备采用吊篮的，吊篮的品种、布置情况、固定方案和使用管理措施需要明确。

（6）临时施工用水、用电布置情况。

（7）其他（周边环境、临时设施等）。

第二节：项目班子组建，包括项目经理、技术负责人、质量员、安全员等配设情况、各自的工作职责描述。

第三节：施工流水段的划分及根据流水段组织施工的部署，各流水段工作量、计划工期，可采用网络图或横道图表示。

第四节：施工设备计划，可列表说明。

第五节：施工现场布置，包括材料堆放、主要设备安装位置、加工棚位置、临时用电布置。

5. 施工工艺（第五章）

第一节：幕墙与建筑主体结构连接节点描述，包括预埋件和后置埋件的制作与安装，锚固件质量的控制，包括锚栓品种、质量、锚固工艺、拉拔力测试，连接螺栓防松脱、防滑移措施等需要明确。必要时应附相关节点详图。

第二节：隐框、半隐框玻璃幕墙（含明框玻璃幕墙的隐框开启窗）的板块制作、安装工艺（此内容必查，要写具体）、单组分、双组分硅酮结构密封胶的品牌与质量要求；玻璃板块安装工艺和隐蔽工程验收要求。

第三节：单元式幕墙安装，明确起重吊装机械选择，吊装施工顺序及封口部位；明确吊装施工方法和安全保证措施。对于采用非常规起重设备、方法且单件起吊重量在 100kN 及以上的或起重量在 300kN 及以上的起重安装工程，应编制起重吊装专项施工方案，并经专家论证后按方案进行施工。

第四节：全玻璃幕墙安装，主要介绍大面积玻璃运输和安装工艺、安装顺序，包括玻璃与周边缝隙处理等。

第五节：张拉索杆体系的点支承玻璃幕墙安装工艺，主要介绍钢拉杆、拉索安装、预应力控制、张拉顺序及质量检测手段等。

第六节：幕墙的防火构造，主要介绍各层楼板、隔墙外沿等幕墙与实体之间缝隙处理、外墙外保温防火处理等。

第七节：幕墙的防雷构造，主要介绍骨架竖向杆件、水平杆件的防雷通路，应附相关节点详图。

第八节：节能隔热做法介绍。中空玻璃第一道胶是聚硫胶，第二道胶一定要用硅酮结构胶，隐框要有托条。明确玻璃加工技术措施，专业分包厂商资质、工艺概况。

第九节：幕墙开启扇防坠措施，面板运输、安装的安全措施，擦窗机安装和幕墙清洗安全措施。

第十节：石材、金属幕墙：石材的质量，弯曲强度必须达到 8MPa，不能有裂缝，骨架（立柱与横梁）的焊接、螺接的质量要求，材料运输堆放都要介绍。

6. 施工安全保证措施（第六章）

第一节：施工现场临时用电，应严格按《施工现场临时用电安全技术规范》（JGJ 46）的规定编制临时用电施工组织设计，施工用电方案的编制、审核、批准程序应符合规定。不能直接采用总承包单位编制的施工用电组织设计，由于施工企业发生变化、作业环境、作业内容发生变化，已不能适应幕墙施工需要，因此应重新编制适合幕墙施工需要的施工用电方案。幕墙高度在 50m 以上、用电量 50kW 以上都要编制用电组织设计，用电负荷必须计算，用电设备的数量、功率要介绍。

第二节：施工用电方案应包括现场勘测、电源进线、配电房、配电装置及线路走向、接地装置等，应附用电平面布置图、配电装置平面布置图、系统接线图、接地装置图。

第三节：防雷装置和措施、设备安全用电措施和防火措施等的描述。施工现场防火、防雷技术措施，包括消防管理体系、消防设施的配设、消防制度。防雷措施应针对脚手架、起重机械、垂直运输设备进行描述。

第四节：施工机械安全使用措施，应根据幕墙施工配置的施工机具制订具体安全措施，特别是吊篮提升设备、起重机械等还应编制相应的专项方案指导施工作业。

第五节：施工脚手架安全使用措施。对于总承包企业提供的施工脚手架，首先应考虑是否适应幕墙施工，是否需要根据幕墙施工要求进行加固、改造。如需要加固改造，则应编制脚手架专项施工方案，需要专家论证的，还应组织专家进行论证。幕墙施工单位自行搭设的脚手架应严格按照《脚手架专项方案编制指南》进行脚手架专项施工方案编制，需要专家论证的应组织专家对方案进行论证。

安全使用脚手架的具体管理制度应有针对性，特别是脚手架上的材料堆放（装饰类为 $200kg/m^2$、土建类为 $300kg/m^2$），施工荷载、防火措施、作业人员的安全措施、架体检查、拆除等应具体描述。

第六节：高处作业安全措施及注意事项，包括人员、设备、材料、工具等方面。

7. 吊篮安全专项方案（第七章）

明确吊篮平面布置、吊篮配置表，包括吊篮型号、最大限量、生产合格证（如果使用非定型产品应附相关制作、计算说明书）、吊篮钢丝绳布置、节点布置、钢丝绳固定件（含安全保险绳）布置及构造等信息。写明安全作业措施、检查验收程序。

吊篮安全专项方案审核要点如下。

(1) 吊篮安全专项方案的主要内容、荷载计算。
(2) 吊篮的租赁单位、租赁合同。合同中明确安全管理分工，明晰人员委派单位。
(3) 特种工人的岗位证书。
(4) 吊篮产品合格证、检验报告、使用说明书。
(5) 吊篮的产权登记。
(6) 吊篮的进场验收方案。
(7) 吊篮的安装验收方案。
(8) 吊篮的选型。
(9) 吊篮平面布置图及吊篮配置表。
(10) 吊篮悬挂机的布置。
(11) 放在屋顶上吊篮悬挂件的重量。
(12) 吊篮的载重量。
(13) 吊篮的载人控制。
(14) 钢丝绳的破断力和安全系数。
(15) 悬挂机构的抗倾覆计算。
(16) 安全绳（要有检测报告）。
(17) 悬挂机构的配重。
(18) 吊篮的施工环境（风速 6.3m/s，五级风力以上禁止施工）。

（19）交叉作业措施。

（20）吊篮使用交底签字制度。

（21）班前教育制度

（22）吊篮的移位和拆卸措施。

8. 质量管理（第八章）

主要按有关标准、规范的规定对各类材料、成品、半成品的质量进行控制，对隐蔽工程进行检查验收，按标准对检验批、分项、分部（或子分部）、单位工程进行检查验收的措施进行明确。编写要点如下。

（1）现场样板制作说明，明确样板位置在荷载最大部位及其制作数量。

（2）介绍胶的相容性、黏结性试验方案。

（3）后置埋件抗拉拔性试验，随机抽查方案。

（4）明确防雷电阻试验要求。

（5）主要材料的检查验收方案，明确一般材料的进场检验措施，如结构胶的邵氏硬度、黏结性试验，石材的弯曲强度试验，隔热型材的抗热、抗拉试验，硅酮结构胶的剥离试验，双组分胶的胶杯试验等。

（6）隐蔽工程验收方案。

9. 应急预案（第九章）

首先对本工程幕墙施工过程中可能发生重大事故的危险源进行分析，提出相应的对策和排险措施。落实相应的应急组织和人员、物资、设备及通信联络等，并有组织演练方案。

10. 劳动力计划（第十章）

工程人员配设及分工情况说明，包括专职安全员及特种作业人员名单和相关证书复印件，可列表说明。

11. 相关计算书及附图

（1）脚手架的平面图、立面图、节点详图以及脚手架结构计算书。

（2）临时用电计算书。

（3）吊篮钢丝绳及固定件的结构验算。

（4）起重机械安全计算。

（5）防雷接地系统典型节点、构造图。

8.6-2 Ⓟ

第8章彩图

本 章 小 结

本章主要介绍了玻璃幕墙、石材幕墙和金属幕墙在建筑外立面装饰中的应用与施工管理。首先通过幕墙工程概述，了解幕墙的构造和功能、幕墙的种类及主要幕墙材料；其次，详细介绍了玻璃幕墙、石材幕墙和金属幕墙的构造、工艺及质量验收标准，学习幕墙施工注意事项，如专项施工方案的编制与验收，幕墙防火、防雷处理，成品保护等。最后介绍幕墙专项施工方案的编写及审查要点。

实训与实践

1. 实训项目

(1) 工地观摩实践。到附近在建工地进行参观实践，要求参观的工程项目刚好处于幕墙安装施工阶段。通过现场调查，了解幕墙的构造、施工机械设备、所用材料的种类，包括主要材料和辅助材料。

(2) 根据现场施工内容，结合施工组织设计文件，班级分组模拟工程技术人员对作业班组进行技术交底，尤其注意现场安全管理措施。

(3) 开展幕墙工程验收训练，对已完成的幕墙龙骨进行隐蔽验收，并填写相关质量验收报表。

2. 实训目的

(1) 通过实训，增强对幕墙工程的直观认识，掌握幕墙的构造，理解幕墙各构件的作用。

(2) 通过模拟技术交底和质量验收，检验技能掌握程度，训练施工管理技能，为将来指导施工作业积累工作经验。

(3) 通过现场放样实训，提高学生阅读和理解幕墙施工图纸的能力，为将来担任施工员工作奠定岗位技能基础。

3. 实训要求

(1) 了解工地概况、施工进度和即将开展的施工作业内容。

(2) 在现场注意安全，服从施工单位的安排，进入现场必须佩戴安全帽。

(3) 认真调查工地对幕墙工程的施工部署、质量保证措施、材料准备情况和作业人员准备情况。

(4) 拍摄相关照片，把实训见闻整理成调查报告，以便积累工程经验。

习 题

一、填空题

1. 建筑幕墙工程按饰面板材料的不同可分为________、________、________、混凝土幕墙和组合幕墙等。

2. 玻璃幕墙按照框的安装形式又可分为________、________和________(分为横隐竖明式及横明竖隐式)。

3. 光电幕墙是一种集发电、隔音、隔热、装饰等功能于一体，把________技术与________技术相结合的新型功能性幕墙，代表着幕墙技术发展的新方向。

4. 幕墙主要的连接设计除与主体结构的连接外，均应采用________，并留下足够的间隙，以便吸收沉降、热应力及地震作用，并采用合理的密封材料或构造，对所留间隙进行密封，必须保证________和适当的________。

5. 玻璃与玻璃之间采用________密封，玻璃与金属结构之间采用________黏结。

6. 玻璃幕墙安装施工前应编制________，并提交________或建筑施工总承包单位审批。幕墙安装前应对作业人员进行________交底。

7. 对于无法利用总承包企业垂直运输设备、施工设施的，应介绍相应的解决方案。方案如属于《____________________》文件规定需要组织专家论证的，应提交方案进行专家论证。

8. 幕墙施工单位自行搭设的脚手架应严格按照《____________________》进行脚手架专项施工方案编制，需要专家论证的还应组织专家对方案进行论证。

二、简答题

1. 幕墙设计的一般原则包括哪些方面？

2. 幕墙设计应提交哪些文件？

3. 框架式玻璃幕墙施工工艺流程包括哪些步骤？

4. 玻璃幕墙观感检查应注意哪些要点？

5. 典型的石材幕墙节点构造包括哪几种？

6. 石材幕墙施工应做好哪些技术准备工作？

7. 石材幕墙施工包括哪几个工序？

8. 石材幕墙检验批如何确定？检查数量如何确定？

9. 金属幕墙质量验收资料包括哪些？

各章习题答案

参 考 文 献

[1] 中华人民共和国住房和城乡建设部，中华人民共和国国家质量监督检验检疫总局．建筑装饰装修工程质量验收标准：GB 50210—2018 [S]．北京：中国建筑工业出版社，2018.

[2] 中华人民共和国住房和城乡建设部、中华人民共和国国家质量监督检验检疫总局．建筑地面工程施工质量验收规范：GB 50209—2010 [S]．北京：中国建筑工业出版社，2010.

[3] 中华人民共和国住房和城乡建设部、中华人民共和国国家质量监督检验检疫总局．建筑内部装修设计防火规范：GB 50222—2017 [S]．北京：中国建筑工业出版社，2017.

[4] 中华人民共和国建设部．玻璃幕墙工程技术规范：JGJ 102—2003 [S]．北京：中国建筑工业出版社，2003.

[5] 中国建筑科学研究院，中华人民共和国建设部．金属与石材墙工程技术规范：JGJ 133—2001 [S]．北京：中国建筑工业出版社，2001.

[6] 刘超英．建筑装饰装修构造与施工 [M]．北京：机械工业出版社，2017.

[7] 危道军．建筑装饰基础 [M]．北京：高等教育出版社，2010.

[8] 周英才．装饰工程施工 [M]．北京：高等教育出版社，2009.

[9] 王军．建筑装饰工程施工技术 [M]．北京：北京大学出版社，2014.

[10] 张朝晖．装饰装修工程施工与组织 [M]．北京：中国水利水电出版社，2009.

[11] 高祥生．装饰构造图集 [M]．南京：江苏科学技术出版社，2001.

[12] 冯美宇．建筑装饰构造 [M]．3 版．北京：机械工业出版社，2014.

[13] 杨嗣信．建筑装饰施工技术手册 [M]．北京：中国建筑工业出版社，2005.

[14] 田延友．建筑幕墙施工图集 [M]．北京：中国建筑工业出版社，2006.

[15] 罗忆，黄圻，刘忠伟．建筑幕墙设计与施工 [M]．2 版．北京：化学工业出版社，2012.

[16] 阎玉芹，于海，苑玉振，等．建筑幕墙技术 [M]．北京：化学工业出版社，2016.

[17] 李继业，田洪臣，张立山．幕墙施工与质量控制要点·实例 [M]．北京：化学工业出版社，2016.

[18] 北京土木建筑学会．建筑装饰装修工程施工过程资料表格形成及填写范例（建筑工程施工资料管理系列丛书）[M]．北京：中国电力出版社，2016.